现代生活化学

生活化学

Xiandai Shenghuo Huaxue

江家发 编著

安徽师范大学出版社

责任编辑:马乃玉
装帧设计:丁奕奕　王　芳

图书在版编目(CIP)数据

现代生活化学/江家发编著.—芜湖：安徽师范大学出版社, 2013.2（2018.8 重印）
ISBN 978-7-5676-0444-5
Ⅰ.①现… Ⅱ.①江… Ⅲ.①化学—普及读物 Ⅳ.①06-49

中国版本图书馆CIP数据核字(2013)第027218号

现 代 生 活 化 学

江家发　编著

出版发行:安徽师范大学出版社
芜湖市九华南路189号安徽师范大学花津校区　　邮政编码:241002
网　　址:http://www.ahnupress.com/
发 行 部:0553-3883578　5910327　5910310(传真)　　E-mail:asdcbsfxb@126.com
经　　销:全国新华书店
印　　刷:江苏凤凰数码印务有限公司
版　　次:2013年2月第1次修订
印　　次:2018年8月第3次印刷
规　　格:787×960　1/16
印　　张:25.5
字　　数:379千
书　　号:ISBN 978-7-5676-0444-5
定　　价:42.00元

前　言

化学是自然科学中一门重要的基础学科，是研究物质的性质、组成、结构变化和应用的科学。世界是由物质组成的，化学则是人类用以认识和改造物质世界的主要方法和手段之一，它是一门历史悠久而又富有活力的学科，它的成就是社会文明的重要标志。从开始用火的原始社会，到使用各种人造物质的现代社会，人类都在享用化学成果。

日常生活中的许多问题都与化学有关。化学为人类的衣、食、住、行提供了数不清的物质保证，在改善人民生活，提高人类的健康水平方面做出了应有的贡献。正如一位化学家所说的那样，生活中处处有化学。人类的生活能够不断提高和改善，化学的贡献在其中起了重要的作用。

几十年来，我国的化学课程，无论是大学化学课程，还是中学化学课程都是学科性课程，过分追求化学学科的学术性和知识的系统性，与学生的生活实际联系不密切，与学生的生活情景相去甚远，导致部分学生学习化学的目的性不强，学习兴趣不浓，学习感到困难，而且不会应用所学化学知识解决与解释身边的化学问题和化学现象，如此产生的直接后果是公民的化学素养下降，科学素质有待提高。

随着20世纪80年代科学教育“科学为大众（Science for All）”理念的兴起，科学（Science）、技术（Technology）、社会（Society）教育，即STS课程在世界范围内的普遍推行，科学教育的目的最终落在使普通公民能够面对未来的科技社会，参与社会、政治和个人的决策。在这种科学教育的国际背景下，我国基础教育化学课程顺应时势，在高中化学新课程中首次开设了《化学与生活》和《化学与技术》两个选修模块。

●科学性——强。网上搜索的“化学与生活”和“化学与技术”方面的素材很多，大多没有出处，有的甚至以讹传讹，科学性不强。因此，本书编写以专业出版社出版的相关论著和学术期刊发表的论文为参考，重要结论均注明出处，以凸显本书的科学性。

●化学味——重。目前，“化学与生活”和“化学与技术”方面的知识多以科普介绍的形式出现，对涉及的物质的化学结构、化学反应原理少有描述。因此，本书特别注重呈现物质的化学结构和有关化学反应原理，以突出化学的学科特点。

●生活味——浓。本书取材以读者的生活背景和生活实际为依据，涉及人类生活的衣、食、住、行等方方面面，生活味浓，可读性强。

●资料性——全。本书除正文外，还设置了“资源链接”、“生活实验”、“问题讨论”和“综合活动”等栏目，目的是帮助读者拓展视野，丰富课程资源。

本书既可作为高等院校文化素质公共选修课教材，也可作为高师院校化学专业师范生、教育硕士、课程与教学论研究生专业课教材，还可作为中学化学教师的教学用书、继续教育培训教材和《化学与生活》、《化学与技术》选修模块课程资源以及各类化学教育研究人员的参考读物。

编写本书的目的在于帮助读者：

●认识化学在促进人类健康、提高人类生活质量、提供生活材料和保护环境等方面的重要作用。

●应用所学化学知识对生活中和社会中的化学问题作出正确的判断、解释和决策。

●认识化学科学的发展观，形成可持续发展的思想，增强对化学的情感。

参加本书初稿编写的人员有：陈波（第1、第7单元）、王莉（第2、第5单元）、翁婷婷（第4、第9单元）、洪卫（第6、第8单元）和居洋（第3单元）。全书由江家发设计框架、统稿和定稿。由于作者的水平有限，水中一定存在错漏和不当之处，敬请各位读者批评、指正。

最后，衷心感谢安徽师范大学出版社对本书出版的关心和支持。感谢山东师范大学毕华林教授对本书编写的悉心指导和帮助。本书在成书过程中，作者参考和引用了一些专家的专著和论文中的研究成果，在此也一并致谢。

江家发

2012年12月

目　录

第1单元　化学与营养

“民以食为天”。人们为了维持生命与健康,保证正常的生长发育和从事各项劳动,每天必须从食物中摄取一定数量的营养物质。随着我国经济的快速发展和科学技术的巨大进步,人们对食物中所含的营养成分越来越关注,要求也越来越高。众所周知,食品中的营养成分与化学科学息息相关。因此,本单元着力从化学科学的视角研究化学与食物中营养成分的关联,希望读者从中了解到与自身密切相关的化学知识,科学合理补充营养元素,增进健康。

第1节　蛋白质

蛋白质是生物体内一切组织的基本组成部分,蛋白质在生命现象和生命过程中起着决定性的作用。荷兰化学家马尔德从蛋白质与生命之间具有紧密的关系出发,用希腊文proteios(“第一”)来命名蛋白质,并指出这是生命化学的起点。

1氨基酸

蛋白质在水解时都生成各种氨基酸。氨基酸是构成生物体蛋白质并同生命活动有关的最基本的物质,是在生物体内构成蛋白质分子的基本单位,与生物的生命活动有着密切的关系,是生物体内不可缺少的营养成分之一。

1.1氨基酸及其分类

氨基酸通过肽键连接起来成为肽与蛋白质。一般蛋白质是由20种氨基酸组成的,约占生物界所有氨基酸的绝大部分。它们的符号和化学式见表1-1：

表1-1　常见氨基酸的名称和化学式

名称	符号	化学式	名称	符号	化学式
甘氨酸	Gly	$CH_2(NH_2)COOH$	谷氨酸	Glu	$HOOCCH_2CH_2CH(NH_2)COOH$
丙氨酸	Ala	$CH_3CH(NH_2)COOH$	谷氨酰酸	Gln	$H_2NCOCH_2CH(NH_2)COOH$
缬氨酸	Val	$(CH_3)_2CHCH(NH_2)COOH$	亮氨酸	Lea	$(CH_3)_2CHCH(NH_2)COOH$
异亮氨酸	Ile	$CH_3CH_2CH(CH_3)CH(NH_2)COOH$	精氨酸	Arg	$H_2NCNH(CH_2)_3CHCOOH$ ‖　　　　　　| NH　　　　　NH_2
丝氨酸	Ser	$HOCH_2CH(NH_2)COOH$	苏氨酸	Thr	$CH_3CHCH(NH_2)COOH$
半胱氨酸	Cys	$HSCH_2CH(NH_2)COOH$	赖氨酸	Lys	$H_2N(CH_2)_4CH(NH_2)COOH$
天冬氨酸	Asp	$HOOCCH_2CH(NH_2)COOH$	甲硫氨酸（蛋氨酸）	Met	$CH_3S(CH_2)_2CH(NH_2)COOH$
天冬酰酸	Asn	$H_2NCOCH_2CH(NH_2)COOH$	脯氨酸	Pro	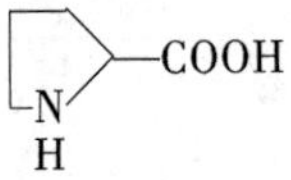 —COOH N H
组氨酸	His	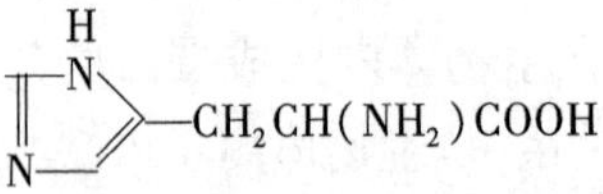 H N N —$CH_2CH(NH_2)COOH$	苯丙氨酸	Phe	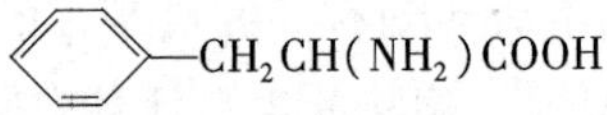 —$CH_2CH(NH_2)COOH$
色氨酸	Trp	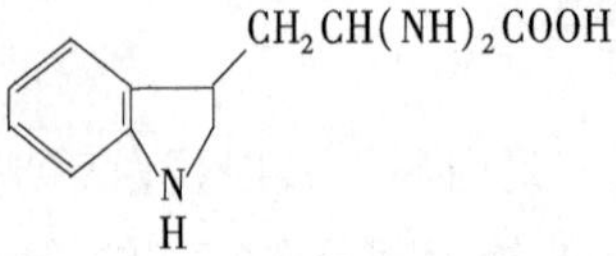 $CH_2CH(NH)_2COOH$ N H	酪氨酸	Tyr	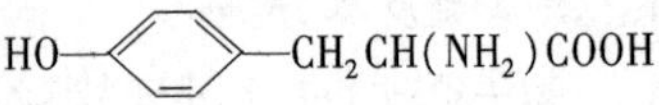 HO— —$CH_2CH(NH_2)COOH$

在这20种组成蛋白质的氨基酸中，人体不能合成赖氨酸、甲硫氨酸、亮氨酸、异亮氨酸、缬氨酸、苏氨酸、苯丙氨酸和色氨酸。人体虽能合成精氨酸和组氨酸，但合成的能力差，所合成的精氨酸和组氨酸不能满足人体的需要。上述这些人体不能合成的、必须由外界供给（即必须从食物中摄取）的以满足人体代谢需要的氨基酸称为必需氨基酸，共有8种。除了必需和半必需氨基酸以外，其他的都称为非必需氨基酸。

1.2 几种重要的氨基酸

含必需氨基酸越多的蛋白质，其营养价值就越高。一般动物蛋白质中的必需氨基酸比植物蛋白质中的含量高，所以，动物性蛋白质比植物性蛋白质营养价值高。

1.2.1 赖氨酸

赖氨酸为碱性必需氨基酸。由于谷物食品中的赖氨酸含量较低，且在加工过程中易被破坏而缺乏，故称为第一限制性氨基酸。赖氨酸为合成肉碱提供结构组分，而肉碱会促使细胞中脂肪酸的合成。在食物中添加少量赖氨酸，可以刺激胃蛋白酶与胃酸的分泌，提高胃液分泌功效，起到增进食欲、促进幼儿生长与发育的作用。赖氨酸还能提高钙的吸收及其在体内的积累，加速骨骼生长，这也是赖氨酸能增高的因素之一。

1.2.2 色氨酸

色氨酸可转化生成人体大脑中的一种重要神经传递物质—5-羟色胺，而5-羟色胺有中和肾上腺素与去甲肾上腺素的作用，并可改善睡眠的持续时间。当动物大脑中的5-羟色胺含量降低时，就会表现出异常的行为，出现神经错乱的幻觉以及失眠等。此外，5-羟色胺有很强的血管收缩作用，可存在于许多组织，包括血小板和肠粘膜细胞中，受伤后的机体会通过释放5-羟色胺来止血。

1.2.3 其他氨基酸

其他氨基酸如谷氨酸、天冬氨酸具有兴奋性递质作用，它们是哺乳动物中枢神经系统中含量最高的氨基酸，对改进和维持脑功能必不可少。再如，胱氨酸是形成皮肤不可缺少的物质，能加速烧伤伤口的康复及放射性损伤的化学保护，刺激红、白细胞的增加等等。

1.3 氨基酸缩合成肽

德国化学家费歇尔最先着手研究蛋白质分子中氨基酸的连接方式。1901年,他使一个甘氨酸分子和另一个甘氨酸分子发生缩合反应,去掉了一个分子的水以后,两个甘氨酸分子便连接起来了。

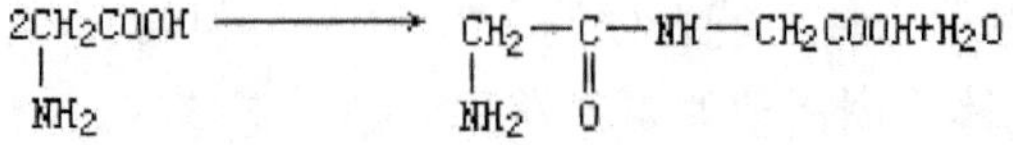

$$\begin{array}{l} 2CH_2COOH \\ \quad | \\ \ \ NH_2 \end{array} \longrightarrow \begin{array}{lllll} CH_2 & - & C & - & NH-CH_2COOH+H_2O \\ \ | & & \| & & \\ NH_2 & & O & & \end{array}$$

1907年,费歇尔又合成了一个由18个氨基酸构成的分子链,他用15个甘氨酸和3个亮氨酸来构成这个链。虽然这个分子链没有明显的蛋白质特性,但是费歇尔认为,这是因为分子链还不够长。他把自己合成的分子链称为"肽",并把用来连接各个氨基酸的化学键叫做"肽键"。

从现代有机化学的观点看,肽是2–50个氨基酸由肽键连接而成的一类化合物。一个氨基酸的氨基与另一个氨基酸的羧基发生缩合反应,失去一分子水而生成的酰胺键称为肽键:

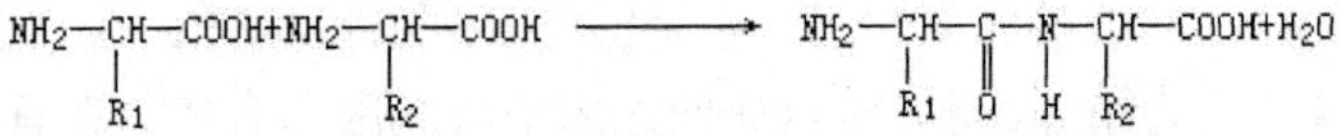

$$\begin{array}{lll} NH_2- & CH & -COOH+NH_2- \\ & | & \\ & R_1 & \end{array}\begin{array}{ll} CH & -COOH \\ | & \\ R_2 & \end{array} \longrightarrow \begin{array}{lllllll} NH_2- & CH & - & C & - & N & - \\ & | & & \| & & | & \\ & R_1 & & O & & H & \end{array}\begin{array}{ll} CH & -COOH+H_2O \\ | & \\ R_2 & \end{array}$$

式中 $\begin{array}{c} -C-N- \\ \| \quad | \\ O \quad H \end{array}$ 为酰胺键,即肽键。由肽键组成的长链称为肽链:

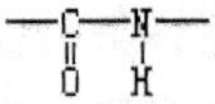

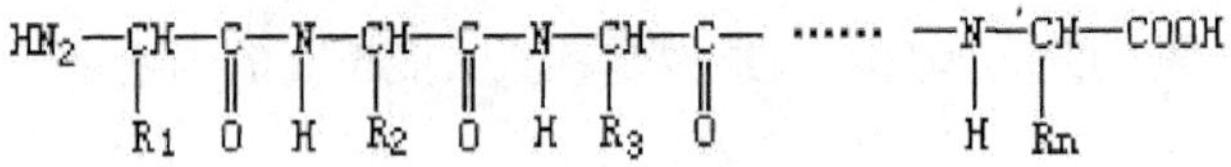

$$\begin{array}{lllllllllllll} NH_2- & CH & - & C & - & N & - & CH & - & C & - & N & - \\ & | & & \| & & | & & | & & \| & & | & \\ & R_1 & & O & & H & & R_2 & & O & & H & \end{array}\begin{array}{lll} CH & - & C- \\ | & & \| \\ R_3 & & O \end{array}\cdots\cdots\begin{array}{llll} -N & - & CH & -COOH \\ \ | & & | & \\ \ H & & R_n & \end{array}$$

图1–1　肽链的结构

由两个氨基酸分子组成的肽称为二肽:

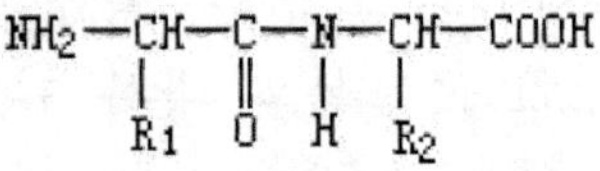

$$\begin{array}{lllllllll} NH_2- & CH & - & C & - & N & - & CH & -COOH \\ & | & & \| & & | & & | & \\ & R_1 & & O & & H & & R_2 & \end{array}$$

图1–2　二肽的结构

由三个氨基酸分子组成的肽称为三肽:

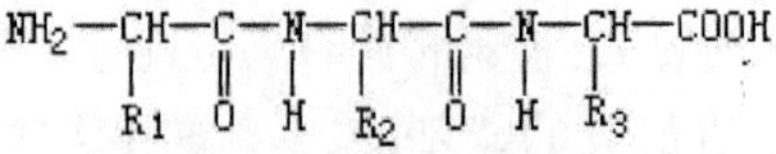

$$\begin{array}{lllllllllllll} NH_2- & CH & - & C & - & N & - & CH & - & C & - & N & - \\ & | & & \| & & | & & | & & \| & & | & \\ & R_1 & & O & & H & & R_2 & & O & & H & \end{array}\begin{array}{ll} CH & -COOH \\ | & \\ R_3 & \end{array}$$

图1–3　三肽的结构

由三个以上氨基酸分子组成的肽称为多肽。在肽链中的氨基酸分子,多个氨基酸分子经脱水缩合以后的组成单元,称为氨基酸残基:

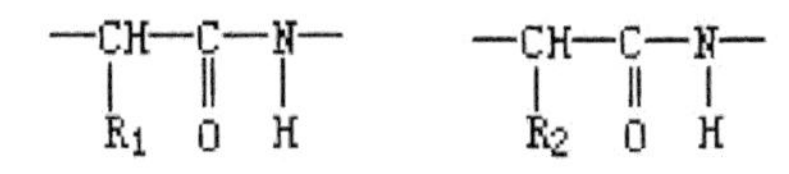

图1-4　氨基酸残基的结构

式中R_1,R_2……为侧链。在肽链的两端各有一个游离的氨基($-NH_2$)和羧基(-COOH),分别称为氨端和羧端。

肽和蛋白质的化学结构相同,都是氨基酸通过肽键连接而成的分子,不同的只是蛋白质的分子大,肽的分子小。但是蛋白质和肽之间没有明显的界限,通常将大于50个氨基酸残基的肽称为蛋白质,小于50者,称为肽。例如胰岛素含有51个氨基酸残基,通常被看成是相对分子质量最小的蛋白质。

2蛋白质

蛋白质是生物体的基本组成成分。在人体内蛋白质的含量很多,约占人体固体成分的45%,它的分布很广,几乎所有的器官组织都含有蛋白质,并且它又与所有的生命活动密切联系。

2.1蛋白质的元素组成

蛋白质的元素组成为:碳,50%–55%、氢,6%–7%、氧,19%–24%、氮,13%–19%,除此之外还有硫,0–4%。有的蛋白质含有磷、碘,少数含铁、铜、锌、锰、钴、钼等金属元素。

各种蛋白质的含氮量很接近,平均为16%。由于体内组织的主要含氮物是蛋白质,因此,只要测定生物样品中的含氮量,就可以推算出蛋白质的大致含量。

2.2蛋白质的功能

生命的产生、存在与消亡,都与蛋白质有关。人体的神经、肌肉、血液、骨骼、甚至毛发中都含有蛋白质,人体反应中必需的酶和调节生理功能的一些激素也是蛋白质。人体每天需要通过食物摄入一定量的蛋白质,用以满足机体生长、更新、组织修补以及各种生理功能的需要。因此,蛋白质是生命的物质基础。

2.3蛋白质的结构

蛋白质的结构是相当复杂的。蛋白质是由氨基酸互相结合起来的,氨基酸互相结合时有一定的顺序，这种顺序就是蛋白质的一级结构，也称蛋白质的化学结构。一级结构的通式为：

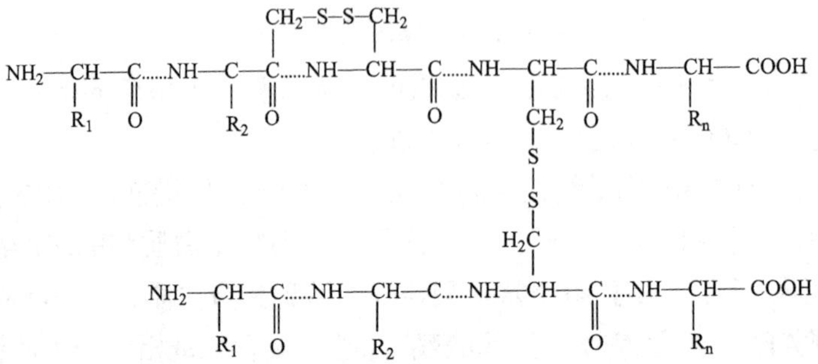

```
                          CH2–S–S–CH2
                           |      |
NH2—CH—C.....NH—C—C.....NH—CH—C.....NH—CH—C.....NH—CH—COOH
    |  ||       | ||          ||       |  ||       |
    R1 O        R2 O          O        CH2 O       Rn
                                       |
                                       S
                                       |
                                       S
                                       |
                                      H2C
                                       |
NH2—CH—C.....NH—CH—C.....NH—CH—C.....NH—CH—COOH
    |  ||       |                ||       |
    R1 O        R2               O        Rn
```

图1–5　蛋白质的一级结构

在同一个多肽链中，两个半胱氨酸结构单位之间可以生成–S–S–键，使多肽链的一部分变成环状结构。另外，同一个多肽链中，C=O和N–H基之间还可以生成氢键，使多肽链具有规则的构象，这就是蛋白质的二级结构。在蛋白质二级结构的基础上，多肽链之间可以形成氢键，使多肽链按一定形状排列起来，形成蛋白质具有三维空间的三级结构。

由相同的几条多肽链组成的空间结构称为蛋白质的均一四级结构，由不同的几条多肽链组成的空间结构称为蛋白质的非均一四级结构。四级结构是蛋白质分子的最高级结构，见图1–6。

2.4 蛋白质的物理和化学性质

2.4.1 呈色反应

（1）双缩脲反应（Biuret Reaction）

蛋白质在碱性溶液中与硫酸铜作用呈现紫红色，称双缩脲反应。凡分子中含有两个以上–CO–NH–键的化合物都能发生此反应，蛋白质分子中的氨基酸是以肽键相连，因此，所有蛋白质都能与双缩脲试剂发生反应。

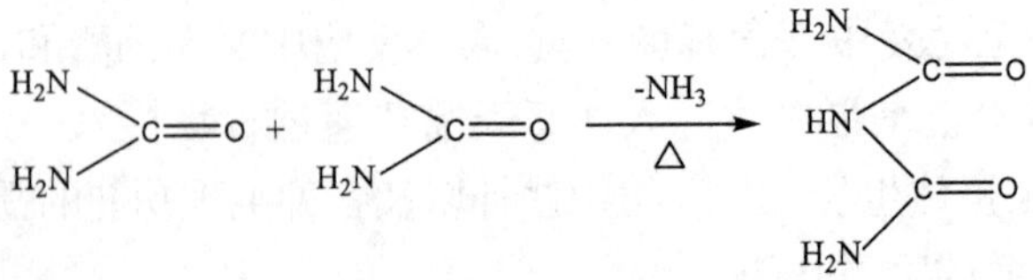

$$(H_2N)_2C{=}O + (H_2N)_2C{=}O \xrightarrow[\Delta]{-NH_3} H_2N{-}C(=O){-}NH{-}C(=O){-}NH_2$$

（2）茚三酮反应（Ninhydrin Reaction）

α–氨基酸与水合茚三酮（苯丙环三酮戊烃）作用时，产生蓝色反应由于蛋白质是由许多α–氨基酸缩合而成的,所以也发生此颜色反应。

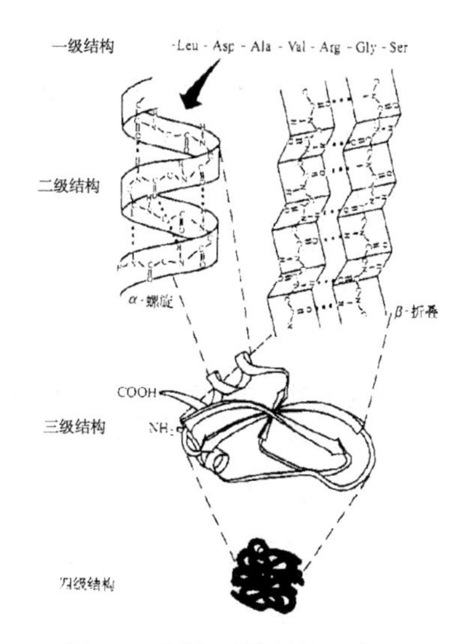

图1–6　蛋白质的结构示意图

(3)米伦反应(Millon Reaction)

蛋白质溶液中加入米伦试剂(亚硝酸汞、硝酸汞及硝酸的混合液),蛋白质首先沉淀,加热则变为红色沉淀,此为酪氨酸所特有的反应,因此含有酪氨酸的蛋白质均发生米伦反应。

(4)黄蛋白反应

由苯丙氨酸、酪氨酸、色氨酸等含苯环的氨基酸组成的蛋白质遇浓硝酸会变黄,这一反应称为黄蛋白反应。

以上反应都是蛋白质中各种氨基酸侧链的反应,这些呈色反应被广泛应用于定性和定量地测定蛋白质。

2.4.2 水合作用

蛋白质中有许多极性基团,它们能与水分子形成氢键,从而使蛋白质成为高度水化的分子。这些水也就成为结合水。

溶液的pH对蛋白质的水合作用有显著影响。在等电点时,整个蛋白质分子呈电中性,水合作用最弱,因而蛋白质的溶解度最小。蛋白质的水合作用很重要,肉制品加工的重要指标"持水能力"就取决于蛋白质水合能力的强弱。

2.4.3 盐析

蛋白质溶液相当稳定，经长时间的搁置也不会发生沉淀，这在很大程度上是由于蛋白质的水合作用，所以要破坏蛋白质的稳定性使其沉淀，就必须去除蛋白质分子表面的水化层。在生产上，使蛋白质溶液沉淀的常用方法是加入硫酸铵，氯化钠等盐，因为$(NH_4)_2SO_4$是强电解质，它的更强的水合作用能剥去蛋白质表面的水层，而使蛋白质沉淀下来，这就称为盐析。工业提取酶制剂时常用此法。

2.4.4 变性

当蛋白质受热或受到其他物理及化学作用时，其特有的结构会发生变化，使其性质也随之发生改变。如溶解度降低，对酶水解的敏感度提高，失去生理活性等，这种现象称为蛋白质的变性。一般可逆变性只涉及蛋白质的三、四级结构改变，而不可逆变性则连二级结构也发生了变化。

(1)热致变性

蛋清在加热时凝固，瘦肉在烹调时收缩变硬等都是蛋白质的热变性作用引起的。蛋白质受热变性后对酶水解的敏感度提高，所以，我们不吃生肉而吃熟肉，提高消化率，也是利用了蛋白质的热致变性。

(2)酸碱的作用

酸或碱也能引起蛋白质的变性，水果罐头杀菌所采用的温度一般较蔬菜罐头低，这和水果罐头中含有的有机酸较多有关。

(3)其他因素

其他引起蛋白质变性的因素，在物理上为冷冻、搅拌、高压、放射性照射、超声波等；化学上为乙醇、丙酮、生物碱、重金属盐等。

资源链接：牛奶的化学成分和营养价值

牛奶的化学成分很复杂，至少有100多种，主要成分由水、脂肪、磷脂、蛋白质、乳糖、无机盐等组成。一般牛奶的主要化学成分含量为：

成分	含量	成分	含量
水分	87.5%	乳糖	4.6%
脂肪	3.5%	无机盐	0.7%
蛋白质	3.4%		

牛奶中的蛋白质为全蛋白，含有Ca、Mg、K、Fe、P等元素，这些元素绝

大部分都对人体发育生长和代谢调节起着重要作用。如，牛奶中含有丰富的活性钙，是人类最好的钙源之一，1L新鲜牛奶所含活性钙约1250mg，居众多食物之首。它不但含量高，而且牛奶中的乳糖能促进人体肠壁对钙的吸收，吸收率高达98%，从而调节体内钙的代谢，维持血清钙浓度，增进骨骼的钙化。此外，牛奶中的5-羟色胺有利于改善睡眠。

但饮用牛奶也有讲究，如果饮用方法不当，也可能造成一定的危害。如，牛奶中的蛋白质80%为酪蛋白，当牛奶的酸碱度在4.6以下时，大量的酪蛋白便会发生凝集、沉淀，难以消化吸收，严重者还可能导致消化不良或腹泻，所以不宜同时饮用牛奶和果汁等酸性饮料。再如，长时间高温蒸煮牛奶，会使牛奶中的蛋白质变性，致使营养价值降低。

第2节　糖　类

糖类是人体热能最主要的来源。它在人体内消化后，主要以葡萄糖的形式被吸收利用。葡萄糖能够迅速被氧化并提供(释放)能量。我国以淀粉类食物为主食，人体内总热能的60%-70%来自食物中的糖类，主要是由大米、面粉、玉米、小米等含有淀粉的食物供给的。

1 糖的分类

糖可分为三类：

(1)单糖：不能被水解的简单碳水化合物。如葡萄糖、果糖、半乳糖、甘露糖等。

(2)双糖：单糖聚合度≤10的碳水化合物。如：蔗糖、麦芽糖、乳糖、纤维二糖等。

(3)多糖：单糖聚合度>10的碳水化合物。如：淀粉、糊精、糖原、纤维素、半纤维素及果胶等。

1.1 单糖

1.1.1 葡萄糖

葡萄糖是人们最熟悉的单糖，又称为右旋糖、血糖。它的化学式是$C_5H_{11}O_5CHO$，是自然界中存在量最多的化合物之一。在自然界中，它是通过光合作用由水和二氧化碳合成的。由于葡萄糖最初是从葡萄汁中分离出来的结晶,因此就得到了"葡萄糖"这个名称。

葡萄糖的分子结构是19世纪德国化学家费歇尔测定的。葡萄糖是含醛基(–CHO)的己醛糖。许多实验事实说明,葡萄糖也具有环状半缩醛的分子结构。在溶液中,葡萄糖的环状结构与开链结构之间存在着动态平衡。它的分子结构可用下式表示:①

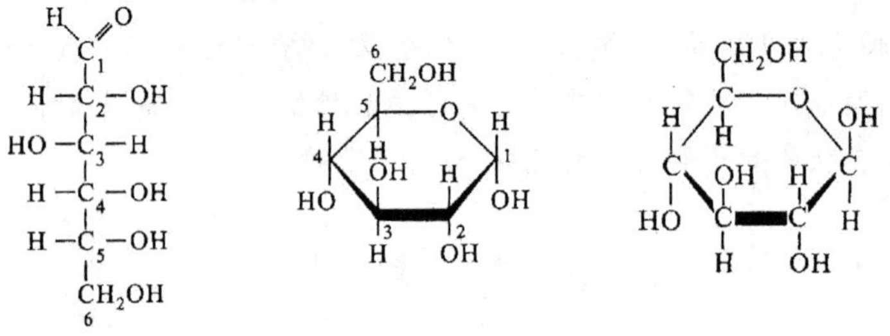

D–(+)–葡萄糖　　α–D–(+)–葡萄糖　　β–D–(+)–葡萄糖

图1–7　葡萄糖的分子结构

葡萄糖中因为含有醛基(–CHO),因此它具有还原性,能与土伦试剂(硝酸银加过量的氨水生成的银氨溶液)发生银镜反应:

$$AgNO_3 + 2NH_3 \cdot H_2O \rightarrow Ag(NH_3)_2OH + HNO_3 + H_2O$$

$$\underset{\text{土伦试剂}}{2Ag(NH_3)_2OH} + \underset{\text{葡萄糖}}{C_5H_6(OH)_5CHO} \rightarrow \underset{\text{银镜}}{2Ag} + 4NH_3 + H_2O + \underset{\text{葡萄糖酸}}{C_5H_6(OH)_5COOH}$$

上述反应是检验葡萄糖的方法。葡萄糖还能与费林试剂(酒石酸钾钠的铜络离子的碱性溶液)作用,将费林试剂中的二价铜离子还原为红色的氧化亚铜(Cu_2O)。

葡萄糖是生命活动不可缺少的物质,葡萄糖在人体内能直接进入新陈代谢过程,在消化道中,葡萄糖比任何其他单糖都容易被吸收,而且吸收后能直接为人体组织利用。人体摄取的低聚糖(如蔗糖)和多糖(如淀粉)也都先转化为葡萄糖,再被人体组织吸收和利用。葡萄糖在有机体内能被氧气氧化为二氧化碳和水,这一反应放出一定的热量,每克葡萄糖被

① 应礼文著.化学与营养保健[M].南宁:广西教育出版社,1999:8.

氧化为二氧化碳和水时，释放出17.1kJ热量，人和动物所需要的能量的50%来自葡萄糖。

葡萄糖又是重要的工业原料，它的甜味约为蔗糖的3/4，主要用于食品工业，如用于生产面包、糖果、糕点、饮料等。在医疗上，葡萄糖被大量用于病人输液，因为葡萄糖非常容易直接被吸收，可作为病人的养料。葡萄糖被氧化时还能生成葡萄糖酸。葡萄糖酸钙是能有效提供钙离子的补钙药物。葡萄糖被还原时，可生成葡萄糖醇，它是合成维生素C的原料。

葡萄糖的大规模生产是用玉米和马铃薯中所含的淀粉制取。过去的生产方法是：在100℃下用0.25%–0.5%浓度的稀盐酸使玉米和马铃薯中的淀粉发生水解反应，生成葡萄糖的水溶液，浓缩后便可得到晶体。现在几乎完全采用酶水解的方法生产葡萄糖，即在淀粉糖化酶的作用下，使玉米和马铃薯中的淀粉发生水解反应，可得到含量为90%的葡萄糖水溶液。溶液在低于50℃时结晶，可生成α–葡萄糖的一水合物；在高于50℃时结晶，可生成无水的α–葡萄糖；但是当温度超过115℃时结晶，生成的是无水的β–葡萄糖。

1.1.2 果糖

另一种重要的单糖是果糖，它是一种由多羟基组成的己酮糖。果糖的化学式是$C_5H_{12}O_5CO$，它以游离状态大量存在于水果的浆汁和蜂蜜中。果糖也具有环状的分子结构，在天然产物（如水果）中常常以呋喃型果糖形式存在，在水溶液中，呋喃型果糖和吡喃型果糖同时存在，在20℃时，水溶液中约含20%呋喃型果糖。果糖的结构式为：

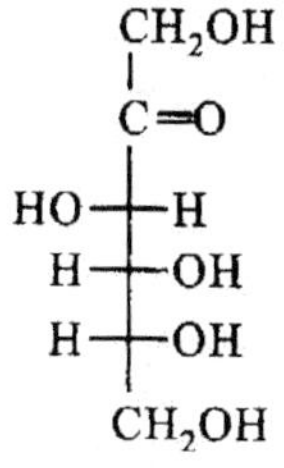

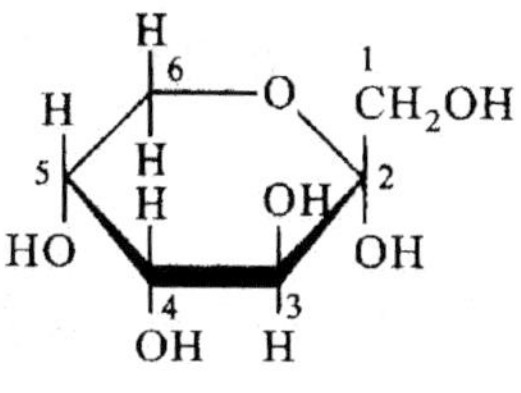

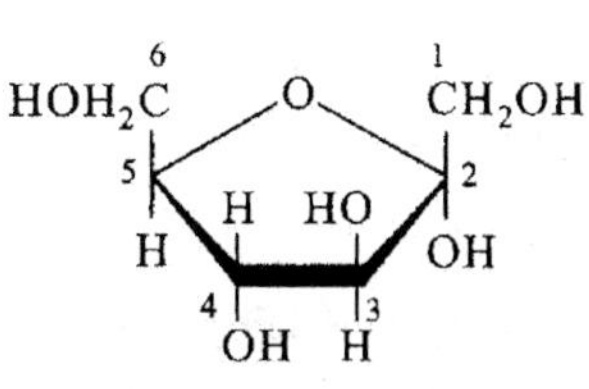

图1–8　酮式结构D–果糖　图1–9　环状结构吡喃果糖　图1–10　环状结构呋喃果糖

果糖是棱柱状晶体，熔点为103℃–105℃。果糖是所有的糖中最甜的一种，它比蔗糖甜一倍，广泛用于食品工业，如制糖果、糕点、饮料等。

工业上大规模生产果糖的原料是蔗糖,用稀盐酸或转化酶都可以使蔗糖发生水解反应,产物是果糖和葡萄糖的混合溶液。由于果糖不容易从水溶液中结晶出来,所以,从混合溶液中离析出果糖要采用使果糖与氢氧化钙形成不溶性复合物的方法。将复合物从水溶液中分离后,通入二氧化碳气体,使氢氧化钙与二氧化碳作用,生成溶解度很小的碳酸钙,待与果糖分离后,得到果糖的结晶体。

1.1.3 核糖

核糖也是一种单糖,它是核糖核酸的一个组成部分,是生命现象中非常重要的一种糖。核糖的化学式是$C_4H_9O_4CHO$,它是一种戊醛糖。它的开链结构和环状结构为:

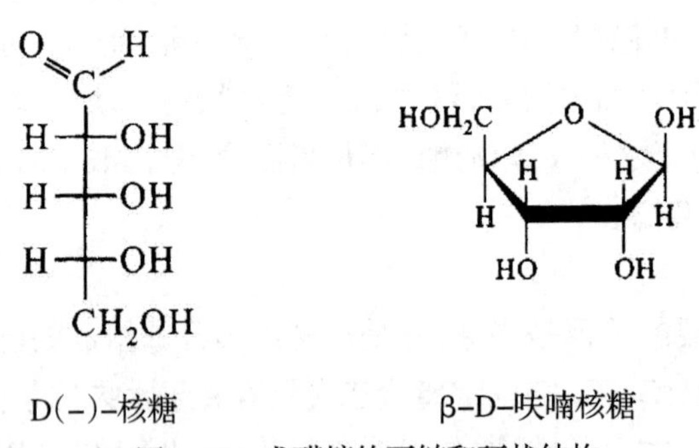

图1-11 戊醛糖的开链和环状结构

D-核糖为片状晶体,熔点为87℃,可用化学方法合成。D-核糖和D-2-脱氧核糖是核酸的组分,广泛存在于植物和动物细胞中,也是多种维生素、辅酶、某些抗生素的成分。

除了葡萄糖、果糖、核糖以外,天然存在的单糖还有:阿拉伯糖、木糖、半乳糖等。

1.2 双糖

双糖是单糖分子中的半缩醛的羟基和另一个单糖分子的羟基共同失去一分子水而形成的化合物。失水的方式可以有两种。

(1)一个葡萄糖分子上的羟基和一个果糖分子上的羟基共同失水,形成蔗糖:

(2)两个葡萄糖分子上的羟基共同失水,形成麦芽糖:

1.2.1 蔗糖

蔗糖是最普通的食用糖,也是世界上生产数量最大的一种有机化合物。甘蔗中含蔗糖15%–20%,甜菜中含蔗糖10%–17%,其他植物的果实、种子、叶、花、根中也有不同含量的蔗糖。蔗糖的化学式是$C_{12}H_{22}O_{11}$,它的结构式为:

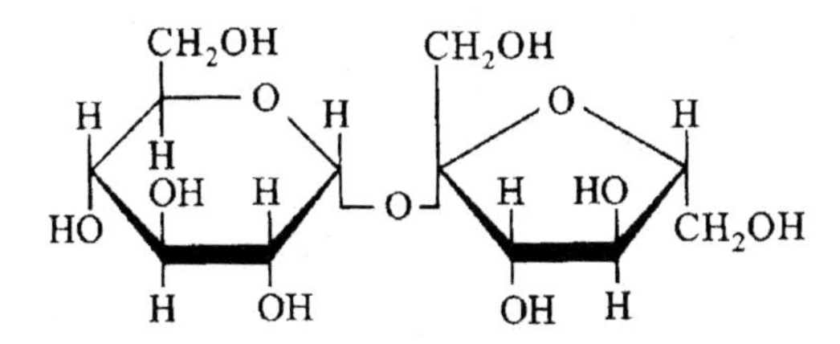

图1–12 蔗糖的结构式

蔗糖很甜,容易溶于水,并且很容易从水溶液中结晶,较难溶于乙醇和其他有机溶剂。蔗糖中没有自由的醛基,因此它没有还原性。

蔗糖比其他双糖容易水解,在弱酸或蔗糖转化酶的催化下,产生等物质的量的葡萄糖和果糖的混合物,称为转化糖或果葡糖浆,蜂蜜的主要成分即是转化糖。蔗糖和转化糖广泛用于食品工业。高浓度的蔗糖能抑制细菌的生长,在医药上用作防腐剂和抗氧剂。

1.2.2 麦芽糖

麦芽糖也是一种双糖,在自然界中麦芽糖主要存在于发芽的谷粒,特别是麦芽中，故此得名。在淀粉酶作用下，淀粉发生水解反应，生成的主要产物就是麦芽糖。它的化学式是$C_{12}H_{22}O_{11}$，结构式为：

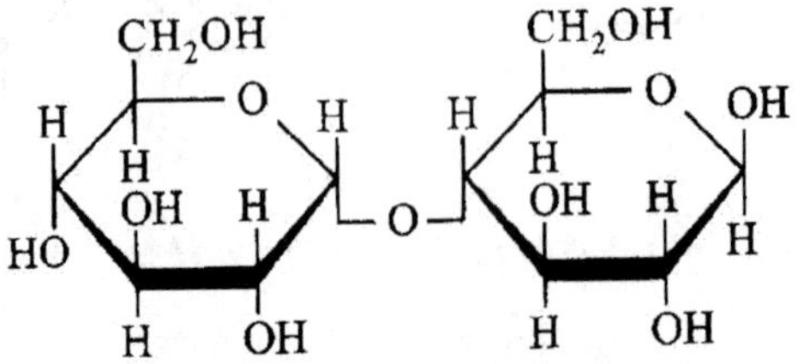

图1–13 麦芽糖的结构式

麦芽糖分子中含有醛基，具有还原性。麦芽糖发生水解反应以后，生成两分子葡萄糖，可用作甜味剂，甜味是蔗糖的1/3。麦芽糖还是一种廉价的营养食品，容易消化和吸收，也可作为糖尿病病人的糖分补充剂。

1.2.3 乳糖

乳糖为哺乳动物乳汁中主要的糖，也是一种双糖。人乳中含乳糖5%–7%，牛乳中含乳糖4%。乳糖的化学式是$C_{12}H_{22}O_{11}$，结构式为：

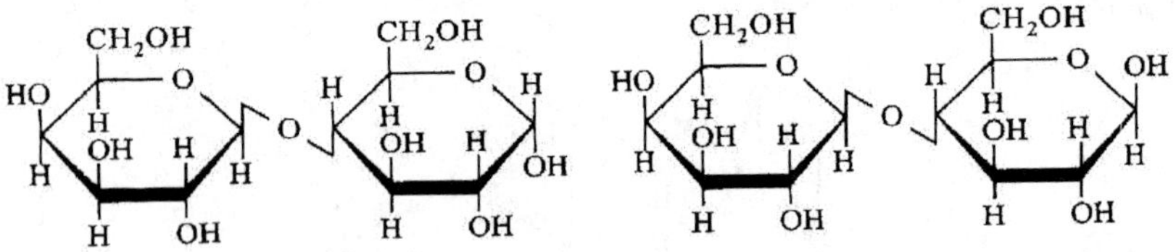

图1–14 乳糖的结构式

乳糖在水中的溶解度小，也不很甜。在乳酸杆菌的作用下，乳糖可以被氧化成乳酸，牛乳变酸就是因为其中的乳糖被氧化，变成了乳酸所引起的。

1.3 多糖

多个单糖分子发生缩合反应，失去水便形成多糖，它可分为同质多糖和杂多糖两种。凡是只由一种单糖发生缩合反应，失去水组成的糖称为同质多糖；凡是由两个或两个以上的不同单糖发生缩合反应，失去水组成的糖称为杂多糖。按照糖单元的排列方式不同，多糖又可分为直链的和支链的形式。

1.3.1 淀粉

淀粉是植物界中存在的极为丰富的有机化合物，大量存在于植物的种子、块茎等部位，淀粉以球状颗粒贮藏在植物中，颗粒的直径为3–100微米，是植物贮存营养的一种形式。

天然淀粉由直链淀粉和支链淀粉组成，大多数淀粉含直链淀粉10%–12%，含支链淀粉80%–90%。玉米淀粉含27%直链淀粉，马铃薯淀粉含20%直链淀粉（两者的其余部分均为支链淀粉），糯米淀粉几乎全部是支链淀粉，有些豆类的淀粉则全是直链淀粉。

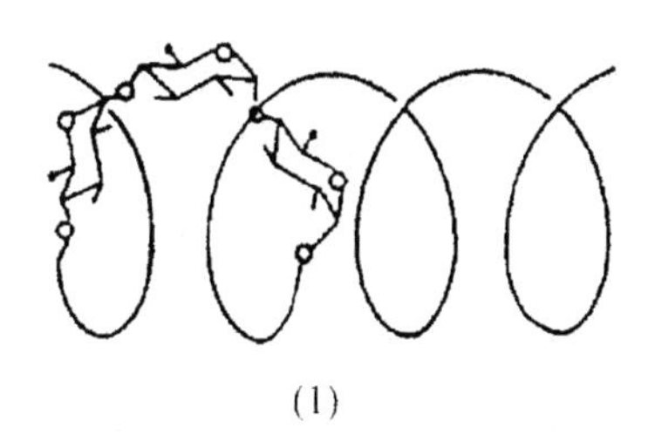

(1)

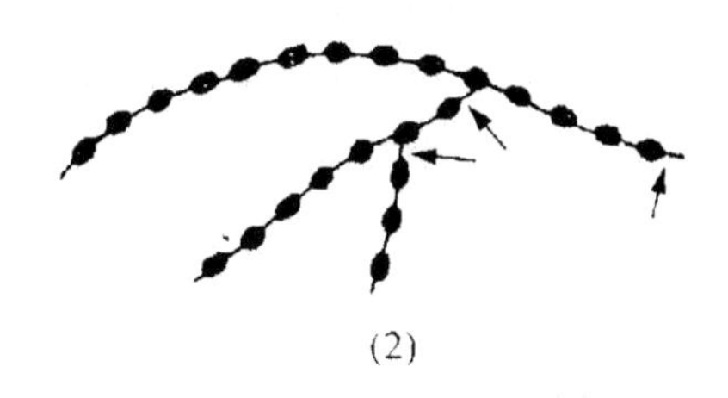

(2)

(1) 直链淀粉：主要为α－D－(1→4)葡聚糖

(2) 支链淀粉：α－D－(1→4)葡聚糖链相互间以α－D－(1→6)苷键相连接

图1–15 直链淀粉和支链淀粉的结构示意图

直链淀粉又称可溶性淀粉，溶于热水后成胶体溶液，容易被人体消化。直链淀粉是一种没有分支的长链线形分子，其分子由3800个以上的葡萄吡喃糖单元组成，化学式是$(C_6H_{10}O_5)_n$，结构式是：

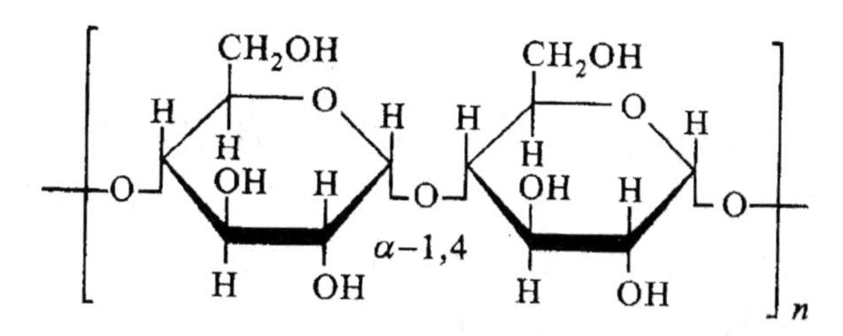

图1–16 直链淀粉的结构式

淀粉可供食用，在人体内淀粉首先被淀粉酶作用，发生水解反应，生成糊精，糊精进一步水解，生成麦芽糖，最后可以水解成葡萄糖，见图1–17。因此，淀粉在人体内能最终转化为葡萄糖，便于人体很好地吸收。

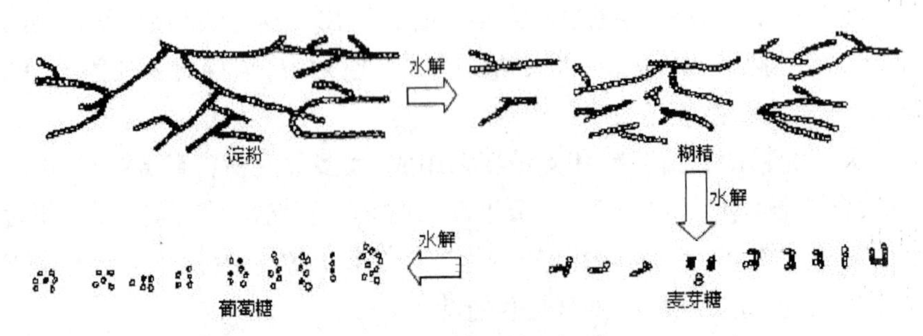

图1–17　淀粉水解示意图

淀粉水解的过程和产物为：

$$\underset{\text{淀粉}}{(C_6H_{10}O_5)_n} \rightarrow \underset{\text{糊精}}{(C_6H_{10}O_5)_m} \rightarrow \underset{\text{麦芽糖}}{C_{12}H_{22}O_{11}} \rightarrow \underset{\text{葡萄糖}}{C_6H_{12}O_6}$$

其中n>m

1.3.2 纤维素

纤维素是由D–吡喃型葡萄糖基连接而成的一种多糖，化学式为$(C_6H_{10}O_5)_n$，结构式是：

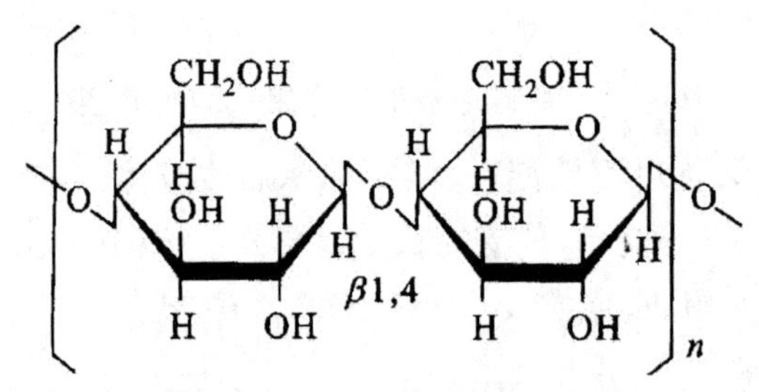

图1–18　纤维素结构式

由于纤维素的羟基有极性，水、碱和盐都可以进入纤维素分子内，使其发生溶胀。纤维素主要来源于木材、棉花、麦草、稻草、芦苇、麻、甘蔗渣等，工业上纤维素用于造纸和制作粘胶纤维以及硝酸纤维素、醋酸纤维素的原料。

问题讨论：蔗糖为什么会有甜味？

甜味通常用舌尖感觉。有一种联系到分子结构的甜味理论，认为许多有甜味的化学物质存在着距离为0.3 nm的两个能形成氢键的基团，这两个基团必须是分离的而不致互相结合。舌头上有配合形成氢键的一边，这可用图1–19表示：

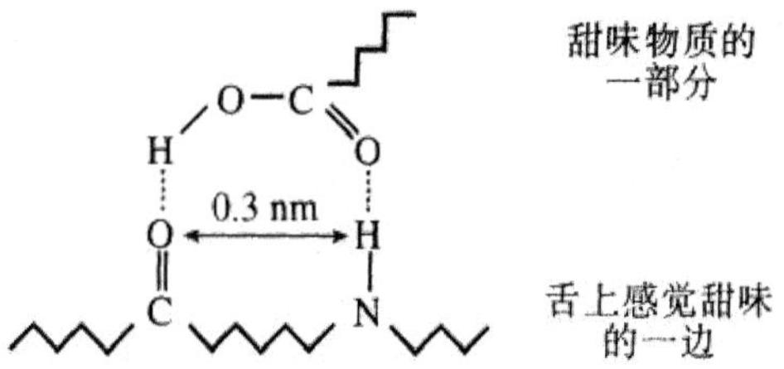

图1–19　甜味感觉的示意图

当甜味物质的一部分键合到舌头上的一边，特殊的神经细胞就传出一系列的信息，感觉到甜味。蔗糖和糖精（邻磺酰苯甲酰亚胺）的甜味基团如图1–20所示：

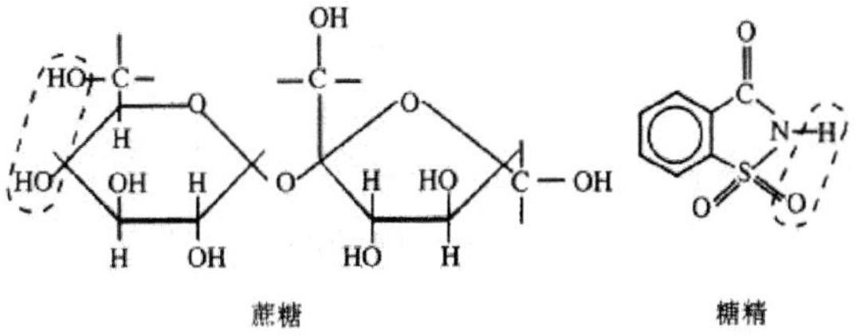

图1–20　蔗糖和糖精的甜味基团

糖精的甜味比蔗糖高300–500倍。这个甜味理论没有能够解释这一点，需要进一步探索。

2糖类的作用

糖的主要功能是供给能量，产生热能。它使人体保持温暖，人们常说“吃饱了就暖和了”、“又饿又冷”就是这个道理。脂肪在人体内完全氧化，需要靠糖供给能量，当人体内糖不足，或身体不能利用糖时（如糖尿病人），所需能量大部分要由脂肪供给。

糖在机体中参与许多生命活动过程。如糖蛋白是细胞膜的重要成分，糖脂是神经组织的重要成分；当肝糖元储备较丰富时，人体对某些细菌的毒素的抵抗力会相应增强；糖中不被机体消化吸收的纤维素能促进肠道蠕动，防治便秘，利于消化等。

资源链接：糖类的正确食用

· 严格控制糖的摄入量。因为人体并不缺糖，如吃糖过多，剩余的部

分就会转化为脂肪,导致肥胖等病症;

·睡觉前不应吃糖。人入睡后,唾液停止分泌,没有清洁口腔的唾液,糖发酵会产生乳酸,发生龋齿,不利于牙齿的健康;

·红糖是没有经过高度精炼的蔗糖,它除了具备糖的功用可以提供热能外,还含有微量元素,如铁、铬和其他矿物质,有补血祛寒的功能;

·吃糖过多与糖尿病没有必然的关系。糖尿病实际上是由于体内胰岛素分泌失调使糖代谢失常而引起的。

第3节 脂 类

脂类是食物中的重要营养成分之一,包括脂肪和类脂。脂肪即油脂,又称甘油三酯或三酰甘油。我们日常食用的动、植物油,如猪油、牛油、豆油、花生油等均属于此类。类脂则是指性质类似脂肪的物质,包括磷脂、糖脂、固醇等。

1甘油酯和脂肪酸

在室温下呈液态者称为油,呈固态者称为脂。从植物种子中得到的大多数为油,而来自动物的大多为脂。动植物油脂的主要成分是脂肪酸的甘油酯,若甘油结合的三个脂肪酸相同,则称之为单甘油酯,否则称为混甘油酯。天然油脂中的甘油酯大部分是混甘油酯。油脂的组成通式为:

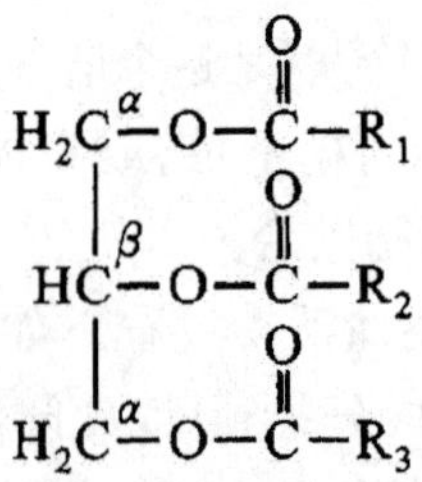

$$
\begin{array}{l}
\mathrm{H_2C\overset{\alpha}{-}O-\overset{\overset{\displaystyle O}{\|}}{C}-R_1} \\
\quad | \\
\mathrm{HC\overset{\beta}{-}O-\overset{\overset{\displaystyle O}{\|}}{C}-R_2} \\
\quad | \\
\mathrm{H_2C\overset{\alpha}{-}O-\overset{\overset{\displaystyle O}{\|}}{C}-R_3}
\end{array}
$$

甘油酯中的脂肪酸可分为不饱和脂肪酸和饱和脂肪酸两大类。最主要的不饱和脂肪酸有:亚油酸和油酸等。

亚油酸的学名是顺-9,12-十八(碳)烯酸,结构简式是:

$CH_3(CH_2)_4$ — $C{=}C$ — $\overset{H_2}{C}$ — $C{=}C$ — $(CH_2)_2COOH$

H　H　H　H

亚油酸以甘油酯的形式存在于动植物脂肪中，在植物油中，亚油酸的含量比较高，如花生油含26%，豆油含57.5%，菜油含15.8%。亚油酸是人和动物营养中必需的脂肪酸，缺乏亚油酸，会使动物发育不良，皮肤和肾损伤，以及产生不育症。亚油酸在医药上用于治疗血脂过高和动脉硬化。

油酸的学名是顺-9-十八(碳)烯酸，结构简式是:

$CH_3(CH_2)_7$ — $C{=}C$ — $(CH_2)_7COOH$

H　H

油酸以甘油酯的形式存在于一切动植物油脂中，在动物脂肪中含40%–50%，茶油中含83%，花生油中含54%，椰子油中含5%–6%。由于油酸中含有双键，在空气中长期放置能被氧化，局部转变为含羰基的物质，而使油脂具有腐败的哈喇味，这也是油脂变质的原因之一。

最主要饱和脂肪酸有软脂酸和硬脂酸。软脂酸的化学式为$CH_3(CH_2)_{14}COOH$，几乎所有的油脂中都有含量不等的软脂酸，棕榈油中含量约40%，菜油中含量为2%。

硬脂酸的化学式是$CH_3(CH_2)_{16}COOH$，几乎所有油脂中都有含量不等的硬脂酸，在动物脂肪中含量较高，牛油中可达24%。植物油中硬脂酸含量较少，菜油为0.8%，棕榈油为6%，但可可脂中的含量可高达34%。硬脂酸的钠盐或钾盐是肥皂的组成部分，还可用于生产雪花膏等日用化妆品。

资源链接:食用油中最常见的脂肪酸①

① 徐泓,江家发.食用油与人体健康[J].化学教育.2006,(7):1.

系统命名	俗称	结构
十二酸	月桂酸（lauric acid）	COOH
十四酸	肉豆蔻酸(myristic acid)	COOH
十六酸	棕榈酸(palmitic acid)	COOH
十八酸	硬脂酸(stearic acid)	COOH
9-十八烯酸	油酸(oleic acid)	COOH
9，12-十八二烯酸	亚油酸(linoleic acid)	COOH
13-二十二烯酸	芥酸(erucic acid)	COOH

2脂肪酸及脂肪的性质

2.1物理性质

纯净的脂肪酸及其油脂都是无色的，脂肪是混合物，所以没有确定的熔、沸点。脂肪酸的比重一般都比水轻，它们的折光率随相对分子质量和不饱和度的增加而增大，因此，如奶油等含低饱和度酸多的油，折光率就低，而亚麻油等不饱和酸含量多的油，折光率就高，在制造硬化油（人造奶油）加氢时，可以根据折光率的下降情况来判断加氢的程度。

2.2化学性质

2.2.1水解和皂化

脂肪能在酸、碱或酶的作用下水解为脂肪酸及甘油，反应方程式如下：

$$R_2-\overset{\overset{O}{\|}}{C}-O-\begin{array}{l} CH_2O-\overset{\overset{O}{\|}}{C}-R_1 \\ | \\ CH \\ | \\ CH_2O-\overset{\overset{O}{\|}}{C}-R_3 \end{array} + 3\,KOH \xrightarrow{\text{皂化}} HO-\begin{array}{l} CH_2OH \\ | \\ CH \\ | \\ CH_2OH \end{array} + \begin{array}{l} R_1COOK \\ R_2COOK \\ R_3COOK \end{array} + 3H_2O$$

2.2.2 加成反应

不饱和脂肪酸在催化剂(如Pt)存在下可在不饱和键上加氢，本反应被应用于植物油制造人造奶油。不饱和双键上还可以和卤素发生加成反应，利用此反应可进行脂肪酸的分离和精制等，如含6个Br原子以上的不饱和酸不溶于乙醚，因此亚油酸、亚麻酸等可通过溴化精制。

2.2.3 氧化反应

脂肪酸可被空气缓慢氧化分解生成低级醛酮、脂肪酸等，这个性质对含油食品的质量有重要意义。

(1)脂肪的自动氧化及其控制

油脂暴露于空气中会自发地进行氧化作用，先生成氢过氧化物，继而分解产生低级醛、酮、羧酸等。这些物质具有令人不快的嗅感，从而使油脂发生酸败。发生酸败的油脂营养价值下降，甚至有毒。

①不饱和油脂的自氧化

不饱和油脂的自氧化是游离基反应历程。以RH代表不饱和脂肪，其历程见图1-21：

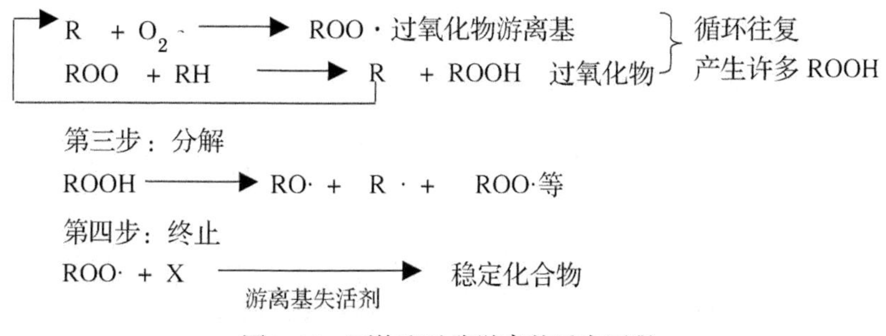

图1-21　不饱和油脂游离基反应历程

脂肪分子的不同部位对活化的敏感性不同，一般以双键的α-亚甲基最易生成自由基。

② 饱和脂肪的氧化

饱和脂肪的自氧化与不饱和脂肪不同，它无双键的α-亚甲基，不易形成碳自由基，然而，由于饱和脂肪酸常与不饱和脂肪酸共存，它很易受到由不饱和酸产生的氢过氧化物的氧化而生成氢过氧化物，饱和酸的自氧化主要在$-CO_2H$的邻位上进行。

$$R_1CH_2—CO_2R_2 \xrightarrow{ROOH} R_1\underset{\displaystyle |\atop OOH}{CH}—CO_2R_2 + RH$$

③ 氢过氧化物的降解

氢过氧化物是不稳定的化合物，易发生分解而重新生成游离基，再进一步氧化生成各种化合物。这些低分子量的醛、酮、酸，有难闻的臭味。

$$R_1\underset{\displaystyle |\atop OOH}{C}HR_2 \longrightarrow R_1\underset{\displaystyle |\atop O\cdot}{C}H \vdots R_2 \longrightarrow R_1\underset{\displaystyle \|\atop O}{C}H + R_2\cdot \longrightarrow R_1COOH$$

$$\longrightarrow R_1\underset{\displaystyle |\atop OH}{C}HR_2 + R_3\cdot$$

$$\longrightarrow R_1\underset{\displaystyle \|\atop O}{C}HR_2 + R_3H \longrightarrow R_1\underset{\displaystyle \|\atop O}{C} \vdots \underset{\displaystyle |\atop OOH}{C}HR_2 \longrightarrow R_1\underset{\displaystyle \|\atop O}{C}OH + R_2CHO$$

$$R_2CHO \longrightarrow R_1COOH$$

④聚合

不饱和酸在氧化过程中，在形成低分子化合物的同时也生成一些聚合物。如：

$$RCH{=}\overset{\displaystyle CH_2R'\atop |}{C}H \xrightarrow{O_2} \overset{\displaystyle R\atop |}{\underset{\displaystyle |\atop {O\atop {|\atop O}}}{C}H}—\overset{\displaystyle CH_2R'\atop |}{C}H \longrightarrow \overset{\displaystyle R\atop |}{C}H—\overset{\displaystyle CH_2R'\atop |}{C}H$$

$$\begin{array}{ccc} \overset{R}{|} & & \overset{CH_2R'}{|} \\ CH & — & CH \\ | & & | \\ O & & | \\ | & & | \\ O & & | \\ | & & | \\ RCH & — & CH \\ & & | \\ & & CH_2R' \end{array}$$

此二聚体还可以进而形成三聚体或多聚体。这种聚合是–O–O–交联,而不是 –C–C– 结合。

(2)影响脂肪自动氧化速度的因素

光照、受热、氧、水分活度、铁、铜、钴等重金属离子以及血红素、脂氧化酶等都会加速脂肪的自氧化速度。所以,为了阻止含脂食品的氧化变质,最常用的办法是排除O_2,采用真空或充N_2包装和使用透气性低的有色或遮光的包装材料,并尽可能避免在加工中混入铁、铜等金属离子。家中的食用油脂应用有色玻璃瓶装,避免用金属罐装。

3 食品热加工过程中油脂的变化

许多食品是用油炸法加工的,因此了解油在高温下的变化对于控制产品质量极为重要。油脂经长时间加热,会发生黏度增高,酸价增高以及产生刺激性气味等变化。油脂热增稠是由于发生了聚合作用,当温度≥300℃时,增稠速度极快,如:

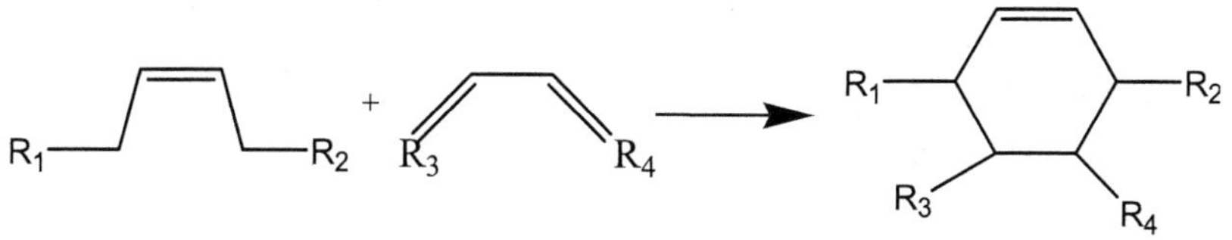

而酸价增高及刺激性气味的产生,则是油脂在高温下分解生成了酸、醛、酮等化合物。金属离子如Fe^{2+}的存在可催化热解。

热变性的脂肪不仅味感变劣,而且丧失营养,甚至还有毒性。所以,食品工业要求控制油温在150℃左右,并且用于油炸的油不宜长期连续使用。

4 脂类的功能

脂类是人体的重要组成部分,对人体具有多种重要作用。皮下脂肪能够帮助人体保持体温;内脏、组织周围的脂肪则起着保护和固定的作用;脑及其他神经组织中也含有磷脂和糖脂,对神经功能有重要影响;脂类还能提供脂肪酸,参与体内某些活性物质的合成;固醇是体内制造固醇类激素的必需物质;此外,脂类还能为人体贮存和供给能量。

资源链接:油脂的科学食用

在饮食方面,脂类能够增进食物味道,刺激消化液分泌并促进食欲;促进脂溶性维生素的吸收;因排空时间较长而给人以饱腹感、不易感到饥饿。然而,过量或不当食用油脂也不利于健康。

1. 少食动物脂肪。含饱和脂肪酸较多的动物性脂肪,会加快肝脏合成胆固醇的速度,增高血液中胆固醇的含量,易引起动脉硬化或胆结石。脂肪在肝细胞中大量堆积会形成脂肪肝,影响肝脏正常功能,引发多种疾病,严重者肝脏还会纤维增生,形成肝硬化,进而导致肝癌。过多摄入脂肪还易增加脂肪细胞数量或增大脂肪细胞体积而引起肥胖,而肥胖是高血压、糖尿病以及癌症等"现代文明疾病"的重要危险因素。在食用脂肪的同时,建议同时食用富含膳食纤维的蔬菜、水果及粗粮,因为膳食纤维能够减少脂肪的吸收。

2. 禁食原油。目前在我国少数农村地区仍存在食用未经精炼的原油现象,新的食用油标准中规定:原油不能食用。原油中所含的大量杂质、水分、磷脂等物质降低了油脂的食用质量和贮存时间;一些原油中还含有毒性物质(如未精炼的菜籽油含硫化物较高,花生机榨毛油含有黄曲霉素等)。媒体中曾经报道少数不法商贩利用酒店等废弃油提炼出的"地沟油"更是严重侵害消费者的身体健康。

3. 提倡食用油的多样化。我国许多地区以菜籽油为主,其中的单不饱和脂肪酸含量高,而饱和脂肪酸,多不饱和脂肪酸含量偏低,脂肪酸结构不合理。可采用调配的办法,不要长期食用单一油品,油要变换着吃,多食调和油,这样才有利于身体健康。世界卫生组织(WHO)推荐的人类膳食用油脂肪酸标准模式为:饱和脂肪酸:单不饱和脂肪酸:多饱和脂肪酸=1:1:1。此外,不同人群也须根据自身需要选择食用油,如孕妇应多摄取亚油酸、亚麻酸含量高的菜籽油、亚麻籽油等;心血管疾病患者可适量食用大豆油、红花油、玉米胚芽油、棉籽油、葵花籽油、芝麻油等。

4. 慎食油炸食品。油炸食品因为良好的口感,受到人们的喜爱,但生活中的油炸食品往往使用的是重复使用的煎炸油加工出来的,由于油脂长时间处于高温状态,并反复使用,产生了对人体有害的物质。油脂的理化指标显示,煎炸油的品质随煎炸时间的增加而降低,煎炸时间越长,其品质的破坏越大,对人体健康造成的损坏也越大。因此为确保煎炸用油的安全卫生,应注意保持油温在200℃以下,并且每连续使用10小时后全部更换新油。

第4节　维生素

维生素包含了人类生命活动中不可缺少的一大类形形色色的有机化合物。它们通常具有以下共同特点:维生素或其前体都在天然食物中存在,但是没有一种食物含有人体所需的全部维生素;它们在体内不提供热能;它们参与维持机体正常生理功能,需要量少却又绝不可缺少;它们一般不能在体内合成或合成量少,不能满足机体需要,必须由食物供给。维生素缺乏在人类历史的进程中曾经是引起疾病和造成死亡的重要原因之一,人类也正是在同这些维生素缺乏症的斗争中来研究和认识维生素的。

1维生素的分类

维生素依据其溶解性可分为脂溶性维生素及水溶性维生素两类。脂溶性维生素易溶于脂肪和大多数有机溶剂,不溶于水。脂溶性维生素吸收过程复杂,并与脂肪吸收平行。水溶性维生素易溶于水,大多是辅酶的组成部分,通过辅酶而发挥作用,以维持人体的正常代谢和生理功能。人体对水溶性维生素的贮量不大,当组织贮存饱和后,多余的维生素可迅速自尿液排出。脂溶性维生素主要储存于肝脏,而由粪便排出。由于这些维生素代谢极慢,超过剂量,即可产生毒性效应。

表1-2　维生素的分类

脂溶性维生素		水溶性维生素	
字母名称	俗名	字母名称	俗名
维生素A_1	视黄醇	维生素B_1	盐酸硫胺素
维生素A_2	脱氧视黄醇	维生素B_2	核黄素
维生素D_2	骨化醇	维生素PP	尼克酰胺、烟酰胺
维生素D_3	胆骨化醇	维生素B_6	吡哆醇
维生素E	α,β,γ……生育酚	维生素B_{12}	钴胺酸
维生素K_1	叶绿醌	维生素B_5	泛酸
维生素K_2	合欢醌	维生素C	抗坏血酸

1.1 脂溶性维生素

1.1.1 维生素A

维生素A（化学式为$C_{20}H_{30}O$）又称视黄醇，是一种脂溶性维生素，黄色棱柱状晶体，熔点为63℃-64℃，不溶于水和甘油，溶于乙醇、乙醚、氯仿、油脂和油。其结构式如下：

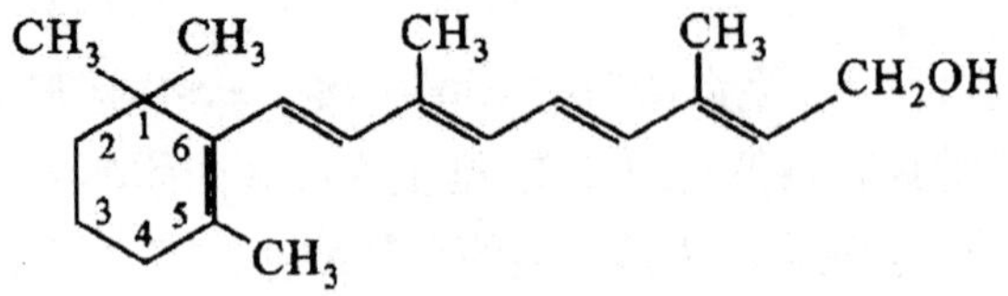

维生素A

植物（如胡萝卜、菠菜、红薯）中所含的胡萝卜素在人体内经肠壁或肝脏中的胡萝卜素酶的作用，可以转化为维生素A：

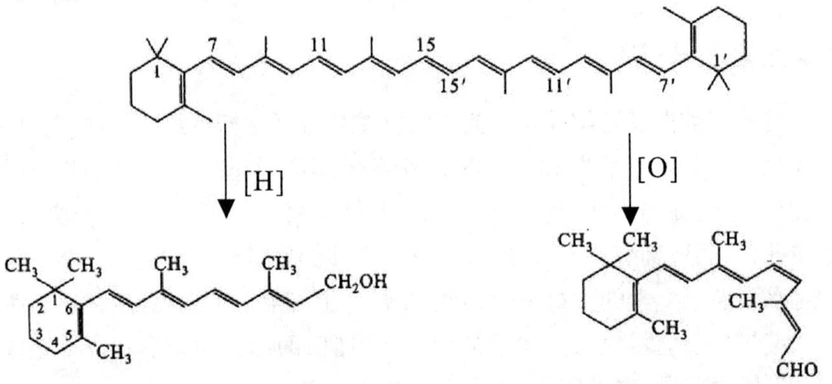

图1-22　β-胡萝卜素的转化过程

如果体内缺少维生素A，合成的视紫红质就会减少，使人在弱光中的视力减退，这就是产生夜盲症的原因，所以维生素A可用于治疗夜盲症。维生素A还与上皮细胞的正常结构和功能有关，缺少维生素A会导致眼结膜、角膜干燥和发炎，甚至失明。维生素A的缺乏还会引起皮肤干燥和鳞片状脱落、毛发稀少、呼吸道的多重感染、消化道感染和吸收力低下。维生素A只存在于动物的组织中，在蛋黄、奶、奶油、鱼肝油以及动物的肝脏中含维生素A较多。

1.1.2 维生素D

维生素D于1926年由化学家卡尔首先从鱼肝油中提取，是淡黄色晶体，不溶于水，能溶于醚等有机溶剂。维生素D又称阳光维生素。因为在人体皮肤中存在一种7–脱氢胆固醇，在太阳的紫外线照射下，这种物质就会转变成维生素D。因此说，经常参加户外活动，或者进行日光浴，阳光就给人体合成了维生素D_3。

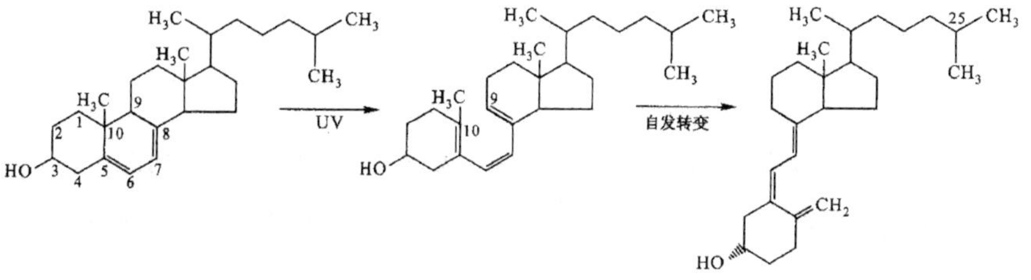

H_3C　CH_3　H_3C　CH_3　H_3C　9　2　1　10　8　HO　3　4　5　6　7　UV　H_3C　CH_3　H_3C　CH_3　H_3C　9　10　HO　自发转变　H_3C　25　CH_3　H_3C　CH_3　CH_2　HO

7–去氢胆甾醇　　前维生素D_3　　维生素D_3

图1–23　维生素D_3的合成过程

维生素D是一种脂溶性维生素，其中最重要的有两种：维生素D_2(麦角钙化醇)和维生素D_3(胆钙化醇)。维生素D_2是无色结晶，熔点为115℃–118℃，不溶于水，易溶于乙醇和其他有机溶剂。维生素D_2是无色结晶，熔点为84℃–85℃，不溶于水，化学式是$C_{28}H_{44}O$；维生素D_3的化学式是$C_{27}H_{44}O$。维生素D比较丰富的来源是鱼的肝脏和内脏，这些肝脏的油脂中含有维生素D_3，通常所说的鱼油含有较多的维生素D，就是这个意思。

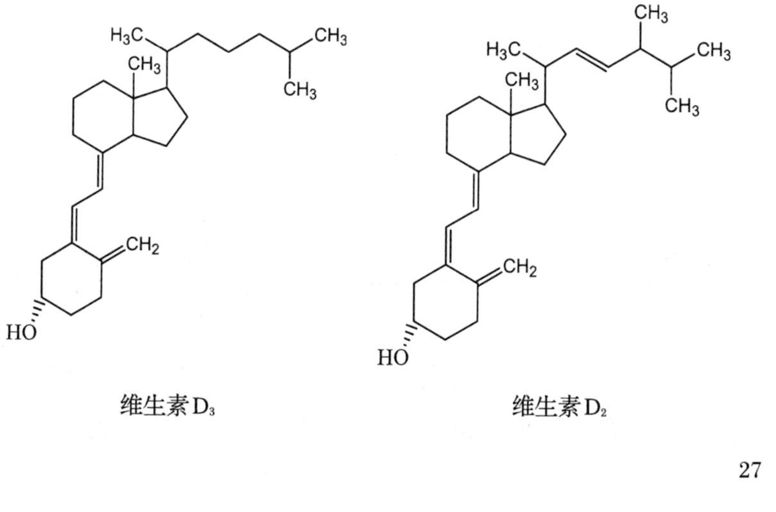

H_3C　CH_3　CH_3　CH_3　CH_2　HO　　CH_3　H_3C　CH_3　CH_3　CH_3　CH_2　HO

维生素D_3　　维生素D_2

1.1.3 维生素E

维生素E又称生育酚，是一种脂溶性维生素，化学式为$C_{29}H_{50}O_2$，包括α–维生素E、β–维生素E、γ–维生素E、δ–维生素E。

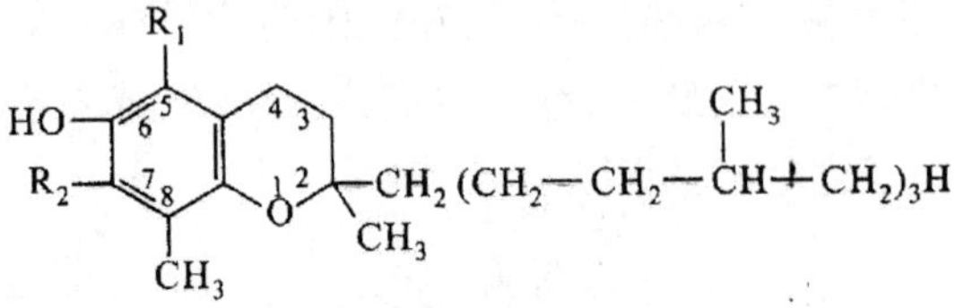

α–维生素E

α–维生素E是淡黄色油状物，沸点为200℃–220℃，不溶于水，溶于乙醇、乙醚、丙酮、氯仿、脂肪。在没有空气的条件下，对热和碱都很稳定，在100℃以下不和酸作用。维生素E易被氧化，在空气中经光照会被氧化为醌的衍生物。

维生素E是动物体内的强抗氧剂，特别是脂肪的抗氧剂。缺乏维生素E，将不能生育，还会引起肌肉萎缩，肾脏损伤等。绿色植物及种子胚芽（如小麦、胚芽油、棉籽油、花生油、大豆油、芝麻油等）为其丰富的来源。维生素E能阻止人体内不饱和脂肪酸的氧化，使细胞不受损害。对预防动脉硬化、脑出血，以及抗人体衰老具有显著的作用。

1.1.4 维生素K

维生素K是一种脂溶性维生素，是萘醌的衍生物。维生素K对酸和热稳定，遇碱容易分解，对光极为敏感，经光照后就失去活性。

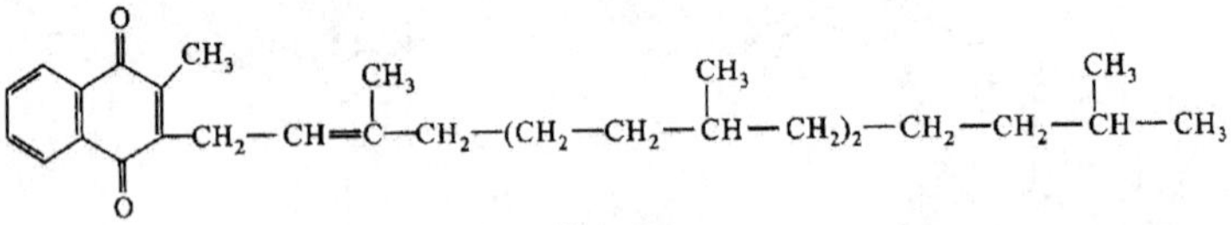

维生素 K_1

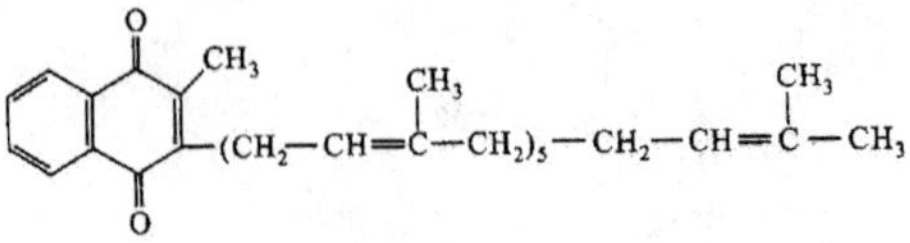

维生素 K_2

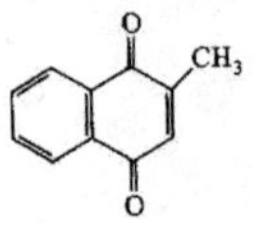

维生素 K_3

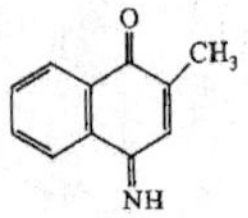

维生素 K_4

维生素K在自然界分布十分广泛，含量最丰富的是菠菜和绿洋白菜。另外,许多细菌(包括某些正常的肠道菌)能合成维生素K。维生素K的生理作用是在肝内控制凝血酶原的合成,并能促进某些血浆凝血因子在肝中的合成。维生素K分布于人体的各个器官,在心脏中的浓度较高,对细胞的呼吸有利。人体一般不缺乏维生素K,食物中已有足够的量,而且还能由肠道内的细菌合成,也可被吸收和利用。

1.2 水溶性维生素

1.2.1 维生素B_1

维生素B_1又称为硫胺素,能与盐酸生成盐酸盐,已能人工合成,维生素B_1在TPP活性酶的作用下形成焦磷酸硫胺素(TPP)。反应过程如下图:

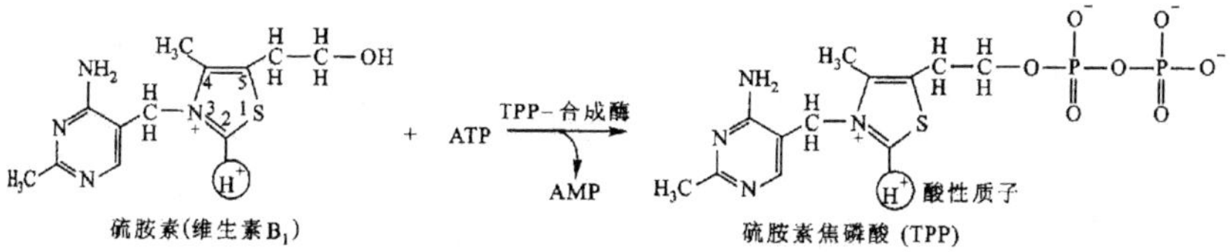

图1-24　焦磷酸硫胺素的合成过程

维生素B_1存在于谷物的胚及酵母、肉类、豆类及蛋中,食精白米及精白面者易得维生素B_1缺乏症,产生多发性神经炎、脚气病、下肢瘫痪、浮肿和心脏扩大等症状。

1.2.2 维生素B_2

维生素B_2又称核黄素,是一种黄色针状晶体,微溶于水,遇碱容易分解,遇光也容易分解。是水溶性维生素,化学式为$C_{17}H_{20}N_4O_6$,结构式为:

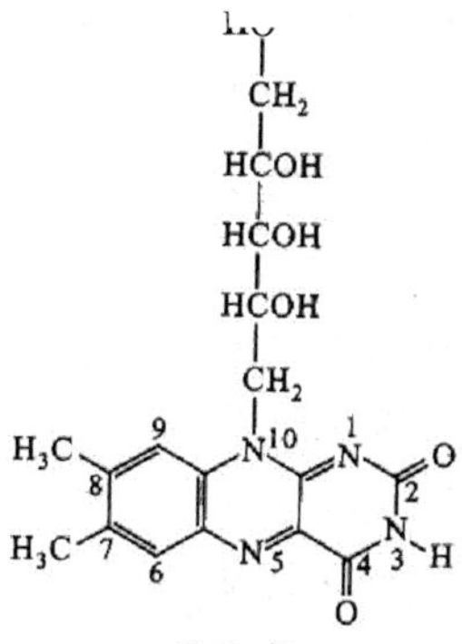

维生素B_2

维生素B_2进入人体后磷酸化，转变成磷酸核黄素及黄素腺嘌呤二核苷酸，与蛋白质结合成为一种调节氧化-还原过程的脱氢酶。脱氢酶是维持组织细胞呼吸的重要物质。缺乏它，体内的物质的代谢紊乱，出现口角炎、皮炎、舌炎、脂溢性皮炎、结膜炎和角膜炎等。维生素B_2的食物来源主要有动物肝、肾等内脏，以及干酵母，奶、蛋、豆类、硬果类和叶菜类等。

1.2.3 维生素C

维生素C又称抗坏血酸，是一种水溶性维生素，1907年挪威化学家霍尔斯特在柠檬汁中发现，1934年才获得纯品，是无色晶体，属于水溶性维生素，易溶于水，水溶液呈酸性，所以又称它为抗坏血酸。在酸性溶液中稳定，在中性或碱性溶液中易被氧化分解。化学式为$C_6H_8O_6$，结构式为：

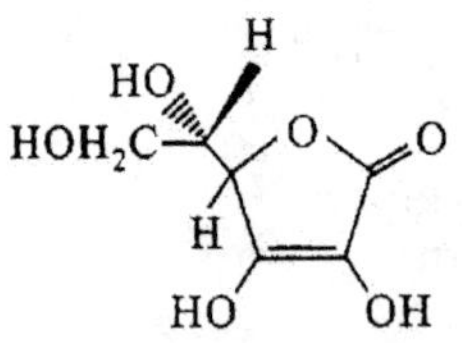

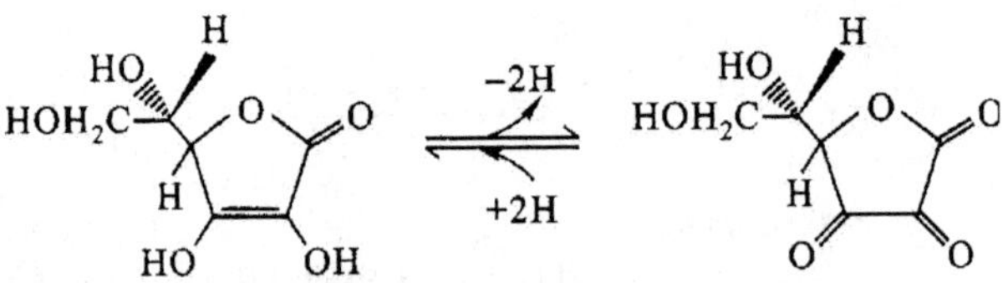

维生素C　　　　图1–25　维生素C转变为去氢维生素C

维生素C中烯二醇的结构极不稳定，很易氧化为二酮结构，这就形成了维生素C的极强的还原性，铁、铜等金属离子能够加速其氧化速率。维生素C在人体内的主要功能是：参加体内的氧化还原过程，促进人体的生长发育，增强人体对疾病的抵抗能力，促进细胞间质中胶原的形成，维持牙齿、骨骼、血管和肌肉的正常功能，增强肝脏的解毒能力。当人体中缺少维生素C时，就会出现牙龈出血、牙齿松动、骨骼脆弱、粘膜及皮下易出血、伤口不易愈合等症状。近年来，科学家们还发现，维生素C能阻止亚硝酸盐和仲胺在胃内结合成致癌物质——亚硝胺，从而减低癌症的发病率。

资源链接：防止维生素C的丢失

维生素C对维持人体正常生理功能及健康具有重要作用。在日常生活中，我们每天需要维生素C 60mg，而水果、蔬菜是膳食中维生素C的主要来源。由于维生素C性质极不稳定，所以生活中要防止维生素C的破坏和丢失。

●维生素C在空气中易被氧化，所以要尽量食用新鲜的水果和蔬菜；

●蔬菜不要切得过细、过碎或提前将菜切好备用，最好现做现切；

●烹调蔬菜要做到加热时间短，原则是急火快炒。有些蔬菜以生吃为好，如黄瓜、西红柿、萝卜等。

●碱易破坏维生素C，烹调时不宜加碱。食用水果时，不应与含碱食物如松花蛋或苏打水同食；

●维生素C是水溶性的，为防止维生素C丢失，水果、蔬菜不易长期浸泡在水中，做饺子馅，不要把菜馅中的水分挤掉。

2维生素的摄入

2.1维生素的正常剂量

人体每日对维生素的需要量甚微，但如果缺乏，则可引起一类特殊的疾病，称为“维生素缺乏症”。食物是维生素和矿物质的最好来源，平衡膳食的健康者，另行补充维生素并无受惠之处。但对挑食、偏食的人，往往不能摄入适量维生素，就需要补充。现有提纯及合成制品中，有单项成分的，也有以不同成分组合的。用于预防的产品，应与用于治疗目的的制剂区分开来。

2.2维生素缺乏症的病因

维生素缺乏症可以是下列一个或几个原因造成的。

食物中的维生素缺乏：食物的量不足可能是维生素缺乏症的简单病因。可能出现在吃特殊限性膳食的病人及食物缺乏多样性的病人。对食物进行处理的过程也可能影响食物中维生素的含量。

食物中吸收维生素受限：这是消化道疾病的一般并发症。对胃酸缺乏症，胃炎或腹泻阻止维生素B族各成分的吸收。脂肪吸收受阻，则脂溶性维生素吸收受阻，比如患阻塞性黄疸的病人吸收维生素K的功能受阻，从而使血液凝固时间延长。

维生素的需要增多：婴儿与儿童以及妊娠期和授乳期妇女的维生素需要量都很高。长期发烧的疾病和中毒性甲状腺肿，常需增加维生素的供应量。因此，维生素的供给量取决于两个可变因子，即吸收量与机体需要量。

生活实验:市售果汁饮料中柠檬酸和维生素C的定量测定

1.测定原理

柠檬酸和抗坏血酸均有酸性,分别与NaOH发生如下反应:

$C_3H_5O(COOH)_3+3NaOH \rightarrow C_3H_5O(COO)_3Na_3+3H_2O$ ①

柠檬酸

$C_6H_8O_6+NaOH \rightarrow C_6H_7O_6Na+H_2O$ ②

抗坏血酸

通过酸碱中和滴定实验来定量测定它们的含量。又由于抗坏血酸易于被KIO_3氧化,而柠檬酸不能被KIO_3氧化,用淀粉作指示剂,利用氧化还原滴定来测定样品中抗坏血酸的含量,其反应式如下:

$3C_6H_8O_6+ IO \rightarrow 3C_6H_6O_6+3H_2O+I^-$ ③

$IO_3^-+5I^-+6H^+ \rightarrow 3I_2+3H_2O$ ④

这样,首先测出酸的总量;其次,测出抗坏血酸的量;最后,通过计算得出所给饮料样品中的柠檬酸的量。

2.仪器与药品

酸、碱式滴定管、20.00mL移液管、电子天平、250mL容量瓶、锥形瓶

$0.10mol \cdot L^{-1}$ NaOH溶液、$0.0010mol \cdot L^{-1}KIO_3$溶液、酚酞试液、淀粉试液、$1.0mol \cdot L^{-1}$硫酸溶液、样品若干(为便于滴定终点的判断,不易选择呈蓝色和紫色的果汁饮料)

3.测定过程

(1)准确称取1.000g左右NaOH,配制成250mL溶液;准确称取0.0460g左右KIO_3,也配制成250mL溶液;

(2)用20.00mL移液管量取20.00mL试样于锥形瓶中,加入2–3滴酚酞试液;

(3)用$0.10mol \cdot L^{-1}$NaOH溶液进行滴定,至溶液由无色变为浅红色即达到滴定终点(若饮料本身呈黄色,则滴定至由黄色变为橙色),记录数据填入下表;

(4)重复(1)和(2)的操作,再次记录;

(5)用20.00mL移液管量取20.00mL试样于锥形瓶中,加入约1mL $1.0mol \cdot L^{-1}$硫酸溶液(酸化)和2–3滴淀粉试液;

(6)用0.0010mol·L^{-1} KIO_3溶液进行滴定,至溶液无色变为蓝色即达到滴定终点,记录数据;

(7)重复(5)和(6)的操作,再次记录;

(8)重新选择试样进行(1)至(7)的实验。

实验数据记录

	试样Ⅰ	试样Ⅱ	试样Ⅲ	试样Ⅳ
第一次耗NaOH溶液体积(/mL)				
第二次耗NaOH溶液体积(/mL)				
第一次耗KIO_3溶液体积(/mL)				
第二次耗KIO_3溶液体积(/mL)				

4. 数据处理(略)。

第5节　矿物质

人体组织中几乎含有自然界存在的各种元素,而且与地球表层元素组成基本一致。在这些元素中,已发现有20余种是构成人体组织、生化代谢所必需,其中除碳、氢、氧和氮主要以有机物形式存在外,其余的统称为无机盐。

1 矿物质及其分类

矿物质(又称无机盐),是地壳中自然存在的化合物或天然元素。

1.1 矿物质的分类

根据对人体的生理作用角度,可以把矿物质分为三类:必需元素、有毒元素、未知作用元素。在此对三类矿物质元素做简要介绍并详细分析必需元素对人体的生物化学作用。

1.1.1 必需元素

必需元素参与人体的各种生理作用,是人体营养所不可缺少的成分。其含量比较恒定,缺乏时会导致组织上和生理上的异常,在补给后大多可以恢复正常。根据它在人体中的含量又可分为:

(1)常量元素(macro component):在人体内含量超过0.01%的元素。必需的常量元素中,碳(C)、氢(H)、氧(O)、氮(N)四种占人体总质量的96%,钠(Na)、钾(K)、钙(Ca)、镁(Mg)、氯(Cl)、硫(S)、磷(P)七种元素占人体总质量3.95%。以上11种元素占人体总质量的99.95%。

(2)微量元素(minor component):在人体内含量低于0.01%的元素。必需的微量元素有铁(Fe)、锌(Zn)、铜(Cu)、碘(I)、锰(Mn)、钼(Mo)、钴(Co)、硒(Se)、铬(Cr)、镍(Ni)、锡(Sn)、硅(Si)、氟(F)、钒(V)。

1.1.2 有毒元素

有毒元素是指在人体正常代谢过程中有障碍并影响人体生理机能的元素。现已知的有镉(Cd)、汞(Hg)、砷(As)、锑(Sb)、锗(Ge)、铍(Be)、铊(Tl)等十几种元素。应当指出,机体对各种矿物质元素都有一个耐受剂量,即使是某些必需元素,当摄入过量时,也会对机体产生危害。

1.1.3 未知效用的元素

除上面提到的作用已经较为清楚的元素外,人体中还普遍存在20-30种元素,它们的生物效应和作用还未被人类认识,有待于进一步研究,所以成它们为未知效用的元素。例如:钡(Ba)、硼(B)、溴(Br)、锂(Li)、钛(Ti)等。

1.2 矿物质的酸碱化学

人体吸收的矿物质元素因性质的不同而在生理上具有酸性或碱性的区别。如金属元素钠、钾、钙、镁等,在人体中被氧化生成碱性氧化物Na_2O、K_2O、CaO、MgO等。这些带金属元素阳离子较多的食品,在生理上称为碱性食品;而非金属元素如硫、磷、氯等,它们在体内氧化后,生成带阴离子的酸根PO_4^{3-}、SO_4^{2-}等,含有非金属元素阴离子较多的食品,在生理上称为酸性食品。食品在生理上是酸性还是碱性,可以通过食品灰化后,用酸或碱进行中和来确定。灰分的酸度或碱度,是指100g食品的灰分溶于水中,用0.1mol/L酸或碱的规定溶液中和时,所消耗酸或碱液的毫升数。用"+"表示酸度,用"-"表示碱度。

大部分的蔬菜、水果、豆类都属于碱性食品。水果中虽然含有有机酸,在味觉上呈酸性,但这些有机酸在人体内氧化,生成二氧化碳和水排出体外,所以水果在生理上并不属于碱性食品。

常见的酸碱性食品如表1-3所示[1]。

表1-3　常见酸碱食品

食品名称	灰分的碱度	食品名称	灰分的酸度
大豆	+2.20	猪肉	-5.60
豆腐	+0.20	牛肉	-5.00
菜豆	+5.20	鸡蛋	-7.60
菠菜	+12.00	鸡蛋黄	-18.80
莴苣	+6.33	鲤鱼	-6.40
萝卜	+9.28	鳗鱼	-6.60
胡萝卜	+8.32	牡蛎	-10.40
香蕉	+8.40	鱿鱼（干）	-48.0
梨	+8.40	虾	-18.0
苹果	+8.20	稻米	-11.67
草莓	+7.80	稻米（糙）	-10.60
柿子	+6.20	麦粉	-6.50
牛乳	+0.32	面包	-0.08
茶叶	+8.89	花生	-3.00
马铃薯	+5.20	大麦	-2.50
藕	+3.40	啤酒	-4.80
葱头	+2.40	紫菜（干）	-0.60
南瓜	+5.80	芦笋	-0.20
黄瓜	+4.60		
海带	+14.60		
西瓜	+9.40		

资源链接：酸性食品、碱性食品与人体健康

正常情况下人的血液，由于自身的缓冲作用，其pH保持在7.35–7.45之间。人们食用适量的酸性或碱性食品后，其中非金属元素经体内氧化，生成酸根阴离子，在肾脏中与NH_3结合成铵盐，随尿排出体外。其中金属元素经体内氧化生成碱性氧化物，与CO_2结合成各种碳酸盐，从尿中排出。并由于血液本身具有缓冲性能，所以仍能使人的血液pH保持在正常的范围之内，在生理上保持体液的酸碱平衡。如果饮食中各种食品搭配不当，容易引起人体酸碱平衡失调。一般情况下，酸性食品容易过量(因主食都是酸性食品)，导致血液偏酸性。这样，不仅会增加Ca、Mg等碱性元素的消耗，引起人体出现缺钙症，而且使血液的色泽加深、粘度增大，还

① 杜克生. 食品生物化学[M]. 北京：化学工业出版社，2002：35.

会引起各种酸中毒症。儿童发生酸中毒时，容易患皮肤病、神经衰弱、疲劳倦怠、胃酸过多、便秘、龋齿、软骨病等。中、老年人发生酸中毒时，容易患神经痛、血压增高、动脉硬化、胃溃疡、脑溢血等。所以饮食中必须注意酸性食品和碱性食品的适宜搭配，尤其应控制酸性食品的比例，提倡多吃蔬菜、水果、豆类及乳品等碱性食品，这既有利于保持人体的酸碱平衡，也有利于食品中各种营养成分的充分利用，提高其营养价值。

2必需元素的功能

必需元素在生物体内所发挥的生理生化作用主要有下列几个方面：

第一，必需元素是与生物体构造有关的元素。例如，形成骨及牙齿主要成分—羟磷灰石的钙和磷。另外，钙以碳酸钙的形态参加生物体的形成。

第二，具有电化学的功能，可作为离子移动的自由能供给源，以及为了维持细胞内胶体粒子乳浊液的稳定，具有中和细胞内电荷的作用。然而，具有这种电化学功能的元素Na、K、Ca、Mg等都是常量元素[①]。

第三，发挥"信使作用"。生物体需要不断地协调机体内的各种生化过程，这就要求有各种传递信息的系统。通过化学信使传递信息就是其中的一种方式。人体中最重要的化学信使是Ca^{2+}。

第四，组成金属酶或作为酶的催活剂。人体内有四分之一的酶的活性与金属有关。有的酶参与酶的固定组成，这样的酶称为金属酶，金属构成酶的组分并处于酶的活动中心。如含铁的铁氧化还原蛋白酶(ferre-doxin)、过氧化氢酶(catalase)、过氧化物酶(peroxidase)；含钼和铁的黄嘌呤氧化酶(xanthine oxidase)；含锌的乙醇脱氢酶(alcohol dehydrogenase)、羧基肽酶(carboxypeptidase)等都属于这种含金属酶类。还有一些酶只有在金属离子存在时才能被激活，发挥它的催化功能，这些酶称为金属激活酶。如亮氨酸氨肽酶(leucine aminopeptidase)需要镁及锰激活；精氨酸酶(arginase)需要锰激活。Na^+、K^+、Ca^{2+}、Fe^{2+}、Zn^{2+}等金属离子可作为酶的激活剂。除金属离子以外，H^+、Cl^-、Br^-等离子也可作为激活剂，如唾液中α-

① 不破敬一郎.生物体与重金属[M].北京：中国环境科学出版社，1985：42.

淀粉酶(α−amylase)需Cl^-激活[①]。

3常量元素与人体健康

人体中的常量元素一般形成相应的盐,主要有钠、钾、钙、镁、氯、硫、磷和铁等(见表1−4[②])。

表1−4　人体中的常量元素含量

元素原子序数	成人的平均量(g)	修正量(mg)	人体中主要发现的部位
钠11	80		体液(以Na为主)
镁12	25	200−300	骨骼
磷15	600−900	800	骨骼[以$Ca_3(PO_4)_2$]
硫16	170		氨基酸(蛋氨酸)
氯17	120		体液(以Cl^-存在)
钾19	135	800−1300	细胞液(以K^+存在)
钙20	1000−1500	500	骨骼[以$Ca_3(PO_4)_2$存在]

3.1钠(Na)、钾(K)、氯(Cl)

3.1.1人体中的分布

钠、钾和氯是人体必需的营养元素,分别约占人体重量的0.15%、0.35%和0.15%。在体内以离子状态存在于一切组织液之中,细胞内以K^+含量多,而细胞外液(血浆、淋巴、消化液)中则Na^+含量多。Na^+和K^+是人体内维持渗透压的最重要的阳离子,而Cl^-则是维持渗透压的最重要的阴离子。它们对于维持血浆和组织液的渗透平衡有重要的作用,血浆渗透压发生变化,就将导致细胞损伤甚至死亡[③]。

3.1.2钠、钾、氯的生化功能

钾和钠的磷酸盐和碳酸氢盐是血液中主要的缓冲剂。这是由于酸性碳酸盐和磷酸盐可与H^+(酸过量时)或OH^-(碱过量时)结合,生成不易离解的酸(比如H_2CO_3),或者生成接近中性的盐(如NH_4HCO_3)而有缓冲作用。其反应机制为[④]:

(1)当酸过多时,与$NaHCO_3$生成中性盐和碳酸。碳酸离解产生H^+的

① 武汉大学,吉林大学.无机化学[M].第三版,下册.北京:高等教育出版社,1994:1151.

② 郭景光.食品生活化学[M].大连:大连海事出版社,1996:114.

③ 王明华,周永秋,王彦广,许莉.化学与现代文明[M].杭州:浙江大学出版社,1998:234.

④ 郭景光.食品生活化学[M].大连:大连海事出版社,1996:117.

浓度和NaH_2PO_4离解产生的H^+的浓度都要比HX(酸)离解出的H^+浓度要小得多。前者可分解为CO_2,经肺呼吸排出体外而具有缓冲作用,防止酸中毒。后者由于产生了NaH_2PO_4故有缓冲作用。人体可以通过肾脏将多余的NaCl以尿的形式排出体外。其反应方程式分别如下:

$NaHCO_3+HX \rightleftharpoons NaX+H_2CO_3$　　$NaHPO_4+HX \rightleftharpoons NaX+NaH_2PO_4$

(2)当体内碱性物质如代谢中产生的氨过多时,碳酸酐酶将CO_2及H_2O合成H_2CO_3,与$NH_3 \cdot H_2O$作用而中和,生成的铵盐经肾脏排出。铵盐在水溶液中几乎呈中性反应,故有缓冲作用,防止碱中毒。

$H_2CO_3+NH_3 \cdot H_2O \rightleftharpoons NH_4HCO_3+H_2O$　$NH_4HCO_3 \rightleftharpoons NH_4^++HCO_3^-$

K^+、Na^+和Cl^-在体内的作用是错综复杂而又相互关联的。K^+和Na^+常以KCl和NaCl的形式存在。K^+、Na^+、Cl^-的首要作用是控制细胞、组织液和血液内的电解质平衡。这种平衡对保持体液的正常流通和控制体内的酸碱平衡都是必要的。Na^+和K^+(与Ca^{2+}和Mg^{2+}一起)有助于使神经和肌肉保持适当的应激水平。NaCl和KCl的作用还在于使蛋白质大分子保持在溶液之中,并使血液的粘性或稠度调节适当。胃里开始消化某些食物的酸和其他胃液、胰液及胆汁里的助消化的化合物,是由血液里的钠盐和钾盐形成的。另外,视网膜对光脉冲反应的生理过程,也依赖于Na^+、K^+和Cl^-有适当的浓度。显然,人体的许多重要机能对这三种离子都有依赖关系,如图1-26所示[①]。体内任何一种离子不平衡,都会对身体产生影响。例如,运动过度,特别是炎热的天气里,会引起大量出汗,汗的成分主要是水,还有许多离子,其中有Na^+,K^+和Cl^-,使汗带咸味。出汗太多使体内这些离子浓度大为降低,就会出现不平衡,使肌肉和神经反应受到影响,导致出现恶心、呕吐、衰竭和肌肉痉挛。因此,运动员在训练或比赛前后,需喝特别配制的饮料,用以补充失去的盐分。

3.1.3 钠、钾、氯的食物来源

人体中的Na^+和Cl^-主要来自食物中的食盐,K^+主要来自水果、蔬菜等植物性食物。钾呈离子状态存在于血液中,具有电化学和信使功能。当人体过度劳累出汗过多时,补充适量的钠会很快调节细胞平衡 。钠还是骨骼收

① 唐有祺,王夔.化学与社会[M].北京:高等教育出版社,1997:212.

缩和心脏正常跳动必不可少的元素。但人体摄入钠过量，易引发高血压。缺钾可对心肌产生损害，引起心肌细胞变性和坏死，还可引起肾、肠及骨骼的损害，出现肌肉无力、水肿、精神异常等。钾过多则可引起四肢苍白发凉、嗜睡、动作迟笨、心跳减慢以至突然停止。每人每日宜从食物摄取2-4g钾。

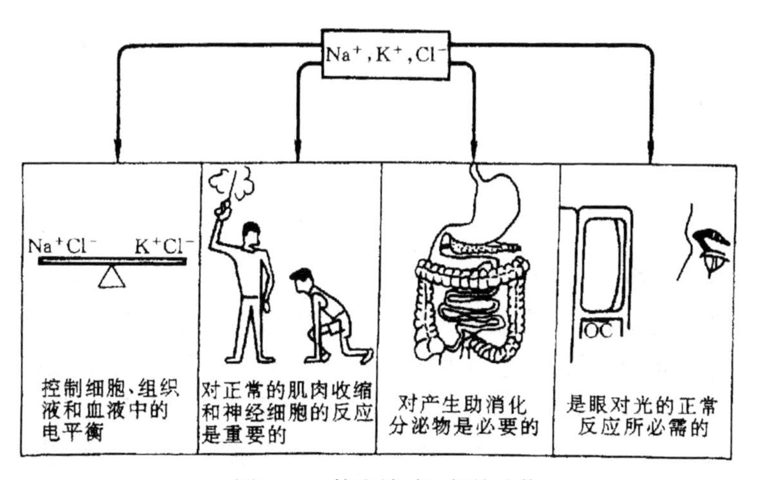

图1-26　体内钠、钾、氯的功能

3.2 钙(Ca)

3.2.1 人体中的分布

钙是活泼金属，具有强的还原性，在人体中钙也是含量较多的元素之一，仅次于氢、氧、碳、氮。正常成人体内总共约有1000g-1200g的钙，约占人体重的2%，其中99%以上的钙都存在于骨骼中。骨矿物质中有两种磷酸钙，一种是不定形非晶相体(此种磷酸钙在人体幼年期占优势)，含有水合的磷酸三钙和次磷酸钙；另一种是粗糙的结晶相，通常是以羟磷灰石[$Ca_{10}(PO_4)_6(OH)_2$]的形式存在。人体中的钙，除了绝大部分集中在骨骼及牙齿以外，还有1%的钙存在于软组织、细胞外液和血液中，这统称为混合钙池，体液中钙有3种形式，即离子钙、有机酸复合的扩散性钙复合物和蛋白质结合钙。在人体内分布如图1-27[①]：

① 孟哲.钙与生命[J].邢台师范高专学报，1998，(1)：79-80.

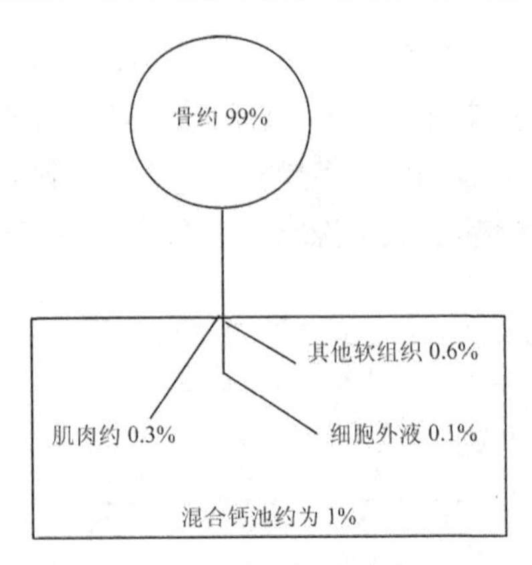

图1–27　体内钙的分布

3.2.2 钙的生化功能

钙作为构成骨、牙的重要部分，具有非常重要的生理功能。骨骼不仅是人体的重要支柱，而且还是具有生理活性的组织它作为钙的贮库，在钙的代谢和维持人体钙的内环境稳定方面有一定的作用。在成人的骨骼内，成骨细胞与破骨细胞仍然活跃，钙的沉淀与溶解一直在不断进行。成人每日有700mg的钙在骨中进出，随年龄的增加钙沉淀逐渐减慢，到了老年，钙的溶出占优势，因而骨质缓慢减少，可能有骨质疏松的现象出现。钙不仅是机体完整性一个不可缺少的组成部分，而且在机体各种生理学和生物化学过程中起着重要的作用。它能降低毛细血管和细胞膜的通透性，防止渗出，控制炎症和水肿。体内许多酶系统（ATP酶、琥珀脱氢酶、脂肪酶，蛋白分解酶等）需要钙激活，钙、镁、钾、钠保持一定比例是促进肌肉收缩，维持神经肌肉应激性所必需的。它们的互相关系可用下列公式表达：

应激性$\propto([Na^+]+[K^+])/([Ca^{2+}]+[Mg^{2+}]+[H^+])$

其中又以Ca^{2+}和Mg^{2+}离子浓度的影响为最明显。婴幼儿抽搐大多是由于低血钙引起的。钙对心肌有特殊的影响，钙与钾拮抗作用，有利于心肌收缩，维持心跳律。此外，钙还参与血凝过程。

人体中钙的主要生化功能见图1–28①所示：

① 唐有祺，王夔. 化学与社会[M]. 北京：高等教育出版社，1997：211.

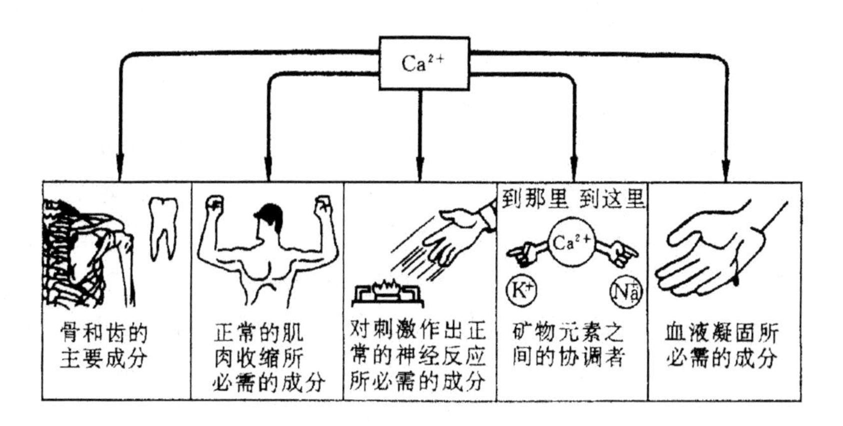

图1-28　体内钙的功能

3.2.3 钙的食物来源

钙是人体内含量最多的一种元素，也是人体最容易缺乏的元素。中国人普遍缺钙，故应特别引起重视。从营养学角度看，造成人体缺钙的原因，第一是膳食中缺乏富含钙的食物；第二为特殊生理阶段，机体对钙的需要量增加；第三是膳食或机体内存在某种或多种影响钙吸收的因素。

钙的吸收与年龄有关，随年龄增长其吸收率下降。婴儿对钙的吸收率超过50%，儿童约为40%，成年人只为20%。一般40岁以后、钙的吸收率逐渐下降，老年人的骨质逐渐疏松与此有关。影响钙吸收的因素很多，主要有以下几点：

（1）食物中的维生素D、乳糖、蛋白质，都能促进钙盐的溶解，有利于钙的吸收。

（2）肠内的酸度有利于钙的吸收。如乳酸、醋酸、氨基酸等均能促进钙盐的溶解，有利于钙的吸收。所以，如糖醋鱼、小酥鱼、糖醋排骨等菜肴，均有利于钙的吸收。

（3）胆汁有利于钙的吸收。钙的吸收只限于水溶性的钙盐，但非水溶性的钙盐因胆汁作用可变为水溶性。胆汁的存在可提高脂酸钙（一种不溶性钙盐）的可溶性，帮助钙的吸收。

（4）脂肪供给过多就会影响钙的吸收，因为由脂肪分解产生的脂肪酸在肠道未被吸收时与钙结合，形成皂钙，使钙吸收率降低。

(5)年龄和肠道状况与钙的吸收也有关系。钙的吸收随年龄的增长而逐渐减少,所以老年人多发生骨质疏松,易骨折,也难愈合。腹泻和肠道蠕动太快,食物在肠道停留时间过短,也有碍于钙的吸收。

(6)某些蔬菜中的草酸和谷类中的植酸(六磷酸肌醇)分别能与钙形成不溶性的草酸钙和植酸钙,影响钙的吸收。含草酸多的蔬菜有菠菜、竹笋、红苋菜等,含植酸多的谷类有荞麦、燕麦等。对含草酸高的蔬菜在烹调时经沸水焯后可减少60%、旺火热油快炒可减少25%的草酸。

钙的食物来源以乳制品为最好,不仅含量丰富,而且又易于吸收利用,是婴幼儿的良好钙源。含钙丰富的食物详见表1-5[①]。我国规定每日膳食中钙的供给量为:成年男女800mg、孕妇(怀孕7-9个月)、乳母为1500mg。

表1-5　含钙丰富的食物

食物名称	钙含量 $mg \cdot kg^{-1}$	食物名称	钙含量 $mg \cdot kg^{-1}$	食物名称	钙含量 $mg \cdot kg^{-1}$
牛奶	104	带鱼	28	稻米(灿、糙)	14
牛奶粉(全脂)	676	海带(干)	348	糯米(江米)	26
鸡蛋	48	猪肉	6	富强面粉	27
鸡蛋黄	112	黄豆	191	玉米面(黄)	22
鸭蛋	62	青豆	200	大白菜	69
鹅蛋	34	黑豆	224	芹菜	80
鹌鹑蛋	47	豆腐	164	韭菜(绿)	42
鸽蛋	108	芝麻酱	1170	苋菜(绿)	187
虾皮	991	花生仁(炒)	284	芥蓝(甘蓝)	128
虾米	555	枣(干)	64	葱头(洋葱)	24
河蟹	126	核桃仁	108	金针菜(黄花菜)	301
大黄鱼	53	南瓜子(炒)	235	马铃薯	8
小黄鱼	78	西瓜子(炒)	237	发菜	875

3.3 镁(Mg)

3.3.1 人体中的分布

镁是人体必需的营养元素,含量为10-40g,约占人体重量的0.05%[②]。人体内71%的镁以$Mg_3(PO_4)_2$和$MgCO_3$形式之间存在于骨骼和

① 王明华,周永秋,王彦广,许莉.化学与现代文明[M].杭州:浙江大学出版社,1998:233.

② 杜克生.食品生物化学[M].北京:化学工业出版社,2002:46.

牙齿中,其余分布在软组织和体液中,Mg^{2+}是细胞中的主要阳离子。

3.3.2镁的生化功能

镁是人体必需的营养元素之一,它和钙一样是人体骨骼成分的一部分。镁能调节神经活动,具有强心镇静的作用,还能与体内许多重要成分形成多种酶的激活剂,对维持心肌正常生理功能有重要作用。含镁高的矿泉水还可降低高血压、动脉粥状硬化、胆囊炎的发病率。据有关资料介绍,缺镁可导致食管癌的发生、冠状动脉病变、心肌坏死,出现抑郁、肌肉软弱无力和晕眩等症状,儿童严重缺镁会出现惊厥、表情淡漠。

钙离子在镁离子激活酶的过程中具有拮抗作用。由于钙、镁离子结构相同,钙离子容易把镁离子从某些酶中排挤出来,可是钙离子非但对酶不能起激活作用,反而对酶的活性会起抑制作用。像这样两种金属离子间互相排挤、阻碍和削弱的作用就称为拮抗。因此,在人体内钙和镁离子之间保持一定的比例关系,也是非常重要的。

3.3.3镁的食物来源

成年人每日镁的需要量为200–300mg,一岁以内婴儿为40–70 mg,1–10岁儿童为100–200 mg[①]。国家标准GB2760和GB14880规定,乳制品、婴幼儿食品中的镁含量为300mg/kg–700mg/kg;饮液为140mg/kg–280mg/kg;孕、产妇配方粉为113mg/100g–226mg/100g;乳粉为0.7g/kg–1.1 g/kg[②]。

镁广泛分布在植物中,肉和脏器也富含镁,但奶中则较少。因此,平时应多吃绿色蔬菜、水果以补充镁。米、面、瘦肉、豆类、花生、芝麻、果仁和绿叶蔬菜中含有大量的镁。正常人膳食中,约有近五成的镁被吸收,故一般不易发生缺乏病。缺镁者可多食海带、紫菜、芝麻、大豆、糙米、玉米、小麦、菠菜、胡萝卜叶、芥菜、黄花菜、香蕉、菠萝等。

3.4磷(P)

3.4.1人体内的分布

磷是人体必需的元素之一,是机体不可缺少的营养素。磷在成年人

---

① 郭景光.食品生活化学[M].大连:大连海事出版社,1996:123.

② 杨悦.国家强制标准关于食品中人体所需矿物质含量的规定[J].上海标准化,2005(9):58–61.

体内的含量约为600–900g左右，约为人体重量的1%。人体内90%的磷是以PO_4^{3-}的形式存在的，约有70%–80%的磷和钙、镁以磷酸盐的形式存在与骨骼和牙齿中，其余则形成多种有机磷酸化物存在于细胞中，如磷脂、核酸和某些辅酶等。

3.4.2 磷的生化功能

磷可与钙结合成为磷酸钙，是构成骨骼和牙齿的主要物质。磷酸可以和有机化合物中的羟基(糖羟基、醇羟基)，形成磷酸脂。如三磷酸腺苷(ATP)是细胞能量的主要来源。ATP水解时放出高能量，可为其他反应提供必要的能量。

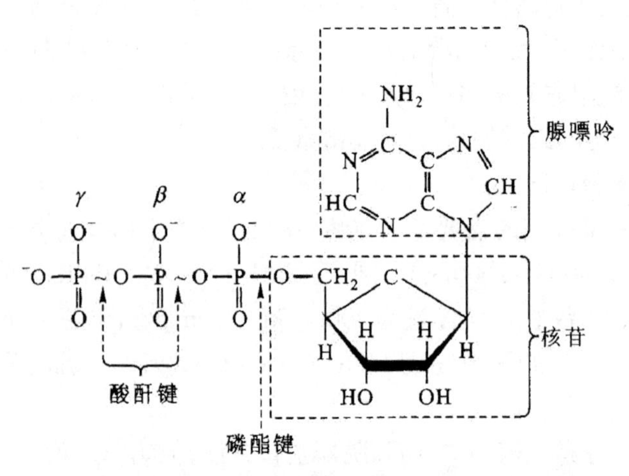

图1–29　三磷酸腺苷(ATP)

特殊记号“~”表示高能键，其水解时可放出很大的能量。因此，形成高能键是贮能过程，而高能键水解过程是释能过程。

磷盐在机体中的作用是多种多样的。因为代谢途径中都有磷酸化中间产物，能量丰富的磷酸盐还参加能量的发生和利用过程。磷酸盐和蛋白质在细胞内液中构成缓冲体系，以维持酸碱平衡。磷的化学规律控制着核糖、核酸以及氨基酸、蛋白质的化学规律，从而控制着生命的化学进化，保持生命活动的正常运转。磷在人体中的主要作用见图1–30所示。

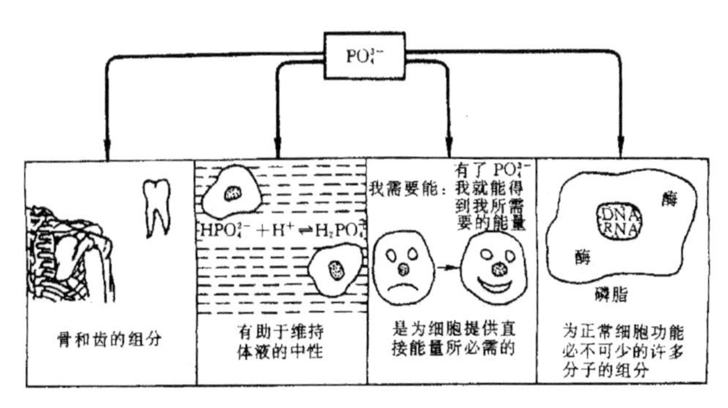

图1–30　体内磷的功能

3.4.3磷的食物来源

磷在食物中较钙分布广泛。动物瘦肉、内脏中磷含量很高，蛋、奶、鱼、干贝类食物中含磷也相当丰富。植物中的豆类、土豆、花生、芝麻、硬果仁以及水果和蔬菜都含磷。粗粮也含磷，但多为植酸磷，在不加工处理情况下吸收率极低。用酵母或水浸泡洗大米可降低植酸磷含量。另外，供给Al^{3+}等形成难溶性磷酸盐也会影响磷的吸收。

磷的供给量与Ca/P比值有关。当Ca/P比值为1∶1.5时，磷的供给量适宜。大量供给磷酸盐会抑制钙的吸收，因此对儿童、孕妇和乳母其比值为1:1为好。膳食中如果蛋白质和钙的含量足够，磷的需要量也可以得到满足。缺磷者可多食大豆、谷类、花生、李子、葡萄、南瓜子、虾、鸡、葵花子、土豆、蛋黄、栗子等。

4微量元素与人体健康

人类健康长寿最关键的因素之一是维系人体内几十种元素的平衡。若体内元素平衡失调，就会导致患某种疾病，而治疗这类疾病就是调节人体元素平衡。人体内元素的平衡有两种含义，一是某种元素在人体内含量要适宜；二是人体内的各种元素之间要有一个合适比例才能协调工作，才会有益于健康。

人体中每一种元素呈现不同的形态。对于每种微量元素，都有一段其相应的最佳健康浓度，有的具有较大的体内恒定值，有的在最佳浓度和中毒浓度之间只有一个狭窄的安全限度。微量元素和生物功能的相关性可用图1–31表示[①]。

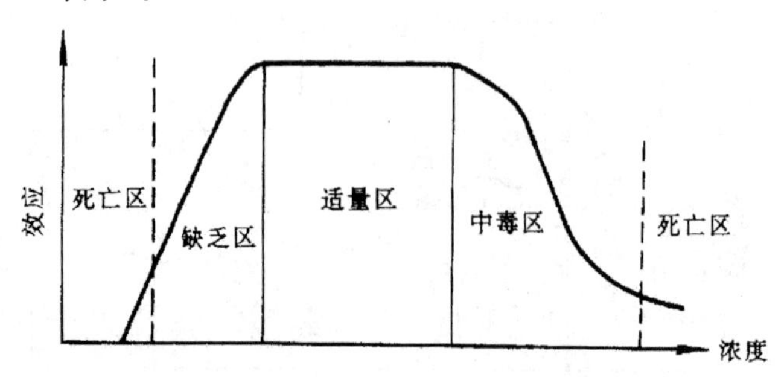

图1–31　微量元素–生物功能相关图

4.1 人体必需的微量元素

对人体健康而言,科学界公认的必需微量元素有14种,其功能与平衡失调症见表1–6[②]。

表1–6　人体必需微量元素功能与平衡失调症

元素名称	人体含量(g)	日需要量(mg)	主要来源	主要生理功能	缺乏症	过量症
铁Fe（26）	4.2	12	肝、肉、蛋、水果、绿叶蔬菜	造血，组成血红蛋白和含铁酶，传递电子和氧，维持器官功能	贫血，免疫力低，无力、头痛，口腔炎、易感冒、肝癌	影响胰腺和性腺，心衰，糖尿病，肝硬化
氟F（9）	2.6	1	茶叶、肉、水果、谷物、土豆、胡萝卜	长牙骨，防龋齿，促生长，参与氧化还原和钙磷代谢	龋齿，骨质疏松，贫血	氟斑牙，氟骨症，骨质增生
锌Zn（30）	2.3	15	肉、蛋、奶、谷物	激活200多种酶，参与核酸和能量代谢，促进性机能正常，抗菌、消炎	侏儒，溃疡，炎症，不育，白发，白内障，肝硬化	胃肠炎，前列腺肥大，贫血，高血压，冠心病
锶Sr（38）	0.32	1.9	奶、蔬菜、豆类、海鱼虾类	长骨骼，维持血管功能和通透性，合成粘多糖，维持组织弹性	骨质疏松，抽搐症，白发，龋齿	关节痛大骨节病，贫血，肌肉萎缩

① 唐有祺.王夔.化学与社会[M].北京:高等教育出版社,1997:209.

② 王明华,周永秋,王彦广,许莉.化学与现代文明[M].杭州:浙江大学出版社,1998:234.

续表1-6

元素名称	人体含量（g）	日需要量（mg）	主要来源	主要生理功能	缺乏症	过量症
硒 Se（34）	0.2	0.05	虾、蟹等海产品、肉、谷类、豆类、中药黄芪	组酶，抑制自由基，护心肝，对重金属解毒	心血管病，克山病，大骨节病，癌，关节炎，心肌病	硒土病，心肾功能障碍，腹泻，脱发
铜 Cu（29）	0.1	3	干果、葡萄干、葵花子、肝、茶	造血，合成酶和血红蛋白，增强防御功能	贫血，心血管损伤，冠心病，脑障碍，溃疡，关节炎	黄疸肝炎，肝硬化，胃肠炎，癌
碘 I（53）	0.03	1.14	海产品、奶、肉、水果	组成甲状腺和多种酶，调节能量，加速生长	甲状腺肿，心悸，动脉硬化	甲状腺肿
锰 Mn（25）	0.02	8	干果、粗谷物、桃仁、板栗、菇类	组酶，激活剂，增强蛋白质代谢，合成维生素，防癌	软骨，营养不良，神经紊乱，肝癌，生殖功能受抑	无力，帕金森症，心肌梗塞
钒 V（23）	0.018	1.5	海产品	刺激骨髓造血，降低血压，促生长，参与胆固醇和脂质及辅酶代谢	胆固醇高，生殖功能低下，贫血，心肌无力，骨异常	结膜炎，鼻咽炎，心肾受损
锡 Sn（50）	0.017	3	龙须菜、西红柿、橘子、苹果	促进蛋白质和核酸反应，促生长，催化氧化还原反应	抑制生长，门齿色素不全	贫血，胃肠炎，影响寿命
镍 Ni（28）	0.01	0.3	蔬菜、谷类色素的代谢，生	参与细胞激素和衰，肝脂质和磷脂血，激活酶，形成辅酶	肝硬化，尿毒，肾白血病，骨癌，肺质代谢异常	鼻咽癌，皮肤炎，癌
铬 Cr（24）	小于0.006	0.1	啤酒、酵母、蘑菇、粗细面粉、红糖、蜂蜜、肉、蛋	发挥胰岛素作用，调节胆固醇、糖和脂质代谢，防止血管硬化	糖尿病，心血管病、高血脂、胆石，胰岛素功能失常	伤肝肾，鼻中隔穿孔，肺癌
钼 Mo（42）	小于0.005	0.2	豆荚、卷心菜、大白菜、谷物、肝、酵母	组成氧化还原酶，催化尿酸，抗铜贮铁，维持动脉弹性	心血管病，克山病，食道癌，肾结石，龋齿	睾丸萎缩，性欲减退，脱毛，软骨，贫血，腹泻
钴 Co（27）	小于0.003	0.0001	肝、瘦肉、奶、蛋、鱼	造血，心血管的生长和代谢，促进核酸和蛋白质合成	心血管病，贫血，脊髓炎，气喘，青光眼	心肌病变，心力衰竭，高血脂，致癌

4.2 必需微量元素各论

4.2.1 铁

铁是人体所需要的最重要的微量元素之一。成年人体内含铁约为4–5g，其中约有60%–70%存在于血红蛋白中，3%存在于肌红蛋白中，0.2%–1%存在于细胞色素酶中，其余则主要以铁蛋白和含铁血黄素的形式贮存于肝脏、脾脏和骨髓的网状内皮系统等组织器官中。

(1)铁的生理功能

铁在人体内的主要功能是以血红蛋白的形式参加氧的转运、交换和组织呼吸过程。此外，它除参加血红蛋白、肌红蛋白、细胞色素酶与某些酶的合成外还与许多酶的活性有关。

生命系统的正常运转离不开氧的运输和利用，能量代谢中氧的利用系统可用图1–32[①]表示。

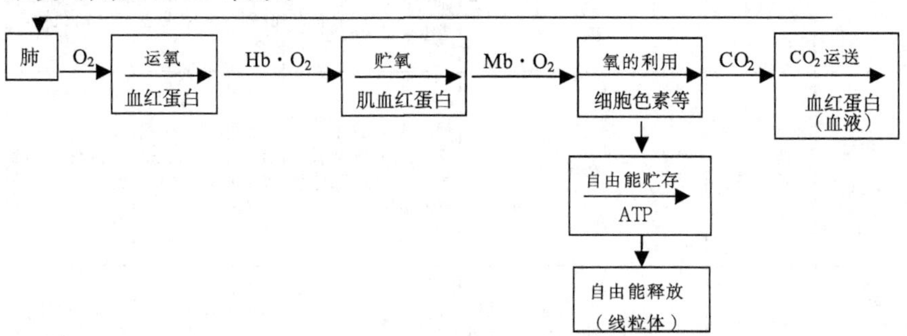

图1–32　微量元素–生物功能相关图

图中每一环节的完成都有一种或几种生物物质作为基础。其中存在于红细胞内的血红蛋白(Hb)是担负运氧重任的载体，并负责运送二氧化碳(CO_2)经肺呼出；还有在组织中从血红蛋白接氧并贮存起来的肌红蛋白(Mb)，定位于线粒体内膜、由细胞色素等构成的电子传递系统等，使有机代谢物最终氧化成CO_2和H_2O。由于分子演化的结果，血红蛋白、肌红蛋白及细胞色素都是血红素蛋白，即都是以铁的卟啉配合物为辅基的蛋白质，并构成人和哺乳动物氧利用系统共有的特性。人体里所含的铁，差不多有3/4结合在血红蛋白中。血红蛋白是一种色素，它由两部分组成，

① 王夔.生命科学中的微量元素：下卷[M].北京：中国计量出版社，1992：436.

一部分是珠蛋白(包含组氨酸和珠蛋白基体);另一部分是含铁的物质,叫做血红素。血红素(图1–33)是一个二价铁的络合物,在它的分子中,4个卟啉环把铁原子包围在中间,二价铁原子好像处在蜘蛛网中心的蜘蛛,二价铁这个“蜘蛛”正在等待着吞吐氧分子。那么二价铁靠什么力量与氧结合呢?从血红蛋白的结构看,1个铁原子可以与其他6个配位原子相结合,其中有4个是卟啉环中的氮原子,第5个是组氨酸中的1个氮原子,这个氮原子把血红素和球蛋白联系起来。至于第6个位置,可能是空着的,也可能由1个水分子占据着。血红蛋白与二价铁配位的分子中,有一个是水分子,氧分子能够把这个水分子置换下来,变成了氧合血红蛋白,这个二价铁络合物就变得稳定了。人体内,在氧气压力高的地方,血红蛋白与氧气结合成氧合血红蛋白,但到了氧气压力低的地方,氧合血红蛋白再把氧气放出来,血红蛋白就是靠这种氧合作用运送氧气的。

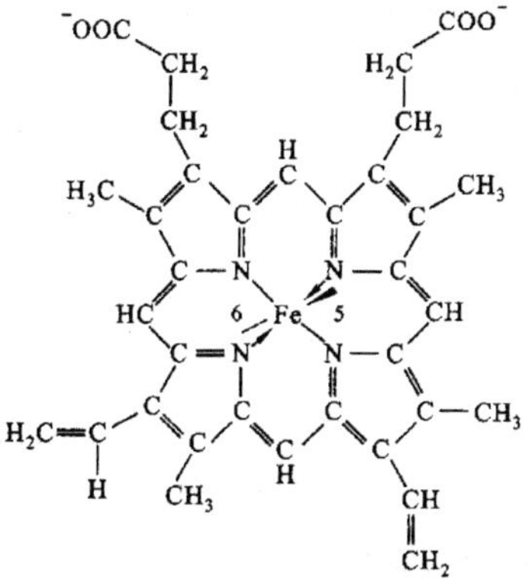

图1–33　血红素

肌红蛋白(Mb)分子由一条多肽链(珠蛋白)和一个血红素b辅基组成,相对分子质量约为17 000;而血红蛋白(Hb)则是由四条多肽链和四个血红素b辅基组成的四聚体大分子,亦即含四个亚基,其中两条α链与两条β链在Mb三级结构的基础上,通过亚基之间氢键、离子键这些次级键的作用,聚合成近四面体排布的四级结构,相对分子质量约为65 000。肌红蛋白和血红蛋白的贮氧、运氧功能都是依靠血红素中的Fe(Ⅱ)与O_2的配位结合:

$$MbFe(Ⅱ) + O_2 = MbFe(Ⅱ) \cdot O_2$$

$HbFe(Ⅱ) + O_2 = HbFe(Ⅱ) \cdot O_2$

可见，它们都是氧载体。血红蛋白要在氧分压较高的肺泡处尽量结合较多的O_2，在氧分压较低的需氧组织中，又把O_2传给肌红蛋白，从而进行下列氧转移反应，并使CO_2溶解在血液中：

$HbFe(Ⅱ) \cdot O_2 + Mb = MbFe(Ⅱ) \cdot O_2 + Hb$

这一氧转移反应的连续进行，以及反应物、产物的水溶性和稳定性等，都是由它们的分子结构决定的。正是这些含铁氧载体在生物体内的存在，使有机营养物得以被携入的氧通过氧化作用，释放出生命的能量和光彩。

上述主要存在于红细胞中的血红素铁和全身肌肉中的肌红蛋白铁，约占全身总铁量的75%，它们肩负着人体对O_2的代谢和运转功能。体内尚有含铁的酶，包括过氧化氢酶、过氧化物酶、细胞色素过氧化物酶等血红素酶，以及固氮酶复合物、核苷酸还原酶等非血红素酶等，它们均涉及电子的转移。含铁酶虽只占总铁量的1%–2%，但参与体内许多重要的代谢过程。

人体如果铁的摄入不足，吸收利用不良时，将使机体出现缺铁性或营养性贫血。缺铁性贫血存在于全世界所有国家。轻度贫血患者症状一般不明显；较重患者，表现为面色苍白，稍微活动就心跳加快、气急，还伴随头晕、眼花、耳鸣、记忆力减退、四肢无力、食欲减退、免疫功能下降、容易感冒，缺铁严重者，还能造成贫血性心脏病，检查时可发现心脏增大等体征。

（2）铁的供给量和食物来源

铁的供给量：世界卫生组织建议成年男性每日5–9mg，成年女性每日14–28mg，我国推荐的每日供应量为：成年男子12mg，成年女子18mg、孕妇和乳母28mg，婴幼儿10mg。

铁的主要来源：动物食品中以动物肝脏、瘦肉、蛋黄、鱼类及其他水产品中含量较多，植物食品以豆类、硬果类、叶菜、山楂、草莓等水果中含铁量较多。此外，发菜、干蘑菇、黑木耳、紫菜、海带、青虾等也含有丰富的铁元素。此外，“加铁酱油”也是补铁的一个重要手段。

---

① 王夔.生命科学中的微量元素：下卷[M].北京：中国计量出版社，1992：229.

4.2.2碘

(1)碘的生理功能

成年人身体内含碘量约为20－50mg,其中20%存在于甲状腺中。碘是合成甲状腺素的主要成分,甲状腺所分泌的甲状腺素对肌体可以发挥重要的生理作用。甲状腺素最显著的作用是促进许多组织的氧化作用,增加氧的消耗和热能的产生,促进生长发育和蛋白质代谢。体内缺碘,甲状腺素合成量减少,可引起脑垂体促甲状腺激素分泌增加,不断地刺激甲状腺而引起甲状腺肿大,民间叫“瘿瓜瓜”或“大脖子病”。严重缺碘的妇女所生的婴儿,会发生克汀病又称呆小病。其患者生长迟缓,发育不全,智力低下,聋哑痴呆,在高发病区流传着这样的民谣:“一代甲(指甲状腺肿),二代傻(指呆小病),三代四代断根芽”。这很形象地道出了缺碘的严重后果。

碘的生物化学功能主要是通过甲状腺激素表现出来的。进入甲状腺内的碘,唯一的目的是用来合成甲状腺激素,即三碘甲腺原氨酸(T3)和四碘甲腺原氨酸(T4)(见图1-34)。

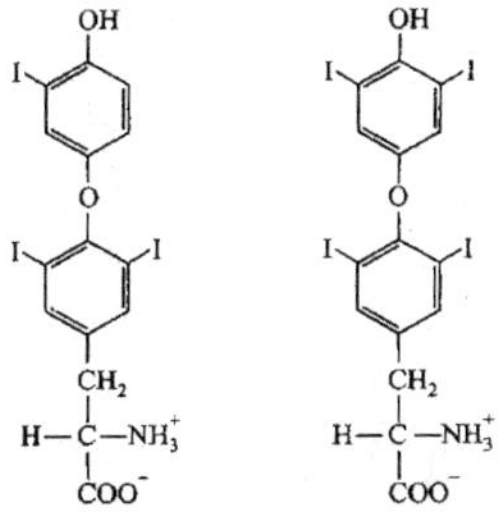

三碘甲腺原氨酸(T_3)　四碘甲腺原氨酸(T_4)

图1-34　两种碘甲状腺氨酸分子式

碘作为甲状腺激素的必要成分,在生物体内起着重要的生物化学功能,与机体健康具有密切的关系。当机体摄碘严重不足时,就会导致病变。其中对人类危害最大的是由缺碘导致的地方性甲状腺肿和地方性克汀病。 然而值得注意的是,人体对碘的摄入量并不是越多越好。碘对甲状腺肿的流行有明显的双相性,存在上、下限阈值。低于下限阈值时,引起低碘甲状腺肿;在上、下限阈值中间或在“安全范围”之间,为散发性甲状腺肿;高于上限阈值时,则发生高碘甲状腺肿。即我国学者在国际上首次揭示出碘与低碘及高碘甲状腺肿的流行关系——所谓碘与甲状腺肿的

"U"型规律[1]。

(2)碘的食物来源

人体所需要的碘,一般都从饮水、食物和食盐中获得。含碘高的食物主要为海产品。如海带、紫菜、海蜇、海虾、海蟹、海盐等。食盐加碘是最经济、有效预防碘缺乏病的措施,我国目前加的是碘的化合物——碘酸钾(KIO_3),按含碘元素量计,为20 mg–40mg/kg食盐。碘对人体的安全范围较宽,食用碘盐不会出现"碘过量"问题。但甲状腺机能亢进的患者,因治疗疾病的需要,不宜食用碘盐。

4.2.3 锌

(1)锌的生理功能

正常成年人体内含锌约为2.5g,分布于人体一切器官和血液中,人体血液中的锌有80%–85%在红细胞内,3%–5%在白细胞内,其余在血浆中。肝、骨骼、眼虹膜、视网膜等处均含有锌。

在各类金属酶中,对锌酶的研究最为详尽。因为锌酶涉及生命过程的各个方面。生物体中重要代谢物的合成与降解,都需要锌酶的参与。近年还发现锌酶可以控制生物遗传物质的复制、转录与翻译。目前,已从生物体分离出来的锌酶已超过200种,这些酶在组织呼吸和在三大营养素及核酸等代谢中起重要作用。儿童缺锌可导致生长发育不良,严重时可使性腺发育不全;孕妇缺锌可使胎儿中枢神经畸形,婴儿脑发育不全、智力低下,出生后即使补锌也无济于事;老年人缺锌常引起免疫功能不良,抵抗力低下,食欲不振,但补锌后可以得到改善;锌不足也影响人的视觉(因锌与V_A的代谢有关)。若长期食用含锌量高的食物,可以增强人的耐力,而且血压普遍有所降低,心搏有力。

(2)锌的食物来源

人体摄取锌主要是从食物链中进入。1973年,世界卫生组织推荐的供锌值,成人每日为2.2mg;孕妇为2.55 mg–3.0mg,乳母为5.45mg。人体对食物中锌的吸收率在20%–30%[2]。动物性食物比植物性食物锌的含量丰富得多,食物中锌含量的排列次序为:

① 王夔.生命科学中的微量元素:下卷[M].北京:中国计量出版社,1992:229.

② 王夔.生命科学中的微量元素:下卷[M].北京:中国计量出版社,1992:108.

动物性食物>豆类>谷类>水果>蔬菜

在肉类、动物肝脏、蛋品和海产品中特别是牡蛎都富含锌。其次，如牛奶、麦片、玉米、南瓜子等也含锌。经常食用这类食品，就不会缺锌。当锌与维生素A、钙、磷一起作用时，功效最佳。

4.2.4 硒

(1)硒的生化功能

硒在生物体内具有多方面的生化功能。主要表现在：

①硒的主要生理功能是通过谷胱甘肽过氧化物酶(GSH-Px)清除体内过氧化物来保护机体免受氧化损害(每摩尔红细胞中的谷胱甘肽过氧化酶中含有4molSe)。GSH-Px作为抗氧化酶来催化还原型谷胱甘肽(GSH)还原体内有机氢过氧化物(ROOH)和过氧化氢(HOOH)，其反应式如下：

$$2GSH+ROOH \xrightarrow{GSH-Px} GSSG+ROH+H_2O$$

$$2GSH+HOOH \xrightarrow{GSH-Px} GSSG+2H_2O$$

从而保护生物膜(红细胞膜和内膜系统如肝线粒体和微粒体)免受过氧化物引起的氧化损伤。非酶形式的有机硒化物也具有抗氧化作用，主要是清除脂质过氧化自由基中间产物及分解脂质过氧化物等。

国外学者提出，GSH-Px中的硒氢基在催化过程中可能被过氧化物氧化为有机次硒酸GSH-Px-SeOH，然后与GSH特异性地作用生成硒代过硫化物(-SeSG)，再被还原为硒氢基。但根据化学计量关系接近每个硒结合4个GSH这一事实，以及关于GSH-Px的动力学研究结果，认为除有机次硒酸外，硒还可能被氧化为更高氧化态，即有机亚硒酸。并提出GSH-Px的无活性的最高价氧化形式有机亚硒酸最终可被恢复为活性的还原形式即硒酸基形式。整个价态变化过程可表示为：

$$GSH-Px-SeH + ROOH \rightarrow GSH-Px-SeOH + ROH$$

$$GSH-Px-SeOH + ROOH \rightarrow GSH-Px-SeO-OH + ROH$$

$$GSH-Px-SeO-OH + GSH \rightarrow GSH-Px-SeO-SG + H_2O$$

$$GSH-Px-SeO-OH + R'SH \rightarrow GSH-Px-SeOH + GSSR'$$

$$GSH-Px-SeOH + GSH \rightarrow GSH-Px-SeSG + H_2O$$

$$GSH-Px-SeSG + R'SH \rightarrow GSH-Px-SeH + GSSR'$$

该机理被形象地称为“乒乓机理”[①]。

②增加血液中的抗体含量，起免疫作用。

③防止血压升高和血栓形成。

④保护视力。含硒的谷胱甘肽过氧化酶可与另一种很好的抗氧化剂维生素E发挥协同效应，减轻视网膜上的氧化损伤，使因黄斑部分退变而减退的视力得以恢复。

⑤硒还是许多重金属的天然解毒剂。因硒可与许多重金属（如Hg、As）相结合，使其不能被机体吸收而排出体外，实现解毒作用。

⑥抗癌作用。有人根据试验认为，一个体重60kg的成年人，每天吸收0.8mg硒，就不易得肝癌、结肠癌和其他消化道癌症。中药黄芪中含有丰富的硒，有一定的抗癌作用。

（2）硒的食物来源

硒缺乏能导致人体发作“克山病”和“大骨节病”。我国是世界上首次将硒作为群体性防治药物大规模地应用于人类的国家。克山病于1935年在黑龙江省克山县首次发现，故命名为“克山病”。这是一种以心肌病变为主的地方病。表现为明显的心脏扩大、心功能不全和心律失常，急性病人可迅速死亡。20世纪70年代我国科学工作者搞清了克山病的发病原因与缺硒有关，并用补硒（口服Na_2SeO_3）方法防治了千百万人的克山病，其成绩引起全世界的瞩目。

人体内硒的聚积量约为15mg，以标准人体重70kg计，相当于0.21μg/g。人体在摄取与排泄中保持体内的硒平衡。中国营养学会1988年正式制订了我国硒的供给量标准，成人每日为50μg。必须注意，硒的过量摄入（如超过200μg/d），无论是职业原因、环境条件或药物因素，都可能使与硒相关的酶失活，或反而产生自由基，对人体健康造成危害。

硒的食物来源较广，肉类食物中硒含量最高，乳蛋类则受饲料的影响，谷类和豆类中硒含量又比水果和蔬菜高。海产品（如虾、蟹）的硒含量高，但被人体的吸收利用率较低。谷类等植物中的含硒量因生长土壤硒含量的多寡可有非常明显的差别。

---

① 王夔.生命科学中的微量元素[M].第二版.北京：中国计量出版社，1996:643.

资源链接:矿泉水中的矿物质

饮用天然矿泉水越来越受到人们的重视和青睐,是因为它出自于地壳深部,未受任何污染,而且含有丰富的对人体健康有益的常量和微量元素,特别是矿泉水中的界限元素指标的合理含量,更是对人体起到防病保健作用。

根据我国《饮用天然矿泉水》(GB8537-1995)标准规定,其界限元素及界限指标为:

界限元素	界限指标	主要生理功能
锂	0.2-0.5mg/L	调节中枢神经系统，安定情绪，提高人体免疫机能
锶	0.20-0.4mg/L	强壮骨骼，降低人体钠的吸收，有利心血管的正常活动
锌	≥0.2mg/L，最高不得超过5.0mg/L	是人体各种酶系统的必须成分，被称为“智慧”元素
硒	≥0.01mg/L，其限量值不得超过0.050mg/L。	对阻止或减慢体内脂质自动氧化过程，有益寿功能，对高血压、肠、胃病等有一定的治疗作用
溴	≥1mg/L	有调节神经的功能
碘	0.05-0.5mg/L	可防治地甲病
偏硅酸	≥25.0mg/L	对动脉硬化具有软化作用，对心脏病、高血压、及胃溃疡等都有一定的医疗保健作用。

4.2.5 氟

(1)人体中的分布

氟是人体必需的微量元素之一。人体的平均含氟量为37-70μg/g,占体内微量元素的第三位,仅次于硅和铁,人体几乎所有的各种器官内均含有氟。同时,人体内的氟绝大部分分布在硬组织骨筋和牙齿中,两者约占人体总合氟量的90%以上。我国正常人骨骼中氟含量约为200-300μg/g,最高可达800μg/g以上,高氟区居民骨骼氟含量甚至高达21000μg/g。

(2)氟的生化功能

氟在生物矿化过程中起着重要的稳定作用。在生物矿化物质中,最常见的是羟基磷灰石类【$Ca_{10}(PO_4)_6(OH)_2$】。由于结构特征,羟基磷灰石中OH^-可进一步被F^-取代而形成氟磷灰石$Ca_{10}(PO_4)_6F_2$。其反应方程式如下:

$$Ca_{10}(PO_4)_6(OH)_2 + 2F^- \rightarrow Ca_{10}(PO_4)_6F_2 + 2OH^-$$

通过X射线衍射法发现[①],OH^-离子被F^-取代时,离子半径变短,Ca-X

① 王夔.生命科学中的微量元素[M].第二版.北京:中国计量出版社,1996:61.

距离减小，晶格紧缩，稳定性增加。氟结构具有更大的稳定性，它的晶体大小及顺序程度比无氟磷灰石具有更大的稳定性，溶解度和溶解速率均低，对热稳定性更高。因此，氟对骨骼代谢、预防龋齿、保护人的牙齿健康以及造血功能、神经系统和脂的代谢都有影响。

然而，人体摄入过量的氟也会导致中毒。长期以来，人们把氟中毒限于对牙齿、骨骼的损害，但氟中毒是全身病变，除了产生氟骨病和氟斑牙以外，氟对人体的内分泌系统、神经系统等也有损害。

（3）氟的摄入途径和限量

日常生活中人们摄入氟的形式多样，但主要途径为加氟饮用水。中华人民共和国卫生部批准的GB-5749-35“生活饮用卫生标准”规定饮用水含氟量为1.0mg/L。中华人民共和国卫生部、基本建设委员会、国家计划委员会、劳动总局批准（TJ39-79）居民区大气含氟量一次最大允许浓度为0.02mg/m^3，日平均浓度为0.007mg/m^3。卫生部食品氟允许量科研协作组建议值为每人每日总摄氟量3.5mg。

综合活动　均衡营养

“民以食为天”，“吃”是人们维持生命的头等大事。现代生活，人们不仅要“吃饱”，而且要“吃好”。“吃饱”是指满足人体对热能的需要；“吃好”是指一日三餐所提供的各种营养素，不仅能保证人体的新陈代谢，而且要吃出健康，延年益寿。

我们的祖先早在2000多年前的《黄帝内经》一书中指出：“五谷为养，五果为助，五畜为益，五菜为充。气味合而服之，以补精益气”。这是世界上最早的合理、平衡、完善的膳食总结。

“食以衡为先”，平衡膳食，就是指膳食中提供的各种营养素，不但数量充足，而且营养素之间应保持适当的比例，使膳食更适合人体的生理的需要。为了达到平衡膳食，人们每天的膳食应包括下列三类食物：

①供能性食物：主要是谷类食品及油脂等。

②结构性食物：主要是畜禽、水产、蛋、乳等食品。

③保护性食物：主要是各种蔬菜、水果等。

资源链接：新《中国居民膳食指南》

1997年中国营养学会颁布的新《中国居民膳食指南》，是根据现代营养科学知识以及我国人民近四十年食物消费、营养状况、疾病的变化和对未来经济发展的估计而制定的。它的颁布，将在提高我国当代人以及子孙后代的健康水平及人口素质，保证经济发展的持续性方面发挥重要作用。《中国居民膳食指南》共包括有8条：

1. 食物多样，谷类为主。谷类是中国传统膳食的主体。随着经济的发展，生活改善，人们倾向于食用更多的动物性食物。应保持以谷类食物为主，并注意粗细搭配，经常吃些粗粮、杂粮，以提供碳水化合物、蛋白质、膳食纤维和B族维生素。

2. 多吃蔬菜、水果和薯类。蔬菜、水果含有丰富的维生素、矿物质和膳食纤维。薯类含有丰富的淀粉、膳食纤维以及多种维生素和矿物质。

3. 常吃奶类，豆类或其制品。奶类除含有丰富的优质蛋白质和维生素外，含钙量很高，而且利用率也很高，是天然钙质的极好来源。豆类是我国的传统食品，含丰富的优质蛋白质、不饱和脂肪酸、钙及多种维生素等。

4. 经常吃适量鱼、禽、蛋、瘦肉，少吃肥肉和荤油。鱼、禽、蛋、瘦肉等动物性食物是优质蛋白、脂溶性维生素和矿物质的良好来源。肥肉和荤油为高能量和高脂肪食物，摄入过多往往会引起肥胖，并是引发某些慢性病的危险因素，应当少吃。

5. 食量与体力活动要平衡，保持适宜体重。进食量和体力活动是控制体重的两个主要因素。食物提供人体能量，体力活动消耗能量。如果进食量过大而活动量不足，多余的能量就会在体内以脂肪的形式积存（即增加体重），久之，发胖。相反食量不足，劳动或运动量过大，可由于能量不足引起消瘦，造成劳动能力下降。

6. 吃清淡少盐的膳食。吃清淡少盐的膳食有利于健康，即不要太油腻，不要太咸，不要吃过多的动物性食物和油炸、烟熏食物。

7. 如饮酒应限量。高度酒含能量高，不含其他营养素。无节制地饮酒，会使食欲下降，食物摄入减少，可致发生多种营养素缺乏症，严重时还会造成酒精性肝硬化，以及增加高血压、中风等危险。

8.吃清洁卫生、不变质的食物。应选择外观好、没有污泥、杂质,没有变色、变味并符合卫生标准的食物,严把病从口入关。

生活实验:检验食物中的营养成分

1.检验蛋白质

烧蛋白或瘦肉时,能闻到特别的怪味。所以我们用烧、闻的方法来检验食物中是否含有较多的蛋白质。

鉴别蛋白质的方法:将含蛋白质多的食物在火上烧,会闻到像烧鸡毛一样的气味。

2.检验脂肪

用花生米或肥肉在白纸上涂,能见到油迹。所以我们用挤压的方法来检验食物中是否含有较多的脂肪。

鉴别脂肪的方法:将含脂肪多的食物在纸上划、压,在纸上会留下油迹。

3.检验淀粉

向淀粉液中滴入碘酒,淀粉液呈现蓝黑色。所以我们用滴碘酒的方法来检验食物中是否含有较多的淀粉。

鉴别淀粉的方法:在含淀粉多的食物上滴碘酒,食物会变成蓝色。

实践与测试

1.富含钙、铁的食品有哪些?

2.分别写出V_A、V_{B2}、V_C、V_D、V_E的结构式,并按溶解性进行分类。

3.试述人体“六大营养素”及其作用。

4.列举食品添加剂中防腐剂和发色剂各一种,并说明其主要作用和食用注意事项。

5.根据中国营养学会建议的“中国居民平衡膳食宝塔”,请按从多到少的次序列出每天应吃的五大类膳食。

6.你认为应采用何种措施来防治我国人民膳食普遍存在的缺乏微量元素钙、铁、锌和地区性缺碘和硒的问题。

7.到超市中查看食用油的标签,列出其化学成分,写出其化学结构式。

8.烹饪中如何尽可能地降低维生素的损失?举例说明。

9. 人体必需的氨基酸有几种？写出氨基酸的结构通式。

10. 从下列题目中选择一题，在查阅资料的基础上，写一篇综述性小论文（2000字以内）。

（1）科学饮食；

（2）微量元素与人体健康；

（3）维生素缺乏症及其预防；

（4）矿泉水和纯净水的制备与标准。

参考文献

[1]王璋. 食品化学[M]. 北京：中国轻工业出版社，1999.

[2]阚健全. 食品化学[M]. 北京：中国农业大学出版社，2002.

[3]天津轻工业学院，无锡轻工业学院. 食品生物化学[M]. 北京：中国轻工业出版社，1981.

[4]（美）菲尼马. 食品化学[M]. 第三版. 北京：中国轻工业出版，2003.

[5]Owen R，Fennema .Food Chemistry.3rd ed. Marcel Dekker，1996.

[6]王夔. 生命科学中的微量元素[M]. 第二版. 北京：中国计量出版社，1996.

[7]唐有祺，王夔. 化学与社会[M]. 北京：高等教育出版社，1997.

[8]王明华，周永秋，王彦广，许莉. 化学与现代文明[M]. 杭州：浙江大学出版社，1998.

[9]杜克生. 食品生物化学[M]. 北京：化学工业出版社，2002.

[10]邵继智. 人体生化学纲要[M]. 上海：洪文书局，1954.

[11]杨悦. 国家强制标准关于食品中人体所需矿物质含量的规定[J]. 上海标准化，2005，(9)：58-61.

[12]孟哲. 钙与生命[J]. 邢台师范高专学报，1998，(1)：79-80.

[13]郭景光. 食品生活化学[M]. 大连：大连海事出版社，1996.

[14]不破敬一郎. 生物体与重金属[M]. 北京：中国环境科学出版社，1985.

[15]武汉大学，吉林大学. 无机化学[M]. 下册. 第三版. 北京：高等教育出版社，1994.

[16]李家瑞.食品化学[M].北京:轻工业出版社,1987.
[17]应礼文.化学与生活[M].北京:化学工业出版社,1982.
[18]彭倍勤等.食品化学基础知识[M].北京:中国食品出版社,1990.
[19]蔡美琴.医学营养学[M].上海:上海科学技术文献出版社,2001.
[20]中国营养学会.中国居民膳食营养素参考摄入量[M].北京:中国轻工业出版社,2000.
[21]应礼文.化学与营养保健[M].南宁:广西教育出版社,1999.
[22]徐泓,江家发.食用油与人体健康.化学教育[J].2006,(7):1.
[23]王镜岩,朱圣庚,徐长法.生物化学,上册[M].北京:高等教育出版社,2002.
[24]王镜岩,朱圣庚,徐长法.生物化学,下册[M].北京:高等教育出版社,2002.
[25]吴旦等.从化学的角度看世界[M].北京:化学工业出版社,2006.

第2单元　化学与食品加工

随着人们生活水平的提高,能不能吃饱已不再是人们关注的问题,而更多的是关注食品的质量。色、香、味是食品好坏的三个感观指标。近年来,食品的安全成为人们衡量食品好坏更为重要的条件。使各种食品呈现各自独特的色、香、味的物质都有其独特的化学结构,而这些物质的性质以及对人体健康可能造成的影响都依赖以化学为基础的化学与生物的合作研究。随着人们要求的不断提升,食品天然具有的色、香、味已不能满足多样化的需求,于是各种食品添加剂应运而生。食品添加剂从合成到应用,再到分析其对于人体健康的安全性,化学都起到了基础性和关键性的作用。由此可见,化学与食品加工的关系甚为密切。

第1节　食品的颜色

食品的颜色是构成食品感官质量的一个重要因素。食品丰富多彩的颜色能诱发人的食欲,因此,保持或赋予食品良好的色泽是食品加工中的重要问题,已经越来越受到人们的关注。食品的颜色来源于天然或人工合成色素,不同色素对光具有选择性吸收,从而呈现出不同颜色。通常将色素按来源作如下分类:

- 色素
  - 天然色素
    - 动物色素：血红素（牛、猪肉）、虫胶色素（紫胶虫）胭脂虫色素等
    - 植物色素：叶绿素（蔬菜等），胡萝卜素、花青素、花黄素、姜黄素等
    - 微生物色素：红曲色素、核黄素等
    - 矿物色素：硫酸铜等
  - 人工合成色素：胭脂红、苋菜红、日落黄、靛蓝、果绿等等

1 天然色素

随着人们对食品崇尚自然、安全的心理需求的增强，天然色素的安全性高等优点日渐凸显，发展很快，但也存在染色较弱，稳定性较差，使用剂量大等缺点。

食品中的天然色素主要来源于动物、植物、微生物及矿物，一般都对光、热、酸、碱等条件敏感，在加工、贮存过程中常因此而褪色或变色。

1.1 动物色素

1.1.1 血红素

血红素是高等动物血液和肌肉中的红色素。动物血液中的血红蛋白和肌肉中的肌红蛋白都是由亚铁血红素分子与蛋白质复合组成的。它是活机体呼吸过程中O_2和CO_2的载体，是肌红蛋白和血红蛋白的复合成分之一。血红素的结构见本书第1单元。

1.1.2 虫胶色素

虫胶色素属于动物色素，它是紫胶虫分泌的紫胶原胶(连胶带枝条一并砍下称为紫梗)中的一种色素。紫胶原胶是一种清热解毒中药材，产于我国云南、四川、台湾等地，主要成分为：虫胶质74.5%，蜡4-6%，色素6.5%，虫体木片等杂质9.5%，水分3.5%。紫胶原胶中含有蒽醌的色素，称虫胶红酸(Laccaicacid)。现已分离出五个组分，即虫胶红酸A、B、C、D、E，其结构如图2-1所示：

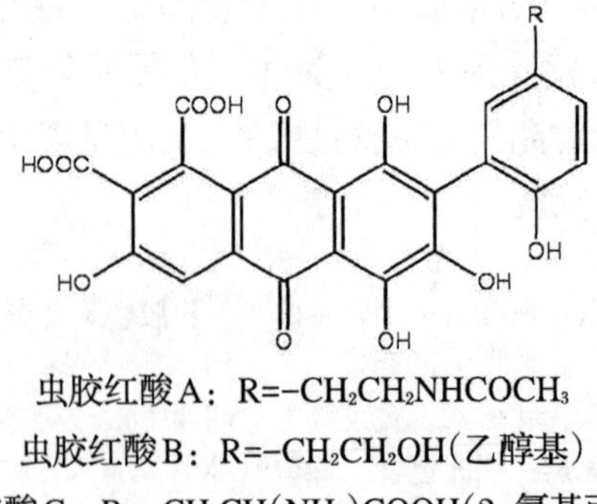

虫胶红酸A：R=$-CH_2CH_2NHCOCH_3$

虫胶红酸B：R=$-CH_2CH_2OH$(乙醇基)

虫胶红酸C：R=$-CH_2CH(NH_2)COOH$(2-氨基丙酸基)

虫胶红酸E：R=$-CH_2CH_2NH_2$(乙基氨基)

图2-1 虫胶红酸A、B、C、D、E

1.1.3胭脂虫色素

胭脂虫(Cochinoal)是一种寄生在仙人掌上的昆虫,其雌虫体内含有一种蒽醌色素,叫胭脂红酸(Carminic acid)。胭脂虫色素是从雌虫干粉中用水提取出来的红色素。自古以来就作为化妆品和食品着色用。一般胭脂虫含有10%–15%的胭脂红酸,其结构为:

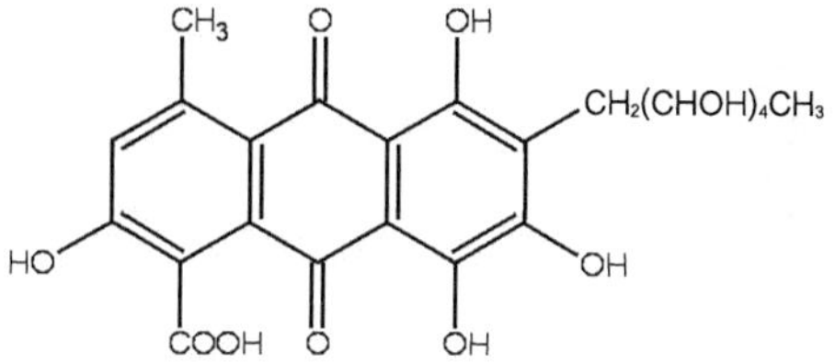

图2–2 胭脂红酸

性质:

①为红色棱形结晶,难溶于冷水,而溶于热水、乙醇、碱水和稀酸中。

②颜色随pH而变化,pH<4为黄色,pH 4为橙色,pH 6为红色,pH 8为紫色。

③与铁等金属离子络合可变色。

④对热和光均稳定,特别是在酸性条件下稳定性更好。

⑤染色着色性较差。

⑥安全性高。一般用于饮料、果酱、番茄酱等着色剂。

1.2植物色素

1.2.1叶绿素

叶绿素是四个吡咯环中间与镁原子结合。它是由叶绿酸(Chlorophyllin)、叶绿醇(Phytal)和甲醇(Methanol)三部分组成的酯,在高等植物中主要存在叶绿体a和叶绿体b,它们的结构式如图2–3所示。

叶绿素是一切绿色植物的绿色来源。叶绿素在活细胞中与蛋白质相结合构成叶绿体,当细胞死亡后叶绿素即被游离释出。游离叶绿素很不稳定,它会被细胞中的有机酸分解为暗橄榄褐色的脱镁叶绿素,叶绿素受光辐射发生光敏氧化,裂解为无色物质。

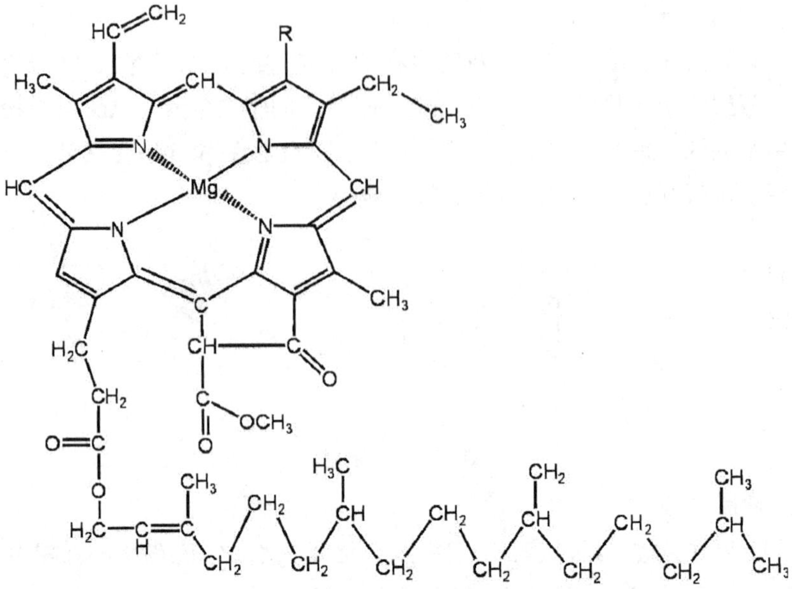

R=–CH_3 为叶绿素 a

R=–CHO 为叶绿素 b

图2–3　叶绿素

1.2.2 类胡萝卜素

类胡萝卜素(Carotenoids)主要存在于植物中,如蔬菜、花、果实、块根等,最早发现的是存在于胡萝卜肉质根中的红橙色素,即胡萝卜素。这类色素在结构上的特点是存在大量共轭双键,形成生色团,产生颜色。类胡萝卜素分子中含有四个异戊二烯(CH_2=CH–C(CH_3)=CH_2)单位,中间的两个异戊二烯是尾尾相连,两端的两个异戊二烯是首尾相连,分子的两端连接两个开链或两个环状结构或一个开链和一个环状结构,用通式表示如下:

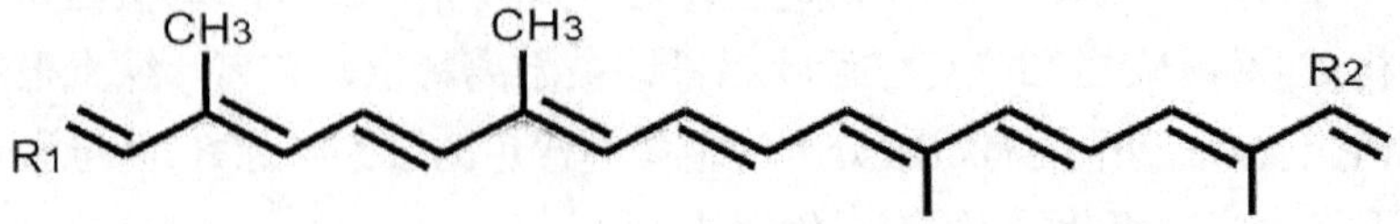

图2–4　类胡萝卜素通式

类胡萝卜素是一大类色素，已知的类胡萝卜素达300种以上。其颜色有黄、橙、红及紫色，不溶于水。在植物体中多与脂肪相结合成酯。

动物体内不能合成类胡萝卜素，但常积累有类胡萝卜素（来自植物），一些类胡萝卜素如β-胡萝卜素在动物体内可能转化为维生素A。类胡萝卜素按其结构与溶解性质分为两大类：

（1）叶红素类（Carotenes）

这类色素的结构特征为共轭多烯烃，易溶于石油醚，不溶于甲醇、乙醇，呈红色或红蓝色。这类色素计有番茄红素及α-、β-、γ-胡萝卜素，是食品中的着色物质，番茄红素是番茄中的主要色素，也存在于西瓜，辣椒等果蔬中。三种胡萝卜素存在于植物叶子中，其中以β-胡萝卜素最为重要。α-、β-、和γ-胡萝卜素在人体中均能表现出维生素A的生理作用，所以称它们为维生素A元。

大多数类胡萝卜素都可以看作番茄红素的衍生物，番茄红素（$C_{40}H_{56}$）结构式及分子中碳原子的编号如图2-5所示：

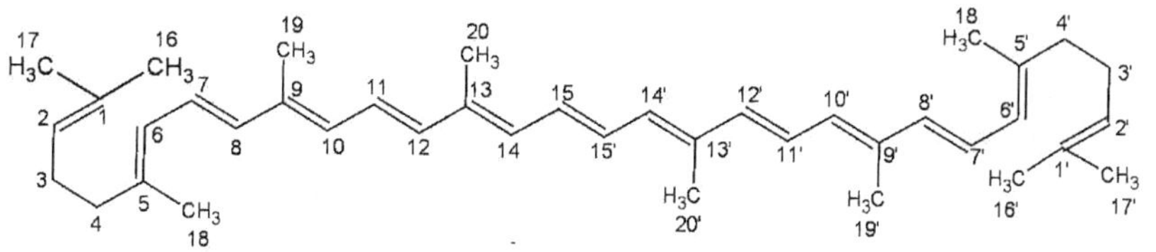

图2-5　番茄红素（Lycopene）

番茄红素的一端或两端环构化，便形成了它的同分异构物，α-、β-、γ-及ξ-胡萝卜素。如表2-1所示：

（2）叶黄素类（Xanthophylls）

叶黄素是共轭多烯烃的含氧衍生物，溶于甲醇，乙醇和石油醚。它是叶红素的含氧衍生物，呈黄色或橙黄色，可看作是由胡萝卜素的碳氢化合物通过环化、双键移位、部分氢化和导入羟基、羰基、甲氧基或氧桥的衍生物。常见的叶黄素类有：叶黄素、玉米黄素等。

①叶黄素（Xanthophyll）

叶黄素即3，3'-二羟基-α-胡萝卜素，化学式为$C_{40}H_{56}O_2$，广泛存在于绿叶、柑桔、蛋黄中。结构如图2-6所示：

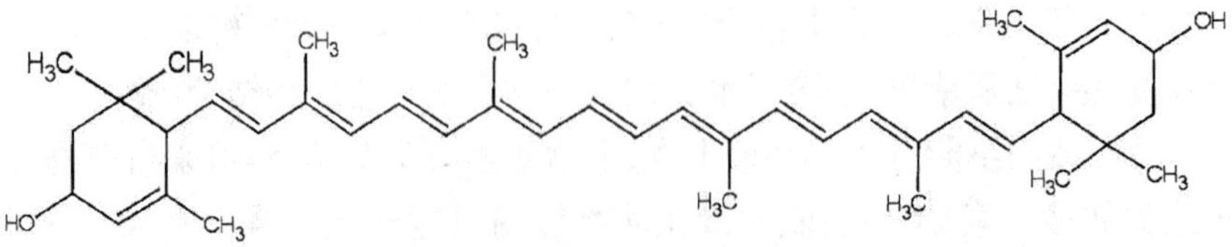

图2–6 叶黄素

表2–1 类胡萝卜素端环结构比较

类胡萝卜素	R_1 环	R_2 环
番茄红素 ($C_{40}H_{56}$)	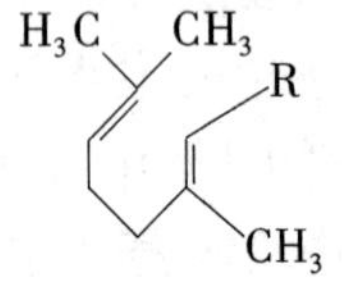 H_3C CH_3 R CH_3	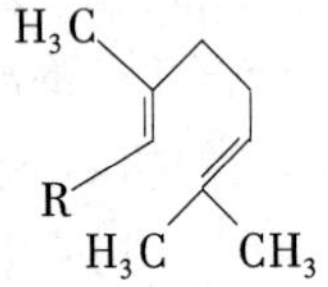 H_3C R H_3C CH_3
α–胡萝卜素 ($C_{40}H_{56}$)	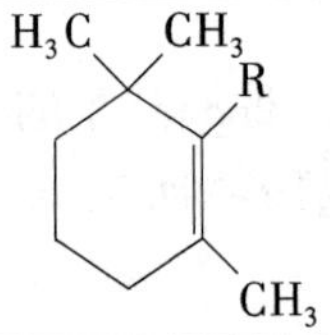 H_3C CH_3 R CH_3	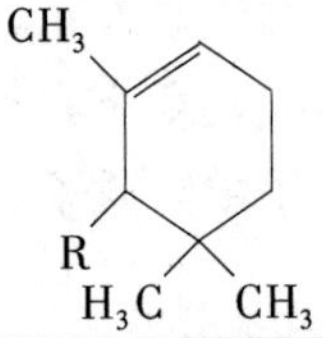 CH_3 R H_3C CH_3
β–胡萝卜素 ($C_{40}H_{56}$)	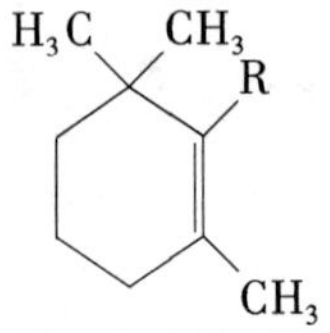 H_3C CH_3 R CH_3	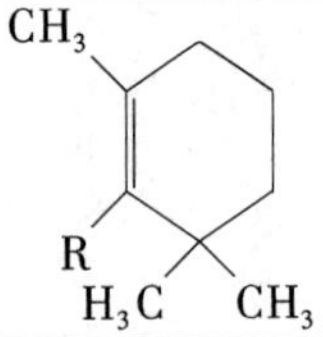 CH_3 R H_3C CH_3
γ–胡萝卜素 ($C_{40}H_{56}$)	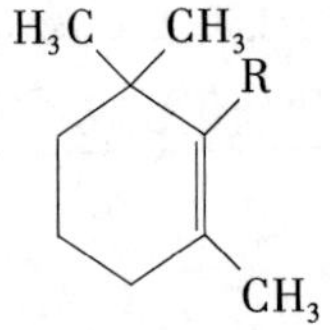 H_3C CH_3 R CH_3	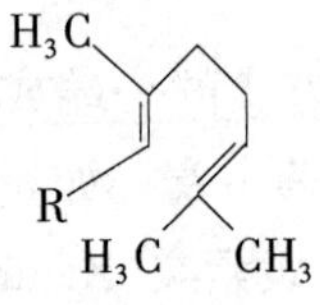 H_3C R H_3C CH_3
ξ–胡萝卜素 ($C_{40}H_{56}$)	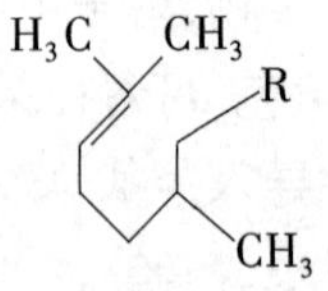 H_3C CH_3 R CH_3	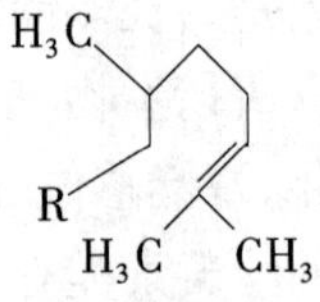 H_3C R H_3C CH_3

②玉米黄素(Zeaxanthin)

玉米黄素(Zeaxanthin),即3,3'–二羟基–β–胡萝卜素,化学式为

$C_{40}H_{56}O_2$，广泛存在于玉米、辣椒、柑橘中，呈橙黄色。

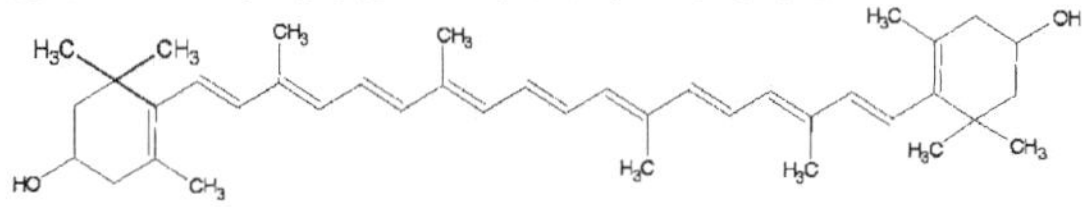

图2-7　玉米黄素

1.2.3 花青素

花青素是一类水溶性植物色素，呈碱性，多与糖以苷的形式（称为花青苷）存在于植物细胞液中，水果、蔬菜、花卉的五颜六色都与之有关。现在已知天然存在的花色苷有250多种[①]。

花青素的基本结构单元是2-苯基苯并吡喃（2-phenylbenzo pyerylium），即花色基元（Flavylium），其结构式如图2-8：

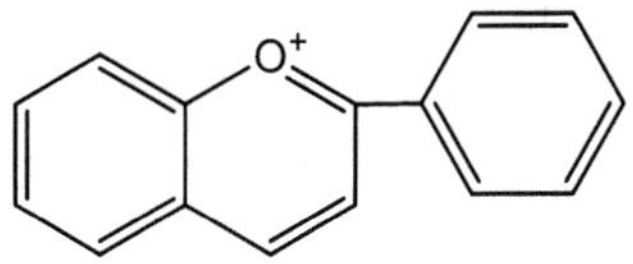

图2-8　花色基元

在自然界中常见是氯化物，其结构式如图2-9：

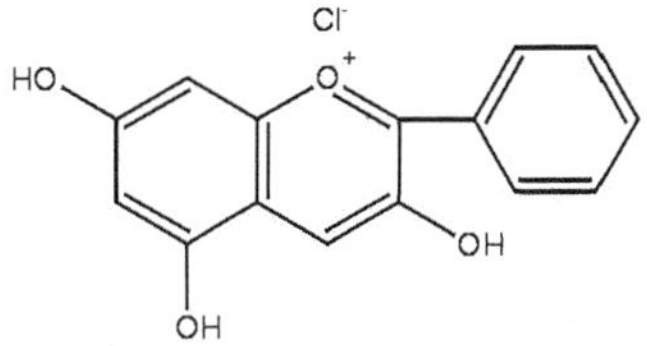

图2-9　花青素的氯化物

大多数花青素都在花色基元的3-、5-、7-碳位上有取代羟基，由于B环各碳位上的取代基不同（羟基或甲氧基），就形成了形形色色的花青素。现知花青素有20种，除个别外，都是以下花青素的衍生物。

(1)天竺葵色素（Pelargonidin）

天竺葵色素的酚环（B环）上有一个羟基，呈橘红色，但随着-OH基数的增加蓝色渐增。天竺葵色素呈橘红色，存在于草莓、苹果中，它的结构如图2-10所示：

① 杨秀娟，赵晓燕，马越，吴秋波等.花青素研究进展[J].中国食品添加剂，2005，(4)：40-43，17.

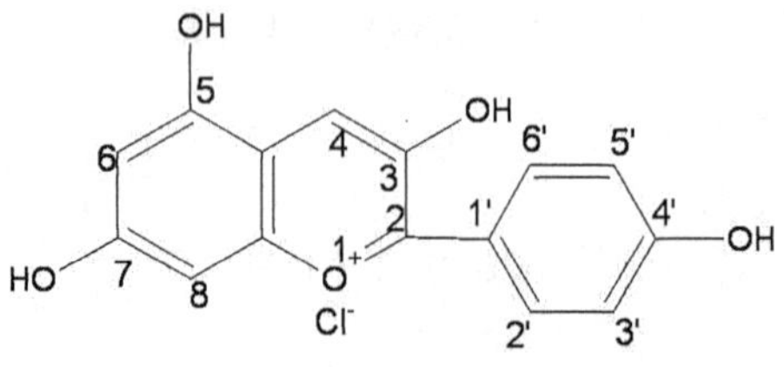

图2-10　3,5,7,4'-四羟基花色基元

⑵矢车菊色素(Cyanidin)

矢车菊色素为紫红色,存在于无花果、葡萄、茶叶中,其结构如图2-11所示:

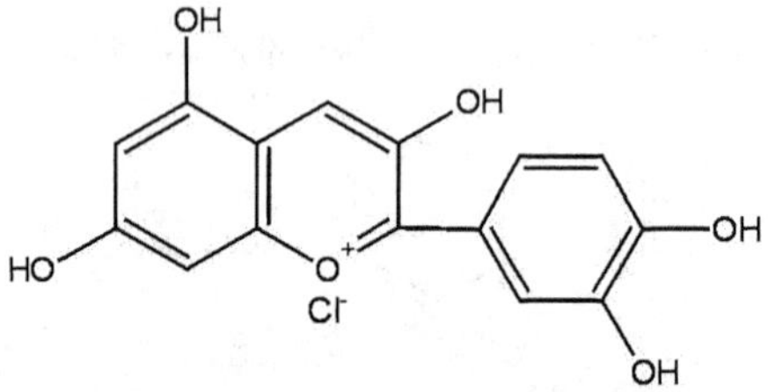

图2-11　3,5,7,4'-五羟基花色基元

⑶飞燕草色素(Delphinidin)

飞燕草色素为紫蓝色,存在于茄子、茶叶、石榴中,其结构如图2-12所示:

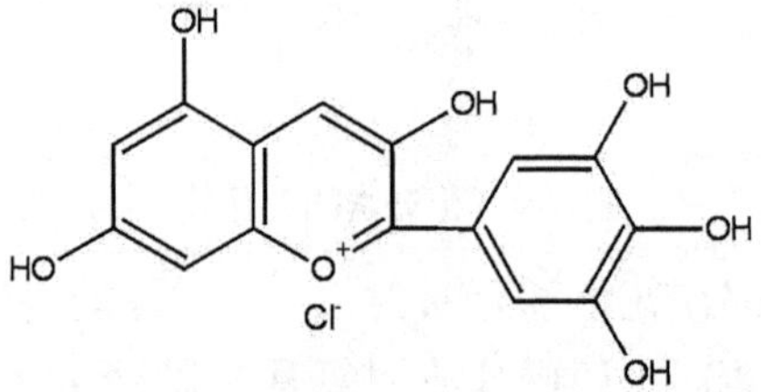

图2-12　3,5,7,3',4',5'-六羟基花色基元

以上三种花青素中以矢车菊色素的存在最为普遍。

花青素作为一种天然的食用色素,安全、无毒、资源丰富,而且具有一定的营养和药理作用,在食品工业方面有较大的应用潜力,但易受酸碱度、温度、光照等影响。具有抗氧化、抗突变、预防心血管疾病、保护肝脏、抑制肿瘤细胞发生等多种生理功能[①]。

1.2.4 花黄素

花黄素广泛存在于植物的花、茎、叶和果实中，是水溶性的黄色色素。

花黄素包括黄酮(Flavonoids)及其衍生物、核黄素等。此类物质已知近 400 种。黄酮类色素的结构母核是 2-苯基苯丙吡喃酮(2-Phenylbenzopyrone)，如图2-13所示：

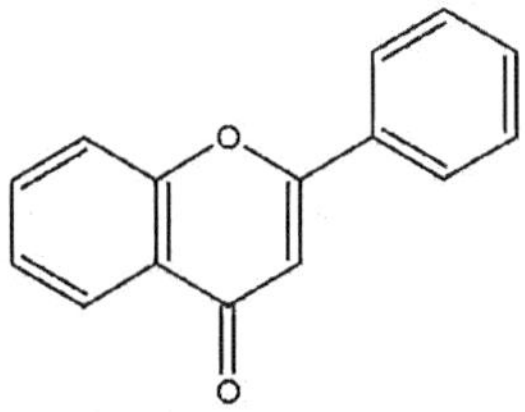

图2-13　2-苯基苯丙吡喃酮(黄酮)

在自然界中，常见的黄酮类色素有：

(1)橙皮素(Hesperitin)

橙皮素属黄烷酮类有机物，即5、7、3'-三羟基-4'-甲氧基黄烷酮。橙皮素大量存在于柑橘皮中，在7碳位上与鼠李糖葡萄基相连成苷。根据鼠李糖葡萄基类型的不同，又有橙皮苷和新橙皮苷之分，前者取代糖基为芸香糖，后者取代糖基为新橙皮糖，二者的分子式相同，结构上区别在于糖的连接方式不同[②]。橙皮素的结构式如图2-14所示：

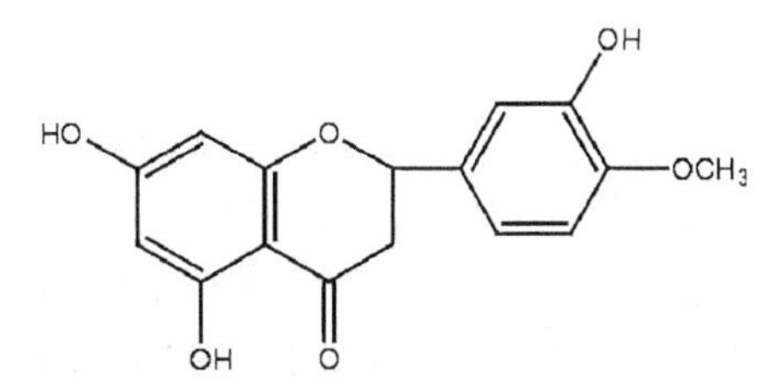

图2-14　橙皮素

(2)柚皮素(Naringenin)

柚皮素属于黄烷酮类，即5'、7'、4'-三羟基黄烷酮，是柚皮苷的苷元，具有抗癌、抗炎、抗菌、解痉和利胆的作用[①]。在7碳位上与新橙皮糖成苷，称柚皮苷(Naringin)。柚皮素大量存在于柚枝中，柑橘、柠檬中也存

① 赵宇瑛，张汉锋.花青素的研究现状及发展趋势[J].安徽农业科学，2005，33(5)：904-905，907.
② 阮伸.新橙皮苷结构的波谱分析[J].江苏化工，1994，22(3)：36-41.

在。其结构如图2-15所示：

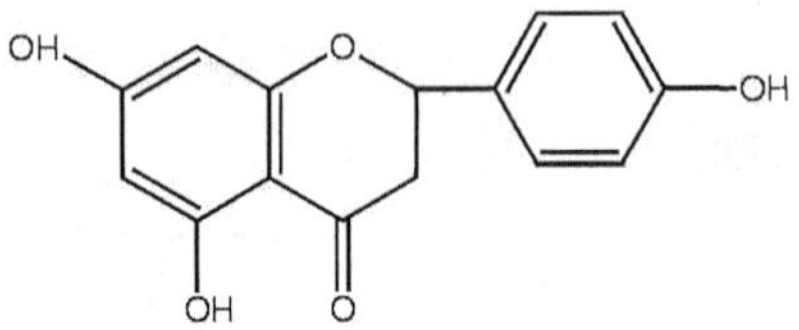

图2-15 柚皮素

(3)茎草素(Eriodictyol)

属黄酮，5，7，3'，4'-四羟基黄酮，以柑橘类果实中含量最多。在柠檬等柑橘类水果中的7-鼠李糖苷基，称茎草苷(Eriodictin)。茎草素结构如图2-16所示：

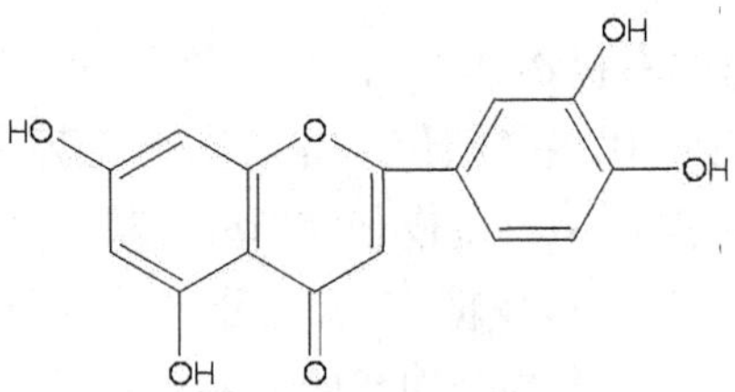

图2-16 茎草素

花黄素的颜色一般并不显著，常为浅黄色至无色，偶为鲜明橙黄色。它对食品感官性质的作用远不如其潜在的负面影响大。因为它在加工条件下会因pH改变和金属离子的存在而产生难看的颜色，影响食品的外观质量。这类色素在空气中久置，易发生氧化而产生褐色的沉淀，这也是果汁久置变褐的原因之一②。

1.2.5 姜黄素

姜黄素(Curcumin)是姜黄根茎中提取的黄色色素，是一种具有二酮结构的色素。其结构如图2-17所示：

---

① 潘春秀.食品添加剂柚皮素在CDMPC上的对映体分离[J].浙江大学学报：理学版，2004，31(6)：667-669.

② 刘用成.食品化学[M].北京：中国轻工业出版社，1996：173.

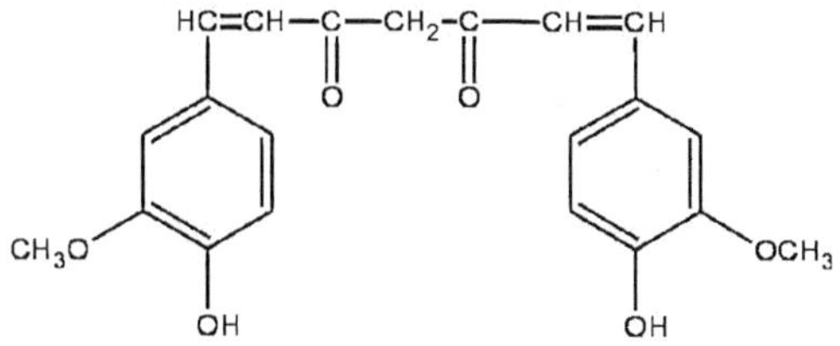

图2-17　姜黄素

姜黄素可将姜黄粉用丙二醇或乙醇抽提，得色素液，再干燥成膏状，或精制成结晶。结晶姜黄素为橙黄色粉末，不溶于冷水，溶于乙醇、丙二醇，易溶于冰醋酸和碱溶液。具有类似胡椒芳香，稍有苦味。在碱性溶液中呈红褐色，在中性和酸性溶液中呈黄色。不易被还原，易与铁离子结合而变色。对光、热稳定性差，着色性强，特别是对蛋白质的着色力较强。

1.2.6 甜菜色素

它主要含于食用红甜菜（俗称紫菜头）中，有甜菜红素及甜菜黄素两类。

（1）甜菜红素（Betanidine）

甜菜红素在自然情况下与葡萄糖醛酸成苷，即甜菜红苷，约占红色素的75%-95%，其余为游离的甜菜红素、前甜菜红苷等。

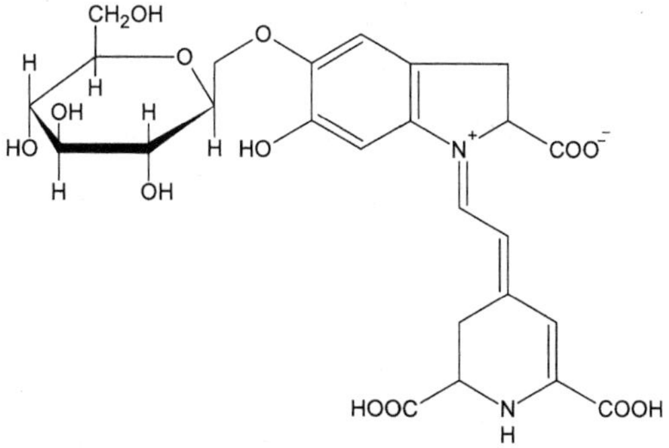

图2-18　R = OH，为甜菜红素；R = 葡萄糖，为甜菜红苷；
R = 6-硫酸葡萄糖，为前甜菜红苷

（2）甜菜黄素

甜菜色素存在于食用红甜菜和一些花及果实中，主要黄色素是甜菜黄素Ⅰ和甜菜黄素Ⅱ。在碱性条件下，甜菜红素可转化为甜菜黄素，向甜

菜红素中加入谷氨酸或谷氨酰胺,并调节pH到9.9,可得到甜菜黄素Ⅰ和Ⅱ。它们的结构式如图2-19,2-20所示:

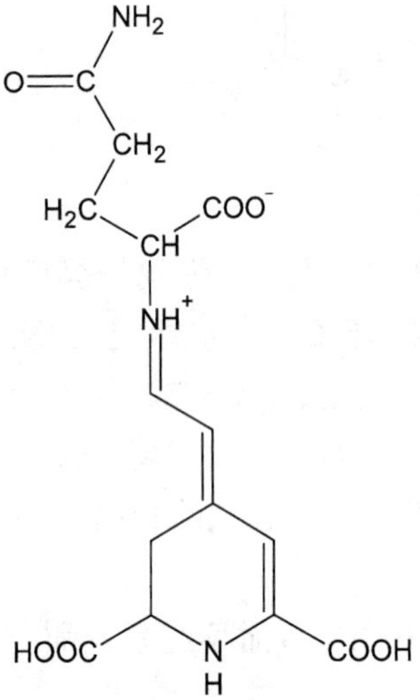

图2-19 甜菜黄素Ⅰ

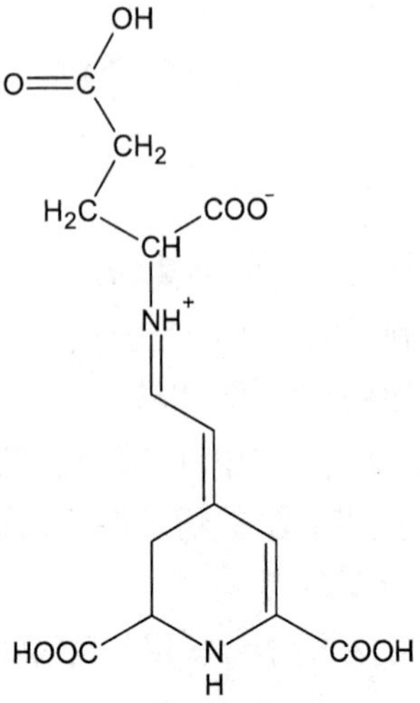

图2-20 甜菜黄素Ⅱ

1.3 微生物色素

1.3.1 红曲色素

红曲色素来源于微生物,是红曲霉(Monascussp)的菌丝产生的色素。经层析法分离,其中含有黄、橙、红、紫、青等颜色成分,以红橙色成分最多。其中有六种组分的化学结构已经分析清楚,即红色色素、黄色色素、紫色色素各有两种,它们的化学组成和结构如图2-21——2-26所示:

红色色素:

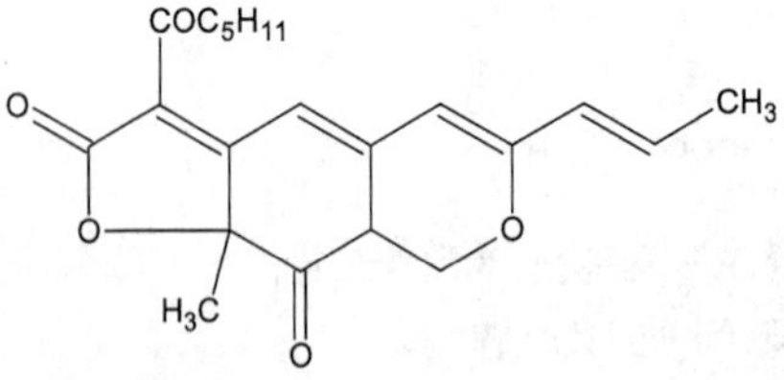

$C_{21}H_{22}O_5$ (Ⅰ)

图2-21 红斑素(红斑红曲素)

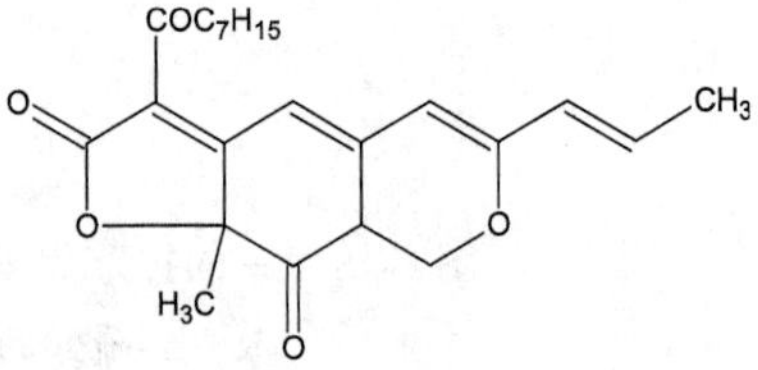

$C_{23}H_{26}O_5$ (Ⅱ)

图2-22 红曲红素(红曲玉红素)

黄色色素:

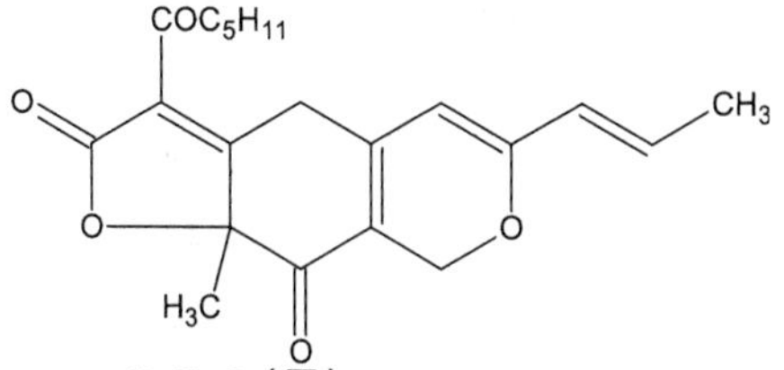

$C_{21}H_{26}O_5$(Ⅲ)

图2-23红曲素(梦那红)

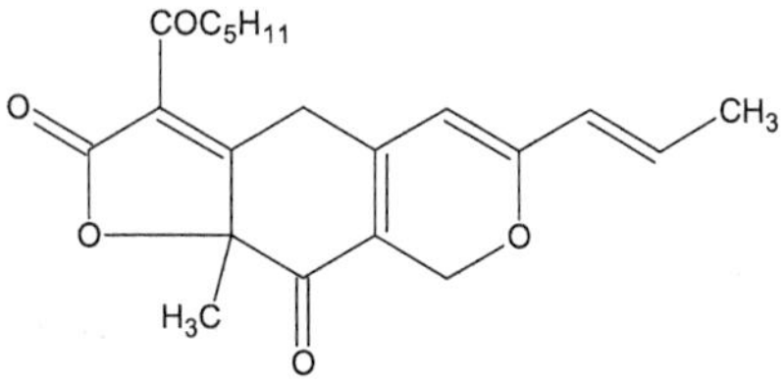

$C_{23}H_{30}O_5$(Ⅳ)

图2-24红曲黄素(安卡黄素)

紫色色素:

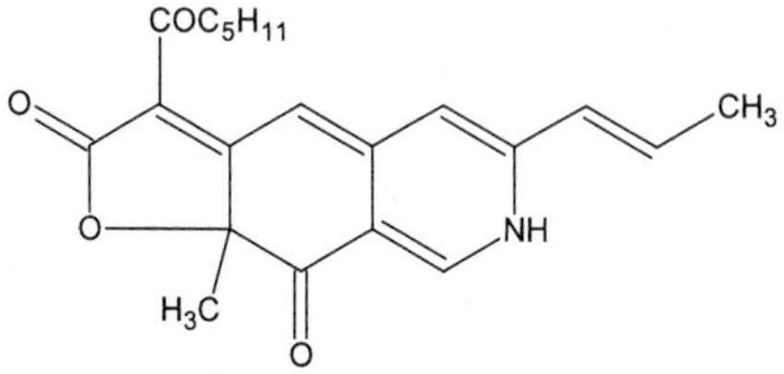

$C_{21}H_{23}NO_4$(Ⅴ)

图2-25红斑胺(潘红胺)

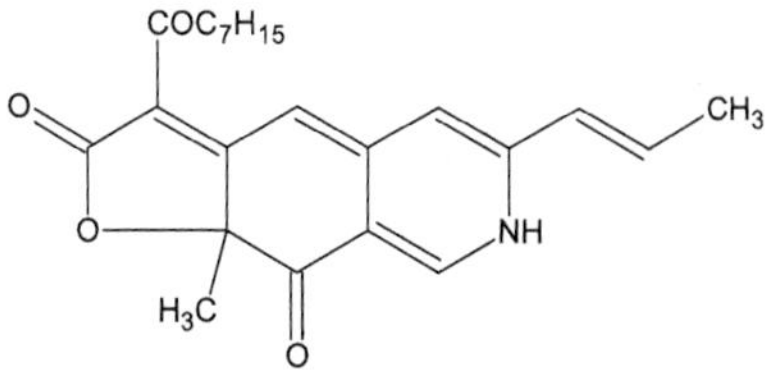

$C_{23}H_{27}NO_4$(Ⅵ)

图2-26红曲红胺(梦那玉红胺)

不同菌种中的红曲色素,其组成成分是有区别的,例如:从赤红曲霉中获得的是红曲素及红曲黄素;从紫红曲霉中获得的是红曲红素及红斑素;从左藤玉红红曲霉中获得的是红曲素。六种色素中,具有应用价值的是醇溶性的红斑素和红曲红素①。

红曲色素有防腐和医疗保健功能,可以降低血清中的甘油三酯、降低胆固醇、防止动脉硬化、改善紊乱的脂质代谢保健作用②。

2合成色素

在食品工业中,合成色素被广泛地使用着,由于一些色素有不同程度的毒性,所以世界各国对人工合成食用色素的品种、质量及用量等都有严格限制,食品中只准有限度地使用六种人工合成色素:苋菜红(食用红色2号)、胭脂红(食用红色1号)、柠檬黄、靛蓝、日落黄、亮蓝。见表2-2③所示。

① 赵燕.温辉梁,胡晓波.红曲色素及其在食品工业中的应用[J].中国食品添加剂,2004,(4):90-93.
② 刘毅.宁正祥.红曲色素及其在肉制品中的应用[J].食品与机械,1999,(7):28,30.
③ 赵德丰,程侣柏,姚蒙正,高建荣.精细化学品合成化学与应用[M].北京:化学工业出版社,2001:339.

表2-2　几种合成色素的结构、性状及用途

色素名称	结构	性状	用途	最大使用量（g/kg）
苋菜红	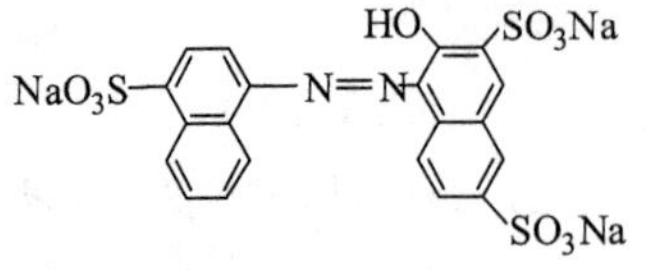 HO　SO_3Na　NaO_3S　N=N　SO_3Na	紫红色粉末，溶于水呈玫瑰红，不溶于油脂，耐光、热、酸，微溶于乙醇	糕点、饮料、酒类、医药、化妆品	0.05
胭脂红	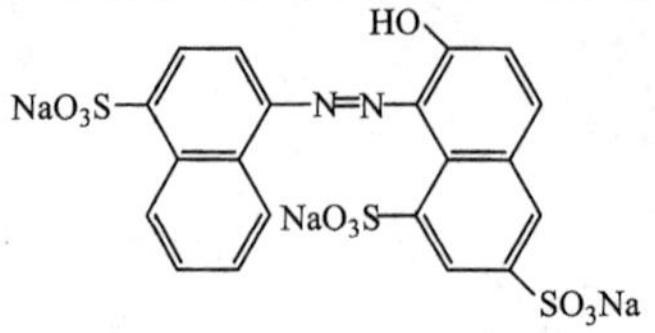 HO　NaO_3S　N=N　NaO_3S　SO_3Na	深红色粉末，溶于水呈红色，微溶于乙醇，不溶于油脂	糕点、饮料、农畜加工产品 用于红肠肠衣、豆奶	0.05 0.025
柠檬黄	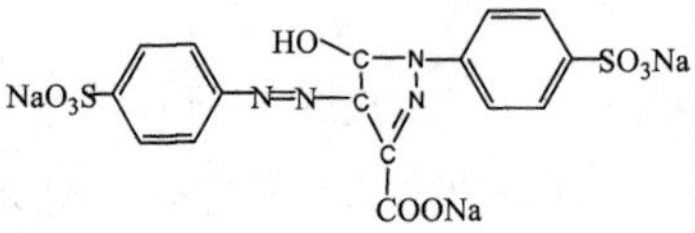 HO　C　N　SO_3Na　NaO_3S　N=N　C　N　C　COONa	橙黄色粉末，溶于水、甘油、微溶于乙醇，不溶于油脂，对光、热、酸有良好的耐受性	糕点、饮料、农产品	0.10 0.05
日落黄	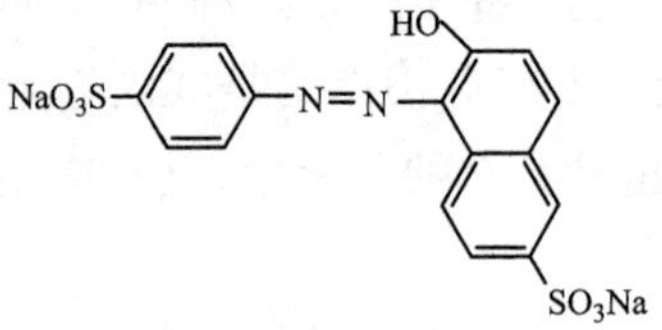 HO　NaO_3S　N=N　SO_3Na	橙色粉末，易溶于水，溶于甘油，难溶于乙醇，不溶于油脂，耐光、热、酸	糕点、饮料、农产品	0.10
靛蓝	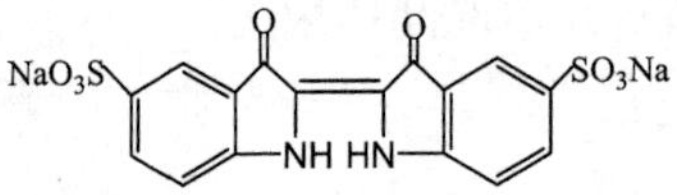 O　O　NaO_3S　SO_3Na　NH　HN	蓝色粉末，可溶于水，难溶于乙醇和油脂，染色力好，耐光性差	糕点、饮料、农产品	0.10
亮蓝	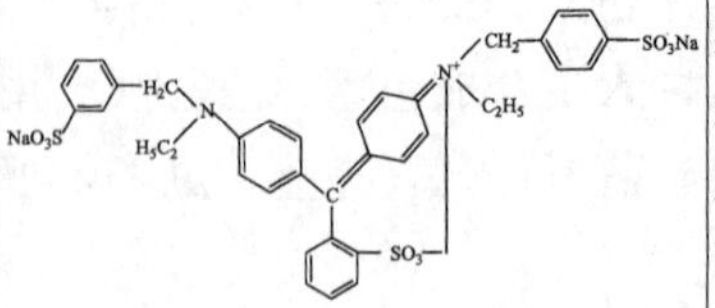 CH_2　SO_3Na　N^+　C_2H_5　H_2C　N　NaO_3S　H_5C_2　C　SO_3^-	具有金属光泽，紫红色粉末，可溶于水、甘油、乙醇、耐光、酸性好	糕点、饮料、农产品	0.025

资源链接:苏丹红1号

2005年2月18日,英国食品标准局首次向英国公众发出警告,公布了359种含有可能致癌的苏丹红即“苏丹1号”型色素食品的清单,在英国引发了自疯牛病以来最大的食物恐慌。同年2月23日我国国家质检总局发出《关于加强对含有苏丹(1号)食品检验监管的紧急通知》,要求各地质量监督和技术监督部门加强对食品生产企业的卫生监管,并对食品中使用“苏丹1号”的情况展开清查。

苏丹1号(Sudan D)是一种暗红色粉末状的有机化工合成染料,化学名称为1-苯偶氮-2-萘酚(1-Benzene-2-naphthol),俗称油溶黄、苏丹黄、油溶橙、黄丹I等,不溶于水、可以溶解在有机溶剂中,分子式:$C_{16}H_{12}N_2O$,相对分子质量:248.28,化学结构为:

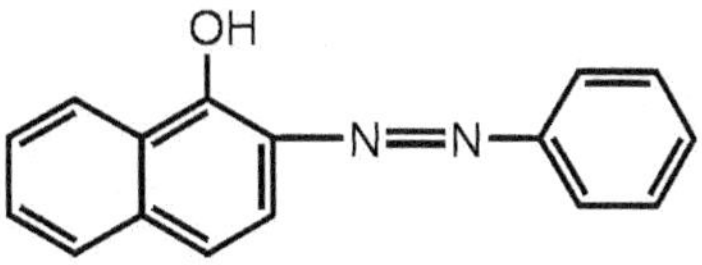

OH

N=N

它一般用在汽油、机油、鞋油和汽车腊等工业产品中,为溶剂、油、蜡、汽油增色以及鞋、地板等的增光和染色。包括我国在内的全球多数国家都禁止将其用于食品生产。

从结构上看,苏丹1号的共轭双键体系是由偶氮基连接芳环构成的,-OH则产生深色和浓色效应,因此其颜色属于“橙、红”系列。其可能的合成路线为:

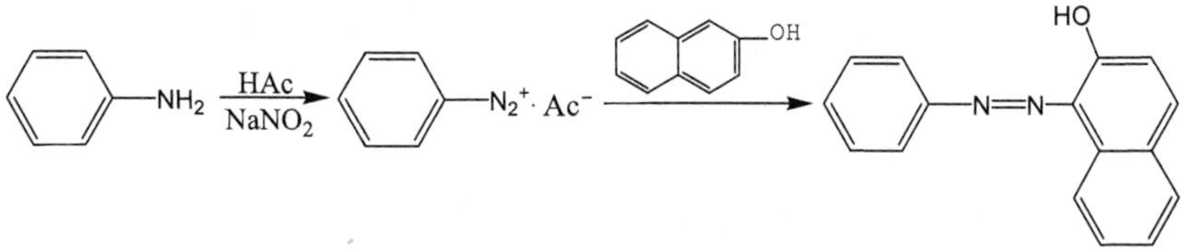

$$C_6H_5NH_2 \xrightarrow[NaNO_2]{HAc} C_6H_5N_2^+ \cdot Ac^- \xrightarrow{\text{2-萘酚 (OH)}} C_6H_5-N{=}N-(\text{HO-萘基})$$

3 食品颜色的变化

食品在加工、贮藏过程中,经常会发生变色现象,褐变就是一种最普遍的变色现象。在一些食品中,适当程度的褐变是有益的,如面包、糕点、咖啡等食品在焙烤过程中生成的焦黄色和由此而引起的香气等;而在另一些食品中，特别是水果和蔬菜，褐变是有害的，它不仅影响外观，还影响风味，并降低营养价值，而且往往是食品腐败、不堪食用的标志。

褐变按其发生机制可分为酶促褐变和非酶褐变两大类。

3.1 酶促褐变

酶引起的褐变，即酶促褐变，多发生在较浅色的水果和蔬菜中。例如苹果、香蕉和土豆等，当它们的组织被碰伤，切开，削皮，就很容易发生褐变，这是因为它们的组织暴露在空气中，在多酚酶的催化下，多酚类物质被氧化为邻醌，邻醌再进一步氧化聚合而形成褐色色素（或黑色素、类黑精）。

3.1.1 酶促褐变的机理

酶引起褐变是酚酶催化酚类物质（一元酚或二元酚作底物）形成醌及其聚合成黑色素的结果。其反应比较复杂，尤其是最终产物黑色素的分子结构至今还不十分清楚。

现以水果的褐变为例，水果中含有儿茶酚，在儿茶酚酶（多酚氧化酶）的催化下，首先氧化成邻苯醌：

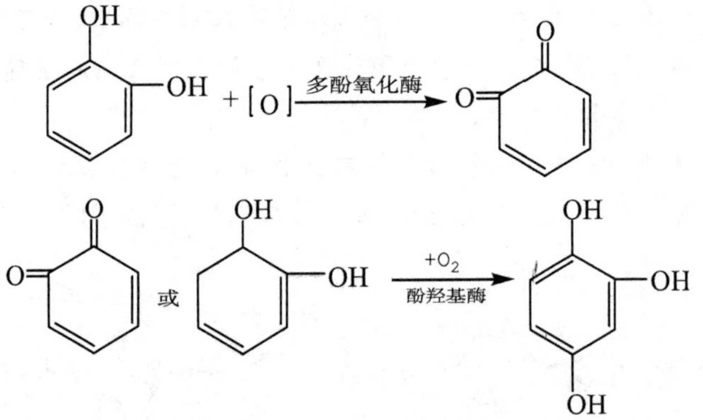

邻醌具有较强的氧化能力，可将三羟基化合物氧化成羟基醌：

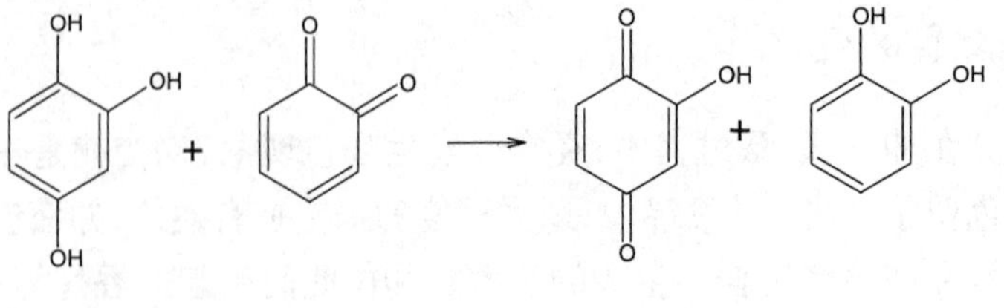

或：

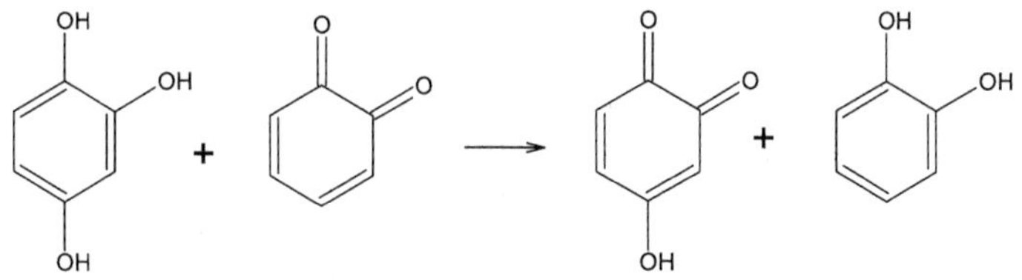

OH OH OH + O O → O O OH + OH OH

羟基醌易聚合而生成黑色素：

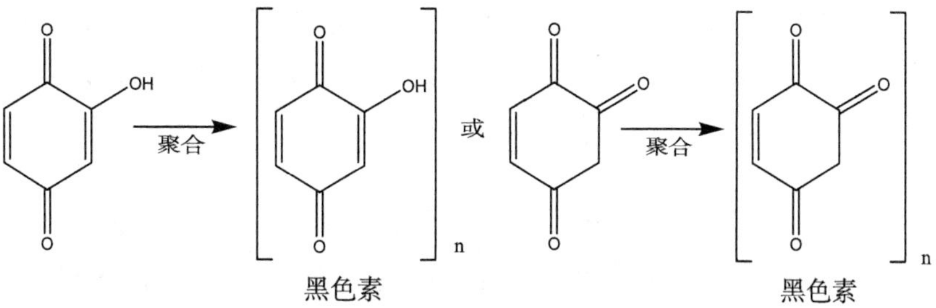

聚合 或 聚合

黑色素　　黑色素

3.1.2 食品酶促褐变的抑制

食品发生酶的褐变，必须具备三个条件：多酚类、多酚氧化酶和氧，三个条件缺一不可。有些瓜果，如柠檬、橘子、香瓜、西瓜等由于不含多酚氧化酶，所以它们不发生酶褐变。但酶褐变的程度，主要取决于多酚类含量，而多酚氧化酶的活性强弱也有明显的影响。

只要消除这三个条件中的任何一个，就可防止褐变现象，比较有效的办法是抑制多酚酶的活性，其次是防止与O_2接触。常用的处理方法有：

(1)钝化酶的活性（热烫、抑制剂等）

热处理是控制酶促褐变的最普遍的方法，SO_2、抗坏血酸是多酚酶的抑制剂，使用方便，效果可靠。

(2)改变酶作用的条件（pH、水分活度等）

酚酶作用的最适pH为6–7，低于3.0时已无活性，故常利用加酸来控制多酚酶的活力。

(3)隔绝O_2

可将去皮及切开的果蔬浸在清水、糖水或盐水中，也可在其上浸涂抗坏血酸液，还可用真空渗入法把糖水或盐水渗入果蔬组织内部，驱除空气等。

3.2 非酶褐变

在食品贮藏及加工中，常发生与酶无关的褐变作用，这种褐变常伴随热加工及较长期的贮存而发生，非酶褐变主要有三种机制。

3.2.1 羰氨反应褐变作用——美拉德反应(Malliard Reaction)

法国化学家迈拉德于1921年发现，当甘氨酸与葡萄糖的溶液共热时，会形成褐色色素(也叫类黑精)，以后这种反应就被称为美拉德反应，它包括胺基化合物和羰基化合物之间的类似反应在内。由于食品中都含有这二类物质(蛋白质及碳水化合物)，所以食品都有可能发生此反应。

3.2.2 焦糖化褐变作用

糖类在没有胺基化合物存在的情况下加热到其熔点以上时，也会变成黑褐色的物质(焦糖或酱色)，它是糖的脱水产物，此外还有一些裂解产物(挥发性的醛、酮等)。在焙烤、油炸食品中，焦糖化作用控制得当，可以使产品得到悦人的色泽及风味。

3.2.3 抗坏血酸褐变作用

柑橘类果汁在贮藏中色泽变暗，放出CO_2，是抗坏血酸自动氧化分解为糠醛和CO_2，而糖醛与胺基化合物又可发生羰氨反应。

食品的褐变往往不是以一种方式进行的。非酶褐变一般可用降温、加SO_2、改变pH、降低成品浓度、使用较不易发生褐变的糖类(蔗糖)等方法加以延缓及抑制。

3.3 具体食品颜色的变化

3.3.1 肉制品的颜色变化

肉加热变褐可能发生焦糖化作用和美拉德反应。冻肉在保藏过程中颜色逐渐变暗，主要是肌红蛋白的氧化(Fe^{2+}变成Fe^{3+})及表面水分蒸发，使色泽物质浓度增加。肉类加工制品，为保持肉制品鲜艳红色，也常添加亚硝酸盐，使形成亚硝基肌红蛋白和亚硝肌蛋白，它们都是鲜红色。

3.3.2 蔬菜的颜色及其颜色变化

蔬菜中含的色素主要是：叶绿素(绿)、类胡萝卜素(红、黄)、花黄素、黄酮类(黄或无色)、花青素(红、青、紫)、番茄红素等。

对于同一种蔬菜，其颜色越鲜艳，所含的相应营养物质越多，营养价值也越高。如：色质鲜红的胡萝卜比发黄的胡萝卜含有更多的β-胡萝卜素；深绿色的生菜叶比浅绿色的含有更多的维生素；成熟的新鲜红辣椒的维生素C含量比绿色辣椒高得多[①]。

绿色蔬菜在加热时，由于与叶绿素共存的蛋白质受热凝固，使叶绿素游离于植物中，并在酸性条件下，加速叶绿素转变为脱镁叶绿素，失去鲜绿色而变褐色。蔬菜在贮存过程，叶绿素受叶绿素水解酶、酸和氧作用，逐渐降解为无色，使绿色部分消失；同时，由于类胡萝卜素与叶绿素共存与叶绿体的叶绿板层中，黄色的类胡萝卜素则显露出来，使蔬菜变黄色。变黄是蔬菜出现衰老和食用品质降低的表现。叶绿素在干燥或低温下比较稳定，所以低温贮存蔬菜和脱水蔬菜都能较好地保持绿色。

资源链接：食品加工中的绿色素

在食品加工中所用的绿色主要是来自叶绿素铜钠盐，它是以植物(如菠菜等)或干燥的蚕沙用酒精或丙酮抽提出叶绿素，再使之与硫酸铜或氧化铜作用，以铜取代叶绿素中的镁，再将其用苛性钠溶液皂化，制成膏状或进一步制成粉末。叶绿素铜钠的结构式如下：

```
CH3  CH═CH2    R    C2H3
 |    |        |     |
 C ═ C         C ─  C
 |    |        ‖     ‖
 C    C ═ CH ─ C     C
//  \N/         \N/  \
HC      Cu           CH
 \  //N\        /N\\ //
 C    C ═ C ─  C     C
 |    |   |    |     |
HC ─ C    |    C ═  C
 |    |   |    |     |  CH3
CH3  CH2  CH ─ C ═  O
      |   |
     CH2  COONa
      |
     COOH
```

叶绿素铜钠盐a：R=—CH_3

叶绿素铜钠盐b：R=—CHO

① 田秀红.食品原料的色泽与营养价值及特殊功用[J].食品科技，2001，(3)：66–67.

叶绿素铜钠盐为蓝黑色带金属光泽的粉末，有胺类臭味，易溶于水，稍溶于乙醇与氯仿，几乎不溶于乙醚和石油醚，水溶液呈蓝绿色，耐光性较叶绿素强。叶绿素铜钠盐是良好的天然绿色色素，可用于对罐装青豌豆、薄荷酒、糖果等的着色，翠绿夺目，效果良好。

第2节　食品的香味

食品的香气是由许多种挥发性的香味物质所组成的，其中某一种组分往往不能单独表现出食品的整个香气。食品中的香味物质虽是微量的，但近年来，凭借GC-MS等分析方法，已能鉴别出食品香味复杂组成中的各种物质。

判断一种物质在食品香气中所起作用的数值称为香气值。

香气值 = 香味物质的浓度 /香气阈值

香气阈值是指在同空白试验作比较时，能用嗅觉辨别出该种物质存在的最低浓度。香气值 < 1，说明嗅觉器官对这种物质的香气无感觉。

1蔬菜的香味

蔬菜的总体香气较弱，但气味多样。如十字花科蔬菜（卷心菜、荠菜、萝卜等）具有辛辣气味；葫芦科和茄科（黄瓜、青椒、番茄、马铃薯等）具有显著的青鲜气味；百合科蔬菜（葱、蒜、洋葱、韭菜、芦笋等）具有刺鼻的芳香；伞形花科蔬菜（胡萝卜、芹菜、香菜等）具有特殊芳香与清香。

十字花科蔬菜最重要的气味物质是含硫化合物。如卷心菜中的硫醚、硫醇和异硫氰酸酯及不饱和醇与醛，萝卜、荠菜中的异硫氰酸酯是主要的特征风味物。

百合科蔬菜最重要的风味物也是含硫化合物。如洋葱中的二丙烯基二硫醚物、大蒜中的二烯丙基二硫醚、韭菜中的2-丙烯基亚砜和硫醇。

伞形花科的风味物中，萜烯类是主要的物质，它们和醇类及羰化物共组成主要气味贡献物，形成特殊的清香。

黄瓜和番茄具有青鲜气味，其特征气味物是C_6或C_9的不饱和醇和

醛,如黄瓜的香气物质有:

黄瓜醛　$CH_3CH_2CH{=\!=}CH(CH_2)_2CH{=\!=}CHCHO$

黄瓜醇　$CH_3CH_2CH{=\!=}CHCH_2CH_2OH$

青椒、莴苣、和马铃薯也具有青鲜气味,它们的特征气味物包括吡嗪类,如:青椒特征气味物主要是2-甲氧基-3-异丁基吡嗪,马铃薯特征气味物之一是3-乙基-2-甲氧基吡嗪,莴苣的主要香气成分包括2-异丙基-3-甲氧基吡嗪和2-仲丁基-3-甲氧基吡嗪。

鲜蘑菇中的香味物主要是3-辛烯-1-醇或庚烯醇,而香菇中以香菇精为最主要的风味物,其结构式如图2-27所示:

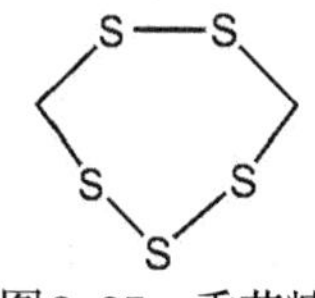

图2-27　香菇精

2水果的香味

水果香气浓郁,基本上都是芳香与清香的结合体。水果的香气物质类别比较单纯,主要包括萜、醇、醛、酯类及有机酸等。

红橘中含有长叶烯、薄荷二烯酮,其结构如图2-28,2-29所示:

图2-28　长叶烯

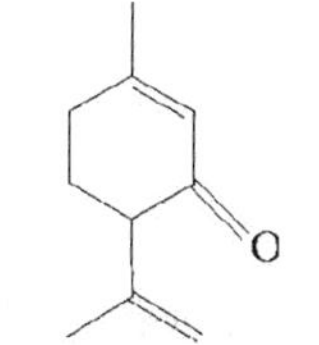

图2-29　薄荷二烯酮

苹果中的香气成分包括醇、醛和酯类。异戊酸乙酯、乙醛和反-2-己烯醛为苹果的特征香味物。

香蕉中的主要香味物包括酯、醇、芳香族化合物及羰化物。酯类物质以乙酸异戊酯为代表,还有乙、丙、丁酸与C_4-C_6醇构成的酯。芳香族化合物有丁香酚、丁香酚甲醚、榄香素和黄樟脑等。结构如图2-30,2-31,2-32所示:

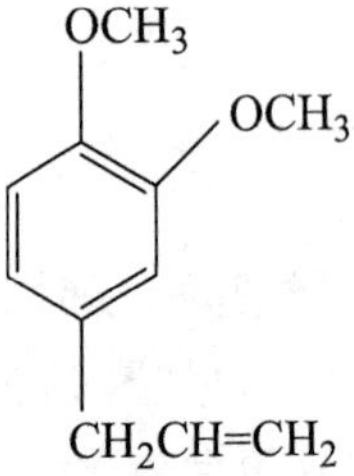

图2-30丁香酚甲醚 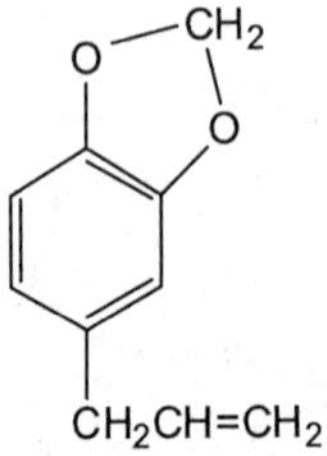　　图2-31 黄樟脑 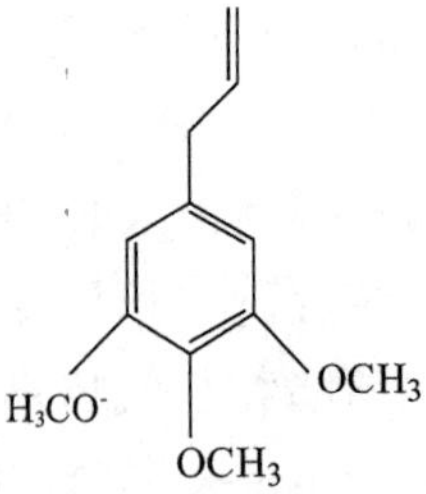　　图2-32 榄香素

菠萝中酯类气味物十分丰富，已酸甲酯和已酸乙酯是其特征风味物。

桃子中酯、醇、醛和萜烯为主要香气成分。桃的内酯含量较高。桃醛和苯甲醛为其特征风味物。

葡萄因为品种的不同，香气的差别也较大。葡萄中特有的香气物是邻氨基苯甲酸甲酯，而醇、醛和酯类是各种葡萄中的共有香气物，如：庚醇 $CH_3CH_2(CH_2)_4CH_2OH$。

产生柠檬香味的柠檬烯和甜橙中的香味物质方樟醇的结构分别见图2-33、2-34所示：

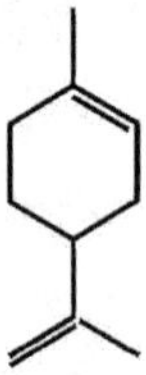

图2-33　柠檬烯 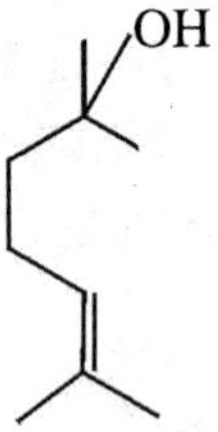　　图2-34　方樟醇

甜橙中除了含有上述的柠檬烯，还有柠檬醛，又分为反-柠檬醛和顺-柠檬醛，结构如图2-35，2-36所示：

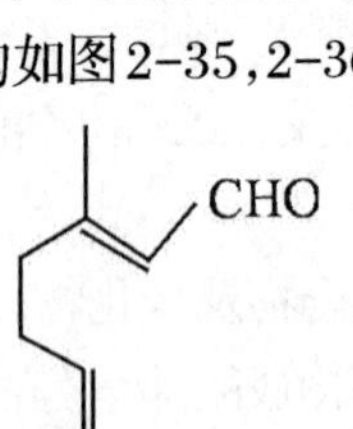

图2-35 反-柠檬醛 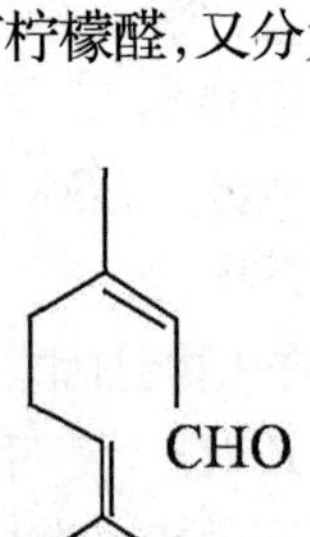　　图2-36顺-柠檬醛

此外，甜橙醛也是甜橙中一种重要的香味物质。圆柚酮是柚子中的

主要的香味物质，它们的结构式分别如图2-37、2-38：

图2-37　甜橙醛　　　　图2-38　圆柚酮

草莓头香成分主要是醛、酯和醇类。西瓜、甜瓜等葫芦科果实的气味由两大类气味物支配，一是顺式烯醇和烯醛，二是酯类。

3 肉的香味

生肉的风味是清淡的，但经过加工，熟肉的香气十足。肉香具有种属差异，如牛、羊、猪和鱼肉的香气各具特色。种属差异主要由不同种肉中脂类成分存在的差异决定。不同加工方式得到的熟肉香气也存在一定差别，如煮、炒、烤、炸、熏和腌肉的风味各不相同。

各种熟肉中共同的三大风味成分为硫化物、呋喃类和含氮化合物，另外还有羰化物、脂肪醇、内酯、芳香族化合物等。

下面列举三种肉类主要香味物质的结构式：

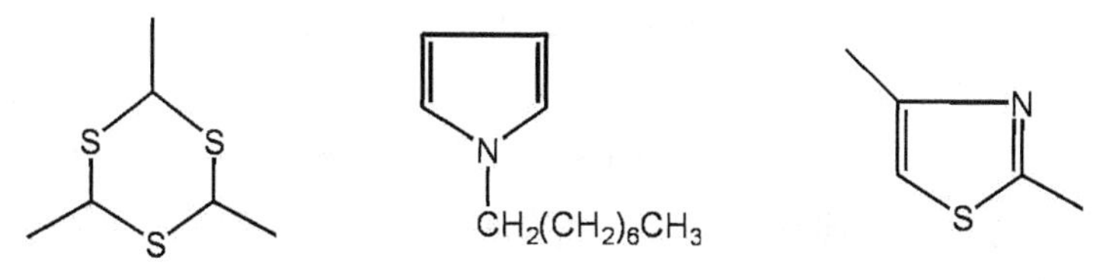

2,4,6-三甲基-S-三噻烷　　N-辛基吡咯　　2、4-二甲基噻唑

图2-39 牛肉香　　图2-40 鸡肉香　　图2-41 猪肉香

资源链接：牛排中的挥发成分①

类　别	种　数	类　别	种　数
脂肪族烃	73	氯化物	10
脂环族烃	4	芳香族化合物	86
萜　类	8	硫化物	68
脂肪族醇	46	呋喃及衍生物	43

① 刘邻渭．食品化学[M]．北京：中国农业出版社，2000：166.

脂环族醇	1	噻吩及衍生物	40
脂肪族醛	55	吡咯及衍生物	20
脂肪族酮	44	吡啶及衍生物	17
脂环族酮	8	吡嗪及衍生物	54
脂肪酸	20	噁唑（烷）类	13
内　酯	32	噻唑（烷）类	29

4 乳品的香味

乳制食品种类较多，如：鲜奶、稀奶油、黄油、奶粉、发酵黄油、酸奶和干酪。鲜奶、稀奶油和黄油的香气物质大多是乳中固有的挥发成分，它们的差异主要来自于特定分离时鲜乳中的风味物按不同分配比进入不同产品。鲜奶经离心分离时，脂溶性成分更多地随稀奶油而分出，由稀奶油转化为黄油时，被排出的水又把少量的水活性风味物带去。因此，中长链脂肪酸、羰化物(特别是甲基酮和烯醛)在稀奶油和黄油中就比在鲜奶中含量高。

奶粉和炼乳中固有的一些香气物质在加热过程会挥发而部分损失，同时又产生了一些新的香味物质。甲基酮和烯醛等气味成分也在奶粉与炼乳中增加。在加热过程中产生这些香味物质的反应主要包括美拉德反应、脂肪氧化等。

5 烘烤的香味

人们熟悉飘荡在焙烤或烘烤食品中的愉快的香气。例如：面包皮风味、爆玉米花气味、焦糖风味等都是这类风味。通常，当食品色泽从浅黄变为金黄时，这种风味达到最佳，当继续加热使色泽变褐时就出现了焦糊气味和苦辛滋味。吡嗪类、吡咯类、呋喃类和噻唑类中都发现有多种具有焙烤或烘烤类香气的物质，而且它们的结构有明显的共同点。如：

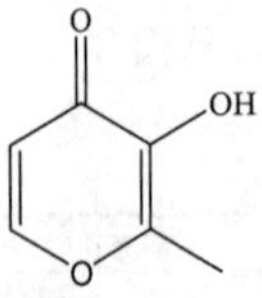

麦芽酚

图2-42 焦糖气味

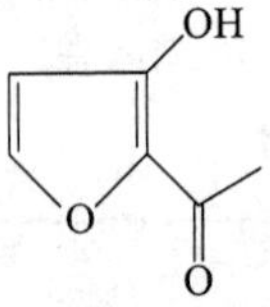

异麦芽酚

图2-43 焦糖气味

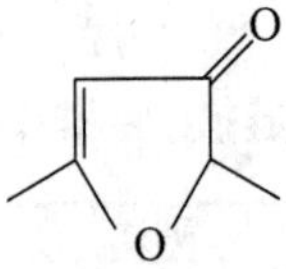

2,5-二甲基-3-呋喃酮

图2-44 烤面包气味

然而，还没有根据说明实际的焙烤或烘烤食品的主要香气贡献成分是由哪几种挥发物组成，因为任何一种焙烤或烘烤而制成的食品中都发现了非常多的香气成分。据报道，焙烤可可中已测出380种以上香气成分，烘烤咖啡豆中已测出580种以上香气成分，炒花生中已测出280种以上的香气成分，炒杏仁中已测出85种香气成分，烤面包皮中已测得70多种挥化物和25种呋喃类化合物及许多其他挥发物质。

不同焙烤或烘烤食品中气味物的种类各不相同，但从大的类别看，多有相似之处。比如，它们多富含呋喃类、羰化物、吡嗪类、吡咯类及含硫德噻吩、噻唑等等。

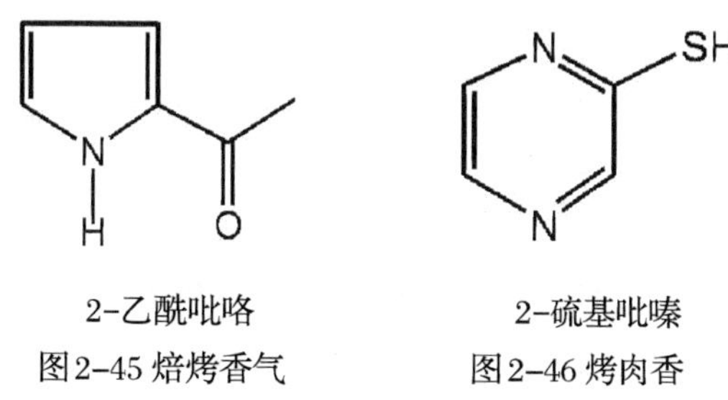

2-乙酰吡咯
图2-45 焙烤香气

2-硫基吡嗪
图2-46 烤肉香

6 发酵食品的香味

由于微生物作用于蛋白质、糖、脂肪及其他物质而使发酵食品出现香味，主要成分包括醇、醛、酮、酸、脂类等化合物。微生物的种类繁多、各种香味物质成分比例各异，从而使食品的风味各有特色。发酵食品包括酒类、酱类、发酵乳品等。

目前，已经分析鉴定出白酒含有300多种挥发成分，其中主要以醇、酯、酸、羰化物成分等为多，含量也最多。此外还包括缩醛、含氮化合物、含硫化合物、酚、醚等，乙醇和挥发性的直链或支链饱和醇是最主要的醇，乳酸乙酯和乙酸乙酯是主要的酯，乙酸、乳酸和己酸是主要的酸，乙缩醛、乙醛、丙醛、糠醛、丁二酮是主要的羰化物。

啤酒中也分析得出含有300种以上的挥发成分，但总体含量很低，主要的香气物质是醇、酯、羰化物、酸和硫化物。发酵葡萄酒中香气物质多达350种以上，除了醇、酯、羰化物外，萜类和芳香族类化合物的含量也比较高。酱油的香气物质包括醇、酯、酸、羰化物、硫化物和酚类。

资源链接：番茄、黄瓜等香味物质的产生途径

对番茄青鲜风味物形成机制的研究中发现，前体物亚麻酸和亚油酸可先经脂氧合酶催化氧化而生成脂肪酸的氢过氧化物，然后裂分为倾3-己烯醛和已醛。这些羰化物还可经化学反应而转变为醇、酸和酯。该途径如图所示①。

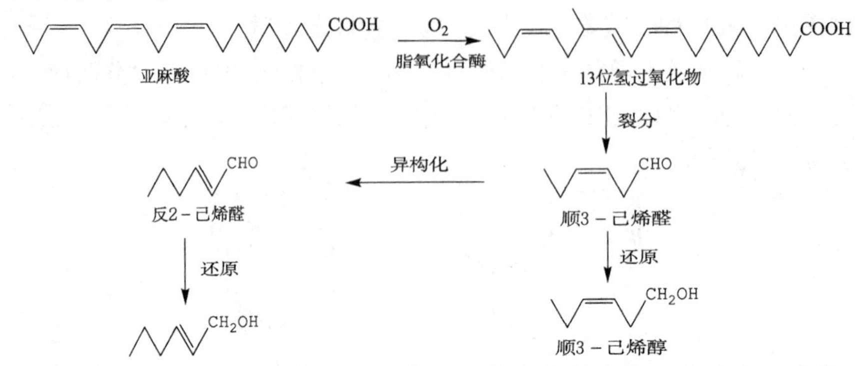

黄瓜中的黄瓜醇和黄瓜醛也是经此类的途径产生。由亚麻酸开始，经脂氧合酶催化氧化为9位氢过氧化物，歧化裂分后就产生了黄瓜醛，黄瓜醛还原后又产生黄瓜醇。

第3节 食品的味

每一种食物都有其特有的风味，风味是一种感觉现象。从看到食品到食品进入口腔所引起的感觉就是味觉，它包括：

心理味觉：形状、色泽和光泽等。

物理味觉：软硬度、粘度、冷热、嚼感及口感。

化学味觉：酸、甜、苦及咸等。

食品中的化学成分作用于味觉的感受器所引起的感觉叫做化学味觉。

食品的味是多种多样的，但都是由于食品中可溶性成分溶于唾液或食品的溶液刺激舌表面的味蕾，再经过味觉神经纤维达到大脑的味觉中枢，经过大脑的分析，才能产生味觉。

味感有甜、酸、咸、苦、鲜、涩、碱、凉、辣及金属味等十种，其中甜、酸、

① 刘邻渭．食品化学[M]．北京：中国农业出版社，2000：161.

咸、苦为基本的味觉。

物质结构与其味感有内在的联系，但这种联系现在还不是很清楚。一般说来，化学上的“酸”是酸味的，化学上的“盐”是咸味的，化学上的“糖”是甜味的，生物碱及重金属盐是苦味的，但也有许多例外，如草酸就是涩的。

资源链接：味觉阈值[①]

人们衡量味的敏感性的标准是阈值，所谓阈值即是人能品尝出味道的呈味物质水溶液的最低浓度。表2-3列出了几种呈味物质的阈值。

阈值低，说明单位量该物质的刺激强度大，或者说味觉受体对这类物质的敏感性高。对某一呈味物质的阈上浓度刺激，浓度越高味觉越强，这是增加刺激物量引起味觉强度增强的现象。

表2-3　几种呈味物质的阈值

名称	味道	阈值/(mol/L)
蔗糖	甜	0.03
食盐	咸	0.01
盐酸	酸	0.009
硫酸奎宁	苦	0.00008
谷氨酸钠	鲜	0.03

1 甜味和甜味物质

1.1 甜味的呈味机理

沙伦伯格一克伊尔学说指出：甜味物分子和口腔中的甜味感受器都具有一对质子给予体（AH）和质子受体（B），两者相距0.25-0.40nm，强甜物的分子中，在AH基和B基的距离各0.35nm和0.55nm处的交点上有一疏水基（Y）。当甜味物质的AH、B和γ基与甜味感受器的B、AH和γ基相互配对而作用时就产生甜感。如图2-47所示：[②]

① 陈小宏主编.烹饪化学[M].北京：中国轻工业出版社，2001.172 .

②刘邻渭.食品化学[M].北京：中国农业出版社，2003：140.

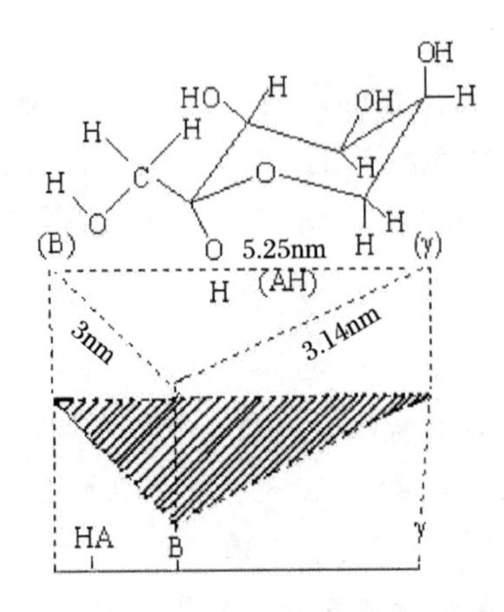

图2-47　甜味呈味机理示意图

这个理论可以用来解释为什么苯乙醇具有甜味,茴香醛反异构体具甜味,而顺异构体为无味。其结构如图2-48,2-49所示:

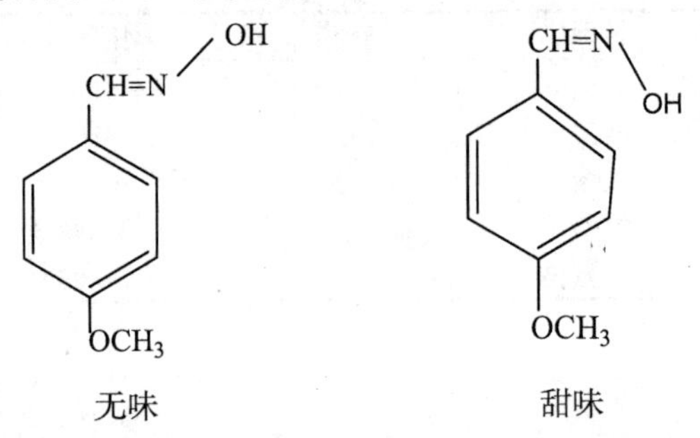

图2-48 顺茴香醛,无味　　　　图2-49 反茴香醛,甜味

1.2 甜味物质的分类

食品中的甜味物质很多,一般分为以下几大类①:

①糖类甜味成分(指除单糖衍生物外的碳水化合物中具有甜味的物质),如葡萄糖、蔗糖、果糖、麦芽糖、木糖、果葡糖浆等;

②糖醇类甜味物质,如山梨醇、木糖醇、麦芽糖醇;

③非糖天然甜味物质,如甜叶菊和甜叶菊苷、甘草和甘草苷、甘茶素、非洲竹芋甜素、氨基酸(d型和l型)等;

---

① 金龙飞.食品与营养学[M].北京:中国轻工业出版社,1999:114-116.

④天然衍生物甜味物质，如天门冬氨酰二肽衍生物、二氢查耳酮衍生物等；

⑤人工合成甜味物质，如糖精、糖精钠、甜蜜素（环己基氨基磺酸钠）等。

1.3 甜味物质的相对甜度比较

表2-4　甜味物质的相对甜度①

甜味物质名称	甜度（与蔗糖比较）	甜味物质名称	甜度（与蔗糖比较）
蔗糖	100	糖精钠	30000
果糖	120–180	糖精	50000–70000
乳糖	27	安赛蜜（乙酰磺胺酸钾）	15000–20000
半乳糖	60	甜蜜素（环己基氨基磺酸钠）	3000–5000
赤藓糖醇	80	三氯蔗糖	50000–60000
木糖醇	100–140	索马甜（非洲竹芋甜素）	300000–500000
山梨糖醇	70	甘草甜素二钠	15000–25000
葡萄糖	70	甜叶菊糖	30000
木糖	40–70	阿斯巴甜（甜味素）	100000–20000
麦牙糖醇	80–90	阿力甜	200000

1.4 应用广泛的甜味物质

1.4.1 糖精钠（Sodium saccharin）

糖精钠是最古老的甜味剂，在我国生产和应用已约有60年的历史。糖精钠的生产原料是苯和氯磺酸，其甜度很高，溶化在1万倍的水溶液里仍有甜味，其甜味接近蔗糖，但若浓度稍大时就会带苦味。糖精钠的结构式为：

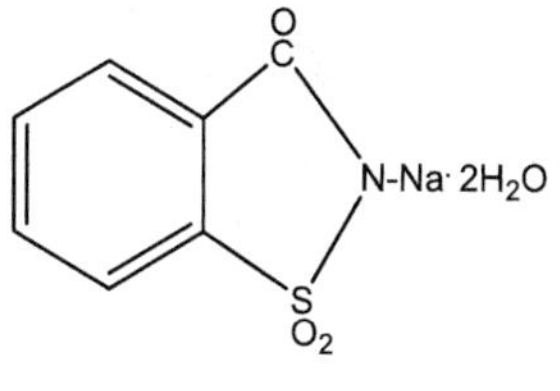

图2–50　糖精钠

糖精钠的制备过程：①磺化过程：用冰水将过量的氯磺酸冷却到4℃以下，加入甲苯，获得邻甲苯磺酰氯；

②氨化过程：将获得邻甲苯磺酰氯与氨水反应，然后用水洗涤、降温、过滤、水洗至中性。

① 胡国华.食品添加剂应用基础[M].北京：化学工业出版社，2005：177–178.

③氧化过程：采用铬酐氧化，将邻甲苯磺酰氯氧化制成糖精。最后，糖精与氢氧化钠反应生成糖精钠。糖精合成的化学反应式为：

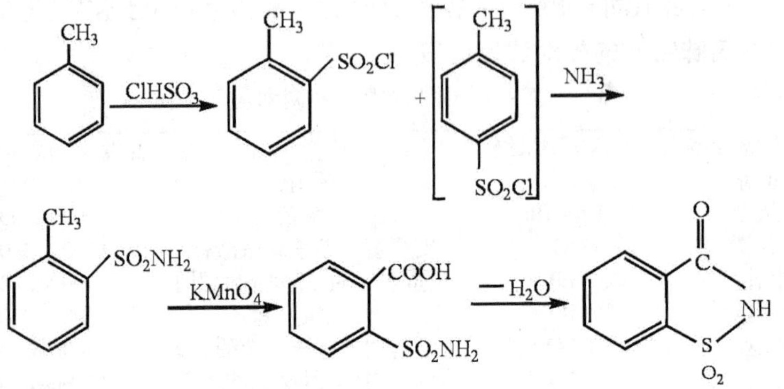

CH_3 $ClHSO_3$ CH_3 SO_2Cl + CH_3 SO_2Cl NH_3

CH_3 SO_2NH_2 $KMnO_4$ $COOH$ SO_2NH_2 $-H_2O$ O C NH S O_2

经证实，糖精钠对人体没有致癌性，认为糖精钠不被代谢，可经尿排出体外。目前尚有100个国家批准允许使用，但对其安全性一直存在争议，我国也采取了严格限制糖精使用的政策，并规定婴儿食 品中不得使用糖精钠。糖精钠优点是价格低廉、性能稳定、用途广泛，且不易被人体所吸收，大部分以原型从肾脏排出；其缺 点是味质较差、有明显后苦，一般用于饮料、酱菜类、复合调味料、蜜饯、配制酒、雪糕、糕点、饼干、面包、最大使用量为0.15g /kg（以糖精计）；话梅、陈皮为5.0g/kg 。

1.4.2 安赛蜜（Acesulfame potassiu）

安赛蜜，又称A–K糖，即乙酰磺胺酸钾，化学成分为6–甲基二氧化噁噻嗪的钾盐，结构式如图2–51所示：

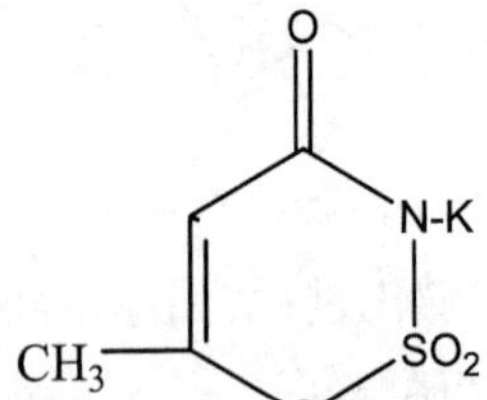

O N-K CH_3 SO_2 O

图2–51　安赛蜜

以乙烯酮和三氧化硫为原料的安赛蜜的制备流程为[①]：氨基磺酸→环

① 胡国华.食品添加剂应用基础[M].北京：化学工业出版社，2005：180.

化剂合成（双乙烯酮，三乙胺）→环合（三氧化硫）→水解→萃取→干燥→蒸馏→溶解→中和（氢氧化钾）→抽滤→结晶→成品。此外，其他的合成路线还有：氨基磺酸氟–双乙烯酮法；乙酰乙酰胺–氟硫酰氟法；乙酰乙酰胺–三氧化硫法；双乙烯酮–三氧化硫法等。

安赛蜜极易溶于水，溶解度随温度升高而增大，口感比蔗糖更甜，甜味纯正而强烈，甜味持续时间长，与阿斯巴甜1:1合用有明显增效作用。高浓度时为蔗糖的100倍，余味持久。在人体内不代谢为其他物质，能很快排出体外，因而完全无热量。对光、热（能耐225℃高温）稳定，pH适用范围较广（3–7），是 目前世界上稳定性最好的甜味剂之一，适用于焙烤食品 、酸性饮料及保健食品等。安赛蜜的生产工艺不复杂、价格便宜、性能优于 阿斯巴甜，被认为是最有前途的甜味剂之一。1992年，中国批准安赛蜜可用于饮料、冰淇淋、糕点、蜜饯、餐桌 用甜料等。

1.4.3 阿斯巴甜（Aspartame）

阿斯巴甜，即天冬氨酰苯丙氨酸甲酯，又称甜味素、蛋白糖、天冬甜精等，主要由两个氨基酸构成，结构式为：

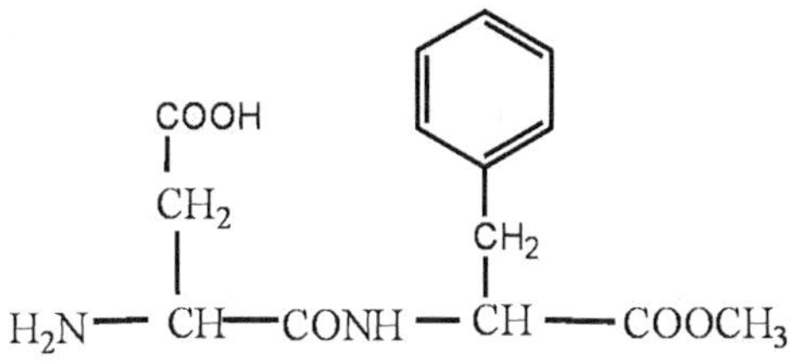

COOH
CH_2
CH_2
H_2N— CH—CONH — CH — $COOCH_3$

图2–52　阿斯巴甜

阿斯巴甜是由天门冬氨酸和苯丙氨酸甲酯缩合而成，反应的关键是天门冬氨酸保护基的选择以及缩合后保护基的去除，合成路线[①]如下页所示。

阿斯巴甜的甜度约为蔗糖的200倍，风味与蔗糖十分近似，甜味纯正，有凉爽感，没有苦涩、甘草味与金属味，且无不良的后味，与酸味易于调和。阿斯巴甜的热值小，可以直接作为蔗糖的替代品直接加到日常甜食中，尤其适合糖尿病、肥胖病、高血压及心血管疾病患者食用。目前已经应用于6000多种产品中，主要包括汽水、果汁、可乐、运动饮料、牛奶、

① 周力.阿斯巴甜的生产和使用[J].食品科学，1997，（7）：18–21.

酸奶、糖果等等。经过多次的研究得出，阿斯巴甜是一种安全性高的甜味物质，在体内代谢不需要胰岛素参与，能很快被分解为天冬氨酸、苯丙氨酸和甲醇三种物质，然后被人体所吸收，但不适用于苯丙酮酸尿者，使用时要求在标签上比表明“苯丙酮尿患者不宜使用”的警示。我国 于1986年批准在食品中应用。

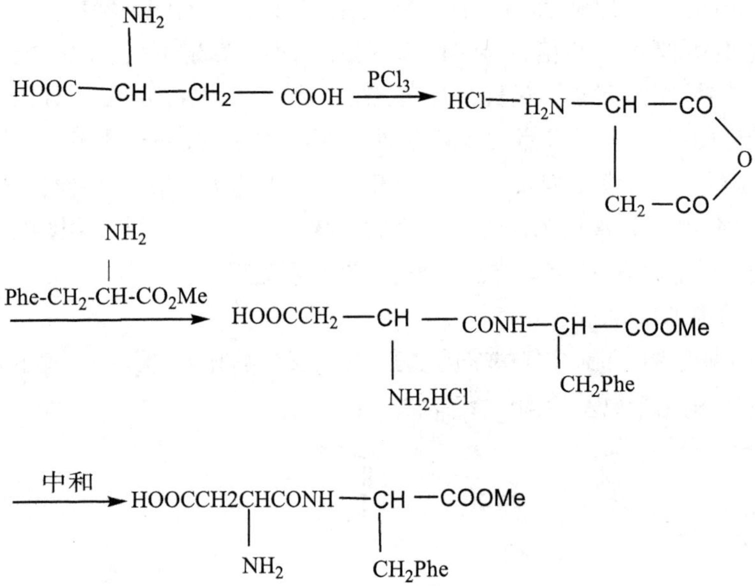

$$HOOC—CH(NH_2)—CH_2—COOH \xrightarrow{PCl_3} HCl—H_2N—CH—CO—O—CO—CH_2 \ (\text{环}: CH—CO—O—CO—CH_2—CH)$$

$$\xrightarrow{Phe\text{-}CH_2\text{-}CH(NH_2)\text{-}CO_2Me} HOOCCH_2—CH(NH_2HCl)—CONH—CH(CH_2Phe)—COOMe$$

$$\xrightarrow{中和} HOOCCH2CH(NH_2)CONH—CH(CH_2Phe)—COOMe$$

1.4.4 木糖醇(Xylitol)

木糖醇是由德国科学家于1890年发现的，并最先用作糖尿病人的甜味剂。木糖醇是白色粉末状结晶，它的化学式为$C_5H_{12}O_5$，相对分子质量为152.15，结构式如图2-53所示：

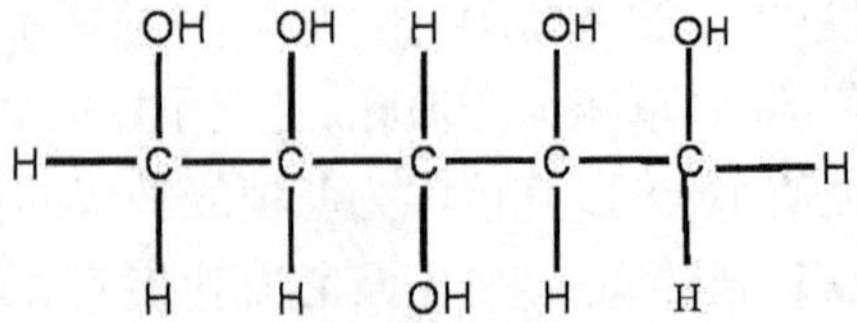

$$H—C(OH)(H)—C(OH)(H)—C(H)(OH)—C(OH)(H)—C(OH)(H)—H$$

图2-53 木糖醇

木糖醇以玉米芯、甘蔗渣为原料经水解催化氢化而制得，即在稀酸催化剂的作用下，水解富含木聚糖(木聚糖多聚物)的植物纤维原料(如稻

草、玉米芯、甘蔗渣等)后,分离、纯化制得木糖,木糖在一定压力下,以镍为触媒,被催化加氢还原制得木糖醇,反应式为:

$$(C_5H_8O_4)_n+nH_2O \xrightarrow{H^+} nC_5H_{10}O_5$$

$$C_5H_{10}O_5+H_2 \xrightarrow{\text{Ni催化剂}} C_5H_{12}O_5$$

此外,木糖醇的制备方法还包括电解还原法及微生物发酵法等[①]。

木糖醇的溶解度、溶液密度等理化性质与蔗糖基本相同,是蔗糖的理想替代品。它甜味清凉,甜度与蔗糖相当,是糖醇中最甜的一种,在人体内代谢与胰岛素无关。每克木糖醇能产生热量16.72kJ,可作糖尿病人的热源,还具有防治龋齿、减肥、改善肝功能、改善肠道功能等重要作用。它广泛存在于香蕉、胡萝卜和菠菜等果蔬中,但含量很少。木糖醇口香糖是当今超市中最受欢迎的食品之一。

资源链接:最甜的甜味剂——纽甜(Neotame)

纽甜的化学名称为N-[N-(3,3-二甲基丁基-L-a-天冬氨酰)]-L-苯丙氨酸-1-甲酯,是阿斯巴甜的天冬氨酸的$-NH_2$上连接3,3-二甲基丁基化 合物,也称为乐甜,其结构式为:

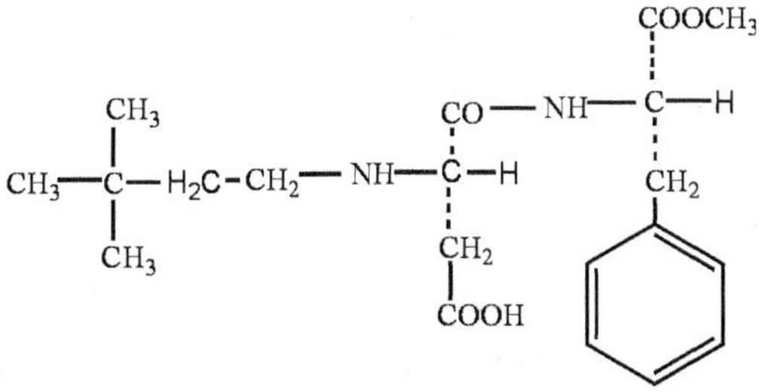

图2-54　纽甜

2001年由澳大利亚和新西兰最早批准应用,甜度是蔗糖的7000-13000倍,阿斯巴甜30-60倍,是目前最甜的甜味剂。纽甜热稳定性较阿斯巴甜明显提高,适用于蛋糕、曲奇等焙烤食品,还具有风味增强效果。纽甜摄入人体后不会被分解为单个氨基酸,适用于苯丙酮尿症患者。纽甜低成本、高甜度、安全、稳定性高、溶解性好,其能量值几乎为零,是取代阿斯巴

① 向晓丽,陈天鄂.木糖醇的制备方法及其应用[J].湖北化工,2002,(2):27-28.

甜的第二代二肽类甜味剂。我国于2003年批准使用，可用于各类食品。

2苦味和苦味物质

苦味在生理上能对味感器官起着强烈有力的刺激作用，对消化有障碍、味觉出现衰退或减弱有重要的调节功能。从味觉本身来说，如果调配得当，适量的苦味，却能起着丰富和改进食品风味的作用，不但能去腥解腻，而且有清淡爽口的感觉。

苦味本身是不受欢迎的味感，但如果与甜、酸等其他味感恰当组合时，可形成特殊的风味，如苦瓜、莲子、白果等都有一定苦味，但均被视为美味食品。苦味是最易感知的一种，与甜、咸、酸相比，它的呈味阈值最小。甜的呈味阈值是0.5%，咸是0.25%，酸是0.007%，苦是0.0016%。

2.1苦味物质的呈味机理：三点接触理论①

许多学者提出关于苦味的化学呈味模式与甜味相似，包括三个部分：分别为AH（亲电性基团）、B（亲核性基团）、X（疏水基团），若呈味物质的这三个基团分别与味感受器的A'B'X'三点结合则产生甜味。对于苦味，Tamura等认为，苦味分子中的亲电性基团AH与味感受器的A'结合，疏水性基团X与X'结合，而味感受器上的第三个B'位置必须是空的，才能产生苦味。Temussi认为呈味物质的分子中AH－B的位置在立体结构上相反时，也会有甜味和苦味的差异，即AH于右方时是苦的，AH于左方时是甜的。Belitz等用三维空间坐标图显示亲电性基团（P^+）、亲核性基团（P^-）和非极性疏水性基团（a）的三维空间相对位置，指出何种物质是甜的，何种物质是苦的。当P^+基团和P^-基团分别位于X轴和Y轴，而疏水性基团a位于X或Z轴时，该化合物就会产生苦味，当缺少P^-基团时，也会产生苦味，此时无须考虑疏水性基团的位置，针对多种苦味物质，他们P^+和P^-之间的距离大概0.25–0.80nm。

2.2苦味物质的分类

无机苦味物质，例如Ca^{2+}、Mg^{2+}和NH等离子。一般来说，凡质量与半径比值大的无机离子都有苦味，如做豆腐的盐卤等。

① 张开诚．苦味机理与苦味抑制技术研究概况[J]．中国调味品，2004，(11)：39–42.

有机苦味物质，有氨基酸类，如常见L–氨基酸中，除甘氨酸、丙氨酸、丝氨酸、苏氨酸、谷氨酸和谷酰胺外，其余的都具有苦味；苦味肽类，蛋白质水解后生成的小肽有许多也具有苦味，如精氨酸与脯氨酸形成的二肽和甘氨酸与苯丙氨酸形成的二肽；生物碱类，著名的苦味物如马钱子碱、奎宁和石榴皮碱等；糖苷类，如柚皮苷和新橙皮苷；尿素类和硝基化合物类强苦物，如苯基硫脲和苦味酸；大环内酯类，如秦皮素、异茴香芹内酯及银杏内酯等；葫芦素类，如苦瓜、黄瓜、丝瓜及甜瓜中的呈苦物质，而苦瓜中的奎宁可能对苦味贡献更大；多酚类，如绿原酸、单宁、芦丁等多酚也具有一定苦味，此外，还有来自于动物的胆汁成分，如胆酸、鹅胆酸及脱氧胆酸等。

奎宁是测定苦味的标准物质，具有强烈的苦味，其结构式①如图2–55所示：

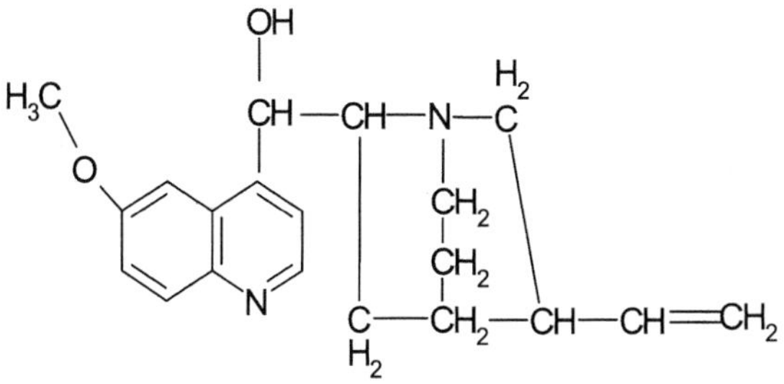

图2–55　奎宁

2.3 几种常见的苦味物质

2.3.1 茶叶、可可、咖啡中的苦味物质

茶叶中的苦味物质除了单宁以外，主要的苦味物质是茶碱，而可可和咖啡中的主要苦味成分分别是可可碱和咖啡碱。这3种生物碱易溶于热水，在冷水中微溶，化学性质都比较稳定。它们的结构母核都是黄嘌呤，通常统称为咖啡因。结构通式②如图2–56所示：

① 吴建一，赵惠明，俞兴源．新型手性相转移催化剂N–苄基溴化奎宁的合成及应用[J]．现代化工，2005，(2)：32.

②刘邻渭．食品化学[M]．北京：中国农业出版社，2003：144.

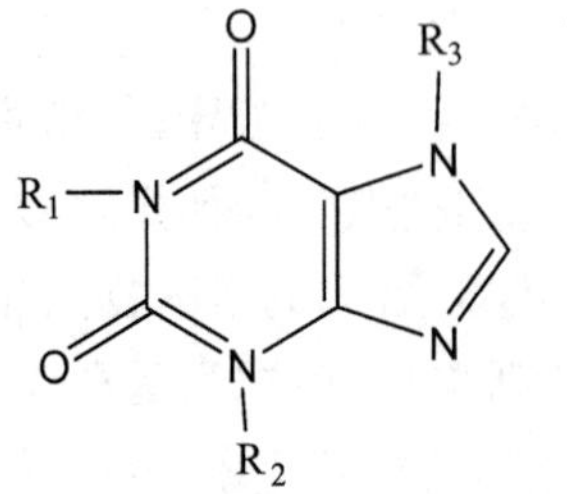

$R_1=R_2=-CH_3, R_3=H$为茶碱
$R_1=H, R_2=R_3=-CH_3$为可可碱
$R_1=R_2=R_3=-CH_3$为咖啡碱

图2-56　咖啡因

2.3.2 啤酒中的苦味物质

啤酒中的苦味物质主要来自于啤酒花中，大约有30多种，其中主要有葎草酮类和蛇麻酮类，即啤酒行业所称的α-酸和β-酸。啤酒花的质量标准中要求葎草酮类的含量达7%左右。葎草酮类和蛇麻酮类的化学结构式为：

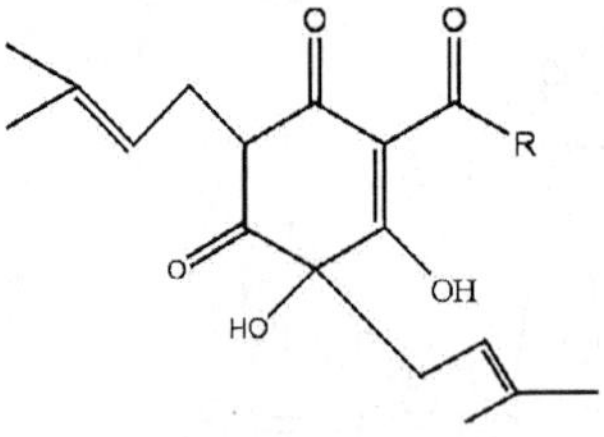

图2-57 葎草酮类 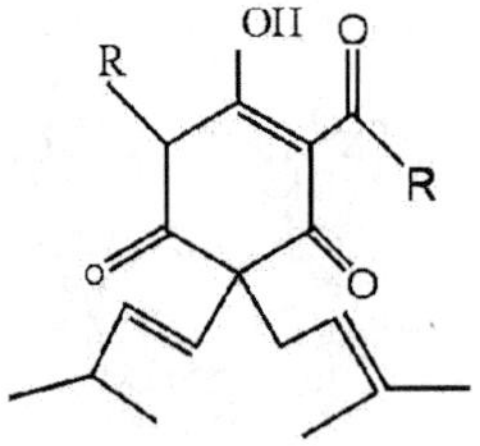　　图2-58 蛇麻酮类

2.3.3 柑橘中的苦味物质

柑橘果实中存在天然的苦味物质柚皮苷和新橙皮苷等黄烷酮糖苷类化合物，它们的化学结构式如图2-59所示：

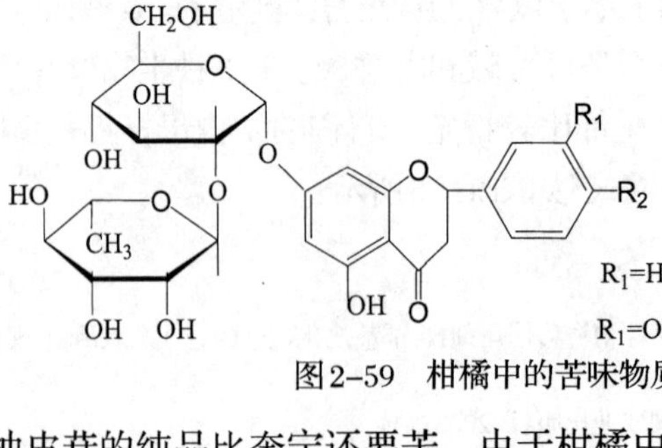

$R_1=H, R_2=OH$为柚皮苷
$R_1=OH, R_2=OCH_3$为新橙皮苷

图2-59　柑橘中的苦味物质

柚皮苷的纯品比奎宁还要苦。由于柑橘中苦味物质的存在，使得柑

橘果汁在直接饮用时往往让人难以接受，因此，在柑橘果汁的加工时，脱除苦味十分必要。

2.3.4胆汁中的苦味物质

胆汁是动物肝脏分泌并贮存于胆中的一种液体，味极苦，在禽、畜、鱼类加工中稍不注意，破损胆囊就会导致无法去除的苦味，胆汁中的主成分是胆酸、鹅胆酸及脱氧胆酸。胆酸的结构式如图2-60所示：

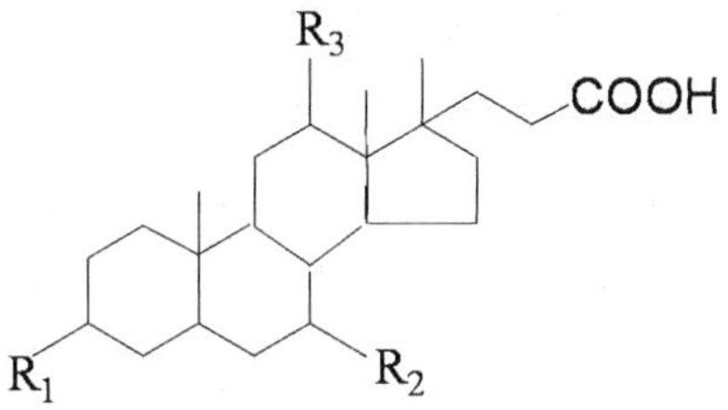

$R_1=R_2=R_3=OH$为胆酸

图2-60 胆酸

2.3.5 苦杏仁苷

苦杏仁苷是由氯苯甲醇（苦杏仁素）与龙胆二糖所合成的苷，存在于桃、李、杏、樱桃，苹果等蔷薇科植物的果核种仁及叶子中，本身无毒，种仁中同时含有分解它的酶。生食杏仁、桃仁等过多引起中毒的原因是在同时摄入体内的苦杏仁酶作用下，苦杏仁苷分解出葡萄糖苯甲醛及氢氰酸。苦杏仁苷的化学结构式如图2-61所示：

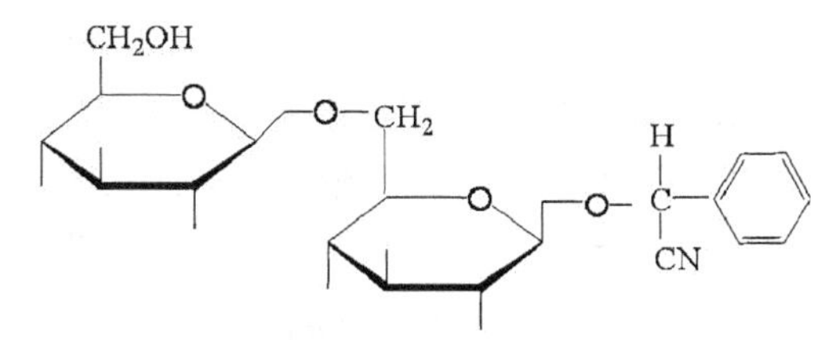

图2-61 苦杏仁苷

资源链接：苦瓜味苦利病[①]

苦瓜别名锦（金）荔枝、寒瓜、凉瓜、红羊、癞瓜等，属于葫芦科，原产于印度尼西亚，约在元明之际传入我国。我国南方各地都有栽培，集中分布

① 谭龙飞.苦味食物味苦利病[J].药膳食疗，1996，(2)：39-42.

在两广、两湖、云南、福建等地。苦瓜可作菜佐食，是南方各地常见的家常菜肴，还可炮制凉茶饮料，制作蜜饯，都有独特的风味。苦瓜是一味良药，明代李时珍认为，其味苦、性寒、无毒、具有除邪热、解疲乏清心明目、益气壮阳之功。现代医学科学发现，苦瓜内有一种活性蛋白质，能有效地促使体内免疫细胞去杀死癌细胞，具有一定的抗癌作用；苦瓜含有类似胰岛素的物质，有显著降低血糖的作用，被营养学家和医学家推荐作为糖尿病患者的理想食品.美国科学家还从苦瓜中提取抗疟特效药物金鸡纳霜（即奎宁），对疟疾所致的发热有良好的控制作用。民间用苦瓜治病的方法很多，如鲜苦瓜汁开水冲服可治痢疾；鲜苦瓜去瓤切碎，水煎服能解烦热去渴；鲜苦瓜泡茶可治中暑发热；鲜苦瓜或叶水煎服，或捣烂，或研末调蜂蜜，对风火牙痛等都有显著疗效。

3 酸味和酸味物质

一般而言，酸味是氢离子的性质，但是酸的浓度与酸味强度并非简单的相关关系，酸感与酸根种类、pH、缓冲效应、可滴定酸度及其他物质特别是糖的存在有关。乙醇和糖可减弱酸味，pH 6–6.5无酸味感，pH 3以下则难适口。

3.1 柠檬酸（Citric acid）

柠檬酸可由果实（如柠檬）提取或由含糖或淀粉的原料发酵生产获得，纯品为无色或白色晶体，可溶于水或乙醇等，酸味较强。它是使用最广的酸味物质，工业上用黑曲霉发酵法生产，它在柑橘类及浆果类水果中含量最多，并且大都与苹果酸共存，它酸味圆润、滋美，但后味延续较短。柠檬酸是人体正常代谢物质，安全性高。柠檬酸的化学结构式如图2–62所示为：

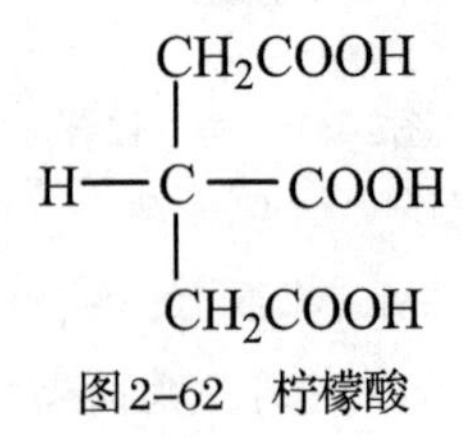

图2–62　柠檬酸

3.2 乳酸(Lactic acid)

乳酸来自乳酸发酵。在发酵乳制品和腌制蔬菜中含量较高,也有食品级乳酸纯品供果酱、饮料、罐头和糖果等食品中添加调味。纯品乳酸为无色液体或浅黄色液体,可溶于水和乙醇等。酸味比醋酸温和,也不挥发,但具有特异的收敛性酸感,有较强的杀菌作用。L-乳酸为哺乳动物体内正常的代谢产物,安全性高。一般食品中可按生产需要量添加。D-乳酸的安全性也高,但在婴儿食品中用L-乳酸为好。L-乳酸和D-乳酸的化学结构式如图2-63,2-64所示:

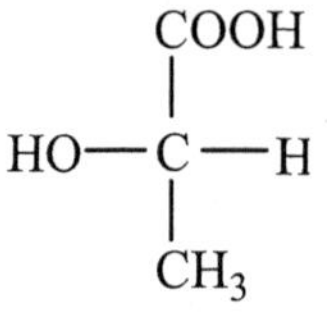

```
     COOH                 COOH
      |                    |
HO—— C ——H           H—— C ——OH
      |                    |
     CH3                  CH3
```

图2-63 L-乳酸 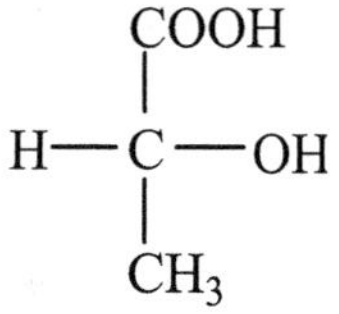　　　　图2-64 D-乳酸

乳酸的制备可以通过乙醛和氢氰酸的反应,生成氰基乙醇后水解,生成乳酸[①]。其化学反应式如下:

3.3酒石酸(Tartaric acid)

酒石酸,别名2,3-二羟基丁二酸、2,3-二羟基琥珀酸,可由酿造葡萄酒时的副产品——酒石酸钾转化而得。纯品为无色或白色结晶,易溶于水、乙醇、甲醇,难溶于乙醚、氯仿。酸味为柠檬酸的1.2-1. 3倍,稍有涩感,但酸味爽口,特别适用于制作起泡性饮料和配制膨松剂(化学发酵粉)。酒石酸安全性高,我国允许根据生产需要量添加于食品。酒石酸的结构式如图2-65所示:

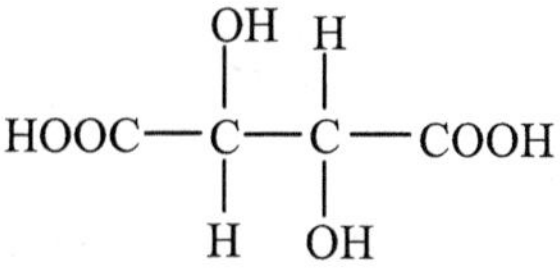

```
         OH   H
         |    |
HOOC—— C —— C ——COOH
         |    |
         H    OH
```

图2-65　酒石酸

① 周家华,崔英德,黎碧娜,杨辉荣.食品添加剂[M].北京:化学工业出版社,2001:150.

3.4 苹果酸(Malic acid)

苹果酸纯品为无色或白色结晶，易溶于水和乙醇。酸味为柠檬酸的1.2倍，酸味爽口，微有涩苦，呈味速度较缓慢，酸感维持时间长于柠檬酸。苹果酸安全性高，我国允许按生产需要量添加于食品。两种化学结构式为：

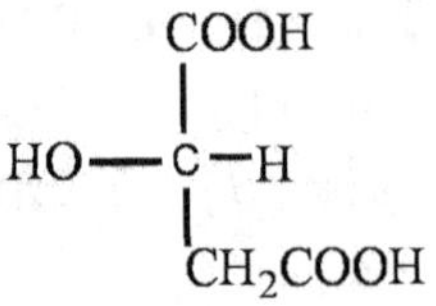

```
      COOH                    COOH
       |                       |
HO —— C —— H           H —— C —— OH
       |                       |
      CH2COOH                 CH2COOH
```

图2-66 L-苹果酸 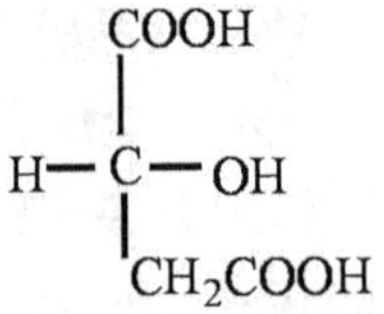　　　　图2-67 D-苹果酸

D、L-苹果酸的制备方法很多，工业化生产的方法是以苯经催化氧化制得的马来酸(顺丁烯二酸)为原料，在160－200℃加压加氢，即得苹果酸与富马酸，然后结晶、分离。其化学反应如下[①]：

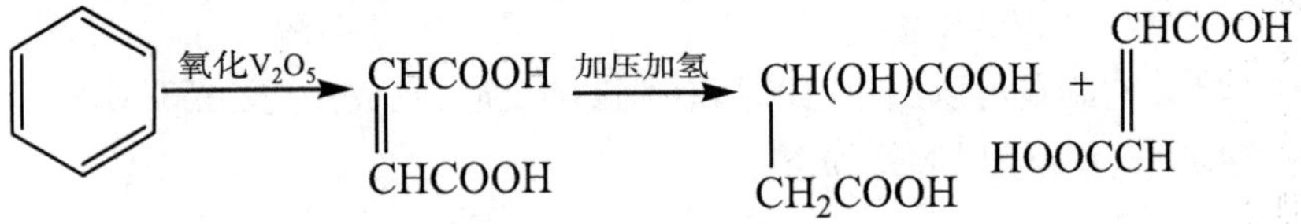

```
                                                                  CHCOOH
      氧化V2O5        CHCOOH    加压加氢                            ‖
苯 ——————————→       ‖        ——————→   CH(OH)COOH   +       HOOCCH
                    CHCOOH                  |
                                          CH2COOH
```

资源链接："可乐"与磷酸[②]

"可乐"中富含磷酸，但如果大量饮用，会造成以下不良后果：

1. 饮用过多。摄入PO_4^{3-}过多，影响钙的代谢，动物的磷代谢大部分和钙有关。膳食中Ca/P比对钙的吸收有一定的影响。动物实验证明，Ca/P比低于1:2时，即磷摄入多，血磷增高，会与血液中Ca^{2+}作用生成$Ca_3(PO_4)_2$沉淀，降低了血钙的浓度，破坏了体内骨钙和血钙之间的平衡，为保护钙的平衡，就要动用骨钙(钙元素的"储存库")来补充，骨盐就要溶解，钙从骨骼中的溶解和脱出增加，可发生骨质软化和骨质疏松的危险。

2."可乐"是具有强酸性的饮料，多饮对牙齿有严重腐蚀，破坏含羟基磷酸钙的牙釉，造成龋齿。

3."可乐"中含有咖啡因(少量)，它是一种中枢神经兴奋剂，并对呼吸

① 周家华，崔英德，黎碧娜，杨辉荣. 食品添加剂[M]. 北京：化学工业出版社，2001:154.

② 黄佩丽."可乐"与磷酸[J]. 化学教育，1998，(10)：3.

和心脏有兴奋作用，若过多摄入，则会引起高血压，变态反应（过敏），胃肠功能混乱等。

综上所述，“可乐”的饮用一定要适量，尤其青少年更应注意，以免物极必反。一般在加工食品中，所用磷酸（盐）的量也有限度。“可乐”中的用量为0.69/kg以下。我们在全面认识“可乐”的作用后，合理地饮用，以充分发挥其营养作用。

4咸味和咸味物质

咸味是许多中性盐具有的味感之一。少数咸味物只具有单纯的咸味，多数兼具有苦味或其他味。

食品中最重要的咸味物质是食盐——氯化钠（NaCl）。其咸味纯正，一个健康成年人每天要摄入6–15g食盐，其需要量之大，在食品调味料中居首位。食盐因常含杂质KCl、$MgCl_2$和$MgSO_4$等，所以粗盐略带苦味，而精盐不含苦味。

KCl也是一种咸味较纯正的咸味物，食品工业中利用它在运动员饮料中和低钠食品中部分代替NaCl以提供咸味和补充体内的钾。除氯化物外，溴化物、碘化物、硝酸盐、硫酸盐等也具有咸味，它们的咸度依次如下：

$$SO_4^{2-}>Cl^->I^->HCO_3^->NO_3^-$$

苹果酸钠和葡萄糖酸钠也是为数有限的几个具有纯正咸味的物质，可作为肾脏病人的咸味剂替代品。苹果酸钠和葡萄糖酸钠的化学式分别为：$COONa-CH_2-CHOH-COONa$、$C_6H_{11}O_7Na$。

资源链接：碘盐的正确食用

1. 少买及时吃。少量购买，吃完再买，目的是防止碘的挥发。因碘酸在热、光、风、湿条件下会分解挥发。

2. 忌高温。在炒菜做汤时忌高温时放碘盐。炒菜爆锅时放碘盐，碘的食用率仅为10%；中间放碘盐食用率为60%；出锅时放碘盐食用率为90%；拌凉菜时放碘盐食用率为100%。

3. 忌在容器内敞口长期存放。碘盐如长时间与阳光、空气接触，碘容易挥发。最好放在有色的玻璃瓶内，用完后将盖盖严，密封保存。

4. 忌加醋。碘跟酸性物质结合后会被破坏。据测试，炒菜时如同时加醋，碘的食用率下降40%–60%。另外，碘盐遇酸性菜（如酸菜），食用率也会下降。

5 鲜味和鲜味物质

食品的鲜味是一种较为复杂的美味，当酸、甜、苦、咸四种基本味感以及香气等协调时，可以感觉到可口的鲜味。食品中所含的鲜味物质主要有：核苷酸类、氨基酸类、酰胺、三甲基胺、肽、有机酸、有机碱等。如肉类中含有较多的5–肌苷酸，海带中含有较多的谷氨酸钠，蔬菜中含有一定量的氨基酸、酰胺和肽，贝类中含有较多的氨基酸、酰胺、肽及琥珀酸钠等。

5.1 氨基酸

L–谷氨酸钠俗称味精，具有强烈的肉类鲜味，它是用发酵法生产的。味精要在NaCl存在下才有鲜味。L–谷氨酸钠的结构式如图2–68所示：

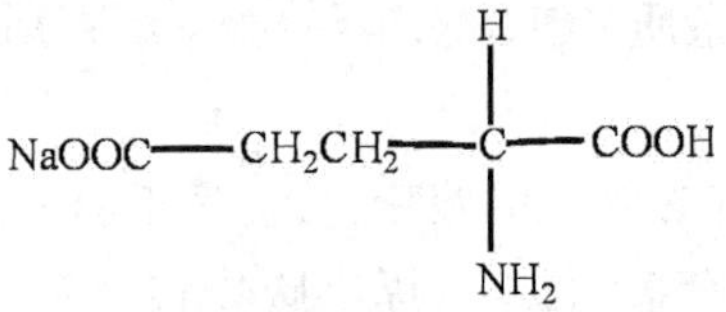

图2–68　L–谷氨酸钠

味精不宜在高温下使用，150℃失去结晶水，210℃生成对人体有害的焦谷氨酸盐。我们知道，水溶液的温度不会超过100℃，故味精最好只用来做汤，不能在油炸或高温烧烤时加味精。

5.2 核苷酸

在核苷酸中呈鲜味的有5'–肌苷酸，5'–鸟苷酸和5'–黄苷酸，它们单独在水中并无鲜味，但与谷氨酸钠共存时，则谷氨酸钠的鲜味增强达6倍。5'–肌苷酸二钠的结构式如图2–69所示：

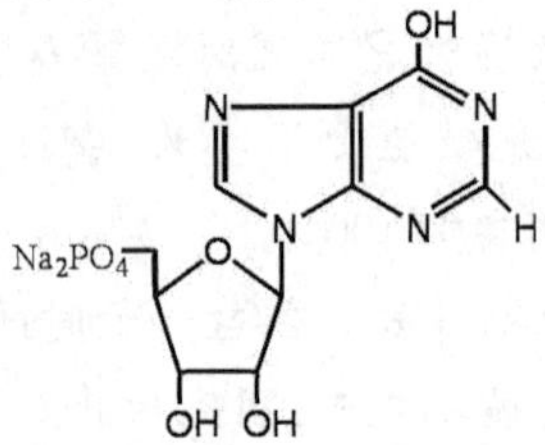

图2–69　5'–肌苷酸二钠

在动物肉中，鲜味核苷酸主要是由肌肉中的ATP降解而产生的。肉类在经过一段时间加热后方能变得美味可口，其原因就在于ATP转变为5'–肌苷酸需要时间。

6 辣味和辣味物质

辣味具有刺激舌和口腔的味觉神经，同时刺激鼻腔，产生刺激的感觉。辣味可以促进食欲，促进消化，具有杀菌作用。具有辣味的物质主要有辣椒、姜、葱、蒜等，其中的主要辣味物质有辣椒素、胡椒酰胺、姜醇、姜酮、烯丙基二硫醚等。

6.1 辣椒

辣椒中的主要辛辣物质是辣椒碱类化合物，基本化学结构属于脂肪酸酰胺类，其中辣椒素的辣味最重，含量也最大，占所有脂肪酸酰胺的一半以上，一般可以通过辣椒素含量的测定来确定辣椒的辣度。辣椒素(Capsaicin)的结构式如图2–70所示：

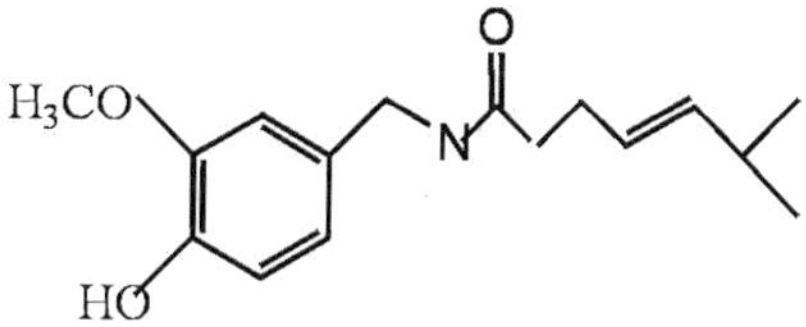

图2–70　辣椒素

6.2 姜

姜的辣味物质由一系列邻甲氧基酚基烷基酮类化合物组成。新鲜姜的主要辣味成分是姜醇，姜醇脱水后生成姜酚，姜酚是干姜中的主要辣味成分，较姜醇更为辛辣。姜醇和姜酚受热后其侧链均断裂生成姜酮，姜酮的辣味不如前两者。姜醇和姜酚的化学结构式如图2–71，2–72所示：

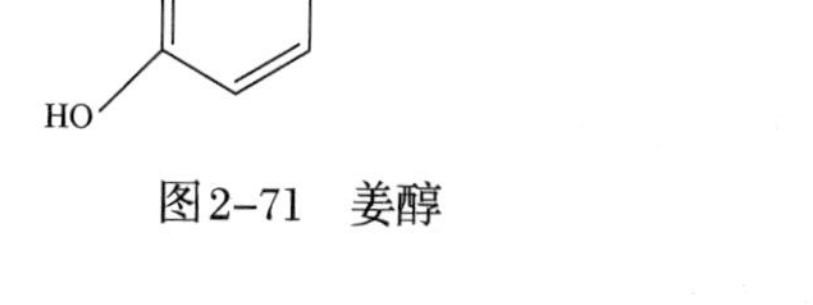

图2–71　姜醇

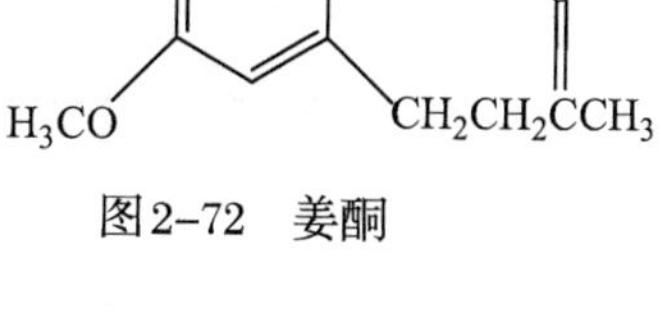

图2–72　姜酮

6.3 洋葱、大蒜、韭菜

洋葱、大蒜、韭菜中的辣味物质主要是以苷的形式存在，其基本化学结构属于巯基类。洋葱中主要含有二丙基二硫醚，大蒜中主要含有二烯丙基二硫醚，韭菜中主要含有二甲基二硫醚和二丙基二硫醚。大蒜中的二烯丙基二硫醚的化学结构式为：$CH_2=CH-CH_2-S-S-CH_2-CH=CH_2$

洋葱中的二丙基二硫醚的化学结构式为：

$$CH_3(CH_2)_2-S-S-(CH_2)_2CH_3$$

7 涩味和涩味物质

由于把舌头表面的蛋白质凝固、麻痹味觉神经而起收敛味的感觉，通常称为涩味。金属类、酸类、多元酚类等物质均为造成涩味的原因，单宁是最为典型的涩味物质。柿子的涩味为单宁的多酚类化合物，即通常所说的植物鞣质。鞣质有涩味，是食品中涩味的主要来源。鞣质分子中含有多种单体结构，如图2–73–2–77所示：

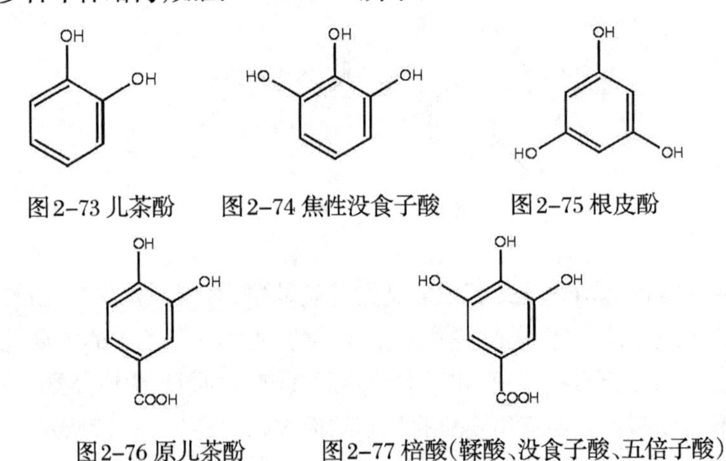

图2–73 儿茶酚　　图2–74 焦性没食子酸　　图2–75 根皮酚

图2–76 原儿茶酚　　图2–77 棓酸（鞣酸、没食子酸、五倍子酸）

下列为两种鞣质分子的化学结构式：

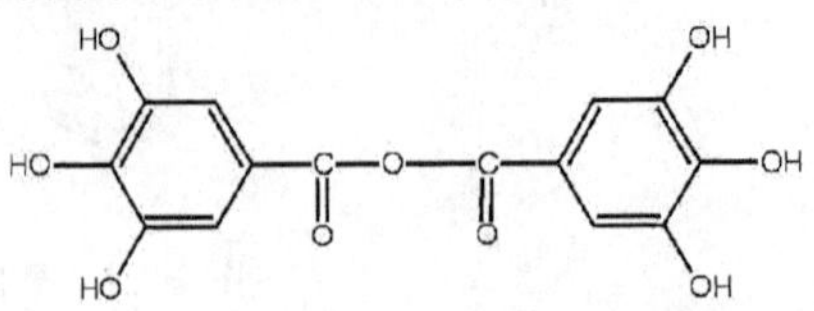

图2–78　对–双没食子酸

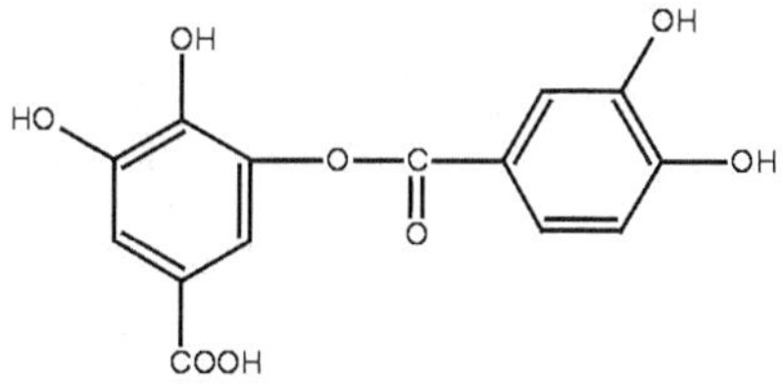

图2-79　单宁酸

柿子脱涩用乙醇，是由于乙醇变成醛与单宁反应而变为不溶物的缘故。热烫法、二氧化碳法是在无氧状态下，把柿子具有的糖变为醛，以致单宁不溶而不呈涩味。此外，制茶时的揉捻、柿饼去皮晾晒和揉捏都可以促进脱涩。

8清凉味和清凉味物质

清凉味也是一种重要的味感，如薄荷中所含的薄荷醇能够产生清凉效应。以下就是两种重要清凉味物质的化学结构式：

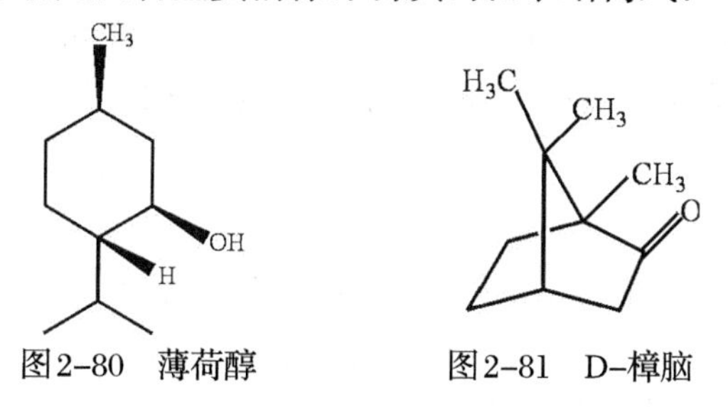

图2-80　薄荷醇　　图2-81　D-樟脑

9基本味感的相互影响①

任何浓度的醋酸加入少量的食盐则酸味增强，加入大量的食盐则酸味减弱。

咸味溶液中加入苦味物质可导致咸味减弱，如在食盐溶液中加入适量的苦味物质咖啡因则使咸味降低。

苦味溶液中由于加入咸味物质而使苦味减弱。如在0.05%的咖啡因溶液（相当于泡茶时的苦味），随着加入食盐量的增加而苦味减弱，加入的

① 刘用成.食品化学[M].北京：中国轻工业出版社，1996:196.

食盐量超过20%时则咸味增强。

咸味溶液中适当加入味精后,可使咸味变得柔和。在味精溶液中加入适量的食盐时,则可使鲜味突出,这时的食盐实际上是起着一种助鲜剂的作用。

甜味溶液中加入少量的食盐,可突出甜味。咸味溶液中加入糖,可减缓咸味。

第4节 食品添加剂

随着食品工业在世界范围内飞速发展和生化技术的进步,食品添加剂工业已发展成为独立的行业,并且成为现代化食品工业的一大支柱。食品生产中使用食品添加剂可以改变食品品质,使之色、香、味、形和组织结构俱佳,还能延长食品保质期,便于食品加工、改进生产工艺和提高生产效率等,可以说“没有食品添加剂,就没有食品工业”。

目前,国际上对食品添加剂的定义不尽相同,尚没有统一标准。根据《中华人民共和国食品卫生法》中的定义,食品添加剂是“为改善食品品质和色、香、味,以及为防腐或根据加工工艺的需要而加入食品中的化学合成或者天然物质”。

在我国《食品添加剂使用卫生标准》(GB2760–1996)中,将食品添加剂按功能分为类:防腐剂、抗氧化剂、营养强化剂、增味剂、膨松剂、增稠剂、酸度调节剂、抗结剂、消泡剂、漂白剂、着色剂、乳化剂、酶制剂、面粉处理剂、稳定和凝固剂、甜味剂等共23类。

1防腐剂

食品防腐剂是防止因微生物的作用引起食品腐败变质,延长食品保存期的一种食品添加剂,它还有防止食物中毒的作用。因此,加工的食品绝大多数有防腐剂。从防腐剂的组成和来源来看,主要是指化学防腐剂,具体分类为:

化学防腐剂
- 有机化学防腐剂:山梨酸及其盐类、硝酸盐及亚硝酸盐类、对羟基苯甲酸酯类等
- 无机化学防腐剂:亚硫酸及其盐类、硝盐酸及亚硝盐酸类、游离氯酸盐类

资源链接:食品保藏的原理

所谓食品保藏乃是把食品或其原料,在从生产到消费的整个环节中,保持其品质不降低的过程。在贮藏、流通期间,食品品质的降低主要与由食品外部的微生物一再侵入,在食品中繁殖所引起的复杂化学和物理变化有关。此外,也与食品成分间相互反应以及食品成分和酶之间的反应等有关。用于食品保存的手段有加热、干燥、冷藏、放射线照射、添加防腐剂等,这些方法的原理基本上可分为:

(1)基于微生物和酶的完全或部分杀灭或钝化的方法

主要有以加热、放射线照射、一部分杀菌剂处理等方法。这些方法配合以适当的包装而使食品与外部隔绝,防止了微生物的二次污染,即使在常温下也能长时间贮藏食品。一般地说,这类方法对食品的处理相当强烈,致使食品成分本身发生的变化也多,所以能处理的食品种类也受到一定限制。

(2)基于抑制微生物的繁殖和酶反应等的方法

此类方法包括低温处理(冷冻)、脱水干燥(干藏、盐藏)、增加酸或碱浓度、添加防腐剂、气相置换等。这些方法使得食品内部的环境条件不适宜微生物繁殖和酶的反应,从而不发生腐败变质。此中存在的微生物细胞并未被完全杀灭,酶也不完全钝化,因此处理完毕后,若环境条件改变,则这些微生物和酶可以再活动。

1.1苯甲酸及其盐类

(1)苯甲酸(Benzoic acid)

别名又叫安息香酸,分子式为$C_7H_6O_2$,结构式如图2-82所示:

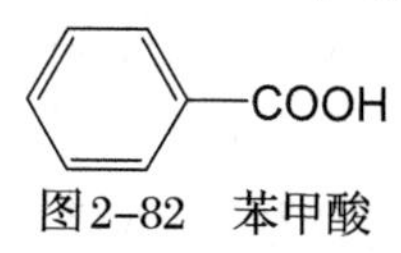

图2-82　苯甲酸

白色有丝光的鳞片或针状结晶,质轻,无臭,或微带安息香或苯甲酸的气味,是一种稳定的化合物,但有吸湿性,相对密度1.2659,沸点是249.2℃,熔点121℃-123℃。100℃时开始升华,在酸性条件下容易随同水蒸气一同蒸发。微溶于水,易溶于乙醇。

在实际生产中可采用邻苯二甲酸酐水解,脱酸制得,亦可采用甲苯氯化，水解制得，还可采用甲苯液相氧化制得[1]。

在pH在2.5–4.0之间的环境中，除了对产酸菌作用不是很强以外，苯甲酸对广泛的微生物都有效。苯甲酸分子能非选择性地抑制较广范围的微生物细胞呼吸酶系统的活性，尤其是具有很强的阻碍乙酰辅酶A缩合反应的作用。此外也是阻碍细胞膜作用的因素之一。在pH5.5以下时基本上对很多霉菌和酵母没什么效果。

苯甲酸在添加到食品之前，一般先用适量的乙醇溶解。苯甲酸进入有机体后，参加体内的生物转化，与甘氨酸结合得到马尿醛，接着再与葡糖糖醛酸结合形成葡萄糖苷酸，经尿液全部排出体外，因而苯甲酸不会在人体聚积[2]。

(2)苯甲酸钠（Sodium benzoate）

由于苯甲酸存在溶解度低的缺点，使用起来不便，所以在实际的应用中大多数是使用其钠盐。苯甲酸钠又称安息香酸钠，分子式$C_7H_5O_2Na$，结构式如图2–83所示：

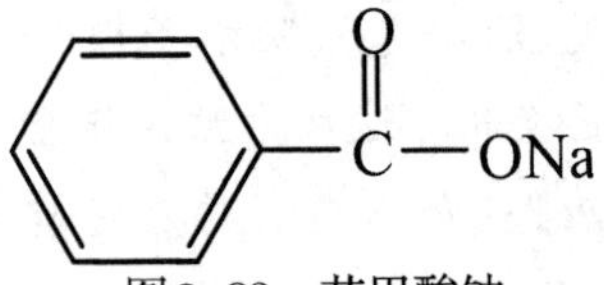

图2–83　苯甲酸钠

苯甲酸钠是白色或结晶状粉末，无臭或微带安息香的气味，味微甜而有收敛性，在空气中稳定，是稳定的化合物，易溶于水。

在实际生产中将苯甲酸中和成盐，再经脱色过滤、浓缩、结晶、干燥粉碎而制得。苯甲酸及苯甲酸钠常用于保藏高酸性水果、浆果、果汁、果酱、饮料糖浆及其他酸性食品，并可和低温杀菌试剂配合使用，以发挥互补作用。一般使用方法是加适量的水将苯甲酸溶解后，再加入食品搅拌即可。人体每日允许摄入量（ADI）为0–5mg/kg体重（以苯甲酸计）。

1.2 山梨酸及其盐类

1.2.1 山梨酸（Sorbic acid）

山梨酸即2，4–己二烯酸，分子式是$C_6H_8O_2$，其结构式为：

① 胡国华.食品添加剂应用基础[M].北京：化学工业出版社，2005:65.

② 刘用成.食品化学[M].北京：中国轻工业出版社，1996:202–203.

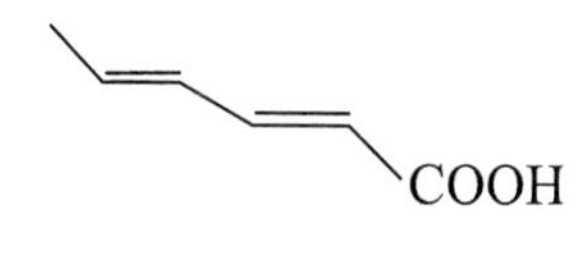

图2-84 山梨酸

山梨酸为无色的针状结晶或白色的结晶粉末,无臭或稍带刺激性臭味。山梨酸为一种不饱和脂肪酸,在有机体内可正常地参加新陈代谢。它基本上和天然不饱和脂肪酸一样可以在有机体内被氧化为二氧化碳和水,因此山梨酸亦可看成是食品的成分之一。目前的资料认为它对人体是无害的,是近年来各国普遍使用的防腐剂。

我国目前采用的生产山梨酸的工艺是以巴豆醛和丙酮为原料,采用$Ba(OH)_2 \cdot 8H_2O$为催化剂,于60℃缩合成30%的聚醛树脂和70%的3,5-二烯-2-庚酮,后者用次氯酸钠氧化成1,1,1-三氯-3,5-二烯-2-庚酮,再与氢氧化钠反应得到山梨酸,收率90%,同时获得副产物氯仿。如下所示[①]:

$$CH_3CH{=}CHCHO + CH_3-\underset{\underset{O}{\|}}{C}-CH_3 \xrightarrow[H_2O]{OH^-} CH_3(CH{=}CH)_2\underset{\underset{O}{\|}}{C}CH_3 \xrightarrow{NaOCl}$$

$$CH_3(CH{=}CH)_2\overset{\overset{O}{\|}}{C}CCl_3 \xrightarrow{NaOH} CH_3(CH{=}CH)_2\overset{\overset{O}{\|}}{C}ONa + CHCl_3$$

山梨酸对霉菌、酵母和好气性菌等均有很好的抑制作用,其分子能够与微生物酶系统中的巯基结合,破坏其活性,起到抑菌作用。山梨酸属于酸性防腐剂,其防腐效果随pH的升高而降低,但山梨酸适宜pH范围比苯甲酸广。山梨酸及山梨酸钾宜在pH5-6以下的范围使用。

1.2.2 山梨酸钾(Potassium sorbate)

分子式是$C_6H_7O_2K$,结构式如图2-85所示:

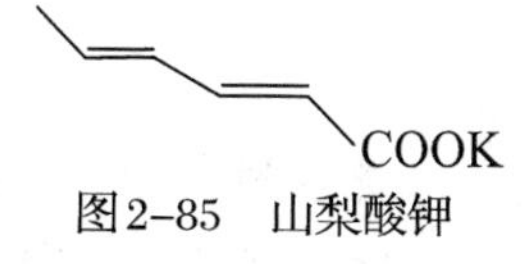

图2-85 山梨酸钾

① 赵德丰,程侣柏,姚蒙正,高建荣.精细化学品合成化学与应用[M].北京:化学工业出版社,2001:321.

为无色至白色的鳞片状结晶或结晶粉末，无臭或稍有臭气，有吸湿性，易溶于水，溶解于乙醇。

山梨酸及其钾盐虽然成本较高，但却是迄今为止常用防腐剂中毒性最低的。从国内外发展动态分析，山梨酸有逐步取代苯甲酸的趋势，但山梨酸在空气中稳定性较差和易被氧化着色的缺点。

1.3 对羟基苯甲酸酯类

在食品中主要使用对羟基苯甲酸酯类中的甲、乙、丙、异丙、丁、异丁、庚酯。其酯随着酯基中碳原子个数的增多，抗菌作用增强，水溶性降低。实际中通常将丁酯与甲酯混用、乙酯和丙酯混用，既可以提高溶解度，也有增效作用。其基本结构式如图2-86所示：

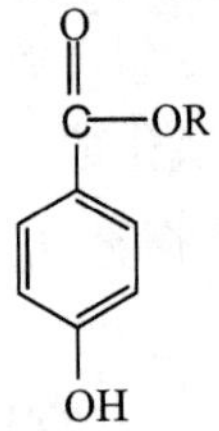

图2-86　对羟基苯甲酸酯类

由于对羟基苯甲酸酯类的酸性和腐蚀性较强，因此，胃酸过多的病人和儿童，不宜食用含此类防腐剂的食品。只要符合规定的限量，正常人均可食用。但也要注意，应尽量食用防腐剂不同的食品，以防止同种防腐剂的叠加中毒现象。

以上三类防腐剂对人体的毒性大小为：

苯甲酸类>对羟基苯甲酸酯类>山梨酸类

1998年我国研制出一种高效无毒的防腐剂，它的成分是单辛酸甘油酯，其在防止食品腐败、变质的同时，也有助于保持食品营养成分和风味，并且感官性状稳定。

2抗氧化剂

食品在生产、储存、运输和流通过程中，除受细菌霉菌等作用发生腐烂变质外，与空气中的氧作用也会出现褪色、变色、产生异味异臭等现象，不仅会使食品外观和营养发生各种变化，还会由于氧化而产生一些有害的物质，引起食物中毒。为了防止和减缓食品氧化，可以采用降温干燥、充氮密封、避光等方法，但在氧化变质前添加抗氧化剂是一种简单经济而又较理想的方法。

抗氧化剂是指添加到食品中用于阻碍或延缓周围空气中氧气对食品的氧化，提高食品质量的稳定性和延长食品储存期的一类食品添加剂。抗氧化剂的作用机理有两种：①通过自身的还原反应，减少食品内部和周围的氧气的量；②由于抗氧化剂可以提供氢离子，与脂肪酸在自动氧化过程中产生的过氧化物结合，使连锁反应中断，阻止氧化反应继续进行[①]。

2.1 丁基羟基茴香醚(Butyl hydroxyanisole)

别名又叫叔丁基-4-羟基茴香醚、叔丁基对羟基茴香醚、丁基大茴香醚。分子式是$C_{11}H_{16}O_2$，相对分子质量是180.25。白色或微黄色蜡样结晶性粉末，带有酚类的特异臭气和刺激性气味，通常是2-BHA和3-BHA两种异构体的混合物。它们的化学结构式如图2-87,2-88所示：

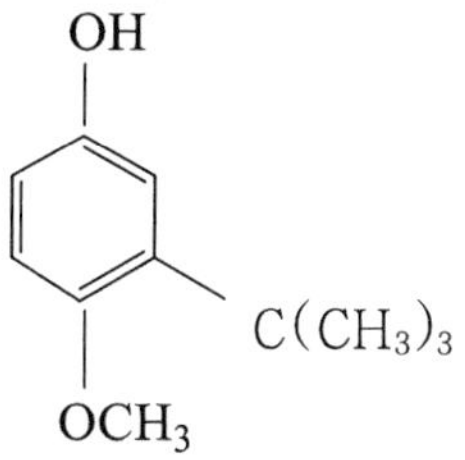

OH
C(CH$_3$)$_3$
OCH$_3$
3-BHA

图2-87　丁基羟基茴香醚

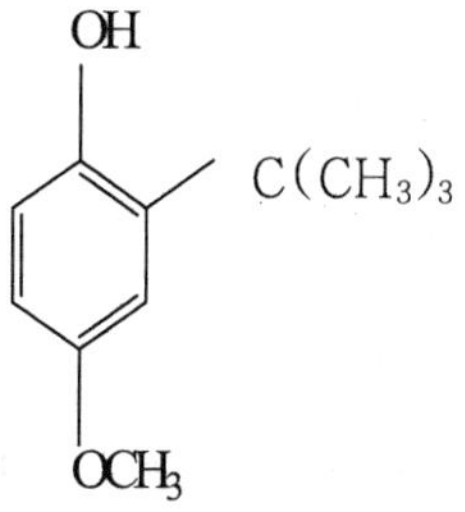

OH
C(CH$_3$)$_3$
OCH$_3$
2-BHA

图2-88　2-叔丁基-4-羟基茴香醚

制备方法[②]：

对羟基茴香醚法：将对羟基茴香醚、磷酸、环己烷等混合物搅拌并加热到50℃，然后将叔丁醇在一定时间内加完，制得2-BHA和3-BHA，反应后通过中和蒸气蒸馏回收。经冷凝、冷却，析出粗产品，再用乙醇溶解、过滤、重结晶、分离、干燥得到产品。这是制备BHA常用的一种方法。

我国GB2760-1996规定BHA可以用于食用油脂、油炸食品、干鱼制

---

① 刘用成.食品化学[M].北京：中国轻工业出版社，1996:202-206.

② 胡国华，食品添加剂应用基础[M].北京：化学工业出版社，2005:84.

品、饼干、方便面、速煮米、果仁、罐头、腌腊肉制品，最大使用量为0.2g/kg。

2.2 生育酚（Dl-mixed-tocopherol concentrate，Tocopherols）

生育酚即维生素E在油脂及脂肪酸的自由氧化过程中，起游离基反应链断裂剂的作用，以α-生育酚为代表，其反应过程如下[1]：

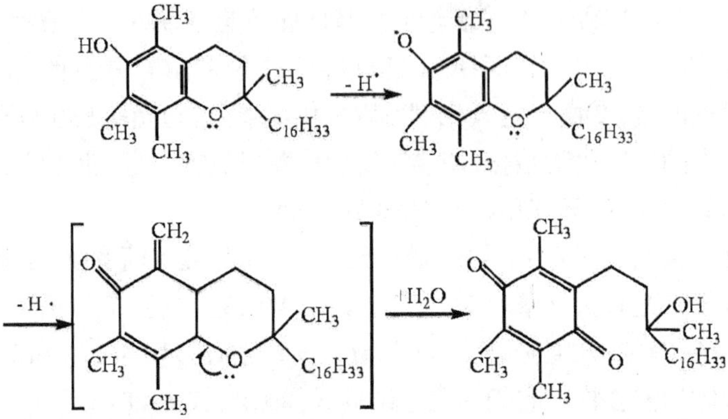

生育酚是一种天然抗氧化剂，广泛存在于高等动植物体内，已经以工业规模大量生产，但价格还比较高，主要用于医药类，也作为油溶性维生素的稳定剂。

3 营养强化剂

食品强化剂或营养强化剂是指为增加食品营养成分而加入食品中的天然的或者人工合成的属于营养素范围的食品添加剂。我国新近修订的食品营养强化剂使用标准将其分为氨基酸、维生素、无机盐和矿物质三大类。常用的营养强化剂主要有：维生素A类、维生素B类、维生素C类、维生素D类、维生素E、维生素K、肌醇、叶酸、生物素、左旋肉碱、L-盐酸赖氨酸、L-赖氨酸-L-天冬氨酸盐、碳酸钙、碳酸氢钙、磷酸钙、磷酸氢钙、葡萄糖酸钙、乳酸钙、氯化铁、柠檬酸铁、柠檬酸铁胺、琥珀酸、乳酸亚铁、硫酸锌、葡萄糖酸锌、碘酸钾、亚硒酸钠、硫酸镁、硫酸铜、维生素C、磷酸酯镁、花生四烯酸、共轭亚油酸等。

3.1 L-盐酸赖氨酸（L-lysine monohydrochloride）

---

① 董宝平.益寿延年的维生素E[J].化学教学,2002,(11):11.

L–盐酸赖氨酸即2,6–二氨基己酸,分子式为$C_6H_{14}O_2N_2$,白色粉末,无臭或稍有特异臭,易溶于水,几乎不溶于乙醇和乙醚,一般较稳定,吸湿性强。其化学结构式如图2–89所示:

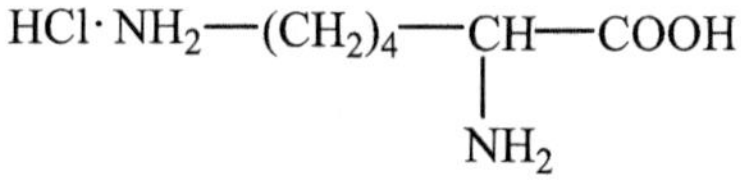

$$HCl\cdot NH_2—(CH_2)_4—\underset{\displaystyle NH_2}{\underset{|}{CH}}—COOH$$

图2–89 L–盐酸赖氨酸

L–赖氨酸是人体必需的氨基酸,缺少时会发生蛋白质代谢障碍和机能障碍。

3.2葡萄糖酸钙(Calcium gluconate)

葡萄糖酸钙的分子式为$C_{12}H_{22}O_{14}Ca$,为白色结晶性或颗粒性粉末,无臭,在空气中稳定,水溶液的pH为6–7,其化学结构式如图2–90所示:

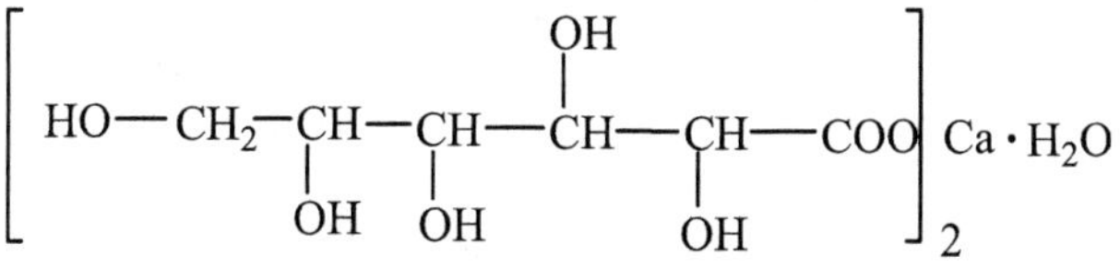

$$\left[HO—CH_2—\underset{\displaystyle OH}{\underset{|}{CH}}—\underset{\displaystyle OH}{\underset{|}{CH}}—\overset{\displaystyle OH}{\overset{|}{CH}}—\underset{\displaystyle OH}{\underset{|}{CH}}—COO\right]_2 Ca\cdot H_2O$$

图2–90 葡萄糖酸钙

葡萄糖酸钙中钙的含量为9%,可溶于水,但有效钙含量低,是一种营养补钙剂,具有易吸收,副作用小,价格低廉等优点。

4增稠剂

增稠剂是指可以提高食品黏度并改变其性能的一类食品添加剂,通常属于亲水性高分子化合物,常称作水溶胶、亲水胶体或食用胶。天然增稠剂大多数是由植物、海藻、动物或微生物提取的多糖类物质,如阿拉伯胶、卡拉胶、果胶、明胶、琼胶、黄原胶等;合成增稠剂种类繁多,主要有羧甲基纤维素钠、海藻酸丙二醇酯、羧甲基淀粉钠、羟丙基淀粉等等。

增稠剂可以提高食品的黏稠度或形成凝胶,从而改变食品的物理性状,赋予食品黏润、适宜的口感,并兼有乳化、稳定或使呈悬浮状态的作用。

4.1卡拉胶(Carrageena)

卡拉胶,又名角叉胶、角叉菜胶,白色或浅褐色颗粒或粉末,是一种天然的高分子化合物,没有一定的分子量,一般有七种结构类型,主要应用于食品中的果冻、肉制品等，其部分最小化学结构单位[①]如图2–91所示：

卡拉胶用作天然食品添加剂是一种无害而又不被消化的植物纤维，非常广泛地应用于乳制品、冰淇淋、果汁饮料、面包、水凝胶、肉食品、调味品、罐头食品等方面。酱油中加入卡拉胶作增稠剂，能提高产品的稠度和调整口味；卡拉胶调制西餐的色拉效果也很好；在冰淇淋生产中，卡拉胶会与牛奶中的阳离子发生作用，产生独特的胶凝特性，从而增加冰淇淋的成型性和抗融性，提高冰淇淋在温度波动时的稳定性；火腿肠中加入卡拉胶可以使产品弹性增强，切片性更佳，韧脆性好，爽口嫩滑[②]。

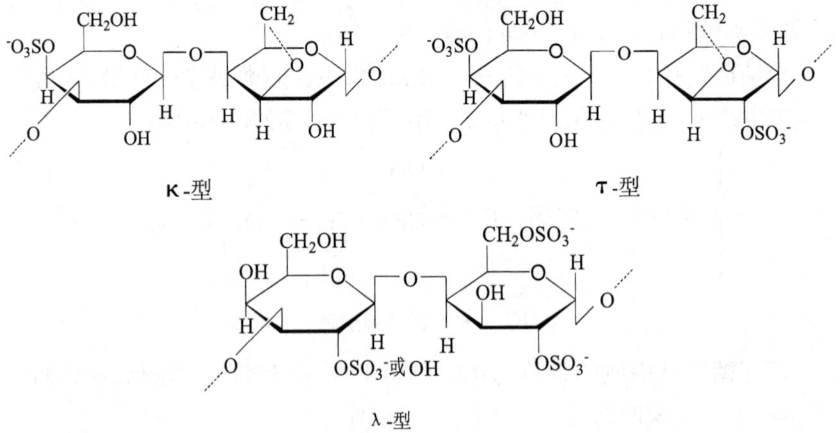

κ-型　　τ-型

λ-型

图2–91　卡拉胶

4.2 明胶（Gelatin）

明胶，无色至白色或淡黄色粉粒，无臭，无味，其化学结构式如图2–92所示[③]：

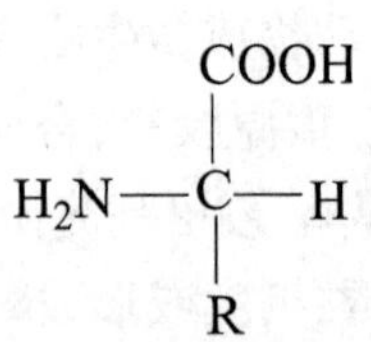

图2–92　R–氨基酸多肽大分子

① 周家华，崔英德，黎碧娜，杨辉荣．食品添加剂[M]．北京：化学工业出版社，2001:254.

② 宁发子，何新益，殷七荣，张兴全．卡拉胶的特性与食品应用[J]．食品科技，2002，(3).36–39.

③ 周家华，崔英德，黎碧娜，杨辉荣．食品添加剂[M]．北京：化学工业出版社，2001:260.

明胶可用于制造糖果，特别是软糖、奶糖、棉花糖及巧克力等，可使柔软的糖坯形态饱满、具有稳定性、韧性。在猪肉、火腿等肉制品中使得表面光滑透明。明胶还可作为酱油的增稠剂。除了作为增稠剂，明胶还可以作为澄清剂、搅拌剂等。

4.3 羟丙基淀粉（Hydroxypropyl starch）

羟丙基淀粉，也称作羟丙基淀粉醚，为白色粉末，其分子结构如图2-93所示：

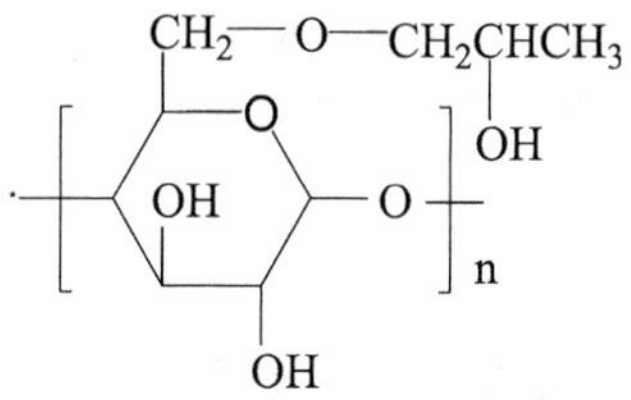

图2-93　羟丙基淀粉

羟丙基淀粉作为增稠剂的最大优点是糊黏度稳定，尤其适用于冷冻和方便食品，如在肉汁、沙司、果汁酱、布丁中加入它，使食品平滑、浓稠透明、无颗粒结构、并具有良好的稳定性及耐煮性，口感好。

5 乳化剂

乳化剂是指添加少量即可显著降低油水相界面张力，产生乳化效果的一类食品添加剂。乳化剂在食品中除了具有典型的表面活性作用以外，还具有悬浮作用、消泡作用、助溶作用等。乳化剂可分为三大类，即合成乳化剂如甘油脂肪酸酯等；天然乳化剂如植物卵磷脂等；特殊用途的乳化剂如硬脂酰乳酸钙等。

食品乳化剂的使用不仅提高食品质量，延长食品储存期，改善食品感官性状，还可防止食品变质，便于食品加工和保鲜，有助于开发新型食品。

5.1 甘油单硬脂酸酯（Glycerin monosterain）

甘油单硬脂酸酯，别名单甘酯，分子式为$C_{21}H_{42}O_4$，为微黄色的蜡状固体，不溶于水，但与热水强烈振荡混合时可分散在水中，可作为水/油及油/水乳化剂。其化学结构式如图2-94所示：

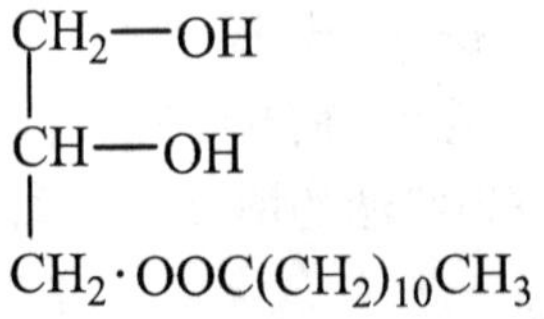

$$
\begin{array}{l}
CH_2—OH \\
| \\
CH—OH \\
| \\
CH_2 \cdot OOC(CH_2)_{10}CH_3
\end{array}
$$

图2-94　甘油单硬脂酸酯

甘油单硬脂酸酯的使用范围为糖果、巧克力、冰淇淋、糕点、面包、面条、奶油等，是国际上公认的无毒食品添加剂。在人造奶油中使用单甘酯使水分散于油中，形成稳定乳液，可以改造人造奶油的组织结构；在面条中添加单甘酯可增加面团弹性，提高吸水性，降低黏性，使面条煮熟不易糊烂；在饴糖中加入单甘酯可以防止粘牙。

5.2 卵磷脂（Lecithin，Phosphatides）

卵磷脂大多数是大豆磷脂，为纯天然乳化剂，是一种由甘油、磷酸、肌醇等与两分子脂肪酸相互结合而成，浅黄至棕色透明或半透明的粘稠状液态物质，或白色至浅棕色的粉末或颗粒。其化学结构可表示如图2-95所示[①]：

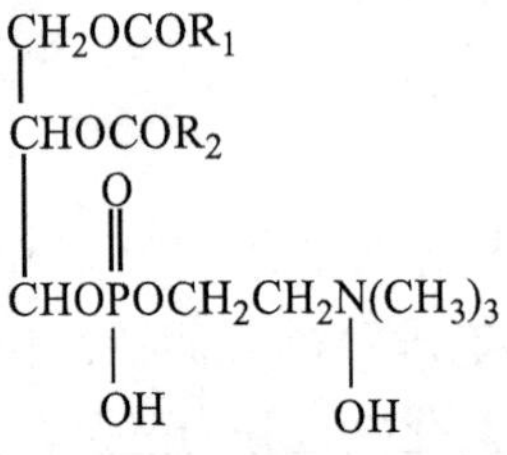

$$
\begin{array}{l}
CH_2OCOR_1 \\
| \\
CHOCOR_2 \\
|\quad\ \ O \\
|\quad\ \ \| \\
CHOPOCH_2CH_2N(CH_3)_3 \\
\quad\ \ |\qquad\qquad\quad | \\
\quad OH\qquad\quad\ \ OH
\end{array}
$$

R_1、R_2为长链脂肪酸基

$R_1=CH_2CH_2N^+(CH_3)_3$为磷脂酰胆碱PC

$=H$为磷脂酸PA

$=CH_2CH_2NH_2$为磷酰乙醇胺PE

图2-95　卵磷脂

卵磷脂具有良好的表面活性功能，可用作乳化剂、湿润剂、分散剂、保水剂等多种功能的添加剂。在口香糖中加入卵磷脂可增加其松软性和塑性效果，同时增加其香味；在人造奶油、煎炸油中添加卵磷脂可以防止油水分离和喷溅，还可以防止固体粘在锅上，增强分散性；在冰淇淋中加入卵磷脂可以使得脂肪颗粒和其他成分均匀分布，冷冻处理时，可以控制冰晶的生长等。

① 周家华，崔英德，黎碧娜，杨辉荣．食品添加剂[M]．北京：化学工业出版社，2001:302.

6膨松剂

膨松剂，又称疏松剂，指在颗粒或粉末食品加工过程中加入的，使面坯发起，使制品具有酥脆、膨松或柔软等特征的一类食品添加剂。如碳酸盐、磷酸盐、铵盐和矾类及其复合物，如碳酸氢钠、碳酸氢铵、无水磷酸一钙、二水磷酸二钙、磷酸二氢钙、磷酸二钠、焦磷酸钠、磷酸氢钙、硫酸铝锌等等。膨松剂可分为单一膨松剂和复合膨松剂，常用的单一膨松剂如碳酸氢铵、碳酸氢钠等；常用的复合膨松剂如发酵粉。

使用膨松剂后，食品的口感柔软可口、体积膨大，并且咀嚼时唾液很快渗入食品的组织中，食品内部可溶性物质很快溶出，最快的刺激味觉神经，使食品的口味迅速被感觉。

6.1碳酸氢钠(Sodium hydrogen carbonate)

碳酸氢钠又称小苏打、重碱、重碳酸钠或酸式碳酸钠，分子式为$NaHCO_3$，为白色结晶粉末，无臭，味咸，热稳定性差。遇酸强烈分解而产生二氧化碳，易溶于水，水溶液呈弱碱性。碳酸氢钠不仅价格便宜，无毒，保存方便，而且其碱性比碳酸钠弱，在面团中溶解时，不会形成局部碱性过高。值得注意的是碳酸氢钠单独使用时，因受热分解而呈强碱性，易使面包带黄色，破坏面团中的维生素，最好与酸性膨松剂合用。

6.2发酵粉

复合膨松剂由苏打粉和各种酸性材料或酸性膨松剂及其他辅料配合而成，遇水后发生中和反应，放出大量的二氧化碳。这种膨松剂的好处在于可以选择不同酸性膨松剂或辅料，控制生产过程中的二氧化碳的释放速度。

发酵粉是常用的一种复合膨松剂。发酵粉为白色粉末，遇水加热产生二氧化碳气体，一般由酸性膨松剂、碱性膨松剂和辅料(填充剂)及稀释剂混合组成，主要有酒石酸或酒石酸式盐、酸式磷酸盐或铝的化合物或者这些物质的混合物。发酵粉按组分比例，分别使碱性盐和酸性盐各自与部分淀粉混合，然后再一起混合而成。

资源链接：油条味美，不宜多吃

油条是我国传统的最受欢迎的大众化食品之一，它不仅价格低廉，而且香脆可口，老少皆宜。油条的历史非常悠久。我国古代的油条叫做“寒具”。唐朝诗人刘禹锡有一首关于油条制作的诗句：“纤手搓来玉数寻，碧油煎出嫩黄深；夜来春睡无轻重，压匾佳人缠臂金”。其实，在油条制作时都加入一定量的明矾【$KAl(SO_4)_2 \cdot 12H_2O$】，一般每500g面粉要用15g明矾，油炸时发生如下反应：

$$Al^{3+}+3HCO_3^- \rightarrow Al(OH)_3\downarrow+3CO_2\uparrow$$

因生成二氧化碳而使油条蓬松可口。然而，世界卫生组织早在1989年就正式将铝确定为食品污染物而加以控制，规定铝的每日允许摄入量为1mg/kg。此外，《铝制食具容器卫生管理办法》也规定了餐具制造商使用铝原料的限制：“凡回收铝，不得用来制作食具，如必须使用时应仅供制作铲、瓢、勺，同时应符合《铝制食具容器卫生标准》。”铝是一种对人体有害的元素，如果长期以油条为食，可使大量的铝元素沉积在人体器官中，使人的骨质变得松软，记忆力衰退，加速人体的老化，甚至诱发老年痴呆症。再者，油条是在连续高温中炸煎，又含有十多种非挥发性毒物，对身体健康不利。

7 胶姆糖基础剂

胶姆糖基础剂是指赋予胶姆糖（泡泡糖、口香糖）成泡、增塑和耐咀嚼等作用的一类食品添加剂。该添加剂的基本要求是能长时间咀嚼而很少改变它的柔韧性，并且不会降解成为可溶性物质。我国常用的胶母糖基础剂有聚乙酸乙烯酯、丁苯橡胶、聚合松香甘油酯、松香甘油酯、部分氢化松香甘油酯及木松香季戊四醇酯等。

7.1 聚乙酸乙烯酯（Polyvinyl acetate）

聚乙酸乙烯酯简称PVAC，是无色黏稠液体或微淡黄色透明玻璃颗粒，无臭，有韧性和热可塑性，不会因日光和热而着色老化，不溶于水，咀嚼性良好，平均相对分子质量为22000，其分子式为$(C_4H_6O_2)n$，其化学结构式如图2–96所示：

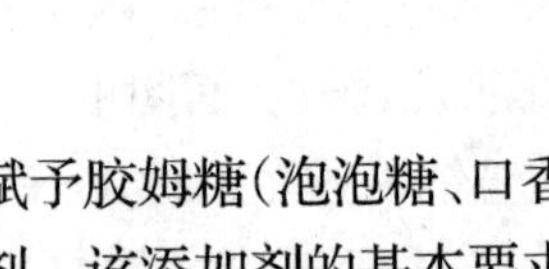

$$*\!-\!\left[\,CH_2\!-\!\underset{\displaystyle OCOCH_3}{\underset{|}{CH}}\,\right]_n\!-\!*$$

图2–96　聚乙酸乙烯酯

聚乙酸乙烯酯作为胶姆糖咀嚼剂使用，属于不溶于水和油的高分子物质，不会被人体吸收，无毒，安全。

7.2 松香甘油酯(Glycerol ester of wood rosin)

松香甘油酯主要成分以甘油三香酯为主，此外还含有少量单、双松香酸甘油酯。不溶于水，味较苦，其化学结构式如图2-97所示[1]：

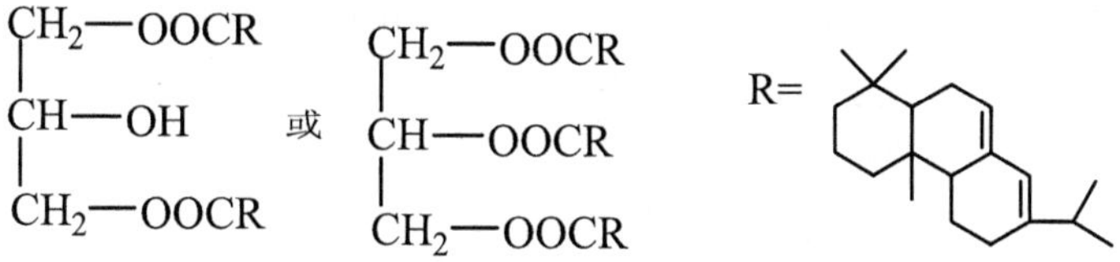

$$\begin{array}{l} CH_2\text{—}OOCR \\ | \\ CH\text{—}OH \\ | \\ CH_2\text{—}OOCR \end{array} \quad \text{或} \quad \begin{array}{l} CH_2\text{—}OOCR \\ | \\ CH\text{—}OOCR \\ | \\ CH_2\text{—}OOCR \end{array} \qquad R=$$

图2-97　松香甘油酯

松香甘油酯被公认是安全的，主要作为胶姆糖基础剂中的增稠剂。

8 漂白剂

漂白剂是指能够破坏、抑制食品的呈色因素，使食品褪色或免于褐变的一类食品添加剂。漂白的结果使食品变为白色或无色，食品漂白后再进行着色有利于获得均一整齐的颜色。此外，食品漂白后的颜色给人以清洁、卫生的印象，通常更为消费者所钟爱。

漂白剂通常根据作用机理的不同分为氧化型漂白剂和还原型漂白剂，见表2-5.

表2-5　漂白剂的分类及其特性

按氧化机理划分	氧化型漂白剂	还原型漂白剂
化合物名称	过氧化氢、漂白粉、高锰酸钾、次氯酸钠、过氧化丙酮、二氧化氯、过氧化苯甲酰	二氧化硫、亚硫酸氢钠、亚硫酸钠、偏重亚硫酸盐
特性	作用强烈，通常食品漂白后，色素受氧化作用而分解褪去，同时食品中的营养成分也受到破坏，残留量也较大，应用很少，一般只作为面粉漂白剂	作用比较缓和，色素经还原后形成无色物质或被消除，但还原得到的无色或白色物质一旦被再次氧化，就会重新显色，应用较广

① 赵黔榕，吴春华，张加研等.纳米氧化锌催化合成松香甘油酯的研究[J].化学世界，2004,(9):474.

资源链接：面粉增白剂[①]

在面粉中添加过氧化苯甲酰是面粉增白的一种简单、方便、快捷的方法.但近几年来，由于某些面粉生产厂家不能正确地使用面粉增白剂，盲目地依靠加大添加量的方法来提高面粉白度，给国内的面粉市场造成了混乱，也给广大人民群众的身体健康带来了危害。

过氧化苯甲酰(Benzoyl Peroxide，简称BPO)，化学式$C_{14}H_{10}O_4$，又称过氧化苯酰、过氧化二苯甲酰，结构式为：

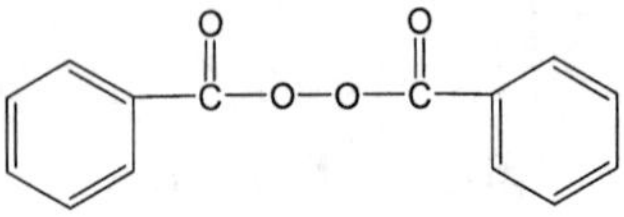

合成路线为：

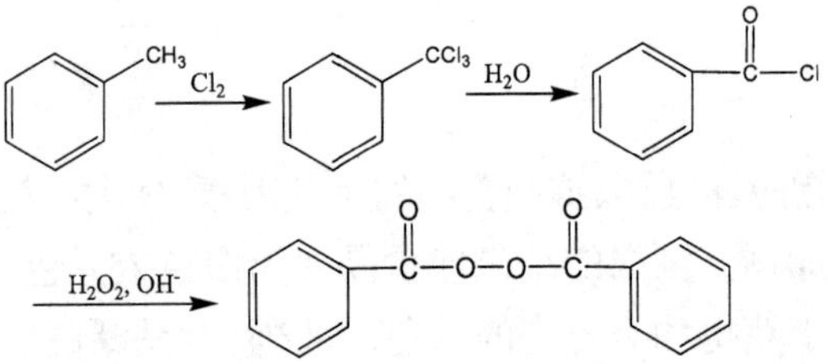

当过氧化苯甲酰添加到面粉中后，与面粉中的水分在空气和酶的作用下水解放出活性氧，从而氧化和打断产生黄色的胡萝卜素、叶黄素等色素的共轭双键，使其化学结构改变，减弱吸光的性能，使面粉变白：

$$(C_6H_5CO)_2O_2+H_2O \xrightarrow[\text{空气}]{\text{酶}} 2C_6H_5COOH+[O]$$

联合国粮农组织规定过氧化苯甲酰质量分数不得大于75×10^{-6}，我国食品添加剂委员会1996年规定，过氧化苯甲酰在面粉中允许添加的最大剂量是质量分数为60×10^{-6}。但至今仍有许多厂家不按有关标准而任意添加增白剂。长期食用这种面粉会对人体造成积累中毒。

我国GB2760列入的漂白剂全部以亚硫酸制剂为主，主要包括硫黄、二氧化硫、亚硫酸氢钠、亚硫酸钠、偏重亚硫酸钠盐(焦亚硫酸盐)、低压硫酸盐(连二亚硫酸钠、次硫酸钠、保险粉)。下面选择几种作简单介绍。

---

① 付立海等.面粉增白剂过氧化苯甲酰[J].化学教育,2005,12:4.

8.1 硫黄(Sulphur)

硫黄,通常呈片状或粉末状,易燃烧,燃烧后产物为二氧化硫,不溶于水,但溶于二硫化碳、四氯化碳等有机溶剂。其被规定用于蜜饯、干果、干菜、粉丝、食糖,而且只限于熏硫(硫黄燃烧得到二氧化硫,进行漂白的过程),残留量以二氧化硫计,蜜饯不得超过0.5g/kg,其他不得超过0.1g/kg。

8.2 亚硫酸钠(Sodium sulphite)

无水亚硫酸钠的化学式为Na_2SO_3,是白色粉末或小结晶状,易溶于水,在空气中缓慢氧化生成硫酸盐,能与酸反应产生二氧化硫,还原性强。由于亚硫酸钠呈碱性,食品需在漂白后水洗。水果蔬菜等是酸性,需要调节pH后才能直接使用。

8.3 低亚硫酸钠(Sodium hydrosulphite)

低亚硫酸钠,俗称保险粉,又称作连二亚硫酸钠、次亚硫酸钠,其化学式为$Na_2S_2O_4$,是白色结晶粉末,有二氧化硫的刺激性气味,易溶于水,几乎不溶于乙醇。在空气中易氧化分解,潮解后析出硫黄。它是亚硫酸类漂白剂中还原能力和漂白能力最强的。

资源链接:“吊白块”不是食品添加剂①

吊白块又称雕白块,是一种白色块状或结晶性粉粒的有机化合物,化学名称为甲醛次硫酸氢钠,分子式为$NaHSO_2 \cdot CH_2O \cdot 2H_2O$,溶于水,在常温下较为稳定,在高温时分解成亚硫酸盐,有强还原性。是由锌粉和二氧化硫反应生成低亚硫酸锌,再与甲醛和锌粉作用后,在真空蒸发浓缩、凝结成块而制得。

$$NaHSO_2+HCHO \xrightarrow{Zn+H_2SO_4} 2NaHSO_2 \cdot CH_2O \cdot 2H_2O$$

吊白块是一种用于印染工业的工业用漂白剂,国家禁止在食品中添加的有毒物质。吊白块在食品会破坏食品的营养成分,食用后引起食物中毒,严重时影响视力,甚至致癌。

① 陈华奇.吊白块——一种有毒的“食品添加剂”[J].中学化学教学参考,2002,(5):64.

综合活动　绿色食品

1什么是绿色食品？

绿色食品是遵循可持续发展原则，按照特定生产方式生产，经专门机构认定，许可使用绿色食品标志商标的无污染的安全、优质、营养类食品。绿色食品并非指“绿颜色”的食品，而是特指无污染的安全、优质、营养类食品。自然资源和生态环境是食品生产的基本条件，由于与生命、资源、环境相关的事物通常冠之以“绿色”，为了突出这类食品出自良好的生态环境，并能给人们带来旺盛的生命活力，因此将其定名为“绿色食品”。总之，绿色食品应该具有出自良好的生态环境、实行从“土地到餐桌”全程质量控制、其标志受到法律保护三方面的显著特征。

2绿色食品的分类

绿色食品分为两类：

A级绿色食品：指在生态环境符合《绿色食品产地环境质量标准》的产地，生产过程中允许限量使用限定的化学合成物质，按特定的生产操作规程生产、加工，产品质量及包装经检测、检查符合特定标准，并经专门机构认定，许可使用A级绿色食品标志的产品。

AA级绿色食品（等同有机食品）：指在生态环境质量符合《绿色食品产地环境质量标准》的产地，生产及加工过程中不使用任何化学合成物质，如农药、肥料、食品添加剂、饲料添加剂、兽药以及有害于环境和人体健康的物质，而是通过使用有机肥、种植绿肥、作物轮作、生物或物理方法等技术，培肥土壤、控制病虫害等，并且按特定的生产操作规程生产、加工，产品质量及包装经检测、检查符合特定标准，并经专门机构认定，许可使用AA级绿色食品标志的产品。

3绿色食品有哪些标准？

绿色食品的标准有：

⑴产地必须符合农业部制定的绿色食品生态环境标准；

⑵加工必须符合农业部制定的绿色食品生产操作规程；

⑶产品必须符合农业部制定的绿色食品质量和卫生标准；

⑷产品外包装必须符合国家食品标签通用标准，符合绿色食品特定的包装、装潢和标签规定，符合绿色食品的储藏和运输标准[①]。

4如何认识绿色食品的标志？

绿色食品标志商标已由中国绿色食品发展中心在国家工商行政管理局注册，专用权受《中华人民共和国商标法》保护。只有符合绿色食品标准的企业和产品才能使用绿色食品标志商标。

为了与一般的普通食品区别开，绿色食品由统一的标志来标识。绿色食品标志由特定的图形来表示，绿色食品标志由上方的太阳、下方的叶片和中心的蓓蕾组成，象征和谐的生态系统。整个标志为正圆形，寓意为保护。绿色食品分为A级和AA级两类，整个图形描绘了一幅明媚阳光照耀下的和谐生机，告诉人们绿色食品是出自纯净、良好生态环境的安全、无污染食品，能给人们带来蓬勃的生命力。绿色食品标志还提醒人们要保护环境和防止污染，通过改善人与环境的关系，创造自然界新的和谐。

图2-98　绿色食品标志

① 李鑫.绿色食品-21世纪的主导食品[J].重庆工商大学学报，2005，22(6)：560.

实践与测试

1.简述绿色食品、无公害食品和有机食品的区别。
2.解释食品褐变的原因及抑制的方法。
3.按化学结构,天然食用色素主要分为哪几类?
4.香气阈值的定义是什么?
5.写出三种非糖甜味剂的名称及结构式。
6.简述食品包装需考虑的化学因素。
7.列举掺假食品的鉴别方法。
8.探究"方便面是如何防腐的"。
9.天然色素和合成色素各有什么优缺点?
10.搜索央视"每周质量报告"栏目相关内容,自拟论题,写一篇有关"食品安全"的小论文。

参考文献

[1]杨秀娟,赵晓燕,马越.花青素研究进展[J].中国食品添加剂,2005,17(4):40-43.
[2]赵宇瑛,张汉锋.花青素的研究现状及发展趋势[J].安徽农业科学,2005(5):904-907.
[3]阮伸.新橙皮苷结构的波谱分析[J].江苏化工,1994,(3):36-41.
[4]潘春秀.食品添加剂柚皮素在CDMPC上的对映体分离[J].浙江大学学报:理学版,2004,(6):667-669.
[5]赵燕,温辉梁,胡晓波.红曲色素及其在食品工业中的应用[J].中国食品添加剂,2004,(4):90-93.
[6]刘毅,宁正祥.红曲色素及其在肉制品中的应用[J].食品与机械,1999,(7):28-30.
[7]田秀红.食品原料的色泽与营养价值及特殊功用[J].食品科技,2001,(3):66-67.

[8]李鑫.绿色食品-21世纪的主导食品[J].重庆工商大学学报,2005,(5).
[9]刘邻渭.食品化学[M].北京:中国农业出版社,2003.
[10]金龙飞.食品与营养学[M].北京:中国轻工业出版社,1999.
[11]胡国华.食品添加剂应用基础[M].北京:化学工业出版社,2005.
[12]周力.阿斯巴甜的生产和使用[J].食品科学,1997,(7):8-21.
[13]向晓丽,陈天鄂.木糖醇的制备方法及其应用[J].湖北化工,2002,(2): 27-28.
[14]张开诚.苦味机理与苦味抑制技术研究概况[J].中国调味品,2004,(11):39-42.
[15]吴建一,赵惠明,俞兴源.新型手性相转移催化剂N-苄基溴化奎宁的合成及应用[J].现代化工,2005,(2):32.
[16]周家华,崔英德,黎碧娜,杨辉荣.食品添加剂[M].北京:化学工业出版社,2001.
[17]王建新,衷平海.香辛料原理与应用[M].北京:化学工业出版社,2004.
[18]刘用成.食品化学[M].北京:中国轻工业出版社,1996.
[19]黄佩丽."可乐"与磷酸[J].化学教育,1998,(10):3.
[20]董宝平.益寿延维生素E[J].化学教育,2002,(11):11.
[21]赵黔榕,吴春华,张加研等.纳米氧化锌催化合成松香甘油酯的研究[J].化学世界,2004,(9):474.
[22]付立海.面粉增白剂过氧化苯甲酰[J].化学教育,2005,(12):4 .
[23]陈华奇.吊白块——一种有毒的"食品添加剂"[J].中学化学教学参考, 2002,(5):64 .

第3单元　化学与健康

恩格斯说过“生命的起源必然是通过化学的途径实现的。”人类的生命与化学息息相关。人体中包含着极其繁多的复杂的化学反应，而这些反应是否正常进行，关系着每个人的生老病死。在化学与生命科学迅猛发展的今天，健康仍然是人们一直关心的话题。没有化学反应，人类就不可能维持生存和保持健康。

第1节　食品中的嫌忌成分及食品污染

由于生物的、加工的、环境的及人为的原因，一些食物中常含有一些无益有害的成分，即嫌忌成分，这些嫌忌成分的含量超过一定限度即可构成对人体健康的危害。

1食品中的嫌忌成分

1.1植物性食物中的毒物

1.1.1凝集素及酶抑制剂

一些豆类和谷物种子中含有毒性蛋白质物质——凝集素及蛋白酶的抑制剂。凝集素是一种能使红血球凝集的蛋白质。蓖麻、大豆、豌豆、扁豆、菜豆、刀豆及蚕豆等籽实中都含有凝集素，生食或烹调不足会引起食者恶心，呕吐等症状，严重者甚至死亡，但经加热处理，可以去毒。

在豆类、谷物及马铃薯等植物性食物中还有另一类毒蛋白物质——胰蛋白酶抑制剂及淀粉酶抑制剂。生食上述食物，会引起营养吸收下降。

1.1.2毒肽

鹅膏菌毒素及鬼笔菌毒素是存在于蕈类中的毒素，它们都是作用于肝脏而使人中毒，一个重50g的毒蕈中所含的毒素足以毒死一个成年人。所以，一定要慎食颜色鲜艳的野生蘑菇。

1.1.3 毒苷

（1）生氰苷类，存在于某些豆类，核果和仁果的种仁，木薯的块根等，在酸或酶的作用下可水解产生氰氢酸。

（2）硫苷，甘蓝、萝卜、芥菜等十字花科蔬菜及洋葱、管葱及大蒜等植物中的辛味成分是硫苷类物质，过多摄入这类物质有致甲状腺肿的生物效应。油菜、芥菜、萝卜等植株可食部分中致甲状腺肿原物质很少，而在种子中则可达茎、叶部的20倍以上，在利用油菜籽饼粕开发植物蛋白新资源时，去除致甲状腺肿原物质是关键。

（3）皂苷类，广泛分布于植物界，溶于水能生成胶体溶液，搅动时会像肥皂一样产生泡沫，因而称为皂苷。皂苷有破坏红血球的溶血作用，对冷血动物有极大的毒性，但食物中的皂苷口服多数无毒，少数则有剧毒（如茄苷）。

茄子、马铃薯等茄属植物中含有有毒的茄苷，其配基为茄碱（又叫龙葵碱）。正常情况下在茄子、马铃薯中的茄苷含量不过3-6mg/100g，但发芽马铃薯的芽眼附近及见光变绿后的表皮层中，含量极高，当茄苷达到38-45mg/100g时，足以致人死命，茄碱即使在烹煮以后也不会受到破坏，故不宜食用发芽、变绿的马铃薯。

1.1.4 棉酚

棉酚存在于棉籽油中，它能使人体组织红肿出血，神经失常，食欲不振，影响生育力。棉酚的毒性可用湿热法或溶剂萃取法除去。

1.2 动物性食物中的毒物

动物性食物的有毒物几乎都限于水产物，如贝类毒素及鱼类毒素（河豚毒素）。

1.3 变应性食物

有不少人在摄食某些蛋白质时会发生程度不等的过敏现象或称变态反应现象。导致变态反应的物质统称为变应原。常见的变应原食物有：谷物、乳、蛋、鱼、虾、番茄、巧克力等。牛乳过敏在儿童中极为常见，主要症状是腹泻、肚疼及呕吐。食物过敏的原因还不十分清楚，避免食物过敏的最好办法是忌食致敏性食物。

1.4 微生物毒素

在气温高而潮湿的季节里，特别是我国南方地区，在粮食、水果、饲料、木材以及生活用品上，经常发现长有白的、绿的、灰的、黑的各式各样的棉絮状、毛茸或粉末状的菌丝，就是霉菌在作祟，人们常称之为“发霉”现象。这些微生物毒素对人体健康危害极大，所以不能吃霉变食物。

1.5 加工及生产过程中形成的嫌忌成分

1.5.1 硝酸盐及亚硝胺的形成

食物中的硝酸盐及亚硝酸盐的来源一是在肉制品中作为发色剂，二是施肥过度而由土壤中转移到蔬菜中。在生物化学条件下，硝酸盐很易还原为亚硝酸盐，亚硝酸盐会与食物中的胺类生成致癌物亚硝胺。

在肉制品的加工过程中，为保持肉类的红色和鲜美外观，在加工时常加入适量的硝酸盐或亚硝酸盐，俗称“上硝”。肉类腌制品中常用的发色剂是硝酸盐，它在细菌作用下能还原成亚硝酸盐，然后亚硝酸盐在一定的酸性条件下生成亚硝酸。一般宰后的肉中因含乳酸，pH约为5.6–5.8，在不加入酸的情况下，亚硝酸盐就可生成亚硝酸，其反应为：

$$NaNO_2+CH_3CHOHCOOH(\text{乳酸}) = HNO_2+CH_3CHOHCOONa$$

亚硝酸（HNO_2）很不稳定，即使在常温下也可生成亚硝基：

$$3HNO_2 = H^+ + NO_2^- + 2NO + H_2O$$

而生成的亚硝基（–NO）会很快与肉中呈现颜色（紫红色）的主要成分——还原性肌红蛋白（用Mb表示）反应，生成鲜艳亮红色的亚硝基肌红蛋白（MbNO）。亚硝基肌红蛋白遇热后，放出巯基（–SH），变成具有鲜红色的亚硝基血色原。反应中的亚硝基在空气中也可以被氧化成二氧化氮（NO_2），进而与水反应生成硝酸。此反应不仅使亚硝基被氧化，也抑制了亚硝基肌红蛋白的生成。而具有强氧化性的硝酸又使肌红蛋白中的铁离子由二价被氧化至三价，成为高铁肌红蛋白。

当人和动物食用了添加硝酸盐和亚硝酸盐的食品后，上述反应均可能在人体和动物体内发生。若生成高铁肌红蛋白的反应发生在血液里，就会使血液中的血红蛋白转变成高铁血红蛋白，致使血红蛋白失去输氧能力，引起紫绀症。

另外，上述反应生成的亚硝酸还能与人体和动物内的蛋白质代谢的中间产物仲胺(如二甲基胺)合成亚硝胺：

$$(H_3C)_2NH + HNO_2 \longrightarrow (H_3C)_2N-NO + H_2O$$

必须严格控制肉制食品中这两种盐的添加量。食品行业对肉制品加工中两类盐的最大容许使用量以及不同肉类制成品中的残留量都有明确规定。

资源链接：三大致癌物质

(1)稠环芳烃

煤、烟草、木材等不完全燃烧会产生较多的稠环芳烃，其中某些稠环芳烃具有致癌作用，如苯并芘类稠环芳烃，特别是3，4-苯并芘有强烈的致癌作用。3，4-苯并芘为浅黄色晶体，1933年从煤焦油分离得来。煤的干馏、煤和石油等的燃烧焦化时，都可产生3，4-苯并芘，在煤烟和汽车尾气污染的空气以及吸烟产生的烟雾中都可检测出3，4-苯并芘。测定空气中3，4-苯并芘的含量，是环境监测项目的重要指标之一。食品若用烟熏、烧烤及烘焦等方法加工时会被3，4-苯并芘污染。此外，油脂在高温下热解，也会产生3，4-苯并芘，故食品最好不要直接用火焰烧烤。

其他强致癌性的稠环芳烃还有二苯并蒽，3- 甲基胆蒽等。

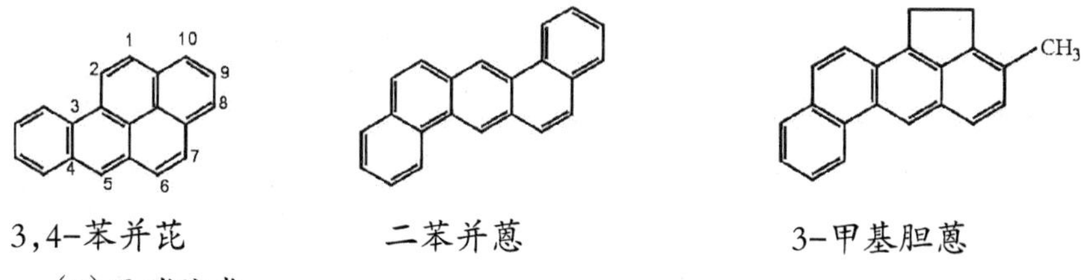

3，4-苯并芘　　二苯并蒽　　3-甲基胆蒽

(2)亚硝胺类

研究发现，亚硝胺类化合物是一类强致癌物，它可以使DNA发生变异，使正常的DNA减少，产生一些突变的DNA。其致突变的一种机制是亚硝胺在体内经P-450酶氧化，在亚硝氨基旁边的碳原子上引入羟基，然后转变为重氮离子或正碳离子。正碳离子对DNA进行烷基化，造成DNA单股链断裂。也可以使鸟嘌呤的羟基烷基化，它可以像腺嘌呤一样

与胸腺嘧啶配对，造成突变，影响DNA的复制。

亚硝胺的化学性质不稳定，遇光、热可以分解，这样使我们食入亚硝胺的可能性大为减少。但是在人体的胃肠道内能够合成亚硝胺，而提供合成亚硝胺的原料——仲胺和亚硝酸盐却广泛存在于自然界。不新鲜的鱼、肉中仲胺的含量较高，这要引起我们足够的注意，不要购买不新鲜的动物类食品。香烟和隔夜茶中也有仲胺存在。亚硝酸盐在各种腌菜和酱菜的汁液中含量也高。硝酸盐在胃肠道中可被细菌还原为亚硝酸盐。动物实验证明，缺锌可明显增加亚硝胺引发癌变的可能性。现在已经发现维生素C可对抗亚硝胺的致癌作用，食用富含维生素C的食物是非常有利的。

(3)黄曲霉素

粮食霉变有可能产生黄曲霉毒素，该毒素主要是由黄曲霉菌产生的，其他一些霉菌也可产生黄曲霉毒素。黄曲霉毒素具有强烈的致肝癌作用。已经分离出的黄曲霉毒素主要是两种，一种在紫外光下发出蓝色荧光，叫黄曲霉毒素B，一种在紫外光下发出绿色荧光，叫黄曲霉毒素G。它们的化学结构略有不同，在B和G中又因结构的差异分为B_1、B_2和G_1、G_2。致癌作用最强的是B_1，它也是在体内经P-450氧化酶氧化为环氧化物以后与DNA作用而引起突变的。

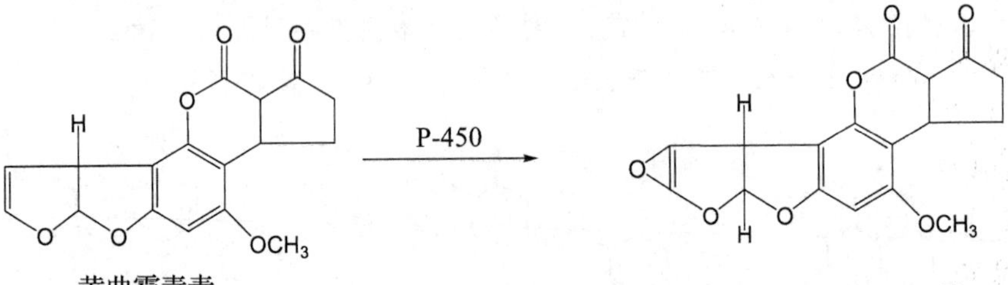

P-450

黄曲霉毒素 B^1

1.5.2 瘦肉精

瘦肉精是一种β2-受体激动剂。20世纪90年代初国外曾用于饲料添加剂，后因人的不良反应而被禁用。国内少数养猪户为了追求利润，使猪肉不长肥膘，不顾农业部的规定，在饲料中擅自掺入瘦肉精。猪食用后在代谢过程中促进蛋白质合成，加速脂肪的转化和分解，提高了猪肉的瘦肉率，因此称为瘦肉精。瘦肉精对心脏有兴奋作用，对支气管平滑肌有较强而持久的扩张作用，急性中毒有心悸，面颈、四肢肌肉颤动，手抖甚至不能站立，头晕、乏力等。近来有多起因食用含瘦肉精的猪肉而发生群体急性中毒事故的报道。消费者购买猪肉时要拣带些肥膘（1–2cm）的肉，颜色不要太鲜红，猪内脏因瘦肉精残留量多而不宜食用。

问题讨论：瘦肉精是什么性质的物质？

瘦肉精即盐酸克伦特罗，其化学结构见图3–1：

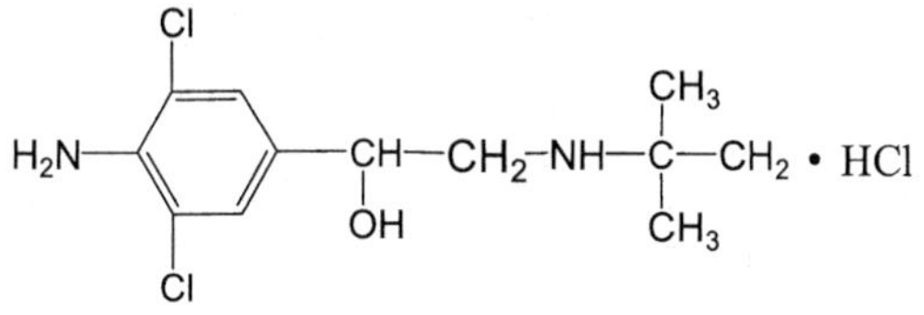

Cl
CH_3
H_2N— —CH—CH_2–NH—C—CH_2 • HCl
OH　CH_3
Cl

图3–1

物理特性：白色或类白色的结晶粉末，无臭、味苦，熔点174℃–175.5℃，溶于水、乙醇，微溶于丙酮，不溶于乙醚。

盐酸克伦特罗进入人体内有分布快、吸收快、吃下去10分钟便会中毒，消失缓慢且持续时间久的特点。如果人原来就有心律失常、心脏病、高血压、糖尿病、甲亢、青光眼、前列腺肥大等疾病，则受害更大，有的甚至出现生命危险。

急救治疗：如果进食后症状轻微，只要停止进食，平卧，多饮水，静卧半小时后应该会好转；症状较重，则要洗胃、输液，促使毒物排出，在心电图监测及电解质测定下，使用保护心脏药物如6–二磷酸果糖（FDP）。

1.5.3 二恶英

1999年，比利时、荷兰、法国、德国相继发生因二恶英污染导致畜禽类产品及乳制品含高浓度二恶英的事件。二恶英事件使当年比利时蒙受了巨大的经济损失。二恶英，英文名为“Dioxin”，它是一种氯代三环芳烃类化合物，是目前世界已知的有毒化合物中毒性最强的，其毒性比氰化钾要毒50–100倍。它的致癌性极强，可引起严重的皮肤病并能伤及胎儿。人体微量摄入二恶英不会立即引起病变，但摄入后却不易排出。如长期食用含二恶英的食品，这种有毒成分会蓄积，最终可能致癌或引起慢性病。二恶英的主要污染源包括城市垃圾焚烧、含氯化学工业、食品包装材料等，90%以上的人体二恶英接触来源于食品。

二恶英的分子式可表示为$C_{12}H_4O_2Cl_4$。由于每个氯原子可以占据其化学结构中八个取代位置中的任何一个,因此理论上讲二恶英总计可以有75个异构体,其中的7种受到广泛的关注。二恶英的化学结构如图3-2:

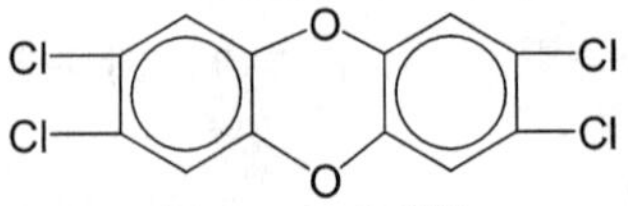

图3-2　二恶英

人类往往因为摄入被二恶英污染的食物而引起中毒,特别是二恶英具有脂溶性,在肉、奶制品和鱼类的脂肪中富集。所以我们要注意不吃受污染的食物,不要随意焚烧垃圾。

2食品污染

食品是维持人类生命和健康的三大要素之一。食品一旦受污染,就要危害人类的健康。食品污染是指人们吃的各种食品,如粮食、水果、蔬菜、鱼、肉、蛋等,在生产、运输、包装、贮存、销售、烹调过程中,混进了有害、有毒物质或者病菌。污染食品的物质称为食品污染物。

2.1食品污染的分类

食品污染可分为生物性污染、化学性污染和放射性污染。

2.1.1生物性污染

生物性污染是指有害的病毒、细菌、真菌以及寄生虫污染。如鸡蛋变臭,蔬菜腐烂,主要是细菌、真菌在起作用。细菌有许多种类,有些细菌如变形杆菌、黄色杆菌、肠杆菌可以直接污染动物性食品,也能通过工具、容器、洗涤水等途径污染动物性食品,使食品腐败变质。真菌的种类很多,有5万多种。其中百余种菌株会产生毒素,毒性最强的是黄曲霉毒素。食品被这种毒素污染以后,会引起动物原发性肝癌。据调查,食物中黄曲霉毒素较高的地区,肝癌发病率比其他地区高几十倍。英国科学家认为,乳腺癌可能与黄曲霉毒素有关。

2.1.2化学性污染

化学性污染主要指农用化学物质、食品添加剂、食品包装容器和工业废弃物中的汞、镉、铅、砷、氰化物、有机磷、有机氯、亚硝酸盐和亚硝胺及其他有机或无机化合物等所造成的污染。造成化学性污染的原因有以下几种:①农业用化学物质的广泛应用和使用不当。②使用不合卫生要求的食品添加剂。③使用质量不合卫生要求的包装容器,造成容器上的可溶性有害物质在接触食品时进入食品,如陶瓷中的铅、聚氯乙烯塑料中的氯乙烯单体都有可能转移进入食品。又如包装蜡纸上的石蜡含有3,4-苯并芘,彩色油墨和印刷纸张中含有多氯联苯,它们都特别容易向富含油脂的食物中移溶。④工业的不合理排放所造成的环境污染也会通过食物链危害人体健康。如,鱼体有富集污染水体中重金属的能力而损害人体健康。⑤化肥与食品污染,过多地使用氮肥,植物吸收后会以硝酸盐的形式储存在体内。尤其是蔬菜被大量硝酸盐污染后,会对人体健康构成直接威胁。⑥农药与食品污染,农药、化学杀虫剂在杀死害虫的同时,会在农作物上形成残留,长期食入有农药、化学杀虫剂残留的食品,会在体内蓄积引发中毒。⑦生长激素与食品污染,一些合成的植物生长激素虽然能使蔬菜、水果长得又大又漂亮,但却对人体健康留下安全隐患。

2.1.3放射性污染

食品中的放射性物质有来自地壳中的放射性物质,称为天然放射性污染;也有来自核武器试验或和平利用核能所产生的放射性物质,即人为的放射性污染。某些鱼类能富集金属同位素,如铯137和锶90等。后者半衰期较长,多富集于骨组织中,而且不易排出,对机体的造血器官有一定的影响。某些海产动物,如软体动物能富集锶90,牡蛎能富集大量锌65,某些鱼类能富集铁55等。

2.2食品污染的危害

食品污染对人体健康的危害,有多方面的表现。一次大量摄入受污染的食品,可引起急性中毒,即食物中毒,如细菌性食物中毒、农药食物中毒和霉菌毒素中毒等。长期(一般指半年到一年以上)少量摄入含污染物的食品,可引起慢性中毒。造成慢性中毒的原因较难追查,而影响又更广泛,所以应格外重视。例如,摄入残留有机汞农药的粮食数月后,会出现周身乏力、尿汞含量增高等症状;长期摄入微量黄曲霉毒素污染的粮食,能引起肝细胞变性、坏死、脂肪浸润和胆管上皮细胞增生,甚至发生癌变。慢性中毒还可表现为生长迟缓、不孕、流产、死胎等生育功能障碍,有的还可通过母体使胎儿发生畸形。已知与食品有关的致畸物质有甲基汞、二恶英、狄氏剂、艾氏剂、DDT等。致突变物有苯并芘、黄曲霉毒素等。

2.3食品污染的预防

预防食品污染必须采取综合措施,主要有:

①制订、颁发和执行食品卫生标准和卫生法规。制定有关食品容器、包装材料的卫生要求和标准。制定食品运输卫生条例,以保证食品在运输过程中不受污染和因受潮而变质。

②加强禽畜防疫检疫和肉品检验工作。

③制订防止污染和霉变的加工管理条例和执行有关卫生标准。制订贯彻农药安全使用的措施和法规,提供更多高效、低毒、低残留农药以取代高毒、高残留农药。

④加强工业废弃物的治理。

⑤加强食品检验和食品卫生监督工作。

第2节　人体中的化学反应

1人体中化学反应的特点

人体中的化学反应都是在常温常压、接近中性温和条件下进行的,化学反应的速度特别快,选择性、效率很高,这是人体中化学反应的特点。

人体的体温正常情况下为37℃左右,如果体温高了或低了,都属于不正常,说明人患病了。为什么人的体温能自动调节到37℃左右呢? 因为人体内的生物氧化反应是在温和条件下、在酶的催化作用下逐步完成的,因此,能量也是逐步分批放出的,这样放出的能量不至于突然使体温升高而损伤肌体,又可以使放出的能量得到最有效的利用。除此之外,人体内还有完善的调控机制。当体内发生生物氧化反应时,必定伴随着发生磷酸化反应。过二磷酸腺苷(ADP)分子和磷酸分子反应形成三磷酸腺苷(ATP)分子,这是个吸热反应,即通过ADP分子的磷酸化把能量吸收,并贮存在ATP分子中。当人体需要能量时,能量分子ATP通过水解变为ADP分子,同时放出能量,供人体需要。人体内有那么完善巧妙的机制,能使人的体温自动调节到正常的温度，并根据人体活动的需要，能量分子ATP不断水解释放出热能。而且这类水解反应是在特定的酶催化下进行的，反应的速度很快。

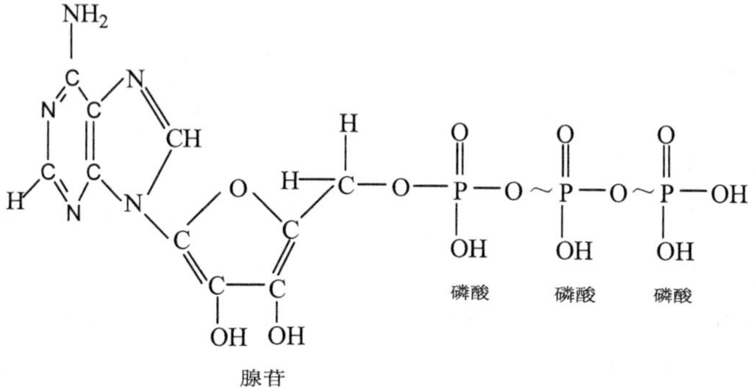

腺苷　磷酸　磷酸　磷酸

图3–3　ATP的结构简式

$$\mathrm{ATP} \underset{}{\overset{\text{酶}}{\rightleftharpoons}} \mathrm{Pi} + \mathrm{ADP} + \text{能量}$$

图3–4　ATP与ADP的转换

2反应介质

人体中的化学反应选择性、效率之所以都很高，除了大分子配位体的参与外，还与它的在特定的反应介质中进行有关。在这种介质中跟在水溶液中进行的同一反应是有很大差别的。

3反应类型

3.1催化反应

如果你在吃饭时，把米饭放在嘴里多嚼一会，就会发现有甜味出来。米饭中含有淀粉，是一种多糖，在唾液淀粉酶的作用下多糖发生水解反应，转变为麦芽糖、蔗糖等有甜味的糖，这种作用称催化作用。多糖水解反应的速度本来没有那么快，但在唾液淀粉酶的作用下，反应速度大大加快，唾液淀粉酶是多糖水解反应的催化剂。

酶是具有催化作用的蛋白质，主要由氨基酸组成。有些酶还需要有非蛋白质成分（即辅基）才具活性，辅基为金属离子的酶称为金属酶。酶的活性部位由少数几个氨基酸残基和残基上的某些基团组成,金属离子是酶催化活性所必需的,因此,酶的活性部位包括金属离子。酶是生物催化剂,生物体代谢过程中的化学反应几乎都在酶的催化下进行。酶的催化效率极高。酶的作用具有高度专一性,即一种酶只能作用于某种特定的物质。另外,酶促反应一般都在温和条件下进行。正由于酶促反应具有高效率、专一性和温和条件下进行的特点,所以酶在生物体的新陈代谢中发挥着特殊的作用。

酶通常按其所起作用的底物名称来命名。所谓底物是指酶作用的化合物,例如催化醛氧化的叫醛氧化酶,催化氢分解的称为氢化酶等。因为氧化还原反应是一切生命过程的基础,氧化还原酶是氧化还原反应的有效催化剂,处于酶中的金属离子利用它在两种氧化态之间的往复转变,催化底物发生氧化还原反应。水解反应是生物体内发生的另一类重要反应,当食物进入人体消化道后,可受到消化道中多种水解酶的作用,如胰淀粉酶可催化淀粉完全水解变成葡萄糖,胰蛋白酶可催化蛋白质水解为小肽和氨基酸,胰脂肪酶则能催化脂肪水解为甘油和脂肪酸等。

3.2 配位反应

微量元素作为配合物的中心原子,起到对生理代谢和生命过程的调控作用,而这些大分子配合物(螯合物),与一般配合物一样具有稳定常数、配位数、配位键和几何图形,但因为反应介质、配位体的特征不一样,因此具有独特的化学反应特点。

由于大分子的折叠卷曲使几个线形距离较远的特定的配位基团靠拢,与中心离子形成配合物。这样组成的构型有时是扭曲的、有“张力”的,而且这样的配合物具有小分子配体所没有的性质。如铜蓝蛋白中的铜处于一个变形的四面体配体环境中,因而有特别高的氧化还原电位,这一性质使铜蓝蛋白具有电子传递功能。大分子的折叠使一些侧链聚集在活性中心周围,形成一个有利于和特定底物结合,并按特定方式发生反应的环境。

除此之外,由于大分子的柔性使有某些特性的侧链,形成适应外环境的分子外壳,使得大分子配体与微量金属离子的配合物与另一螯合剂的作用比两种小分子配体间竞争金属离子的情况要复杂得多。

3.3表面化学反应

生物体内有许多特殊的表面化学反应。在各种软组织(以蛋白质为主)和硬组织(以钙盐为主)的表面、细胞表面以及外源性的活性表面(如吸入的粉尘)和惰性表面(如植入的金属)上,都可能和与其接触的体内物质发生特殊反应。

3.4 电化学反应

人体细胞总数约75万亿个,肌肉细胞和神经细胞接受传导剂传递信息的作用,是细胞膜的原浆膜产生瞬间电化学反应的结果。目前主要涉及细胞外离子平衡机制和刺激的化学反应。

细胞液主要有细胞内液及细胞间液,细胞内液组成为钾、镁、磷酸根、硫酸根,细胞间液含钠、氯、碳酸氢根,内外液中含有氧、葡萄糖、脂肪酸和氨基酸等营养素,由于内外液均为电解质溶液,并且这种差别可以通过细胞膜转运离子的特殊机制来维持,称为体内生物电源,是引起一系列生物电化学反应的基础。

资源链接:氧自由基与人体健康

氧气维持着地球上绝大多数生物的生命。虽然氧对需氧生物是有用的,但氧也有对生物不利的一面。那就是由氧元素形成的一系列氧自由基。所谓自由基,是指带有未成对电子的分子、原子或离子。因为未成对电子具有成双的趋向,因此常易发生失去或得到电子的反应而显示出较活泼的化学性质。比如,在生物体内,氧分子可以通过单电子接受反应,依次转变为 $O_2\cdot^-$与$\cdot OH$等中间产物。由于这些物质都是直接或间接地由分子氧转化而来,而且比分子氧更活泼,遂统称为活性氧,其中$O_2\cdot^-$,$\cdot OH$为氧自由基。

超氧阴离子自由基$O_2\cdot^-$可以在铁螯合物催化下与H_2O_2反应产生羟自由基$\cdot OH$。

$$O_2\cdot^- + H_2O_2 \xrightarrow{\text{铁螯合物}} O_2 + \cdot OH + OH^-$$

$\cdot OH$是化学性质最活泼的氧自由基,几乎与生物体内所有物质,如糖、蛋白质、DNA、碱基、磷脂和有机酸等反应,且反应速率快,可以使非自由基反应物变成自由基。例如,$\cdot OH$与细胞膜及细胞内容物中的生物

大分子(用RH表示)作用:

$\cdot OH+RH \rightarrow H_2O+R\cdot$

生成的有机自由基R·又可继续与O_2起作用生成$RO_2\cdot^-$:

$R\cdot+O_2 \rightarrow RO_2\cdot^-$

这样,自由基通过上述方式传递和增殖。愈来愈多的氧自由基在细胞内出现会损伤细胞,引发各种疾病。很多研究表明,含氧自由基关系到多种疾病,由于$O_2\cdot^-$自由基可使细胞质和细胞核中的核酸链断裂,会导致肿瘤、炎症、衰老、血液病以及心、肝、肺、皮肤等方面病变的产生。在人体和环境中持续形成的自由基来自人体正常新陈代谢过程,只有当活性氧不断增殖清除不掉时才会造成伤害。体内过多的$O_2\cdot^-$可以依靠SOD去消除。SOD是超氧化物歧化酶英文名称的缩写,是一种具有特定生物催化功能的蛋白质,由蛋白质和金属离子组成,广泛存在于自然界的动、植物和一些微生物体内。SOD能催化$O_2\cdot^-$发生歧化反应:

$$O_2\cdot^-+O_2\cdot^-+2H^+ \xrightarrow{SOD} H_2O_2+O_2$$

因此,SOD是机体内$O_2\cdot^-$的清除剂。有研究表明,人体的一些病变可反映在SOD与$O_2\cdot^-$含量变化上。如今,研究自由基与人体健康的关系已是备受关注的新兴领域。

4化学与人的精神生活

4.1脑及神经的化学组成

人脑及神经主要由蛋白质、脂类、水分和无机盐组成,水分占78%,蛋白质占固体含量38%–40%,脂类>54.5%,无机盐1%,糖元0.1%。脑需要能量特别多,正常情况几乎全部来自血糖氧化,因此,脑活动需要的氧占人体全部需氧量的20%,缺氧会引起神经混乱。

神经系统是人体内接受和翻译刺激信息,并把冲动传递给响应器官的系统。一般认为,人体的神经系统由中枢神经系统和自主神经系统两部分组成,各部分都有自己的结构和功能。中枢神经系统由脑和脊髓组成,负责监控整个神经系统,自主神经系统则支配如心跳之类的自主动作。

4.2化学与人的精神生活

冲动由受体接受后,沿轴索传递,并把它传递到脑细胞之间的空隙中，这种细胞间的空隙称为突触。在突触之间信息传递是通过一些化学物质实现的。这类有信息传递功能的物质称为神经递质。神经递质在突触前释放，通过突触间隙扩散，特异地作用于突触后的神经元细胞，使之感受到刺激[①]（见图3-5）。

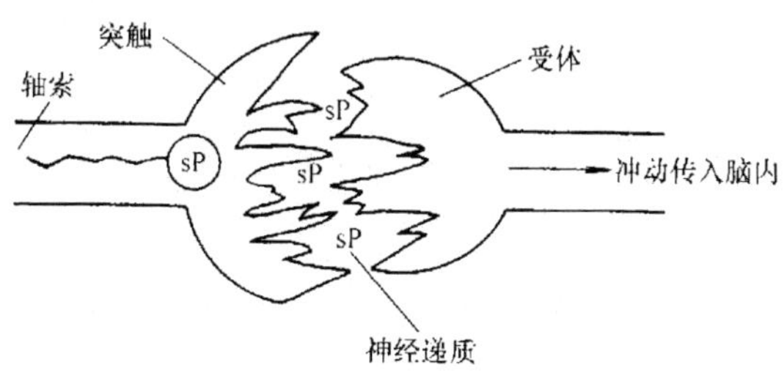

图3-5　神经传递模型

4.2.1 主要的神经递质及活性物

有：脑肽类，多肽，β-内啡肽。如：

乙酰胆碱（Ach）：$CH_3C(=O)—O—CH_2CH_2—N^+(CH_3)_3$

去甲肾上腺素(NE)：（3,4-二羟基苯基）$HO—CH—CH_2NH_2$　　（3,4-二羟基苯基）$HO—CH—CH_2NHCH_3$

4.2.2 与精神生活有关的化学物质

喜、怒、哀、乐等情绪属于人的精神生活，正如人的视觉等生理现象基于化学一样，人的精神生活也以化学为基础。如当某种愿望满足时就感到愉快欣喜，这种感受主要与体内去甲肾上腺素和儿茶酚胺这两种精神递质的含量有关。我们知道的摇头丸的主要成分是苯丙胺，它是多巴胺的前体，所以食用摇头丸有兴奋之感。

当人体缺乏或富余某些和精神生活有关的化学物质时，可能会造成精神生活的混乱，因此根据医嘱服用对应的药物使他们恢复到正常含量，

① 吴旦.化学与现代社会[M].北京：科学出版社，2002：262-264.

进入正常的精神生活状态。

表3-1 与精神生活有关的化学物质——精神递质①

名称	化学特征	分布	主要功能
乙酰胆碱(Ach)V	$CH_3COO(CH_2)_2-N(CH_3)_3$	大脑中膈区，消化道，丘脑下部，心肌	抑制运动，恐惧，意识清醒，记忆
儿茶酚胺类(CA)	单胺	$0.1\sim1.0\mu mol\cdot g^{-1}$	争斗，觉醒，狂躁
去甲肾上腺素(NE)	$C_6H_5(OH)_2CH(OH)CH_2NH_2$	脑桥、延髓，	饮食，生殖，情感
肾上腺素(E)	$C_6H_5(OH)_2CH(OH)CH_2NHCH_3$	下丘脑、中脑延髓，为去甲肾上腺素量的1/10	饮食，生殖，情感
多巴胺(DA)	$C_6H_5(OH)_2(CH_2)_2NH_2$	与NE相反，集中于中脑黑质、纹状体、视网膜少许	嗅觉、食欲，目的性行为，视觉
γ-氨基丁酸(GA-BA)	$HOOC(CH_2)_3NH_2$	脑中含$2.3\mu mol\cdot g^{-1}$，黑质，苍白球最高	抑制性
谷氨酸(GA)	$HOOC(CH_2)_2CH-(NH_2)COOH$	$10^2\mu mol\cdot L^{-1}$，骨髓	兴奋性，睡眠
甘氨酸(Gly)	H_2N-CH_2COOH	$1.3\mu mol\cdot g^{-1}$，骨髓	抑制性
脑肽类	多胺(多胺基酸)	$10^{-3}\sim10^{-6}\ \mu mol\cdot L^{-1}$	镇痛、谢素分泌、精神效应
脑啡肽(EK)	H-酪-甘-苯-甲硫-OH	下丘脑，杏仁核	镇痛
β-内啡肽(β-Ep)	引肽，吗啡样物质	下丘脑，垂体	控制生长激素及催乳素
P-物质	13肽，相对分子质量1000	骨髓，黑质	降血压、兴奋
后叶加压素(VP)	9肽	下丘脑，骨髓	学习、记忆及其巩固
环腺甘酸(CAMP)	磷酸酯	体内及脑内广泛存在	第一信使，传递递质
前列腺素(PG)	花生四烯酸衍生物	体内广泛分布，精液	控制生殖

① 周天泽.化学与精神生活[J].化学教育,1992,(6):3.

第3节　药物

药物是预防病害和治疗疾病或有助于维持人体正常机能的物质。它跟人类的生活息息相关。因为药物，而使人的平均寿命不断延长。在我国由于使用中草药进行防病治病已有数千年的历史，因而中药成为我国人口得以繁衍昌盛而居世界之前列的重要原因之一。所以，药物的使用是人类文明的一个重要表现。

1药物的分类

药物按来源分有天然药物和合成药物两大类。天然药物是自然界原先就有，人们不经加工或经简单加工就能得到的药物。天然药物又可分植物性药物（如黄连素、甘草）、动物性药物（如牛黄、蟾酥）和矿物性药物（如胆矾、泻盐）。

资源链接　两种传统的天然药物

1. 黄连和黄连素

许多植物都能产生抗菌性物质，如大蒜中所含的大蒜素、黄连中的小檗碱(黄连素)等。黄连为毛茛科植物或其他黄连属植物的干燥根茎，是常用的中药，具有清热、清心、泻火解毒的功效。从黄连中分离的多种生物碱，其中主要为黄连素，含量在7%以上。黄连素的抗菌范围颇广，对痢疾杆菌、葡萄球菌、链球菌、百日咳杆菌、结核杆菌等均有显著的抑制作用，对皮肤真菌也有较强的抑制作用。临床使用的是黄连素盐酸盐，口服容易吸收。

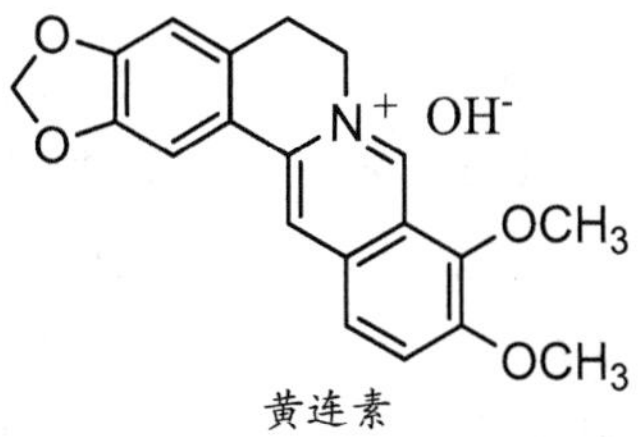

N^+　OH^-　OCH_3　OCH_3

黄连素

2. 蟾与蟾酥

蟾酥为中华大蟾蜍、黑眶蟾蜍的耳后腺或皮肤腺分泌的白色浆液，经收集加工而成药。具有解毒消肿、通窍止痛的功效，是六神丸、蟾酥丸等中药的重要原料。经动物实验和临床应用，证明中药蟾酥具有强心、利尿、升压、抗炎、镇咳、祛痰、抗癌以及提升白血球等多方面的生理活性。蟾酥中的强心成分有多种，统称蟾酥毒，其结构的基本骨架为具有不饱和六元内酯环的甾体母核。

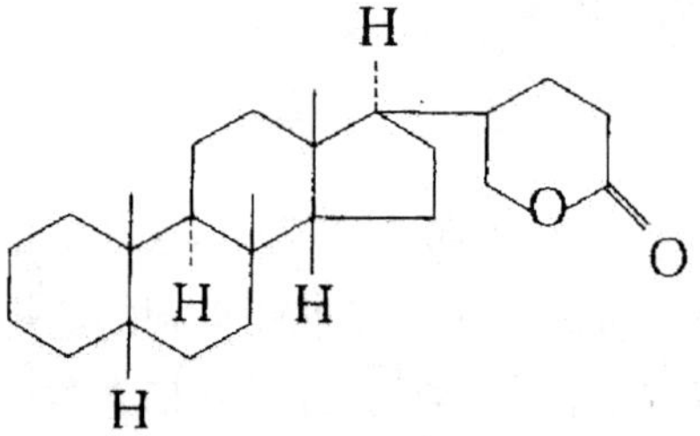

蟾酥毒素

合成药物是人们用化学方法制造的药物，如磺胺药、胃舒平等。药物还可以按它的作用分类，可分为预防性药物和治疗性药物。预防性药物是防止人类机体免受病菌或病毒感染的药物，一般还可分为消毒剂和杀菌剂。能杀死病毒——病原体的药物叫消毒剂，能消灭细菌或抑制它们繁殖的药物叫杀菌剂。在医药上有许多药物兼有杀菌和消灭病毒两项作用，因此常把能杀菌、消毒药统称为消毒剂。

杀菌剂是阻止微生物生长或者杀灭微生物的药剂，而消毒剂则是杀灭致病细菌或微生物的药物。通常其本身有毒性，所以一般都是外用的。

资源链接：常用的消毒剂

在表3-2中所列的杀菌消毒剂中，卤素、次氯酸钠、过氧化氢、高锰酸钾属于氧化剂，它们的强氧化性可破坏细胞。当然它们也会伤害人体的细胞，为此，它们常用于非活体物质的消毒杀菌。酚极易为细胞所吸收，也是一种通用性毒物。季胺盐是表面活性物质，它们的杀菌效果可能与弱化细胞壁的能力有关，以至于使细胞不能维持细胞内物质而被破坏。

治疗药物是指能减轻或治愈已经发生的疾病的物质,可分为外敷药和内服药。外敷药是人体某一部分或器官受伤而敷治的药物,如红汞、碘酊等,内服药是口服或注射到人体内部治疗疾病的药物,如阿斯匹林和麻黄素。

表3-2 常用的消毒剂

英文名称	中文名称	化学结构
Iodine	碘	I_2
Sodium hypochlorite	次氯酸钠	$NaClO$
Potassium permanganate	高锰酸钾	$KMnO_4$
Hydrogen peroxide	过氧化氢(双氧水)	H_2O_2
Ethanol	乙醇(酒精)	CH_3CH_2OH
Quaternar ammonium compounds	季胺盐	$R—N^+(R')(R'')—R''' \cdot Cl^-$
Phenol	苯酚(石炭酸)	C_6H_5OH (苯环上连OH)
Soap	肥皂	R - COONa
Mercuric chloride	氯化汞	$HgCl_2$

生活实验:碘酒的配制

碘酒又名碘酊,是常用的外科消毒杀菌剂。常用的是含碘2%–3%的酒精溶液,还有一种浓碘酒,用于皮肤及外科手术消毒。由于碘在酒精中溶解得较慢,为了加速溶解加入适量碘化钾。

碘酒的配方如下:I_2 25g、KI 10g、C_2H_5OH 500mL,最后加水至1000 mL。

配制时应先将KI溶解于10 mL水中,配成饱和溶液。再将I_2加入KI溶液中,然后加入C_2H_5OH,搅拌溶解后,添加蒸馏水至1000 mL,即成为常用的皮肤消毒剂。

用于治疗皮肤甲癣及外科消毒的浓碘酒配方如下:

I_2 100 g、KI 20 g、蒸馏水20 mL,最后加90% C_2H_5OH 至1000 mL。

配制方法与稀碘酒的方法相同。配好的碘酒应存放在密闭的棕色玻璃瓶中。

1.1磺胺类药物

磺胺类药物是在上个世纪30年代开始应用的。最先被使用的磺胺药物是I·G·法本公司的百浪多息，结构式如图3–6，由G·多马克(Gerhard Domagk，1895–1964)开始用于治疗链球菌和葡萄球菌感染的动物试验。1939年，多马克由于自己的发明而光荣地获得了诺贝尔医学或生理学奖。

后来人们又发现了许多与百浪多息具有相同疗效的药物，并且很快投入使用。如对氨基苯磺酰胺、对氨基苯甲酸等(结构式见图3–7、图3–8)。

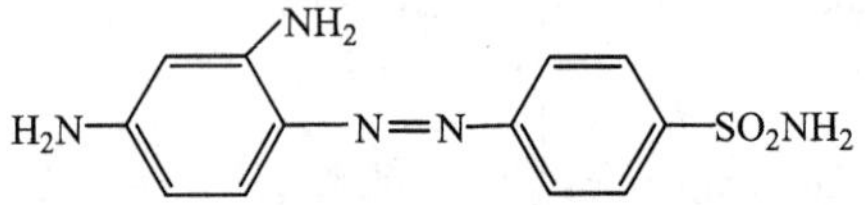

图3–6　百浪多息

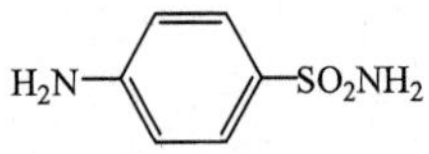

图3–7　对氨基苯磺酰胺

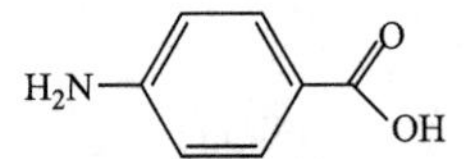

图3–8　对氨基苯甲酸

1.2抗菌素

磺胺类药物标志着在化学疗法方面的一大突破，但到了上个世纪40年代，它却在很大程度上被迫让位于抗菌素。这缘于1929年A·弗莱明(Alexander Fleming，1881–1955)发明的青霉素及后来陆续发现和合成的金霉素、链霉素、四环素、氯霉素(见图3–9)和土霉素(见图3–10)等。

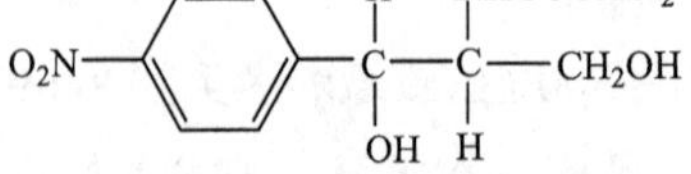

图3–9　氯霉素的化学结构式

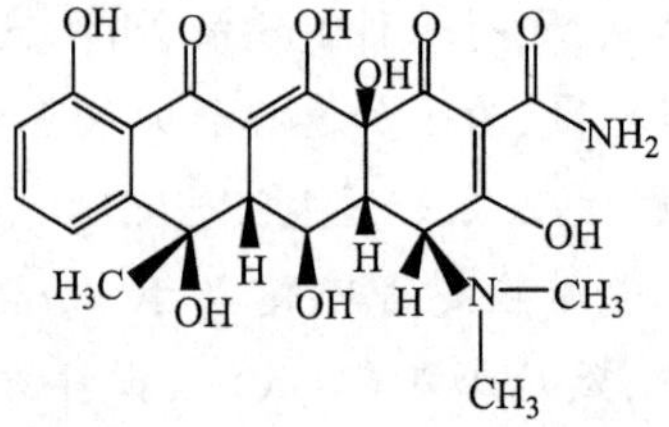

图3–10　土霉素的化学结构式

常用的天然抗生素还有链霉素、氯霉素、螺旋霉素等。其中链霉素对各种结核病、败血病和泌尿道感染等有很好效果；氯霉素迄今仍是控制伤寒的首选药物，对流感杆菌引起的肺炎和厌氧菌引起的感染均很有效。但是，前者对脑神经、耳和肾脏等有严重毒副作用；后者则可抑制骨髓造血系统，引起再生障碍性贫血，发病率虽低，但死亡率高，所以临床应用受到限制。

资源链接：抑酸剂[①]

人体的胃壁上有着成千上万个细胞，它们不断分泌盐酸。一则为抑制细菌的生长，二则为促进食物的水解。正常情况下，这些酸不会伤害胃的内壁，因为内壁的粘膜的细胞以每分钟50万个的速度在更新。当摄入过多的食物之后，将会引起过多的酸分泌，胃内pH就会下降，从而使人有不适的感觉。抑酸剂就是为减小胃内盐酸量而特制的。通常人体胃内的pH范围为1.2−3.0。表3−3给出了某些用于抑酸目的的碱性化合物，以及它们的机理。它们是常用的胃药原料。

表3−3 常用抑酸化合物及机理

化合物	在胃内使用	备注
氧化镁（MgO）	$MgO+2H^+ \rightarrow Mg^{2+}+H_2O$	白色无味物质
氢氧化镁乳液（$Mg(OH)_2$）	$Mg(OH)_2+2H^+ \rightarrow Mg^{2+}+H_2O$	有不愉快粉质感
碳酸钙($CaCO_3$)	$CaCO_3+2H^+ \rightarrow Ca^{2+}+H_2O+CO_2$	胃内产生二氧化碳气体
碳酸氢钠($NaHCO_3$)	$NaHCO_3+H^+ \rightarrow Na^++H_2O+CO_2$	胃内产生二氧化碳气体
氢氧化铝($Al(OH)_3$)	$Al(OH)_3+3H^+ \rightarrow Al^{3+}+3H_2O$	洁净的胶体
双羟基铝碳酸钠 ($NaAl(OH)_2CO_3$)	$NaAl(OH)_2CO_3+4H^+ \rightarrow$ $Na^++Al^{3+}+3H_2O+CO_2$	pH不会高于5
柠檬酸钠 （$Na_3C_6H_5O_7 \cdot 2H_2O$）	$Na_3C_6H_5O_7 \cdot 2H_2O+3H^+ \rightarrow$ $3Na^++H_3C_6H_5O_7+2H_2O$	作用缓和

1.3类固醇类药物

有一大类重要的天然化合物是由四环结构的甾族化合物衍生出来的，名为类固醇，它们存在于一切动植物体内。动物体内含量最多的类

① 刘旦初.化学与人类[M].上海：复旦大学出版社，2000：245.

固醇是胆固醇$C_{27}H_{46}O$，结构式如图3–11。人体能合成胆固醇，也很容易通过肠壁吸收食物中的胆固醇。胆固醇和生成胆结石有关，它还可使动脉硬化。

胆固醇的生化更迭和降解产生许多在人体生物化学中非常重要的类固醇。

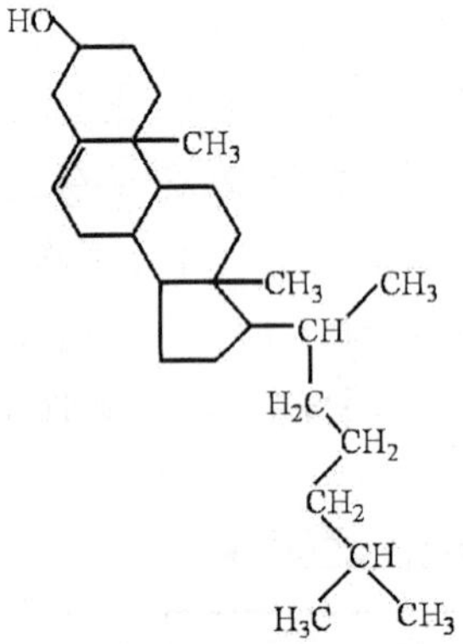

HO
CH_3
CH_3
CH_3
CH
H_2C
CH_2
CH_2
CH
H_3C
CH_3

图3–11　胆固醇

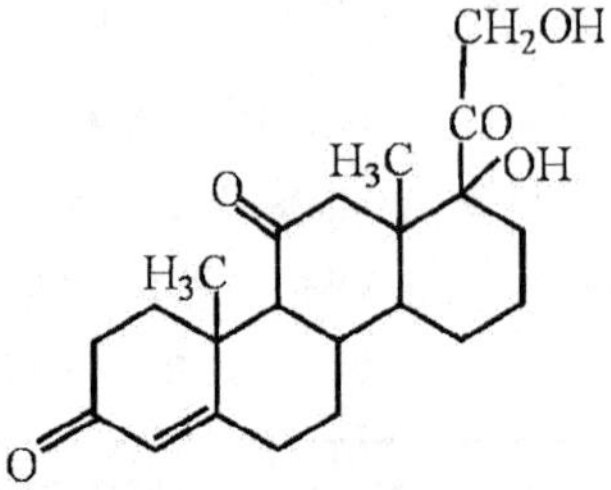

CH_2OH
CO
H_3C
OH
O
H_3C
O

图3–12　可的松

可的松（结构式见图3–12）和促肾上腺皮质激素（ACTH）是在1949年医药工业所生产的一种治疗风湿病和风湿性关节炎的药物。性激素在结构上和胆固醇及可的松有关。女性激素（孕甾酮 结构式如图3–13）和男性激素（睾丸甾酮，结构式如图3–14）仅有不大的差别。

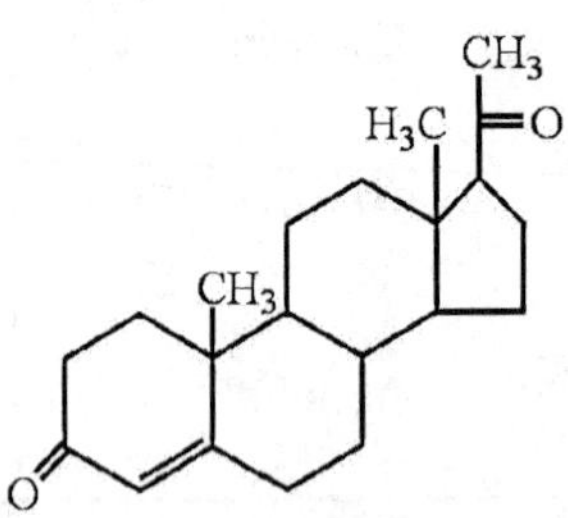

CH_3
H_3C
O
CH_3
O

图3–13　孕甾酮

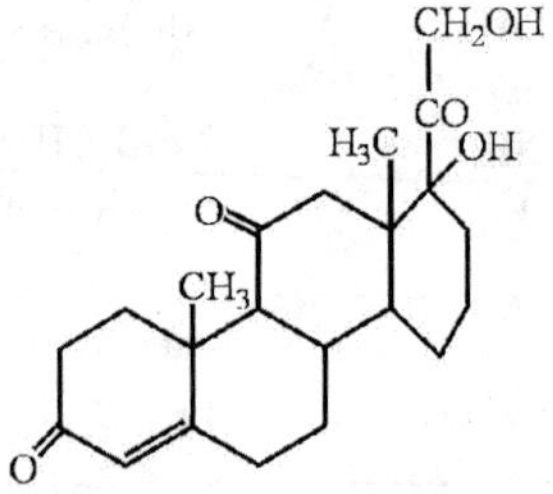

CH_2OH
CO
H_3C
OH
O
CH_3
O

图3–14　睾丸甾酮

其他女性激素有雌酮和雌二醇，它们又叫雌激素（见图3–15，3–16）。雌激素和前面讨论的其他类固醇的区别在于它们都有一个芳香族A环。

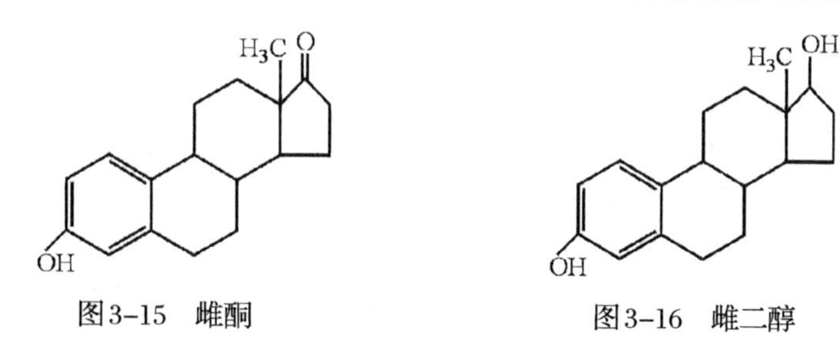

图3-15　雌酮　　　　图3-16　雌二醇

1.4抗疟药物

19世纪末,抗疟疾药物得到了极大的重视,虽然喹啉早已被证明是构成奎宁分子的要素,如图3-17,但许多年内奎宁的剩余部分却一直被认为是"次要的另一半"。最后在1944年伍德沃德(Woodward)和多林完成了奎宁的全合成工作。

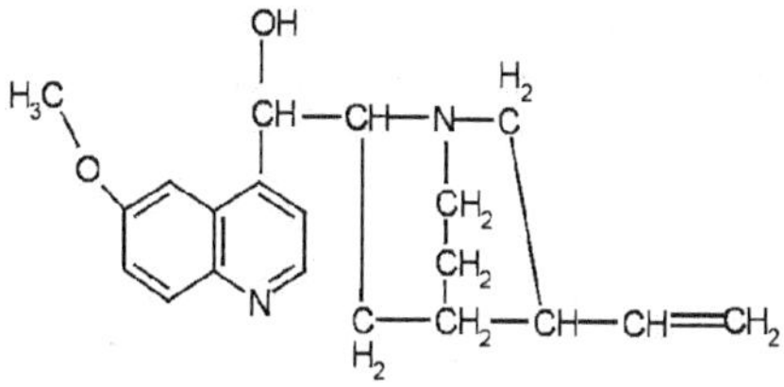

图3-17　奎宁的结构式

在抗疟药物方面,中国科学工作者曾调查分析出多种抗疟中草药,其中有常山和青蒿,效力超过奎宁。20世纪90年代,中国科学院上海药物研究所新药研究国家重点实验室研究员朱大元等10位科学家在研究青蒿素及其衍生物合成中做出了杰出的贡献。抗疟新药青蒿素(图3-18)及效果更好的半合成衍生物蒿甲醚,已于1994年上市。这两个药物是我国自己创制的为数极少的化学药物之一,结构式如图3-19。

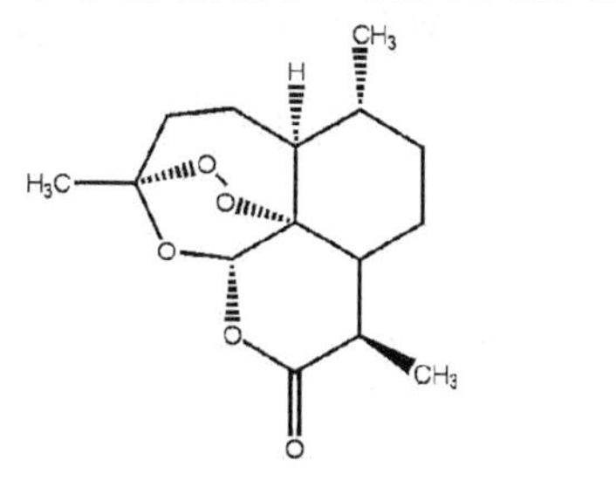

图3-18　青蒿素 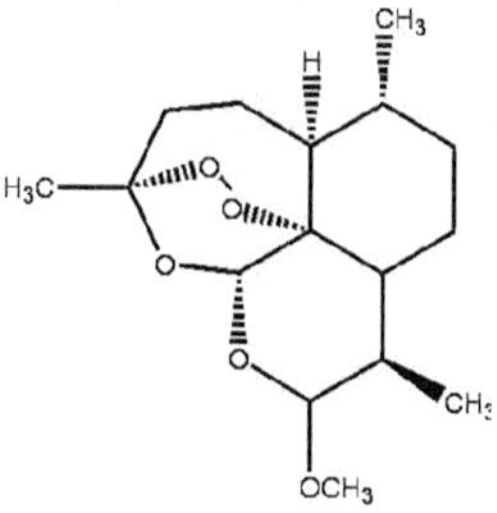　　　　图3-19　蒿甲醚

1.5心血管病类药物

心血管病是指包括高血压、冠心病、脑中风等在内的一类危害人体健康的疾病。近年来,心血管疾病已成为威胁生命安全的主要疾病之一。因此,高血压和高胆固醇也成了热门的研究课题。

1.5.1治疗高血压病的药物

最早的治疗高血压药物有严重的副作用。因此,只有当血压高到危及生命的时候才使用它们。现在有数种抗高血压药被广泛地用于防治中轻度高血压病,它们几乎无任何副作用。如:α-甲基二羟基苯丙氨酸是治疗高血压的最有效药物。它以类肾上腺素受体的形式作用于中枢神经系统。鉴于去甲肾上腺素能作用于几种不同受体亚型,因此,我们就能够根据不同机理设计降血压药物。Timolol和心得安是广泛使用的抑制去甲肾上腺素的两种药物。它们能有效地治疗某些心脏病,减少心脏病的复发和死亡的危险。Timolol还是治疗青光眼的药物,结构式如图3-20。

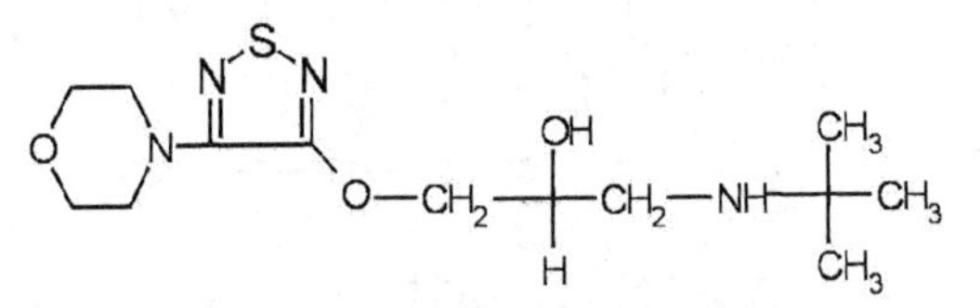

图3-20　Timolol的化学结构式

1.5.2治疗动脉粥样硬化的药物

心血管病的第二个主要危险因子是血液中胆固醇过多,即高胆固醇。多年来,人们正在精心探索安全有效的药物,这些药物将通过阻止胆固醇的合成,或促进它的代谢,把血液中胆固醇水平降到正常范围。3-羟基-3-甲基戊二酸单酰辅酶A(HMGCoA)还原酶(结构式如图3-21)在肝脏中对胆固醇的形成起着重要作用。由于现在有了一种新的能作用于HMGCoA的酶抑制剂,这就使高效治疗高胆固醇有了希望。

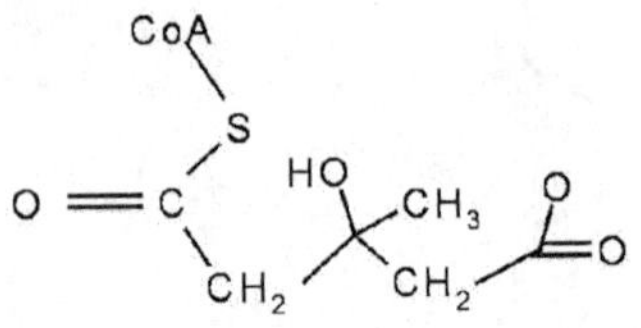

图3-21　HMGCoA的化学结构式

1.5.3 治疗心力衰竭的药物

毛地黄尽管有严重的副作用，研究者们正在寻找能改善衰竭心肌机能、而毒性又小的药物。现在对高水平CAMP（cyclic adenosine monophosphate）（结构式见图3-22）刺激心脏收缩的研究比较充分。细胞中CAMP的水平可通过prenal-terol、多巴胺（见3-23）、多巴酚丁胺的作用直接提高，也可通过咖啡因（见图3-24）或茶碱（见图3-25）间接提高。这类药物能抑制使CAMP失活的磷酸二酯酶。

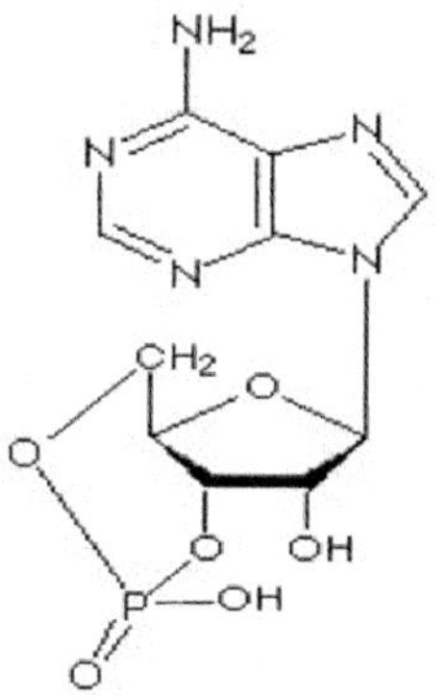

图3-22　CAMP结构式

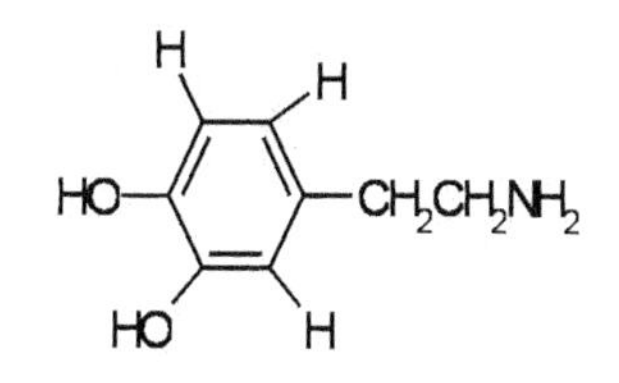

图3-23 多巴胺

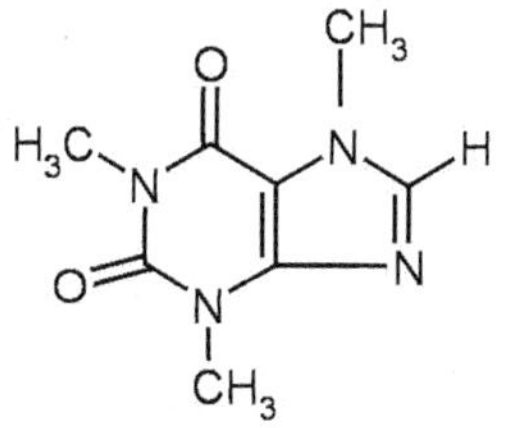

图3-24 咖啡因

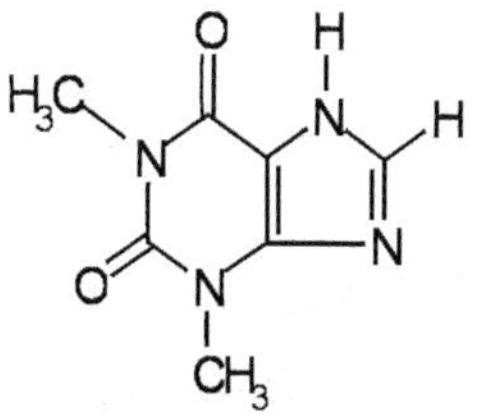

图3-25 茶碱

1.6 癌症的化学疗法

癌症的特点是细胞在体内无限制的增长。令人宽慰的是，癌症研究已进入了一个富有成果的时代。现在对癌的起源，即癌的发生的认识和癌症的化学治疗这两个方面都已取得了新的进展。

抗癌药是指抗恶性肿瘤的药物。自1943年氮芥用于治疗恶性淋巴瘤后，50多年来化学治疗有了很大的进展，现在已有不少疗效较好、毒性较小的抗肿瘤药用于临床。

烷化剂在肿瘤化学治疗中有重要的地位,由于它们在体内与生物大分子起烷化反应,又称生物烷化剂。烷化剂依据其结构,可分为氮芥类、乙烯亚胺类、磺酸酯类、亚硝基脲类等。

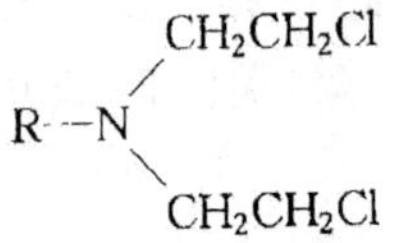

$$R-N(CH_2CH_2Cl)_2$$

氮芥类药物

$$ClCH_2CH_2N(NO)-CONHR$$

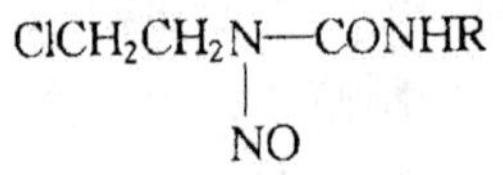

亚硝基脲类药物

资源链接:中药和中药学[①]

中药是一门具有中华民族特色的文化遗产,经历代的实践、总结和提高,已经形成了独特的理论体系和应用方式。即对各种药物的产地、采集、炮制方法、药性(性、味、归经、升降浮沉、有毒、无毒等)进行系统的归纳和总结,形成独具特色的药物评价体系。在中医理论(阴阳、脏腑、经络、辨证论治)指导下用于防病治病的药物则统称为"中药",研究这一体系的学问便称为"中药学"。由此可见,中医学和中药学是相互依存融会贯通的,它们是中国历史发展的独创理论,是中华民族优秀文化宝库中的重要内容。

在中药学中,把各种药材的性质和作用(即药物的性能)概括为以下几个方面:

四气 每种药物都有一定的性和味,中药把药性分为寒、热、温、凉(古时也称为四气),它是从药物作用于人体所发生的反应总结出来的。《神农本草经》云:"疗寒以热药,疗热以寒药"。如黄芩属寒凉药,对咽喉肿痛,发热口渴等热症有清热解毒作用;而附子、干姜对腹中冷痛,脉沉无力等寒症有温中散寒作用,属热性药。

五味 指辛、甘、酸、苦、咸五种味道。实际上不止五味,现常见分为辛、甘、酸、涩、苦、成、淡七种味道。不同味道的药物有不同的治疗作用,而味道相同的药物,具有类似的作用。例如:辛有发散、行气、行血作用;甘有补益、和中、

① 施开良.环境·化学与人类健康[M].北京:化学工业出版社,2002:254-256.

缓急作用；酸有收敛、固涩作用；涩与酸味药作用的相似；苦有通泄和燥(去温)作用；咸有软坚散结，泻下作用(如热结便秘等)；淡有渗湿、利尿作用。

升降浮沉　主要是指疾病的表征，升即向上，如呕吐、喘咳等；降即向下，如泻痢、崩漏、脱肛；浮即向外，如盗汗、自汗；沉即向内，如表征不解等。

药物升降浮沉　药物升降浮沉的性能与其性、味有密切的联系，具升浮性能的药物大多具有温、热性和辛、甘味；沉降性能的药物则多数具寒、凉性和酸、苦、咸、涩味。李时珍曾对四气五味和升降浮沉的关系做出精辟归纳："酸咸无升，辛甘无降，寒无浮，热无沉"。

归经　指药物对机体某些部分的选择性作用。它是以中医学的经络理论为基础，结合四气五味，升降浮沉等性能，将各种药物对机体各部分的治疗作用进行归纳和系统化，便成为归经理论。

有毒与无毒　在古代中医药文献中，"毒药"一词常是药物的总称。大体上把有效的治愈疾病药物称为有毒，而可以久服补虚的药物视为无毒。可见在古中医学中，"毒"的概念是广义的。与现代筛选药物时先测试细胞毒性，只有细胞毒性者才可能有疗效，两者的概念有异曲同工之处。而在近代本草及中药书籍中，在每种药物性味之下所标注的"大毒"、"小毒"，则大多是指该药具有一定的毒副作用，若使用不当，可能导致中毒。在这里"毒"的含义已不是古时的广义概念了。

2药物设计

目前，人类已在分子水平上认识药物的化学作用。这些知识有助于我们在分子水平上治疗疾病，从而达到理想的疗效。因此，我们已经进入了一个能够合理而随意设计药物的时代。

2.1抗生素结构的改造

一类微生物抑制或杀死它类微生物的作用称为微生物间的拮抗作用，这种作用是微生物界的普遍现象。天然的抗生素是某些微生物(如霉菌、真菌等)的代谢产物，它们对各种病原微生物有强力的抑制或杀灭作用。抗生素种类繁多，病原菌对抗生素有不同的敏感性。

最著名的抗生素莫过于1929年由Flemming发现的青霉素(Penicillins)了。由青霉菌所产生的一类抗生物质总称为青霉素，青霉素发酵液中含有5种以上天然青霉素(如青霉素F、G、X、K、F和V等),它们的差别仅在于侧链R基团的结构不同,其中青霉素G在医疗中用得最多,它的钠或钾盐为治疗革兰氏阳性菌的首选药物,对革兰氏阴性菌也有强大的抑制作用。青霉素的结构通式如图3-26。

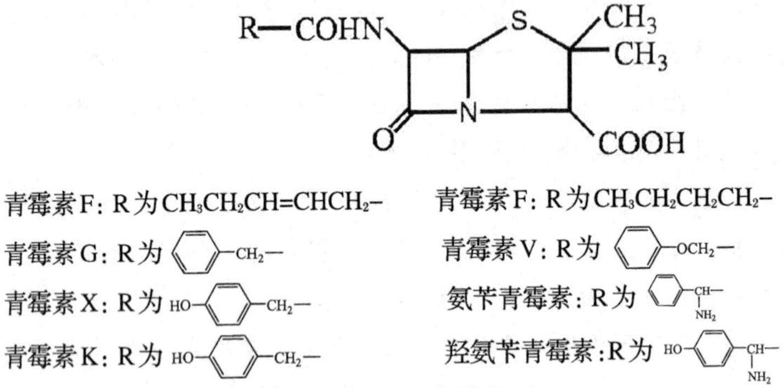

青霉素F: R为$CH_3CH_2CH=CHCH_2-$　　青霉素F: R为$CH_3CH_2CH_2CH_2-$

青霉素G: R为 苯基$-CH_2-$　　青霉素V: R为 苯基$-OCH_2-$

青霉素X: R为 HO-苯基$-CH_2-$　　氨苄青霉素: R为 苯基$-CH(NH_2)-$

青霉素K: R为 HO-苯基$-CH_2-$　　羟氨苄青霉素:R为 HO-苯基$-CH(NH_2)-$

图3-26　青霉素

青霉素G的主要来源是生物合成,即发酵。化学家通过利用化学或生化合成的方法,将青霉素G的R侧链转变成其他基团,而得到了效果更好的类似物,如目前临床上广泛使用的氨苄青霉素和羟氨苄青霉素(又名阿莫西林)。药物化学中将这种在已知药物(先导化合物)结构基础上设计新药物的方法称为结构改造。通过结构改造往往能够得到疗效更好的新药物,因此这一方法被广泛用于药物设计中。

与青霉素结构相似的另一类抗生素叫做头孢菌素,来源于与青霉菌近缘的头孢属真菌。在化学上,这类化合物比青霉素稳定,但天然的头孢菌素抗菌效力较低。为此,化学家根据半合成青霉素的经验成功地合成了一些高效、广谱、可供口服的半合成头孢菌素,如头孢氨苄(即先锋四号)、头孢拉定(即先锋六号)等,其结构式如图3-27。

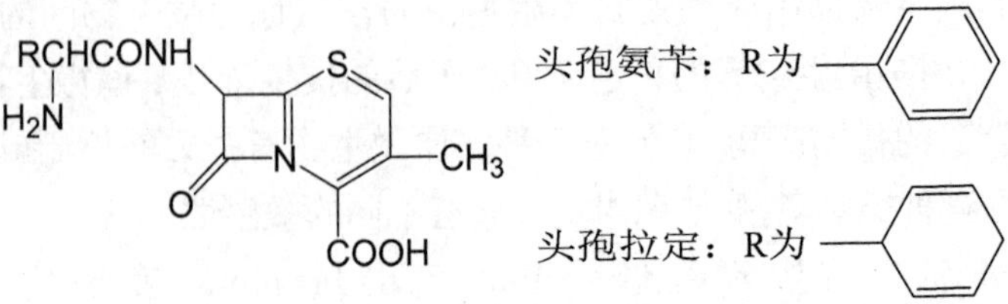

头孢氨苄: R为 苯基

头孢拉定: R为 环己二烯基

图3-27　头孢菌素

还有一些抗生素完全是由化学家合成出来的。它们包括著名的磺胺类药物和氟哌酸等喹诺酮类药物，结构式如图3–28。

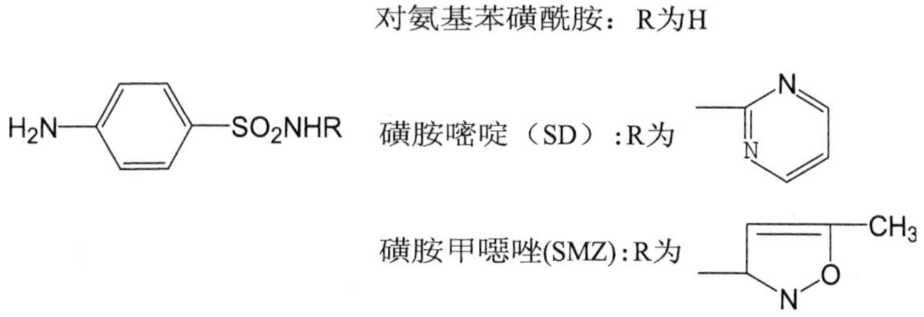
对氨基苯磺酰胺：R为H
H2N
SO2NHR
磺胺嘧啶（SD）：R为
N
N
磺胺甲噁唑(SMZ)：R为
CH3
O
N

图3–28　SD和SMZ

磺胺类药物的发现，不仅使死亡率很高的细菌性疾病如肺炎、脑膜炎等得到了控制，而且开辟了一条寻找新药的途径。诺氟沙星（又名氟哌酸）和环丙沙星（结构式如图3–29）是一类高效低毒的新型合成抗菌药，疗效可与第三、第四代头孢菌素媲美，目前已在世界范围内上市。诺氟沙星于1978年问世，主要用于治疗毛囊炎、蜂窝脂炎、咽喉炎、扁桃体炎、膀胱炎和肠道感染。环丙沙星对所有细菌的抗菌活性均较诺氟沙星强2–4倍，主要用于治疗尿道感染、淋病、伤寒、败血病，以及呼吸道、皮肤、腹腔和胃肠道感染。

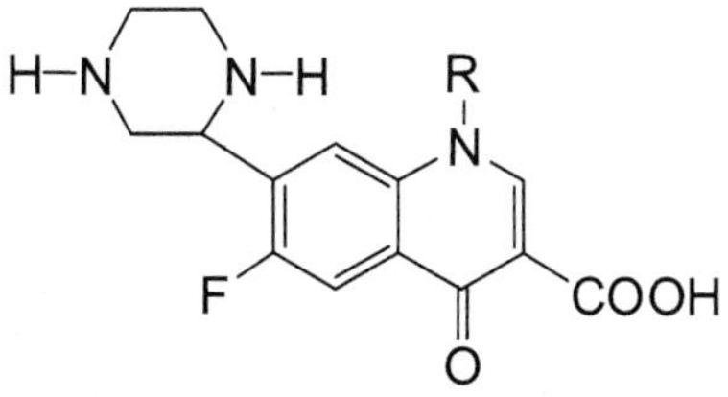
H–N
N–H
R
N
F
COOH
O

图3–29　诺氟沙星和环丙沙星

2.2 阿司匹林与植物药

经过将近100年的临床应用，证明阿司匹林为一有效的解热镇痛药，结构式如图3–30，广泛用于治疗伤风、感冒、头痛、神经痛、关节痛、风湿痛等，近年来又发现它还是预防和治疗心脑血管疾病的良药。阿司匹林在它诞生一个世纪之后的今天仍然是一种生命力不减的药物，有“世纪神药”的美称。

除阿司匹林外，其他直接或间接来源于植物的药物还有紫杉醇（见图

3–31)、石杉碱甲、鬼臼乙叉甙等。临床试验表明，紫杉醇对卵巢癌和乳腺癌等特别有效，是一非常有发展前途的抗癌药物。

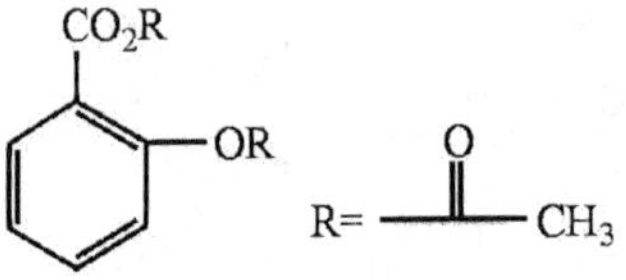

图3–30　阿司匹林

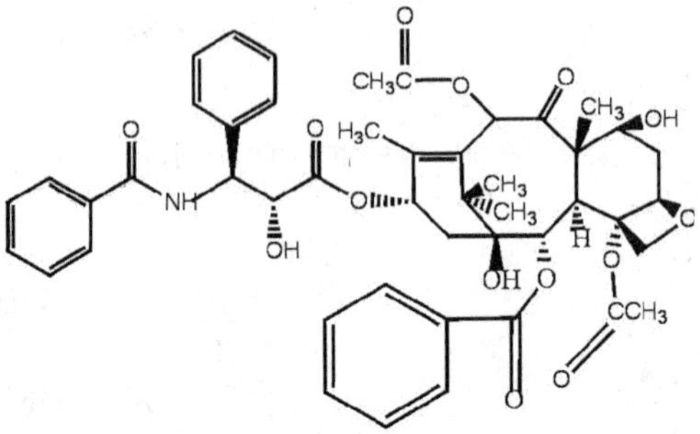

图3–31　紫杉醇

鬼臼毒素（见图3–32）是从美洲鬼臼和中药桃儿七中提取的抗癌药物，但其毒性太大，临床应用受到限制。20世纪50年代起国外对鬼臼毒素进行结构改造，合成了大量衍生物。70年代初发现了高效低毒的半合成衍生物鬼臼乙叉甙（VP–16），目前已成为临床上治疗癌症的最主要药物之一，结构式见图3–33。

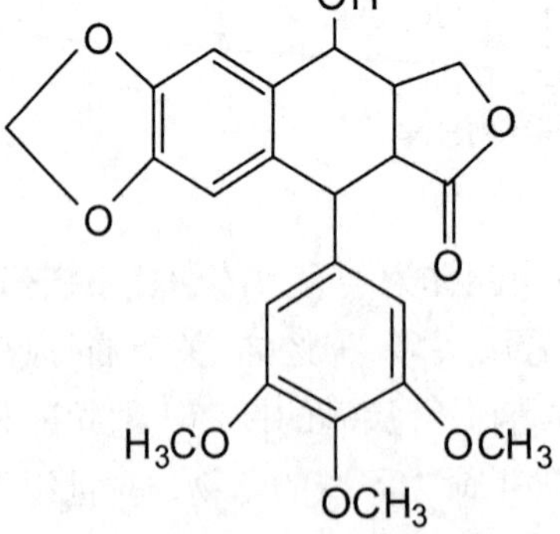

图3–32 鬼臼毒素

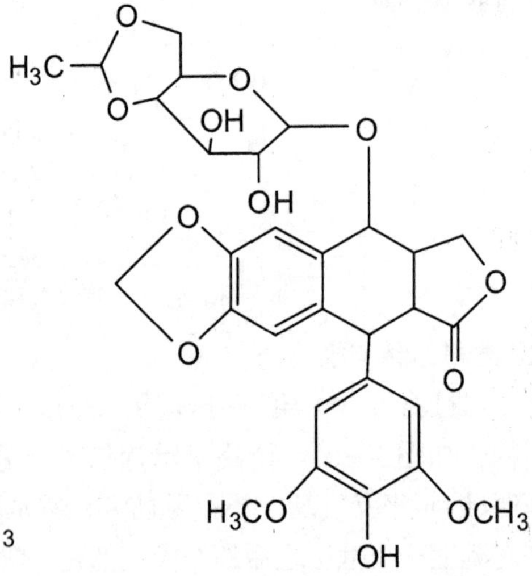

图3–33 鬼臼乙叉甙

第4节　成瘾性化学物质

烟、酒和毒品在化学上均属于成瘾性物质，吸食后都会产生生理上和心理上的依赖，只不过烟酒所产生的依赖性较小，对人体身心健康的损害也较小。

1 烟

1.1 烟草的化学成分

烟草的化学成分极为复杂，可以按它们的化学组成分类。

1.1.1 碳水化合物

烟草中碳水化合物约占50%。我国烤烟烟叶含有相当丰富的单糖，一般含量在10%–25%之间。单糖含量是烟叶质量的重要标志，通常品质好的烤烟烟叶含有较多的单糖。烟叶中只含少量双糖，但含相当数量的多糖，如淀粉、纤维素等。

1.1.2 含氮化合物

烟叶中含有许多含氮化合物，主要有蛋白质、氨基酸和酰胺化合物、烟草生物碱。蛋白质是烟草植物体的主要营养物之一。烟叶中一般含蛋白质5%～15%，随蛋白质含量增加烟叶等级下降。蛋白质燃烧后会产生臭气，因此，烟叶中含蛋白质过多就使烟气质量低劣。烟草中含氨基酸、酰胺等虽然不多，但在燃烧以及烟叶加工过程中都产生氨，对吸食的品质影响很大。

烟叶中另一种含氮化合物，它有类似碱的性质，被称为烟草生物碱。各种烟草含烟草生物碱量差别很大，低的0.5%以下，高的可达10%以上。烟草生物碱的存在，是烟草有别于其他植物的主要标志。不含烟草生物碱的烟草植物，一般就不能称为烟草。烟草生物碱以烟碱为主要成分，烟碱即尼古丁(Nicotine)，约占全部烟草生物碱的95%以上。

烟碱的化学式为$C_{10}H_{14}N_{20}$，结构式如图3–34所示：

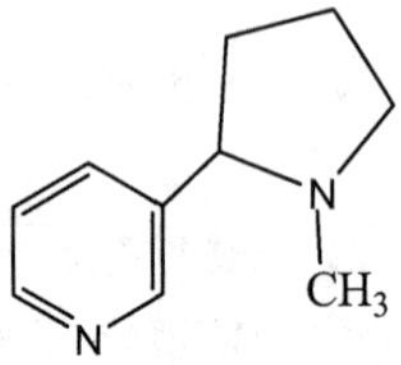

图 3-34　烟碱的化学结构

我国卷烟用烟叶一般含烟碱2%以下，含量超过3%的很少见。烟草之所以能成为人类最普遍之嗜好品，主要是由于它含有烟碱。当吸食烟草时，部分烟碱进人烟气，被人体器官吸收，吸入适量会使人感到兴奋。但烟碱毒性较大，吸入过量会引起头痛、呕吐等中毒症状，对心脏也有毒害。

1.1.3 苷及多酚

烟叶中含有一种由单糖与酚类组成的化合物，称之为苷。它们是组成烟叶色素和树脂物质成分。苷类性质都不稳定，易被催化分解。当烟叶成熟之后，或在干制、发酵过程中，由于酶催化的结果，烟叶中的苷类物质发生强烈水解。苷类物质的分解产物往往具有令人快慰的香气。因此，苷类物质被认为是产生烟草芳香气味的重要物质之一。

1.1.4 脂肪、挥发油和树脂物

烟叶中一般含2%–7%的脂肪，通常上等烟叶含脂肪较多。烟叶中还含有具芳香特性的挥发油及树脂物。上等烟叶表面均有香气，这是因为它们含有较多的挥发油。通常，树脂物不具香味，但是经燃烧被氧化分解后，大多能产生特殊的芳香气味。因此，树脂物也被认为是产生烟草吸食芳香的重要物质之一。此外，烟草中还含有柠檬酸、苹果酸和草酸等有机酸。

1.2 烟气的化学成分

烟草制品在燃吸过程中，靠近火堆中心的温度可高达800℃–900℃，由于燃烧而发生干馏作用和氧化分解等化学作用，使烟草中的各种化学成分都发生了不同程度的变化。有的成分被破坏，有的则又合成了新物质。

有研究表明，烟草制品经燃烧后所产生的烟气，化学成分高达4万多种，目前已经鉴定出来的单体化学成分就达4200种之多，其中气相物质占烟气总量的90%以上，粒相物质占9%左右。气相物质中主要是氮气和氧气，其余为一氧化碳、二氧化碳、一氧化氮、二氧化氮、氨、挥发性N-亚硝胺、氰化氢、挥发性碳水化合物以及挥发性烯烃、醇、醛、酮和烟碱等物质。粒相物质中包括烟草生物碱、焦油和水分以及多种金属和放射性元素。

生活实验　检测烟草中的有害成分

香烟的烟雾中含有烟碱、联苯胺、还原性物质、醛类、一氧化碳等有害物质，可通过简单的化学方法检测这些有害成分。

1.检测原理

烟碱，也叫尼古丁。尼古丁和氯化汞溶液反应会生成白色沉淀，加水稀释溶液沉淀更为明显。反应方程式如下：

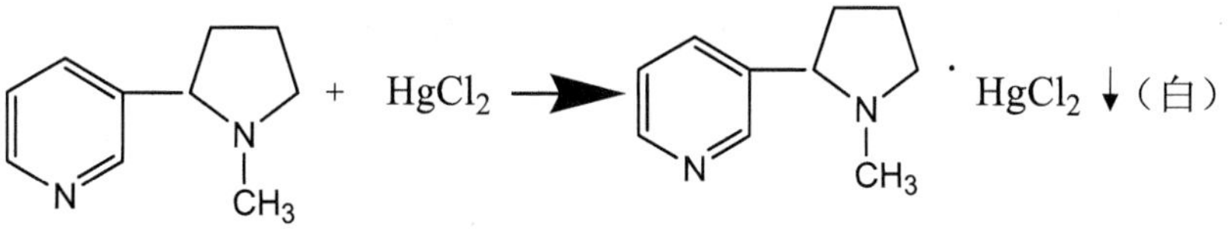

N CH3 + $HgCl_2$ → N CH3 · $HgCl_2$↓（白）

联苯胺，分子式为$C_{12}H_{22}N_2$，其化学组成为4，4-二氨基联苯，相对分子质量为184.24，其结构式为：

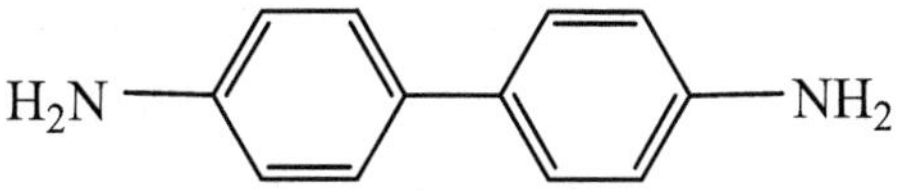

H_2N — — NH_2

联苯胺，难溶于冷水，易溶于乙醚、丙酮、乙醇等有机溶剂中。联苯胺的乙醇（丙酮）溶液中加入饱和碳酸钠和饱和亚铁氰化钠溶液后会生成白色沉淀，利用这一反应可对联苯胺进行检验。

一氧化碳是不完全燃烧的产物，它容易和血红蛋白结合，并且很难分离，使血液的鲜红色变暗：

$CO + Hb \Longrightarrow Hb\cdot CO$

醛类如甲醛，有强烈的刺激性，可用银镜反应进行检测。

$HCHO+4[Ag(NH_3)_2]^+ +4OH^- \Longrightarrow 4Ag\downarrow +8NH_3+CO_2+3H_2O$

另外，其他还原性物质可以和高锰酸钾溶液反应生成二氧化锰（棕色沉淀）。

2.检测装置

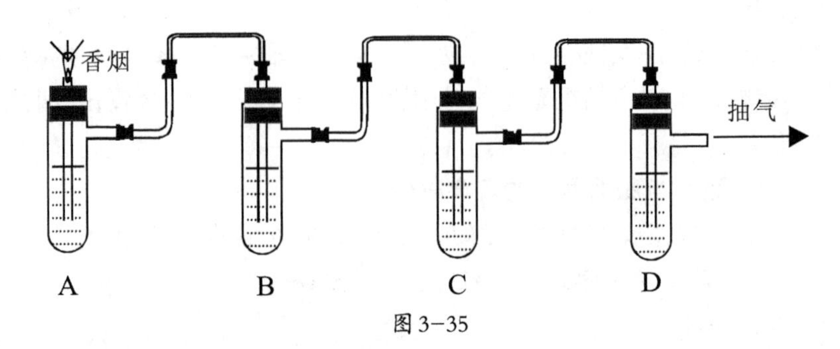

图3-35

取4支具支试管，配有长玻璃管的单孔胶塞，在具支试管A的胶塞中央玻管的上端插上待测香烟。装置如图3-35。香烟点燃后，用减压抽气装置抽气，使香烟的烟雾依次通过几种溶液，点燃香烟3-5支观察试管中溶液发生的现象。

3. 实验现象

在具支试管A中加入10mL蒸馏水，B中加入10mL 99.5%乙醇（丙酮），C中加入$KMnO_4$溶液少许，D中加入10mL蒸馏水，滴加4-5滴加有抗凝剂的新鲜动物血液，抽气，观察A、B、C、D中的现象。

取A中溶液2-3mL，银镜反应检测其中的醛类物质；可以看到C中$KMnO_4$溶液逐渐出现棕色沉淀，证明其中含有其他还原性物质；D中血液逐渐变成暗红色，证明CO被血液吸收；分别取2-3mLB中溶液，检验其中的尼古丁和联苯胺，均可观察到沉淀。

1.3 烟气的危害

在数千种烟气组分中，被认为对人体健康最为有害的是焦油、烟碱、一氧化碳、醛类等物质。

1.3.1 焦油

焦油是不挥发性N-亚硝胺、芳香族胺、链烯、苯、萘、多环芳烃、N-杂环烃、酚、羧酸等物质总的浓缩物。烟气中焦油是威胁人体健康的罪魁祸首，烟焦油中的多环芳烃是致癌物质，其中具有强力致癌作用的苯并芘是其代表。烟焦油中的酚类及其衍生物则是一种促癌物质，促癌物质本身虽不能改变细胞的遗传结构，但能刺激被激发的细胞，导致癌瘤发展。因此，烟焦油被认为是诱发各种癌症的首要因素。

1.3.2 放射性物质

烟草中的放射性物质也是吸烟者肺癌发病率增加的因素之一。卷烟中最有害的放射性物质是^{210}Po,它能高度地放射出局部电离的α射线,α射线能损害活细胞的基因,或是杀死它们,或者把它们转变为癌细胞。有人认为,吸烟者肺癌的半数是由放射性物质引起的。

1.3.3 尼古丁

尼古丁作用于肾上腺,使分泌的肾上腺素增加,还刺激中枢神经系统,使向心脏和全身组织供应氧气的血管发生缩窄,影响血液循环,导致心率加快,血压上升,使心肌需氧量增加,心脏负担加重,促使冠心病发作。尼古丁还可使胃平滑肌收缩而引起胃痛。有人认为,长期吸烟的人发生慢性气管炎、心悸、脉搏不整、冠心病、血管硬化、消化不良、震颤、视觉障碍等都与尼古丁有关。

医学界还认为,尼古丁最大的危害在于其成瘾性。人们对烟草产生需求愿望的决定因素是尼古丁。尼古丁在人体内无累积性,不会长久停留在人体中,吸烟后两小时,尼古丁通过呼吸和汗腺绝大数量即被排除,故它进入血液后只停留几小时。但长期吸烟,机体会习惯于血液内存在一定浓度的尼古丁状态。当血液中尼古丁浓度下降时,便渴望要求尼古丁浓度恢复原来高的水平,于是得再吸一支,所以加强了吸烟愿望,形成烟瘾,从而增加其危害性。

1.3.4 一氧化碳

一氧化碳是烟草不完全燃烧的产物。烟气中一氧化碳经吸入肺内,与血液中的血红蛋白迅速结合,形成碳氧血红蛋白(一氧化碳对血红蛋白的亲和力比氧对血红蛋白的亲和力大200倍),削弱血红蛋白与氧的结合,使血液携氧能力相对降低,减少心脏所能利用氧的数量,从而加快心跳,甚至带来心脏功能的衰竭。一氧化碳与尼古丁协同作用,危害吸烟者的心血管系统,对冠心病、心绞痛、心肌梗死、缺血性心血管病、脑血管病以及血栓性闭塞性脉管炎都有直接影响。

1.3.5 醛类

吸烟者的支气管受到烟气的慢性刺激,黏液分泌增多,丙烯醛抑制气管纤毛将分泌物从肺内排出,从而带来呼吸困难,发展成慢性支气管炎和肺气肿,甚至肺心病。

资源链接:吸烟危害健康

人们在吸烟时,烟草燃烧产物的20%被吸入体内,而且是逐步吸入的,在体内也有部分被解毒,一般看不出急性中毒症状。烟碱量少时,在体内起兴奋作用,使吸烟者有提神、解乏的感觉,量大时有麻痹作用。一支烟中的烟碱可以毒死一条公牛。烟碱对成人的致死量是50-71mg,吸烟有害健康是肯定的。

烟碱会促使肾上腺释放儿茶酚胺,增加血小板的粘滞度和血脂浓度,加速动脉粥样硬化和生成血栓。儿茶酚胺会使心率加速、血压升高,加重心脏负担。

烟草中还含有苯并芘、亚硝胺、芳香胺、砷、镉等致癌物和酚、甲醛、儿茶酚等促致癌物。苯并芘是多环芳烃,它进入人体后,一部分经氧化酶激活而变成几十种代谢产物,其中有的变成环氧化物,再变成致癌物。

吸烟还会影响精神系统和呼吸系统,经常吸烟的人易患咳嗽、咳痰、慢性支气管炎、肺气肿等疾病。烟不仅对吸烟者有害,陪同(或被动)吸烟者也会受到损害。

世界卫生组织把每年的5月31日定为世界无烟日,呼吁全世界吸烟者戒烟。很多国家禁止在公共场所吸烟,不得做烟草广告,烟盒上要有"吸烟影响健康"的警语。

2酒

历史上,不少文人骚客与酒结下不解之缘,酒文化源远流长。今天,酒仍然在佳节良宵传递着亲朋的问候。

酒是含有乙醇的饮料。乙醇,比水轻,能与水以任意比例互溶。酒略有香味、辣味、甜味和刺激性。

我国酿酒历史悠久,在夏禹时代造酒技术就比较成熟了。中国白酒是世界著名的蒸馏酒之一。世界蒸馏酒最早产生于公元25-220年,即中国东汉时期,直到19世纪,中国的酿酒方法始传入欧洲。

2.1酒的酿造

酒是含有乙醇(C_2H_5OH)的饮料,是用发酵的方法酿造出来的,这是一种通过微生物的生物化学方法。酿酒的基本原料是含淀粉的物质，如谷物、麦类、白薯等，这些原料在黑曲酶作用下进行糖化，即高分子淀粉先转化为小分子麦芽糖，再水解为葡萄糖，然后在酒化酶的作用下生成乙醇和CO_2。将产物进行分馏，可得含乙醇95%的馏分。

$$(C_6H_{10}O_5)_n\text{（淀粉）}+H_2O\xrightarrow{\text{黑曲酶}}C_{12}H_{22}O_{11}\text{（麦芽糖）}$$

$$\xrightarrow{H_2O+\text{麦芽糖酶}}C_6H_{12}O_6\text{（葡萄糖）}\xrightarrow{\text{酒化酶}}C_2H_5OH\text{（乙醇）}+CO_2$$

在发酵的过程中还会产生乙酸乙酯等具有芳香味的有机化合物，形成了酒的特殊香味。

用不同品种的粮食、水果或野生植物酿造出不同的酒。做菜的黄酒里含有15%的酒精；啤酒里约含4%的酒精；葡萄酒里含酒精10%左右，烧酒里酒精含量最高，超出60%。酒精的含量常用“度”来表示，如酒精的含量为2%～5%，就是2–5度。

问题讨论：酒为什么越陈越香？①

古人有诗云“百年陈酒十里香”，陈酒为什么这么香呢？原来刚酿造的酒中含有酸、醛、杂醇等，而有香味的酯却微乎其微，新酒长期贮存后，其中的醛不断氧化为羧酸，羧酸跟乙醇发生酯化反应，生成了酯。随着酯的不断生成，酒就越来越香了。此外，低沸点的杂质不断挥发，酒将更清醇。

不过，并非所有的酒都会越陈越香。一些低度酒，如啤酒、黄酒等，如果贮存不当，很容易变质。这又是怎么回事呢？

当酒跟空气接触时，空气中的醋酸菌就会趁机钻入酒中，安家落户，大量繁殖。酒中的乙醇在醋酸的作用下，跟空气中的氧气起反应，生成醋酸，酒味就会逐渐消失，酸味必然渐渐加浓，“酒败成醋”了。

那为什么含酒精量高的烧酒不会变味呢？原因在于当乙醇的浓度在50%以上，醋酸菌根本无法繁殖。

但是，如果将酒埋于地下，隔绝空气密封保存，低度酒也不会变坏。浙江绍兴有名的“女儿红”，就是在生了女儿后，埋几坛上好的黄酒于地

① 康娟．身边的化学[M]．北京：中国林业出版社，2002：39.

下，等到姑娘出嫁时取出来招待亲朋好友，味道极其醇美。

2.2 葡萄酒和啤酒

2.2.1 葡萄酒

近年来的一些研究表明，葡萄酒含有植物防御素、多酚类物质等多种成分，有调节血脂和脂蛋白代谢、抑制血小板凝聚、松弛血管等作用；可抑制动脉粥样硬化的形成，长期适量饮用可降低缺血性心脏病的发生率和死亡率。

流行病学调查发现，尽管同样是摄入高脂肪和饱和脂肪酸饮食，但在法国和地中海国家的部分地区冠心病的发病率和死亡率都比其他发达国家低得多，大量的研究表明其原因可能在于独特的地中海饮食和经常饮用葡萄酒，尤其是红葡萄酒。

近二十几年来，医学家发现，少量饮用红葡萄酒，能降低血清胆固醇和血脂含量。此外，葡萄酒还有活血、通脉、助药力和促进食欲的作用。所以，医生们也同意人们少量饮用葡萄酒，每天不要超过半小杯。

2.2.2 啤酒

啤酒是历史最悠久的谷类酿造的酒，起源于的中东和古埃及地区，后传入欧美，19世纪末传人亚洲，目前我国产量世界第二。

啤酒酿造中不可避免地产生杂醇油，以异戊醇为主，其次是戊醇、正丙醇和异丁醇，高级醇与啤酒的风味具有辩证的关系。一方面，高级醇是构成啤酒风味的主要成分，适量高级醇使酒体丰满圆润、口感好；另一方面，高级醇含量过高，饮用时有异杂味，会产生较强的致醉性，饮后头痛、头晕、发坠，俗称“上头”。

啤酒素有“液体面包”之称，它内含丰富的维生素和人体必需的氨基酸，但并非人人皆可饮啤酒：胃炎及胃溃疡患者由于啤酒影响前列腺素E的合成及增加胃酸，不宜饮用；肝病患者由于肝脏无法顺利将乙醛转化为乙酸，蓄积的乙醛损害肝细胞，使肝病加重；由于啤酒原料大麦芽有回乳作用，抑制奶汁分泌，哺乳期妇女不宜饮用；剧烈运动后，饮用啤酒会使血液中尿酸浓度增加，聚集于关节、肾脏等处，易诱发痛风及肾结石等。

2.3 酒精的消化

饮酒后，酒精进入消化道，主要在胃中被吸收而进入血液，其中20%

的酒精在肺循环中，通过换气经呼吸排出体外。而其余80%酒精的代谢过程，主要在肝脏中进行。肝脏内有一种酶，即乙醇脱氢酶，可以将乙醇转化为乙醛，乙醛的生化作用和毒性比乙醇强几百倍，乙醛在体内蓄积，会引起心跳、头晕等醉酒症状。肝脏内还有另一种酶，即乙醛脱氢酶，它可将乙醛酸化，然后再分解为水和二氧化碳，不再伤害人体。

$$CH_3CH_2OH \xrightarrow[\text{NDA}^+\text{NADH+H}^+]{\text{乙醇脱氢酶}} CH_3CHO \xrightarrow[\text{NDA}^+\text{NADH+H}^+]{\text{乙醛脱氢酶}} CH_3COOH$$

$$\xrightarrow{\text{三羧酸循环}} H_2O+CO_2+ATP$$

可见，体内乙醛脱氢酶多的人酒量大，乙醛脱氢酶少的人酒量小，尤其是乙醇脱氢酶多而乙醛脱氢酶少的人，酒量更小，这种人最好是“滴酒不沾”。一个人体内各种酶的多寡主要是先天决定的，遗传因素起很大的作用。一般黄种人比白种人体内的这两种酶都少。

有人说，酒量可以锻炼出来，其实，酒量是炼不出来的。能锻炼的顶多是对饮酒过量引起的不良反应的抗受能力而已。酒量大小是相对而言的，即使酒量很大的人，若超过一定限度，也会醉酒的。需要强调的是，当饮酒时，若感到疲倦和虚弱，说明酒精已经开始损害肝脏了。

生活实验：交警检查司机驾驶人员酒后驾车的化学实验

分别取半药匙橙红色重铬酸钾（$K_2Cr_2O_7$）晶体和白色二氧化硅（或用研细的玻璃粉代替）在蒸发皿中混合均匀，缓慢加入1-2mL浓硫酸，用玻璃棒调制成糊状样，再分别做以下3项准备：

1.在玻璃棒的一端粘取少量糊状物；

2.在石棉网上涂指头大小面积的糊状物；

3.把黏附有这种橙黄色糊状物的一小团玻璃丝安放在一根玻璃管的中间。

图3-36

另外，按图3-36所示的装置产生酒精蒸气。

当把涂有橙黄色糊状物的玻璃棒、石棉网，跟吹出的气体（含有酒精蒸气）相接近或者让这种气体通过安放有糊状物玻璃丝的玻璃管，均可以观察到那橙黄色糊状物很快（几秒钟）

变成绿色[$Cr_2(SO_4)_3$]。反应原理如下：

$$K_2Cr_2O_7+3CH_3CH_2OH+4H_2SO_4 \rightarrow Cr_2(SO_4)_3+K_2SO_4+3CH_3CHO+7H_2O$$

2.4科学饮酒

(1)适量饮酒有益健康。

(2)严禁酒后开车。

(3)酗酒有害,过量饮酒损害人的健康,特别是损害人的肝脏。对于酒精中毒者,戒酒是件困难的事情。

(4)为了自己的健康,家庭的幸福,社会的安定,最好是适量饮酒。要改变"闹酒、劝酒、斗酒"的不文明陋习。

(5)饮酒者喝牛奶有益于健康。因为牛奶可在胃黏膜表面形成一层很厚的疏水层,可以抵抗酒精等各种外来因素对胃壁的侵蚀;同时牛奶中所含有的半胱氨酸、维生素B_1、维生素B_2及钙等能使酒精中的醛类化合物分解,并连同酒精一起迅速排出体外,减轻心脏和肝脏等内脏器官的负担。所以,人们在饮酒以前最好能够先喝杯牛奶,这将对健康大有裨益。

资源链接:饮酒的学问①

1不能饮用工业酒精勾兑的酒

工业酒精的主要成分也是乙醇,但它的原料和生产方法完全不同。工业酒精是用石油裂解气中的乙烯为原料,用石油化工的方法生产的。价格便宜,但没有酒的醇香。尤其是工业酒精中的副产物为甲醇,甲醇对人体有很强的毒性,误饮能造成眼睛失明,甚至死亡。故必须严禁用工业酒精勾兑饮用酒。

2饮酒的利与弊

动物实验表明,体内少量乙醇可使血管扩张、心率加快、心脏收缩力增强、血液流速加快及各器官血液流量增加。故适量饮酒可防止冠心病和动脉硬化。少量酒精能兴奋神经系统,有助于消除疲劳。可见,适量饮酒对人体有一定的益处。同时啤酒、黄酒和果酒中含有多种氨基酸和维生素等营养物质,被称为"液体面包"。

① 陈平初.社会化学简明教程[M].北京:高等教育出版社,2004:146-147.

饮酒的害处在于：

①酒的成瘾性，又称酒精依赖性，是指为了重复追求饮酒后产生的一种快感而不断酗酒，随之对酒精产生了耐受性和依赖性。

②对人体的脏器的危害。过量饮酒能破坏胃黏膜，导致胃炎，黏膜糜烂，严重者会引起急性胃出血、胃溃疡。酒精对肝有直接的损伤作用，常造成脂肪肝、酒精性肝硬化。

③神经系统酒精中毒。饮酒过量，轻者头痛、头晕、行走不稳、言语不清，重则面色苍白、皮肤湿冷、呕吐不止、神志不清。这就是酒精中毒，是乙醇刺激神经系统而产生的一系列反应。重度中毒者会出现烦躁、昏睡、抽搐、休克、呼吸微弱乃至因呼吸麻痹而死亡。经常酗酒可导致大脑萎缩，智力下降。孕妇酗酒可导致胎儿中枢神经系统严重坏死，故孕妇应尽量避免饮酒。

3茶

我国是世界上最早种茶、制茶和饮茶的国家。远古时神农“尝百草之滋味，一日而遇七十毒”，相传是用茶解了毒。茶叶被当成了药材，后来人们认识到茶可以作为清热解渴、提神益思的饮料。汉代已把茶作为饮料。

数千年来，有关饮茶与健康的记载很多，如《茶经》称：“抖擞精神，病魔敛迹。”如《陶弘景新录》称：“茗茶轻身换骨。”《本草纲目》引壶公《食忌》：“苦茶久食羽化。”《南部新书》所载：“大中三年，东都进一僧，年一百二十岁。宣帝问，服何药而至此。僧对曰，臣少也贱，素不知药，性本好茶。”实践证明，饮茶与健康长寿密切相关，其主要原因是茶叶内含有多种对人体健康有益的物质。

3.1茶叶的组成

迄今为止，已在茶叶中鉴定分析出了450余种有机成分和15种以上的无机元素，如黄酮醇、黄酮甙、多酚、矿物质、氨基酸及多糖类等，其中称作茶多酚的多酚类物质约占茶嫩梢干的20%–35%，也就是说茶多酚是茶叶中最为重要的化学物质。

茶多酚又名茶单宁、茶鞣质，是茶叶中30多种多酚类化合物的总称，人们还发现在茶多酚中有十多种儿茶素，占多酚物质总量的60%–80%。儿茶素又称做儿茶酸，是2–苯基苯并吡喃的衍生物，其结构简式如图3–37所示：

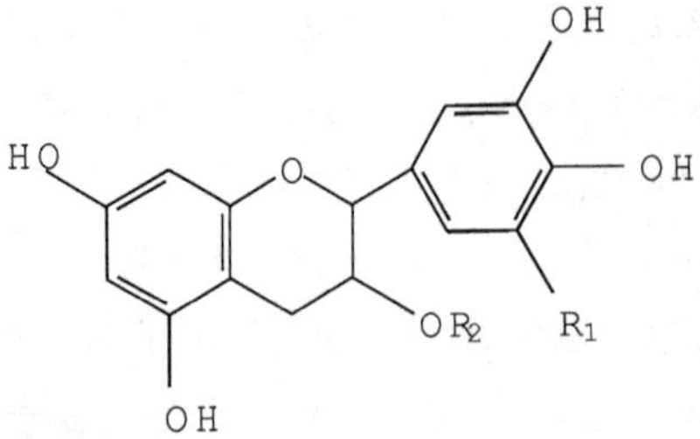

图3–37　2–苯基苯并吡喃的衍生物

式中：

R_1–H，R_2–H为儿茶素

R_1–OH，R_2–H为没食子儿茶素

R_1–H，R_2– 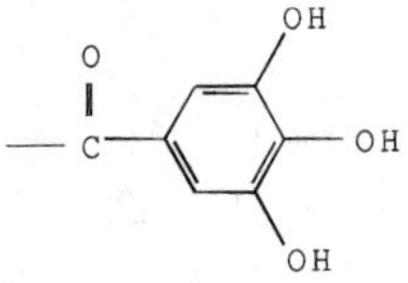 为儿茶素没食子酸酯

R_1–OH，R_2– 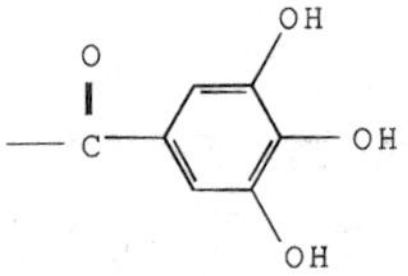 为没食子儿茶素没食子酸酯。

茶多酚的一个重要化学性质是抗氧化作用，由于茶多酚是多酚结构，其酚羟基作为供氢体在反应中有较强的还原性，尤其是对油脂品的抗氧化作用，当动植物油脂中的不饱和脂肪酸在自动氧化过程中产生氧化物游离基时，茶多酚羟基上的供氢体便将消耗，使连锁反应中断或延缓，从而有效地抑制了油脂的酸败变质。因此茶多酚是一种良好的天然抗氧化剂，广泛应用于食品、油脂、医药、化工等领域。

茶多酚在医疗和保健上也有重要的用途。茶多酚含有大量的供氢体，能清除人体内过剩的活性氧自由基。茶多酚还具有解毒的作用，茶多酚与细菌和病毒蛋白质相结合，可抑制细菌和病毒对人体的毒害作用，如对金黄色葡萄球菌、福氏痢疾杆菌、伤寒菌、大肠杆菌、流感病毒、致龋菌等都有较好的抑制作用，且茶多酚是一种广谱抗菌剂。茶多酚能沉淀和还原重金属离子，可降低有毒的重金属离子对人体蛋白质的破坏作用，对人体发生重金属中毒起到解毒作用。此外，茶多酚还具有保护心血管、减肥、降低胆固醇、抗射线等医疗和保健作用。

尽管茶多酚对人体有诸多的益处，但是在饮茶的时候还要注意以下几点：

一是不要用沸水冲茶。茶叶中有些不耐高温的营养成分在沸水会被破坏，如维生素C中羟基和羰基相邻，在水溶液中烯二醇基极易被氧化，而高温对氧化起到促进作用，因此冲泡茶叶最好用80℃–90℃的水为宜。

二是不要用保温杯泡茶。用保温杯泡茶总是发现茶叶色泽变深、茶水发黑、味道苦涩，这是由于保温杯能在较长时间内保持水的较高温度，会使茶叶中的维生素与芳香油快速挥发，也使得茶多酚与茶碱大量渗出，茶叶的营养价值也会降低。

三是不饮有焦味的茶。茶叶的焦味通常是在制作过程中被烤焦而产生的，在烤焦的茶叶中含有较多的苯并芘，这是一种具有很强致癌性的物质，这样的茶叶很多营养物质也遭到破坏。

四是不要嗜饮新茶。因为新茶存放时间短，茶中含有较多的未经氧化的醛类及醇类等物质，这些物质对人的胃肠粘膜有较强的刺激作用，诱发胃病，产生胸闷欲呕等不适感。因此，新茶宜少饮，存放不足半个月的忌饮。

3.2 茶叶的功效

茶叶，性味苦、甘、凉，能清头目、除烦渴，有化痰、消食、利尿、解毒之功，善治头痛、目昏、多寐、心烦、口渴、食积、痰滞等症。

总体来说，饮茶有八大功效：①兴奋作用（咖啡因）；②利尿作用（茶碱）；③抗菌、抑菌（茶多酚）；④强心解痉作用；⑤抑制动脉硬化；⑥减肥作用；⑦防龋齿作用；⑧抗辐射作用。

资源链接：不宜饮茶的几种情况[①]

---

① 周志华.生活·社会·化学[M].南京：南京师范大学出版社，2002：76.

①服用某些药物应禁用茶。由于茶中的茶多酚能与蛋白质、生物碱及重金属盐等起化学反应,产生不溶性沉淀物,因此,在服用某些药物的同时又饮茶,会妨碍人体对这些药物的吸收,降低其疗效。如服用含生物碱的药物、镇静催眠药物、抗组织的胺类药物,中药中的知母、贝母以及参类补药,均不宜喝茶。

②饭后和睡觉前不宜喝浓茶。因为饭后饮浓茶会抑制胃内物质的分泌,长期如此,会造成贫血等症状。而睡觉前饮茶会引起神经衰弱、失眠等病症。

③不宜喝隔夜茶。因为茶水放置时间过久,容易发生变质。隔夜茶就有可能使茶中的二级胺进一步形成亚硝铵,而亚硝铵是一种致癌物质。所以,饮隔夜茶是不科学的。

④勿连茶叶一同入腹。因茶叶中含有芳烃化合物,如果饮茶时连茶叶一同入腹,这些物质会影响人体的健康。

4 毒品

4.1 毒品的定义

毒品一般是指使人形成瘾癖的药物,这里的药物一词是个广义的概念,主要指吸毒者滥用的鸦片、海洛因、冰毒等,还包括具有依赖性的天然植物、烟、酒和溶剂等,与医疗用药物是不同的概念。

制毒物品是指用于制造麻醉药品和精神药品的物品。毒品,有些是可以天然获得的,如鸦片就是通过切割未成熟的罂粟果而直接提取的一种天然制品,但绝大部分毒品只能通过化学合成的方法取得。这些加工毒品必不可少的医药和化工生产用的原料就是我们所说的制毒物品。因此,制毒物品既是医药或化工原料,又是制造毒品的配剂。

4.2 毒品的分类

中华人民共和国刑法中第二百五十七条称:毒品,是指鸦片、海洛因、甲基苯丙胺(冰毒)、吗啡、大麻、可卡因以及国家规定管制的其他能够使人形成瘾癖的麻醉药品和精神药品。毒品根据其来源可分为天然毒品和合成毒品,根据毒品对中枢神经系统的作用效应可分为镇静类毒品、兴奋类毒品和致幻剂类毒品。这两种分类方法实际上可归纳为表3-4:

表3-4　常见毒品分类

来源	作用来源			
	镇静类		兴奋类	致幻剂
天然毒品	罂粟、鸦片	吗啡	古柯叶	仙人球毒碱
天然毒品	海洛因	待因	可卡因	墨西哥致幻蕈碱
天然毒品	蒂巴因	大麻（小量）	大麻（大量）	大麻
合成毒品	美沙酮	哌啶	苯丙胺	麦角酸二乙酰胺
合成毒品	芬太尼	镇痛新	甲基苯丙胺	苯环已哌啶
合成毒品	苯巴比妥	安定	利他林	二甲色胺

4.3 几种常见的毒品

4.3.1 鸦片

鸦片是利用罂粟果实中的乳状汁液制成的一种毒品。罂粟果汁中含有一种有毒的物质是罂粟碱，分子式是$C_{20}H_{21}NO_4$，这是一种异喹啉生物碱，结构如图3–38所示。它是从罂粟中分离出来的一种生物碱。罂粟碱为无色针状或棱状结晶，熔点147℃–148℃，易溶于苯、丙酮、热乙醇、冰醋酸，稍溶于乙醚、氯仿，不溶于水，溶于浓硫酸。加热到110℃变为玖瑰红色，至200℃则变为紫色，它与多种无机酸和有机酸结合生成结晶盐。

鸦片又称“阿片”，俗称“大烟”、“鸦片烟”、“烟土”等，是英文名Opium的音译，来自于罂粟，有生鸦片和熟鸦片之分。

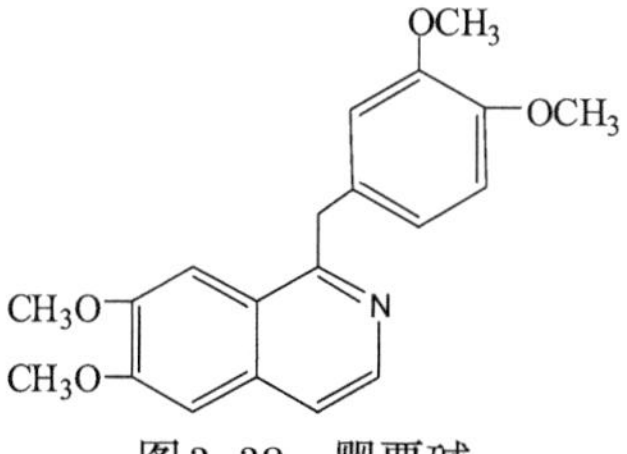

图3–38　罂粟碱

鸦片罂粟(以下简称罂粟)是两年生草本植物，其果实接近完全成熟之时，用刀将罂粟果皮划破，渗出的乳白色汁液经自然风干凝聚成粘稠的膏状物，颜色也从乳白色变成深棕色，这些膏状物用烟刀刮下来就是生鸦片。生鸦片有强烈的类似氨的刺激性气味，味苦，长时间放置后，随着水分的逐渐散失，慢慢变成棕黑色的硬块，形状不一，常以球状、饼状或砖状出售。

生鸦片一般不直接吸食，尚需经烧煮和发酵等进一步精制成熟鸦片方可使用。熟鸦片呈深褐色，手感光滑柔软。鸦片内含有30多种生物碱，其中主要含吗啡，含量为10%–15%，此外还含有少量的罂粟碱（约1%）、可待因（约1%）、蒂巴因（约0.2%）及那可汀（约3%）等。

一般来说，最初几口鸦片的吸食令人不舒服，可使人头晕目眩、恶心或头痛，但随后可体验到一种伴随着疯狂幻觉的欣快感。吸食鸦片者在相当长的时间内尚能保持职业和智力活动，但如果吸烟太多则变得瘦弱不堪，面无血色，目光发直发呆，瞳孔缩小，失眠，对什么都无所谓。长期吸食鸦片，可使人先天免疫力丧失，极易感染各种疾病。吸食鸦片成瘾后，可引起体质严重衰弱及精神颓废，寿命也会缩短，过量吸食鸦片可引起急性中毒，可因呼吸抑制而死亡。

4.3.2 吗啡

吗啡是一种异喹啉生物碱，分子式是$C_{17}H_{19}NO_3$，结构简式如图3–39。吗啡存在于鸦片中，含量含为10%。吗啡为无色棱柱状晶体，熔点254℃–256℃，味若，在多数溶剂中均难溶解，在碱性水溶液中较易溶解。它可与多种酸（如盐酸、硫酸等）和多种有机酸（如酒石酸等）生成易溶于水的盐。吗啡盐的pH平均值为4.68，吗啡对人的致死量为0.2–0.3g。

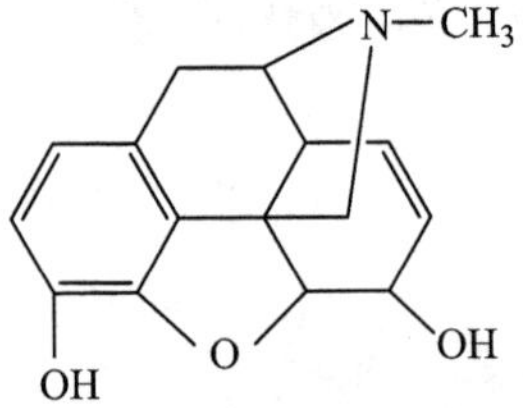

图3–39　吗啡

纯净吗啡为无色或白色结晶或粉末，难溶于水，易吸潮。随着杂质含量的增加颜色逐渐加深，粗制吗啡则为咖啡似的棕褐色粉末。在“金三角”地区，吗啡碱和粗制吗啡又称为“黄皮”、“黄砒”、“1号海洛因”等，在非法买卖中，“黄皮”论“个”数进行交易，每个重1公斤。非法生产的吗啡一般被制成砖块状。东南亚的产品有“999”、“AAA”、“OK”等商标，呈白色、浅黄或棕色。鼻闻有酸味，但吸食时有浓烈香甜味。滥用吗啡者多数采用注射的方法。在同样质量下，注射吗啡的效果比吸食鸦片强烈10–20倍。

医用吗啡一般为吗啡的硫酸盐、盐酸盐或酒石酸盐，易溶于水，常制成白色小片状或溶于水后制成针剂。

吸食吗啡对神经中枢的副作用表现为嗜睡和性格的改变，引起某种程度的惬意和欣快感；在大脑皮层方面，可造成人注意力、思维和记忆性能的衰退，长期大剂量地使用吗啡，会引起精神失常的症状，出现幻觉；在呼吸系统方面，大剂量的吗啡会导致呼吸停止而死亡。吸食吗啡的戒断症状有：流汗、颤抖、发热、血压高、肌肉疼痛和挛缩等。

4.3.3 海洛因

海洛因即二乙酰吗啡，结构式如图3-40。鸦片毒品系列中最纯净的精制品，是目前我国吸毒者吸食和注射的主要毒品之一。1874年英国化学家C.莱特在吗啡中加入冰醋酸等物质，首次提炼出镇痛效果更佳的半合成化衍生物二乙酰吗啡即海洛因。海洛因为白色粉末，微溶于水，易溶于有机溶剂，盐酸海洛因易溶于水，其溶液无色透明。

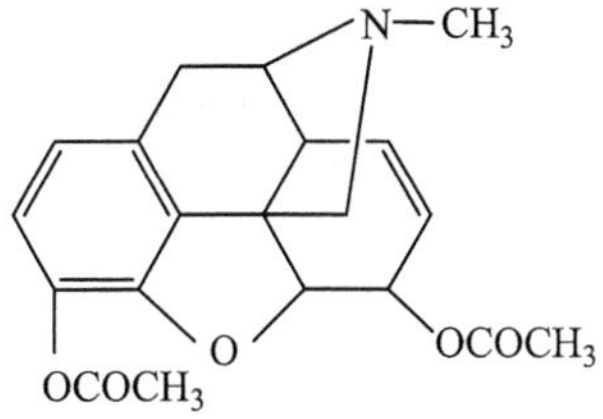

图3-40　海洛因

海洛因进入人体后，首先被水解为单乙酰吗啡，然后再进一步水解成吗啡而起作用。因为海洛因的水溶性、脂溶性都比吗啡大，故它在人体内吸收更快，易透过血脑屏障进入中枢神经系统，产生强烈的反应，具有比吗啡更强的抑制作用，其镇痛作用亦为吗啡的4-8倍。最初的海洛因曾被用作戒除吗啡毒瘾的药物，后来发现它同时具有比吗啡更强的药物依赖性，常用剂量连续使用两周甚至更短即可成瘾，由此产生严重的药物依赖。

目前国际上对毒品的排列分为十个号，主要是鸦片、海洛因、大麻、可卡因、安非他明、致幻剂等十类，其中海洛因占据第三、第四号，即三号毒品和四号毒品，因此世界上人们普遍称之为“三号海洛因”、“四号海洛因”。由于这样的习惯叫法使人们误以为还有一、二号海洛因，实际是吗啡或吗啡盐类。

三号海洛因又称为“香港石”、“棕色糖”、“白龙珠”等，是将盐酸吗啡经化学过程产生二乙酰吗啡后，再添加大量的稀释剂(如士的宁、喹宁、莨菪碱、阿斯匹林、咖啡碱等)而制成的颗粒状毒品，有时也有粉末状的，颜色从浅灰色到深灰色。三号海洛因中二乙酰吗啡和单乙酰吗啡的总含量一般为25%-45%，咖啡因含量在30%-60%，一般有掺假。

四号海洛因是在盐酸吗啡经乙酰化反应后不对其进行稀释，而是提纯，然后经过沉淀，予以干燥。其中二乙酰吗啡含量一般在80%以上，最高可达98%，纯的或高纯的四号海洛因是一种白色、无味、透明的粉末，且非常细腻以致擦在皮肤上会消失。但如果制造不好则会呈现浅黄色、粉红色、沙色或棕色的粗糙粉末甚至是颗粒状。目前国际上对毒品海洛因的鉴定只定性不定号。

海洛因可用鼻嗅、吸食、皮下注射和静脉注射，其中后两种方法较常见。据测定，海洛因对人体的毒性是吗啡的五倍以上，吸食海洛因二次后，大多数情况下都会使人上瘾，产生生理和心理依赖。海洛因的戒断症状一般表现为：焦虑、烦躁不安、易激动、流泪、周身酸痛、失眠、起“鸡皮疙瘩”、有灼热感、呕吐、喉头梗塞、腹部及其他肌肉痉挛、失水等。还出现神经质、精神亢奋、全身性肌肉抽搐、大量发汗或发冷。海洛因中毒的主要症状是：瞳孔缩小如针孔，皮肤冷而发黑，呼吸极慢，深度昏迷，呼吸中枢麻痹，衰竭致命。海洛因吸毒者极易发生皮肤菌的感染，如脓肿、败血症破伤风、肝炎、艾滋病等，甚至会因急性中毒而死亡。我国海洛因的主要毒源地是位于老挝、泰国、缅甸三个国家接壤的“金三角”地区。

4.3.4 可卡因

在南美洲的安第斯山脉北部和中部，生长着一种热带山地的常绿灌木——古柯树。

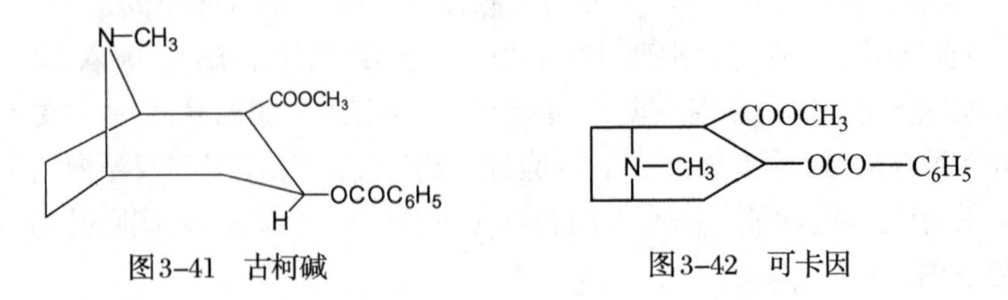

图3-41 古柯碱　　图3-42 可卡因

从古柯树叶提取的一种药物，又叫古柯碱，结构式见图3-41。可卡因是一种莨菪烷型生物碱，分子式为$C_{17}H_{21}NO_4$，结构式如图3-42。古柯碱是无色无臭的单斜形晶体，味先苦而后麻，熔点98℃，几乎不溶于水，可溶于一般的有机溶剂，但其盐酸盐易溶于水。古柯碱为酯类，用酸或碱水解时，生成苯甲酸、甲醇等。可卡因俗称"可可精"，是1860年德国化学家尼曼（Alert Niemann）从古柯叶中分离出来的一种最主要的生物碱，属于中枢神经兴奋剂，其盐类呈白色晶体状，无气味，味略苦而麻，易溶于水和酒精，兴奋作用强，也是一种局部麻醉剂，它对人体有两种作用：

（1）能阻断神经传导，产生局部麻醉作用，对眼、鼻、喉部粘膜神经的效果尤其明显，因此在早期曾被广泛用于眼、鼻、喉等五官的外科手术中作为麻醉剂。

（2）可卡因通过加强人体内化学物质的活性刺激大脑皮层兴奋中枢神经，继而兴奋延髓和脊髓，表现为情绪高涨、思维活跃、好动、健谈，能较长时间地从事紧张的体力和脑力劳动，甚至胜任繁重的、平时不能承担的工作。尤其危险的是，服用可卡因具有一定的攻击性。

吸食可卡因可产生很强的心理依赖性，长期吸食可导致精神障碍，也称可卡因精神病。易产生触幻觉与嗅幻觉，最典型的是皮下虫行蚁走感，奇痒难忍，造成严重抓伤甚至断肢自残，情绪不稳定，容易引发暴力或攻击行为。长时间大剂量使用可卡因后突然停药，可出现抑郁、焦虑、失望、易激惹、疲惫、失眠、厌食。长期吸食者多营养不良，体重下降。

4.3.5 大麻

从大麻叶中提取的一种药物，叫大麻酚，它的分子式为$C_{20}H_{24}O_3$，结构式如图3-43。大麻叶中含有多种大麻酚类衍生物，目前已能分离出15种以上，较重要的有：大麻酚、大麻二酚、四氢大麻酚、大麻酚酸、大麻二酚酸、四氢大麻酚酸。大麻酚（结构式见图3-43）及它的衍生物都属麻醉药品，并且毒性较强。大量或长期使用大麻，会对人的身体健康造成严重损害。

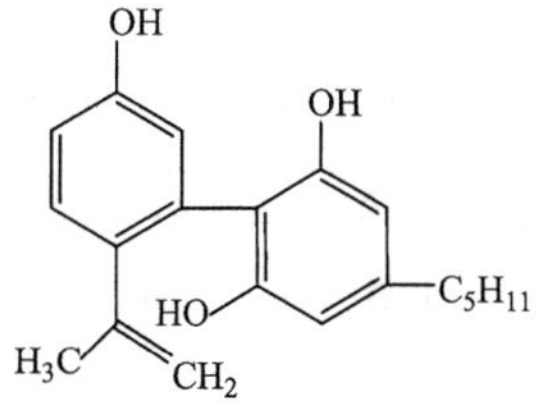

图3-43 大麻酚

4.3.6 美沙酮

美沙酮，又作美散痛，也是一种人工合成的麻醉药品。其盐酸盐为无色或白色的结晶形粉末，无嗅、味苦，溶解于水，常见剂型为胶囊，口服使用。美沙酮在临床上用作镇痛麻醉剂，止痛效果略强于吗啡，毒性、副作用较小，成瘾性也比吗啡小。

近年来，在我国沿海地区已多次出现非法服用美沙酮的吸毒者，特别是一些原来吸食、注射海洛因或杜冷丁的人，一旦中断药物供应出现强烈的戒断症状，便会服用美沙酮替代。口服美沙酮可维持药效24小时以上，但由于它的作用比海洛因弱，故只要能重新获得海洛因，这些吸毒者又会转而复吸海洛因。

4.3.7 杜冷丁

杜冷丁学名哌替啶，又称作唛啶、地美露，结构式如图3–44。其盐酸盐为白色、无嗅、结晶状的粉末，能溶于水，一般制成针剂的形式。作为人工合成的麻醉药物，杜冷丁普遍地使用于临床，它对人体的作用和机理与吗啡相似，但镇痛、麻醉作用较小，仅相当于吗啡的1/10–1/8，作用时间维持2–4小时左右。毒副作用也相应较小，恶心、呕吐、便秘等症状均较轻微，对呼吸系统的抑制作用较弱，一般不会出现呼吸困难及过量使用等问题。

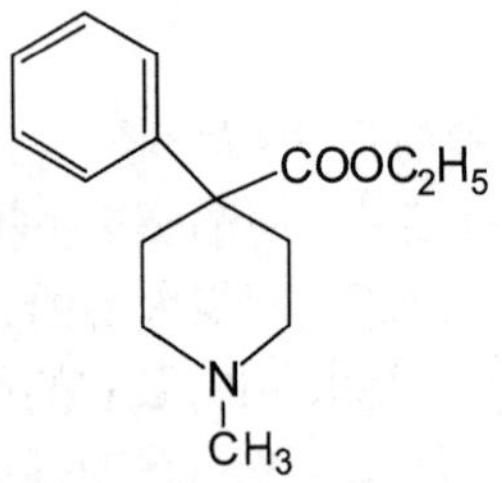

$COOC_2H_5$

N

CH_3

图3–44　杜冷丁

杜冷丁有一定的成瘾性，连续使用1–2周便可产生药物依赖性。研究表明，这种依赖性以心理为主，生理为辅，但两者都比吗啡的依赖性弱。停药时出现的戒断症状主要有精神萎靡不振、全身不适、流泪流涕、呕吐，腹泻、失眠，严重者也会产生虚脱。

4.3.8 摇头丸

摇头丸是苯丙胺类兴奋剂，实际上是冰毒（甲基苯丙胺）的一种衍生物，属易制毒品。甲基苯丙胺，又称去氧麻黄素或甲基安非他明，是由麻黄素（或称麻黄碱）通过去氧反应制成。麻黄素为一种无色挥发性液体，可溶于水和多种有机溶剂，有吸湿性，在水中结晶可得水合物晶体。可与多种无机酸（如盐酸、硫酸）和有机酸（如草酸）成盐。其盐酸盐（即盐酸麻黄素）是制摇头丸的重要原料。

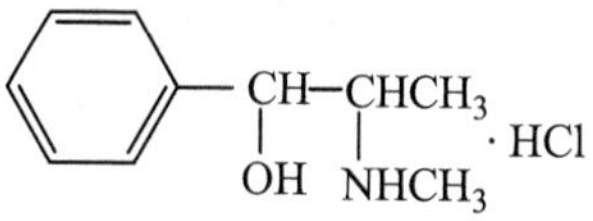

C_6H_5—CH(OH)—CH($NHCH_3$)CH_3 · HCl

图3-45　盐酸麻黄素

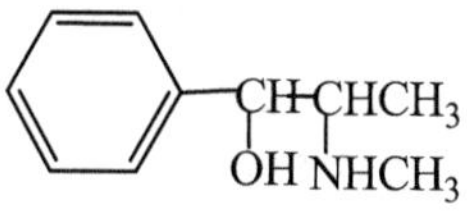

C_6H_5—CH(OH)—CH($NHCH_3$)CH_3

图3-46　麻黄素

C_6H_5—CH_2CH($NHCH_3$)CH_3

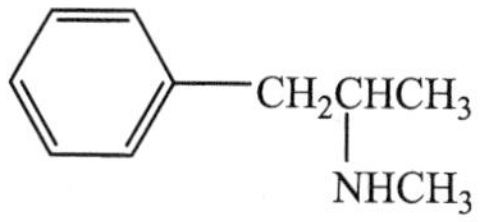

图3-47　甲基苯丙胺

“摇头丸”有强烈的中枢神经兴奋作用，有很强的精神依赖性，对人体有严重的危害。服用后表现为：活动过度、感情冲动、性欲亢进、嗜舞、偏执、妄想、自我约束力下降以及出现幻觉和暴力倾向等。该毒品现主要在迪厅、卡拉OK厅、夜总会等公共娱乐场所，以口服形式被一些疯狂的舞迷所滥用。MDMA、MDA等既具有三甲氧苯乙胺的致幻作用，也具有苯丙胺的兴奋作用。因此类毒品服用后不仅有强烈的兴奋作用，而且会出现一定的幻觉、性冲动，造成行为失控，所以又俗称“摇头丸”、“快乐丸”、“劲乐丸”、“狂喜”、“忘我”、“疯药”、等，也有按药片、药丸的不同颜色和上面的不同图案、字母称为“蓝精灵”、“白天使”、“蝴蝶”等。自1996年以来，MDMA等致幻性苯丙胺类兴奋剂已传入我国，传播速度很快，在全国各地都已相继发现此类毒品。

4.3.9 冰毒

冰毒属于苯丙胺类中枢神经兴奋剂，是我国规定管制的精神药品。因其形状呈白色透明结晶体，与普通冰块相似，故又被称之为“冰”（ice），亦称为“艾斯”。

苯丙胺药物强烈的兴奋作用使它们刚应用于临床不久就开始被滥

用。虽然问世较晚，但是它见效快、药效维持时间长的特点使它蔓延速度极快。苯丙胺类兴奋剂具有强烈的中枢兴奋作用。滥用者会处于强烈兴奋状态，我国不生产苯丙胺类药物，也严禁在临床上使用。

4.4 毒品的危害

毒品不仅加剧艾滋病蔓延趋势，而且还带来传染性疾病传播、洗钱和腐败、向恐怖组织提供财政来源等一系列社会问题。1987年6月12日至26日，联合国在维也纳召开了关于麻醉品滥用和非法贩运问题的部长级会议，会议提出了“爱生命、不吸毒”的口号。与会138个国家的3000多名代表一致同意将每年6月26日定为“国际禁毒日”，以引起世界各国对毒品问题的重视。吸毒严重地危害人体健康与社会安定，是社会的一大公害。

资源链接：我国禁毒工作的方针[①]

禁毒工作方针，是指贯穿于禁毒工作始终并对禁毒工作具有指导意义的基本准则。1999年，国家禁毒委员会召开全国禁毒工作会议，在这次会议上，将我国禁毒工作基本方针调整并确定为“四禁（禁吸、禁贩、禁种、禁制）并举，堵源截流，严格执法，标本兼治”，使其更加适应我国同毒品违法犯罪作斗争的形势。

综合活动　药物化学及其发展

人类早期的药物都来自自然界的植物、动物和矿物。人类依赖天然药物少说有几千年之久，直到近代才有所改观。17世纪末期，德国化学家艾里希首先发现一些合成染料能杀虫治病，开创了合成药物的第一页。1909年化学家又合成抗梅毒药606。1935年德国杜马克发现红色的百浪多息能治疗细菌性疾病，后来它发展成为一类抗菌药—磺胺药。1940年青霉素正式投产，随后数以千计的抗生素药物不断出现。新药物的发明，使人类健康大大改善，寿命大大延长。据统计，单抗生素发现和制造，就使人类的寿命延续10年，可见药物的发展跟人类健康的关系十分密切。

---

① 肇恒伟，关纯兴.禁毒学教程[M].沈阳：东北大学出版社，2004：138.

下面以“从植物药水杨酸到阿司匹林缓释胶囊”为例，说明化学在药物发展上的作用。

1 植物药——水杨酸

水杨酸原本是皮肤医学上的常用药物，最早由杨柳树提炼而得。问世已有近百年的历史。临床上，各种浓度的水杨酸被广泛安全使用，甚至号称皮肤医学的利器。其结构为：

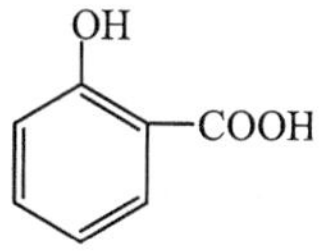

OH
COOH

水杨酸具有杀菌能力，其钠盐可用作食品等的防腐剂，水杨酸也是制备阿司匹林的原料。将水杨酸与乙酸酐反应得到乙酰水杨酸，即“阿司匹林”，是一种常用的止痛解热药。

阿斯匹林可以治疗感冒，止痛退热，同时对于防止血栓有良好的作用。阿斯匹林的有效药理成分是乙酰水杨酸，它的分子式是$C_9H_8O_4$，结构式为：

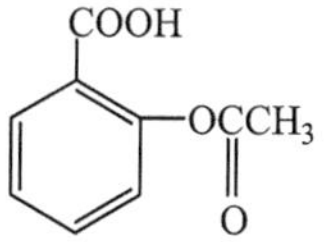

COOH
$OCCH_3$
O

但是，生病后一天吃几次药，每次吃一片到几片，使人感到费事，遇到工作紧张，就有可能忘了吃药，耽误治病。那么，能不能吃一次药管很多天呢？这样不但省事、省时，还可以防止因为看病不及时而耽误了治疗。

化学家的办法当然不是把所有药品让病人一次就吃进去，吃多了药不但达不到治病的目的，还会使病人中毒。这是因为，要让药物在人体内发挥疗效，就必须使药物在一定的时间内保持所需要的浓度，浓度不足，治不好病，浓度过大，就会中毒。化学家认为，最理想的方法是制造出一种在人体内能够慢慢溶解和释放出来的药物。现在，药店出售的缓释药就是这种药物。

化学家所想的办法很多。例如，可以用羧甲基纤维素钠、聚乙烯酸等和药物混合在一起，加工成粘结性很强的药片，使药物中有效成分的释放程度变慢,让药物在人体内一点一点地生效。也可以把高分子膜涂敷在药物的表面上,以调节药物中有效成分的溶解时间,使它慢慢地溶解。一种最奇妙的方法是把具有药理活性的基团嫁接到高分子化合物基体上,制成一种缓慢释放药物中有效成分的长效药品。

被阿斯匹林嫁接的高分子化合物是聚甲基丙烯酸,它的结构式是:

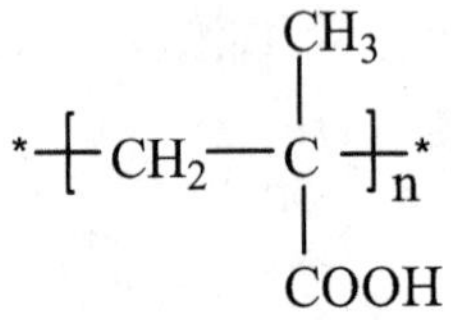

$$*\!\!-\!\!\left[CH_2-\underset{\underset{COOH}{|}}{\overset{\overset{CH_3}{|}}{C}}\right]_n\!\!-\!\!*$$

乙酰水杨酸并不能直接嫁接到聚甲基丙烯酸上,还要借助乙二醇($HO-CH_2-CH_2-OH$)等二醇的作用才能达到这一目的:

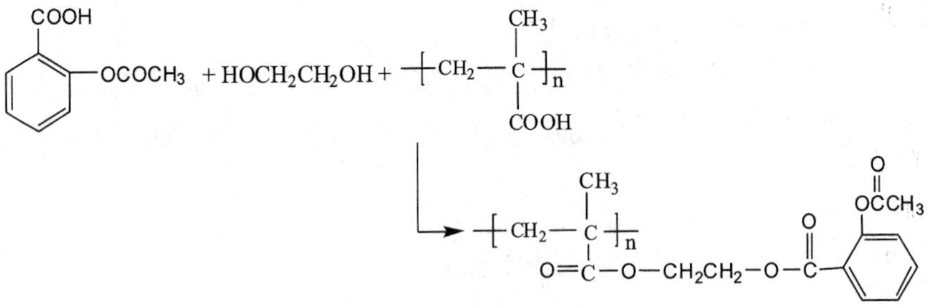

$$C_6H_4(COOH)(OCOCH_3) + HOCH_2CH_2OH + \left[CH_2-\underset{\underset{COOH}{|}}{\overset{\overset{CH_3}{|}}{C}}\right]_n \longrightarrow \left[CH_2-\underset{\underset{O=C-O-CH_2CH_2-O-\overset{\overset{O}{\|}}{C}-C_6H_4(O\overset{\overset{O}{\|}}{C}CH_3)}{|}}{\overset{\overset{CH_3}{|}}{C}}\right]_n$$

这时整个嫁接物的水解性能(即发生水解释放出有药效的乙酰水杨酸的性能)与嫁接物中的m有关,从m=2增加到m=7时,嫁接物的水解性能急剧增大,即它释放出乙酰水杨酸的速度加快。如果能控制m值,也就控制了乙酰水杨酸的释放速度。

从阿斯匹林的嫁接,直到使它变为长效药,我们不能不对化学家的聪明才智十分钦佩。

实践与测试

1. 简述人体中化学反应的特点及反应类型。
2. 香烟中有害成分有哪些?如何检测?

3. 试写出阿司匹林的结构式。
4. 探究抑酸剂药物的成分。
5. 查阅资料，写一篇2000字左右的"吸烟有害健康"的化学小论文。
6. 说明在新药的开发中化学承担了什么样的责任？
7. 写一篇有关"麻醉剂药物发展"的小论文。
8. 举办一次"珍爱生命，远离毒品"的大型公益宣传活动。
9. 查阅资料，尝试配制"教室消毒剂"。

参考文献

[1]王彦广，林峰．化学与人类文明[M]．杭州：浙江大学出版社，2000.
[2]陈平初．社会化学简明教程[M]．北京：高等教育出版社，2004.
[3]施开良．环境·化学与人类健康[M]．北京：化学工业出版社，2002.
[4]李仁利．病魔克星——药物化学漫谈[M]．长沙：湖南教育出版社，2001.
[5]钟平，余小春．化学与人类[M]．杭州：浙江大学出版社，2005.
[6]康娟等．身边的化学[M]．北京：中国林业出版社，2002.
[7]周志华主编．生活·社会·化学[M]．南京：南京师范大学出版社.2002.
[8]肇恒伟，关纯兴．禁毒学教程[M]．沈阳：东北大学出版社.2004.
[9]刘旦初．化学与人类[M]．上海：复旦大学出版社，1998.
[10]沈光球．现代化学基础[M]．北京：清华大学出版社，1999.
[11]吴泳．社会有机化学[M]．福州：福建教育出版社，1995.
[12]周天泽．化学与精神生活[J]．化学教育，1992，(6)：3.
[13]朱裕贞，顾达，黑恩成．现代基础化学[M]．北京：化学工业出版社，1998.
[14]李正化．药物化学[M]．第三版．北京：人民卫生出版社，1994.
[15]王光国．生命化学基础——化学与健康[M]．厦门：厦门大学出版社，1990.

第4单元　化学与材料

材料(material)是人类文明进步的里程碑,现代文明支柱之一。材料z作为人类生存和生活必不可少的部分,是人类文明的物质基础和先导,是直接推动社会发展的动力。材料的发展及其应用具有重大意义。没有材料科学的发展,就不会有人类社会的进步和经济的繁荣。目前传统材料有几十万种,而新合成的材料每年大约以5%的速度在增加。因此,化学是材料发展的源泉。同时,材料科学的发展也为化学研究开辟了一个新的领域。

第1节　金属材料

1传统金属材料

金属材料一般利用它们的物理性质,如延展性、硬度、抗拉强度、导热性、导电性等,有时也利用它们的化学性质,如抗氧化、抗酸碱性等。金属单质除了作导线、仪器仪表的零部件、厨房用具等外,很少直接应用,常用的是金属合金,合金的性能和利用价值都比单质要高。

金属材料分为黑色金属和有色金属,除了铁、锰、铬三种黑色金属之外,周期表中其他金属都归于有色金属。有色金属又可分为轻金属,如Li,Be,Mg,Al,Ti;重金属,如Cu,Zn,Cd,Hg,Pb;高熔点金属或难熔金属,如W,Mo,Zr,V;稀土金属,如La,Ce,Pr,Nd等;稀散金属,如Ga,In,Ge;贵金属,如Au,Ag,Pt,Pd等。

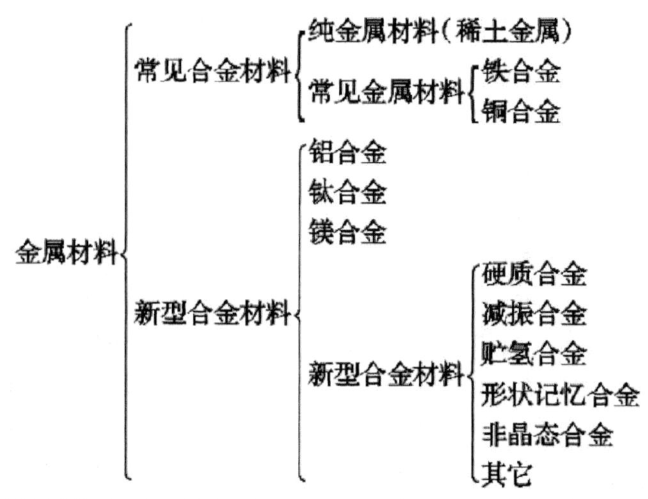

金属材料的发展有悠久的历史，人类在很早以前就懂得使用铜和铜合金，后来发展到铁和铁合金。产业革命后钢铁的大规模发展和应用，使金属在材料中占了绝对优势。第二次世界大战后，合成高分子材料、无机非金属材料和各种复合材料部分取代了金属材料，极大地冲击了金属材料的主导地位。尽管如此，金属材料在一个国家的国民经济中仍占有举足轻重的位置，原因是金属材料的资源比较丰富，已积累有一整套相当成熟的生产技术，有组织大规模生产的经验，产品质量稳定，价格低廉、性能优异。例如金属材料的硬度比高分子材料高，韧性比陶瓷材料高，还具有导电性和磁性等。此外，金属材料自身还在不断发展，传统的钢铁工业在冶炼、浇铸、加工和热处理等方面不断出现新工艺。新型的金属材料如高温合金、形状记忆合金、贮氢合金、永磁合金、非晶态合金等相继问世。金属材料仍占有材料工业的主导地位。

1.1 铁

地壳中铁元素的含量(也称丰度)按质量百分数计排列第四，说明地壳中铁资源是比较丰富的。地壳中铁主要以氧化物、硫化物和碳酸盐形式存在。重要的矿石有赤铁矿(Fe_2O_3)、磁铁矿($FeO \cdot Fe_2O_3$)、褐铁矿($Fe_2O_3 \cdot 2Fe(OH)_3$)、菱铁矿($FeCO_3$)和黄铁矿(FeS_2)等。

将铁矿石中的铁提炼出来，可置铁矿石于高炉中冶炼，冶炼过程是还原反应，以焦炭为还原剂，再加一些石灰石和二氧化硅等作助熔剂。冶炼时先将处于高炉下层的焦炭点燃，使其生成CO_2，CO_2与灼热的焦炭起反应生成CO，反应方程式如下：

$$C+O_2=CO_2$$

$$CO_2+C=2CO$$

一氧化碳气体能将铁矿石中的铁还原出来：

$$Fe_2O_3+3CO=2Fe+3CO_2$$

由于炉中温度很高，还原出来的铁被熔化为铁水，铁水可从高炉中放出。因为在炉中铁水和碳接触，铁水中含碳量较高，约有3%～4%，这种铁称为生铁。生铁性脆，一般只能浇铸成型，又称铸铁，生铁中还含有硫、磷、硅、镁等其他杂质。处于熔融状态的铁水，其中碳以Fe_3C的形式存在，待铁水慢慢冷却，Fe_3C则分解为铁和石墨，此时的铁的断口呈灰色，故称灰口铁。若将熔融的铁水快速冷却，Fe_3C来不及分解而保留下来，此时铁的断口呈白色，称白口铁。白口铁质硬且脆，不宜加工，一般用来炼钢。灰口铁柔软，有韧性，可以切削加工或浇铸零件。若在铁水中加入0.05%的镁，使生铁中的碳变成球状，得到的是球墨铸铁。球墨铸铁可使灰口铁的强度提高一倍，塑性提高20倍，它具有高的强度、塑性、韧性和热加工性能，又保留了灰口铁易切削加工等优点。由于球墨铸铁的综合性能好，在工业上得到广泛应用。

资源链接：钢铁生锈的原因

据统计，全世界每年由于钢铁制品锈蚀而损失的数量，相当于全年钢铁总产量的1/4。钢铁制品容易锈蚀的原因如下：

首先因为铁在潮湿的空气中跟二氧化碳接触时，表面就会被一层酸性电解质溶液所包围。由于钢铁中都含有少量碳，当表面覆盖着弱酸性电解质溶液时，表面就形成了若干原电池，铁是负极，碳是正极。铁作为负极就会失去电子被氧化：

$$Fe-2e^-=Fe$$

Fe再继续与氧气发生反应：

$$4Fe+O_2+2H_2O=4Fe+4OH^-$$

Fe与OH^-生成氢氧化铁沉淀。空气中的二氧化碳跟氢氧化铁反应，就生成红褐色的碱式碳酸铁。此外，铁与空气中的氧气反应还生成氧化铁，这些铁的化合物就是铁锈的主要成分。

钢铁锈蚀与铝生锈不一样，铝表面氧化后生成一层致密的保护膜，可以阻止氧气继续向内侵蚀。而钢铁生锈时，铁锈的结构很疏松。因此，氧气、二氧化碳和水蒸气可以继续向里“进攻”，所以铁锈越来越厚，直到把钢铁全部锈蚀完。

为了防止钢铁制品锈蚀，人们已经想出了许多有效办法，如在表面镀上一层耐腐蚀的金属（如铬、镍、锌、锡等）、涂上油漆、涂上搪瓷等。

1.2 铝

铝是自然界含量最多的金属元素，在地壳中以复硅酸盐形式存在。主要的含铝矿石有铝土矿（$Al_2O_3 \cdot nH_2O$）、粘土[$H_2Al_2(SiO_4)_2 \cdot H_2O$]、长石（$KAlSi_3O_8$）、云母[$H_2KAl_3(SiO_4)_3$]、冰晶石（$Na_3AlF_6$）等。

制备金属铝常用电解法。在矿石中铝和氧结合形成Al_2O_3，它是非常稳定的化合物。在高温下对熔融的氧化铝进行电解，氧化铝被还原为金属铝并在阴极上析出，其反应如下：

$$2Al_2O_3 \xlongequal{\text{电解}} 4Al + 3O_2 \uparrow$$

熔融的金属铝冷却后成为铝锭。

铝是银白色金属，熔点为659.8℃，沸点为2270℃，密度为$2.702 g/cm^3$，仅为铁的三分之一。铝的导电、导热性好，可代替铜做导线。在大气中金属铝表面与氧作用形成一层致密的氧化膜保护层，所以有很好的抗蚀性。金属铝中铝原子是面心立方堆积，层之间可以滑动，因此铝有优良的延展性，可拉伸抽成丝，也可捶打成铝箔。由于铝具有质轻、导电导热性好、抗腐蚀、耐用、可塑性强、外观漂亮等优点，大到楼房建筑、车辆、飞机及宇宙飞船，小到锅、碗、瓢、盆、包装袋、饮料罐和微型仪表等，在生产和生活中有着广泛的应用。

2 首饰金属材料

2.1 金（Au，Aurum）

2.1.1 物理性质

金黄色金属，有极好的延展性，可制成10^{-5}mm厚的金箔或拉成

0.5mg/m的细线。金是热和电的良导体，展性好，纯金很柔软，可以用手任意改变形状，密度很大，为19.3g/cm^3，熔点1064.43℃。

2.1.2 化学性质

金的最主要特性是化学活性低，即使在空气中、潮湿的环境下，金也不起变化。在高温条件下，金不与氢、氮、硫和碳起反应。金的有趣特性是它能形成色彩艳丽的溶胶。金的化学性质极为稳定，在任何温度下，都不与空气或氧气反应，这就是俗语“真金不怕火炼”的科学根据。金也不与强碱或纯酸作用，但能溶于“王水”：

$$Au+4H^++NO_3^-+4Cl^- = [AuCl_4]^-+NO\uparrow+2H_2O$$

也能溶于硒酸与硫酸的混合物：

$$2Au+6H_2SeO_4 = Au_2(SeO_4)_3+3SeO_2+6H_2O$$

金在氰化钾水溶液中会生成分子式为$KAu(CN)_2$的化合物，通常可以将金溶于5% KCN的水溶液中，在空气可以自由进入的条件下用力搅拌，就能制得无色的氰化金酸钾盐。首饰镀金需要这种溶液中金的沉淀。汞具有很强的捕金能力，在10℃-30℃时，金在汞中的溶解度为0.15%- 0.20%(原子)，利用它可以实施“鎏金”工艺操作。

2.1.3 金的获得

最古老的提取金的方法是漂洗法，常称“沙里淘金”，有古诗为证“千淘万漉虽辛苦，吹尽狂沙始到金”。近代常用的是效率较高的氰化法。此法是将矿石磨碎，与水及石灰搅成碱性之浆，加入稀的NaCN(0.03%-0.08%)，在空气中，金形成配合物而溶解：

$$4Au+8NaCN+2H_2O+O_2 = 4NaOH+4NaAu(CN)_2$$

再用锌处理，即得金：

$$Zn+2NaAu(CN)_2 = Na_2[Zn(CN)_4]+2Au$$

20世纪70年代，又出现了炭浆法，堆浸法和离子交换树脂法等新工艺。针对氰化法有毒，易污染环境的弊端，在20世纪80年代又探索出硫脲法。其原理是，在有氧化剂存在的条件下，金可溶于酸性硫脲①：

$$Au+2SC(NH_2)_2+1/4O_2+H^+ = Au(SCN_2H_4)_2^++1/2H_2O$$

① 陈锡恩.金与社会[J].化学教育，1996，(1)：1.

目前该法在国外处于半工业试验阶段，并取得了较好效果。

金的精炼是用 $AuCl_3$ 的盐酸溶液进行电解，纯度可达99.95%–99.98%。

除了从金矿中直接提取金外，还可从含金废料中回收金。

2.1.4金的成色

黄金的成色就是指金的纯度和含量。黄金成色有三种表示方法，即百分率法、成色法和“K”(Karat)法。

(1)百分率法 是以百分比率(%)表示金的含量。例如，含金量为90%，则表示100份物质(金属或矿物质)中金含量占90份。

(2)成色法 是以千分比率(‰)表示金的含量，具体使用时省去千分符号(‰)。例如，黄金首饰上标记的750金，则表示含金量为75%。

(3)“K”法 在24份物质中金所占的份额用“K”来表示。可以将此法中的1K金含量折算为百分率法的4.1666%。例如，9K、14K、18K和24K，则分别表示在24份物质中金的含量占9份、14份、18份和24份，若转换成百分比率(%)表示金的含量即为37.5%、58.3%、75%和100%。市场上常常用24K表示纯金。18K或14K的金合金常用于镶嵌珠宝的金质首饰。

自然界中，常见的自然金成色一般在860‰–920‰之间，砂金的成色往往高于岩金。只有通过提纯才能提高金的含量，然而，无论怎样精炼提纯，金的含量都难达到100%。通常达到99.99%左右就算高纯度了，也就是俗称的四九金。

市场上有的金质首饰上压有印记，表明生产厂家、材质(如金的标记为“G”，或“Gold”)和成色(“K”为英文“Karat”的缩写)信息，例如，“24KG”和“18KG”等。也有另一些首饰上压有其他辅助印记，如“18KP”表明是18K镀金的，又如“18KF”表明是仿制的18K仿金(如亚金等)。

资源链接：亚金和稀金

亚金　亚金是以铜为主，适当添加锌和镍等金属的另一类仿金的铜合金。亚金材料的表面金黄色中微泛绿色，密度比较小，悬挂时敲击声音清脆。亚金具有与黄金相似的外表，是上世纪后期兴起的价格比较低廉的仿金材料。

稀金　稀金是采用稀土金属（如镧、铈、钐等）与黄铜熔合而成的黄色合金，其表面金属光泽和颜色、工艺性质均与黄金相似，而且耐磨性好、抗腐蚀、不褪色，与黄金十分相似。稀金是一类近来新发展起来的比较好的仿金材料。

常见的金饰配方、颜色、密度及组成见表4-1和表4-2①。

表4-1　常见金饰配方及密度表

成色	（一）金镍锌铜配方					（二）金铜银配方			
	密度	质量分数%				密度	质量分数%		
		金	镍	锌	铜		金	铜	银
18K	14.6	75	16.5	5	3.85	15.3	75	17.5	7.5
14K	12.6	58.5	17	8.5	16	13.5	58.5	29	12.5
12K	11.6	50	20	10	20	12.7	50	35	15
9K	10.6	37.5	17.5	18	27	11.7	37.5	43.8	18.7

表4-2　k金首饰常见颜色及其各种金属的含量表　单位:%

颜色		成色/K	金	银	铜	镍	锌	铝	铁	镉	钯
黄色	金黄	22	91.7	5	2		1.3				
	金黄	18	75	10	15						
	淡黄	18	75		3.5	16.5	5				
	淡黄	14	58.5		16	17	8.5				
	金黄	18	75	7.5	17.5						
	深黄	12	50		20	20	10				
	深黄	12	50	15	35						
	玫瑰黄	9	37.5		27	17.5	18				
	玫瑰黄	9	37.5	18.7	43.8						
绿色	绿	18	75	15	10						
	深绿	18	75	15	6					4	
红色	深红玫瑰	18	75		25						
	粉红	18	75	5	20						
	亮红	18	75						25		
	紫红	20	83.3						16.7		
蓝		18	75							25	
灰		18	75		8					17	
黑		14	58.3							41.7	
褐		18	75	6.2							18.8
橙		14	58.3	6	35.7						

注：密度：金为19.3g/cm³；银为11.0g/cm³；铜为8.9 g/cm³；镍为8.9 g/cm³；锌为7.2 g/cm³。

① 干大川.珠宝首饰设计与加工[M].北京：化学工业出版社，2005：18.

2.1.5 黄金饰品的鉴别

（1）眼看法。 纯金的光泽，金黄鲜亮，与其合金的光泽存在差异。民间广为流传有关黄金成色的多种说法，如“七青八黄九五赤”，“黄白带赤对半金”等，也就是说赤黄色的金成色在95%以上；正黄色的金成色在80%左右；青黄色的金成色在70%左右；而黄白带赤的金成色在50%左右。

（2）手掂法。 黄金的密度很大，拿在手中有沉甸甸的感觉，这是一般金属（如铜或银等）所没有的。手掂法就是凭手感的密度测定法。

（3）手扳法。 纯金的柔软性很好。用手弯曲材料，来体验柔韧感觉。纯度越高的金越柔软，假黄金或成色低的金易折断，不易弯曲。

（4）听声法。 纯金的密度大且柔韧，受到敲击和抛扔后，发出厚实沉闷的声音，成色越高声音越沉闷。

（5）牙咬法。 纯金的硬度很低，用牙齿咬会留下牙印和损伤，而铜或其他合金不能咬出痕迹。

（6）火烧法。 纯金在1040℃以下，可以保持不熔化、不氧化、不变色，而成色不足的在火烧后，表面可能会氧化呈黑色。正所谓“真金不怕火炼”。

（7）酸验法。 纯金只溶于“王水”，基本不与三大强酸（硫酸、盐酸、硝酸）起化学反应，而一般金属则不然。

（8）条痕法。 把黄金置于试金石（如雨花石或黑色硅质岩石薄片）上一划，根据条痕的颜色，可以判断黄金成色。目前银行收购黄金时，常用此法将条痕的颜色与标准金牌比较，检验金成色的精确度较高。

（9）水银法。 黄金（如粒状砂金）密度大于其他共生金属，在水银中能下沉，可进行密度区分。

目前，正规厂家生产的黄金饰品大多数打有厂名和成色印鉴，这也是黄金真假和成色的判别标记。另外，熟悉镀金、包金，以及亚金、稀金和其他金属及合金等材料和工艺的特点，也可以帮助进行判别。

2.2 银（Ag　Argentine）

2.2.1 物理性质

银白色金属，质软，但比金硬，熔点为961.93℃，密度为10.5g/cm^3，是导电率和导热性最大的金属，延展性仅次于金。银的反光能力很强，经过抛光后能反射95%的可见光。

2.2.2 化学性质

银是第一族的副族元素,化学性能稳定。一般不与氧起作用,不溶于盐酸和稀硫酸,能溶于硝酸和浓硫酸。在常温下能与硫或硫化氢反应生成黑色硫化银,这是银及银器变暗的原因。银与氢、氮和碳不会直接反应。像金一样,银不能在酸性环境中析出氢,对碱溶液也稳定,易与"王水"和饱和的盐酸起反应(生成氯化银沉淀,进而实行金银分离)。但银不同于金,它能溶于硝酸和热的浓硫酸,生成硝酸银和硫酸银。

2.2.3 银的制取

银以游离态(或与金、汞、锑、铜或铂生成的合金)或以硫化物矿如Ag_2S(银的最重要来源)的形成存在于自然界,但常与铅、锌、铜等的硫化物共生,因而都是作为副产品回收银。此外,也以卤化物(如AgCl)形式存在。无论何种形式,均可用氰化法浸取:

$$4Ag+8NaCN+2H_2O+O_2 = 4Na[Ag(CN)_2]+4NaOH$$

$$Ag_2S+4NaCN = 2Na[Ag(CN)_2]+Na_2S$$

接着在溶液中用锌(或铝)还原:

$$2Ag(CN)_2^-+Zn = Zn(CN)_4^{2-}+2Ag$$

把金属银熔化铸成粗银块,再用电解法制成纯银。

2.2.4 银的成色

银的成色就是指银的纯度和含量。银成色有两种表示方法,即百分率法和成色法。如印有中文的"纹银"则说明其银含量为100%,是纯银;"925银"表示含银为92.5%,是常用的首饰银。银的标记符号为"S",它是"Silver"的缩写。镀银符号为"SF",即为"Silver Fill"的缩写。

2.2.5 银的鉴别

纯银硬度很低,十分柔软。含银92.5%的标准银(常用银合金),硬度稍高,适合制作银饰品。识别银的常用方法有以下几种。

(1)手掂法。纯银的密度比铂和K白金低得多,又比铝高得多,凭经验用手掂量,可以初步区分银、铂和铝等金属。

(2)眼看法。纯银和铂的颜色相似,洁白而光亮。铝的颜色白而不亮。成色低的银饰品色发黄和发暗。

(3)手扳法。 纯银的柔软性好于铂和K白金,但比纯金稍硬。可用手弯曲材料,来体验柔韧感觉。纯度越高的银越柔软。若扳断后可观察断口形态和颜色,来初步判别成色。

(4)听声法。 纯银或成色高的银饰品抛在硬地上,声音发闷,并蹦跳不高。成色越低的声音越脆。

(5)条痕法。 将银饰品在试金石上划出银的条痕,然后把银药抹在银条痕上,挂银药越多其成色就越高。银药是由银粉和水银混合成的软体状的试剂。

(6)酸验法。 硝酸可以鉴别银的成色。在银制品的锉口处抹上一点浓硝酸,成色高的呈糙米色调,即隐绿或微绿;成色低的呈深绿色,有时呈黑色。

(7)硫化银法。 纯银会与空气中的硫(如硫化氢)起反应,生成黑色的硫化银,这也是银的识别方法之一。

目前,正规厂家生产的银饰品大多数打有厂名和成色印鉴,这也是银真假和成色的判别标记。

2.2.6 银的用途

在贵金属中,银有较多的矿物储藏量和生产量。银具有优良的理化性能,并在国民经济各个领域,有着十分广泛的用途。银主要用于感光胶片、首饰、工艺品以及电子、电器工业产品等。银还可用来制作餐具,因为银离子杀菌能力较强,每升水中只要有一千亿分之二克的银离子,就足以起消毒作用了。

2.3 铂(Pt, Platinum)

金属铂即白金,主要用作白金项链和白金戒指等首饰,因为稀少,所以价值比同质黄金饰品贵重。

2.3.1 物理性质

铂的元素符号为Pt,原子序数为78,相对原子质量为195.09,晶体结构具有面心立方晶格,密度为21.35g/cm^3,属于密度最大的金属之一。铂的熔点为1769.43℃,沸点为3800℃,硬度不高,延展性好,可以拉成直径0.001mm的细丝,还能压成0.1127mm的薄片,其硬度和延伸率在不同状态(如热铸、冷加工、退火、电沉积)下有比较明显的差别。

2.3.2 化学性质

铂具有优良的高温抗腐蚀性和高温抗氧化性。在冷态时铂不与盐酸、硫酸、硝酸以及有机酸起作用,加热时硫酸对铂略起作用。无论在冷热状态下“王水”都能溶解铂。熔融碱和熔融氧化剂也能腐蚀铂。在氧化气氛下,温度达到100℃时,各类氢卤酸或卤化物能起到络合剂的作用,使得铂被络合而溶解。

2.3.3 铂的制取

工业上制取铂,主要有电解冶炼法、化学还原法、羰基化法等。电解冶炼法由电解精炼有色金属所得的阳极泥分离制得。化学还原法是先将粗提后的铂矿石用王水处理,再与碱金属的氯化物在氯气流中加热形成含氯配合物,然后在含有铂系氯的配离子的酸溶液里加入氯化铵或氯化钾,即可得到难熔的铵盐或钾盐,将铵盐或钾盐加热,结果只有金属铂残留下来,从而提纯金属铂。发生反应的化学方程式主要有①:

$$3Pt + 18HCl + 4HNO_3 = 3H_2PtCl_6 + 4NO\uparrow + 8H_2O$$

$$H_2PtCl_6 + 2KCl = K_2PtCl_6\downarrow + 2HCl$$

$$H_2PtCl_6 + 2NH_4Cl = (NH_4)_2PtCl_6\downarrow + 2HCl$$

由于铂的工业生产不易,且存在不同程度的化学污染,因而铂的产量不高。全世界的黄金年产量已超过1000 t ,而铂的年产量目前只有80 t左右。常常生产1 g 铂Pt ,就要处理几百立方米的矿石。正如前苏联诗人马雅可夫斯基所描绘的“一克的产品,一年的辛劳”。

2.3.4 铂的成色

铂的成色与黄金成色的概念一样,同样是指铂的纯度和含量。主要采用成色法,亦可采用百分率法来表示,而不用“K”法。

铂的标记有“P”、“Pt”、“Platinum”和“Plat”等,在其前或后标上表示成色(如千分含量)的数字。例如,铂金首饰上标记为Pt 950,则表示铂含量为950‰,即为95%。

2.3.5 白金饰品的鉴别

白金的真伪与成色鉴别,主要有化学鉴别法和物理鉴别法。

化学鉴别法有化学试剂鉴别法和火烧法。用火烧法可以鉴别纯白金和仿白金。在火烧时不发生变色的为纯白金,颜色变黑的为仿白金。化

① 董宝平.铂与社会[J].化学教育,2004,(11):3–5.

学试剂鉴别法是根据纯铂与非纯铂组成的差异性，分别用盐酸和硝酸与试样作用，都不反应的为纯白金，只与硝酸反应的为K白金，既与盐酸反应又与硝酸反应的则是仿白金。

物理鉴别法：一看色泽。因白金、白银和仿白金都是白色，其颜色极其相似，但仔细观察仍有微小差异。白金表面呈锡白色，且质地细腻、光洁如镜；白银则为银白色；仿白金也呈银白色，但颜色中闪有黄光。二试密度。白金的密度约是白银（密度为10.5g/ cm^3）的2倍，是黄金（19.32g/ cm^3 ）的1.1倍，如果是仿白金（其中镍的密度为8.9g/ cm^3 ）制成的首饰其密度就更小了。因此可以采取掂试或通过精密天平准确测定密度来确定真伪和成色。三试弹性和硬度。白金的硬度较白银大，而弹性却比白银好。如18 K白金戒指，其色泽与白银极相似，往往不易区分，但只要试一下硬度和弹性，就能把两者区分开来。方法是：将戒指用力挤压使其变形，若容易变形，且变形后能马上复原者为K 白金戒指；若容易变形，但变形后不能复原的则为白银。另外，试金石法也是检验是否白金的专业方法。

资源链接：贵金属的常用检测方法①

1.条痕检测法

这是一种半定量的化学分析法。它是利用金、银、铂、铜和镍等金属，对“王水”、硝酸、硫酸、盐酸等试剂有不同的反应，进而根据这些反应的快慢和试剂的种类，以区分检测金属的成分和含量。

（1）金和铂能缓慢溶解于“王水”，而不溶于其他强酸；

（2）银溶解于“王水”，又溶于硝酸；

（3）铜和镍溶解于“王水”，又溶于硝酸、硫酸、盐酸三种强酸。

市场上有专用的试剂出售，通常给以相应的编号。例如，18号溶液是“王水”；14号溶液是按1份盐酸、49份硝酸和12.5份蒸馏水混合而成；10号溶液是纯硝酸；还有纯盐酸和氨水等试剂。需要注意试剂的强腐蚀性，以及保存和操作安全问题。

条痕法需要将检测贵金属饰品放在试金台上擦划出条痕，这对饰品有轻微损伤。

---

① 干大川.珠宝首饰设计与加工[M].北京：化学工业出版社，2005：150.

2.净水力学法

通常使用高精度(如0.0001g)的电子天平,具有固定密度的浸液(如水、酒精或二甲苯),称出被测金属饰品在空气和浸入浸液中的质量,再代入公式,计算出密度。采用此方法对纯金属进行密度测量时,由于已知纯金属的密度,所以容易得到比较明确的判断。如果测试得到的是合金密度,那么就必须知道合金的准确组成或密度,才能对成色进行判断。

净水力学法与测定宝玉石密度的方法相同,都是通过密度测量数据,对照已知品种或成色与密度的对应表格,再综合其他条件,来初步判断饰品的品种或成色的。

3. X荧光光谱分析法

目前,X荧光光谱分析已作为无损检测贵金属饰品的最重要的工具和最有效的手段。X荧光光谱仪是一种用途广泛的精密仪器。主要特点如下:

(1)可分析的元素多,精度也很高;

(2)分析过程中不会损伤饰品,特别适合贵金属饰品;

(3)检测方便、快速,一两分钟就能测定二三十种元素;

(4)分析样品不受形状、尺寸的限制。

此外,还有电子探针法和反射率法。在实际测试和判别时,可以采用多个方法的配合,以提高速度和结果的准确性。

3 稀土金属材料

3.1 稀土元素的定义

元素周期镧系元素——镧(La)、铈(Ce)、镨(Pr)、钕(Nd)、钷(Pm)、钐(Sm)、铕(Eu)、钆(Gd)、铽(Tb)、镝(Dy)、钬(Ho)、铒(Er)、铥(Tm)、镱(Yb)、镥(Lu),以及与镧系的15个元素密切相关的两个元素——钪(Sc)和钇(Y)共17种元素,称为稀土元素(Rare Earth),简称稀土(RE或R)。稀土元素最初是从瑞典产的比较稀少的矿物中发现的,“土”是按当时的习惯,称不溶于水的物质,故称稀土。

3.2 稀土元素的用途

稀土元素具有独特的物理性质和化学性质,常常在材料中掺入少量稀土元素来改变材料的性能。如在压电材料、电热材料、磁阻材料、发光材料、贮氢材料、光学玻璃、激光材料里加入少量镧，可获得质的飞跃；将铈应用到汽车尾气净化催化剂中，可有效防止大量汽车废气排到空气中；镨被广泛应用于建筑陶瓷和日用陶瓷中，其与陶瓷釉混合制成色釉，也可单独作釉下颜料，制成的颜料呈淡黄色，色调纯正、淡雅；在镁或铝合金中添加1.5%–2.5%钕，可提高合金的高温性能、气密性和耐腐蚀性，广泛用做航空航天材料；钷可作热源，为真空探测和人造卫星提供辅助能量等等。我国不仅稀土资源丰富，而且对稀土研究也居世界领先水平，是材料领域的一朵奇葩。

第2节　合金材料

生活中常用的合金材料有铁合金、铜合金和铝合金等。

1 铁合金

钢铁是铁和碳的合金体系的总称。其特点是强度高、价格便宜、应用广泛，钢铁约占金属材料产量的90%，是世界上产量最大的金属材料。其中含碳量大于2.0%的叫生铁，小于0.02%的叫纯铁，含碳量介于两者之间的称为钢。钢中含碳量小于0.25%的称低碳钢，介于0.25%–0.60%的称中碳钢，大于0.60%的称高碳钢。

实际上钢就是铁合金，普通的钢材是铁和碳的合金，所以也叫碳素钢。在碳素钢中有一般碳素钢和优质碳素钢。前者含碳量在0.4%以下，用作铁丝、铆钉、钢筋等建筑材料，含碳量0.4%–0.5%的用作车轮、钢轨等，含碳量0.5%–0.6%的用来制造工具、弹簧等。后者含硫、磷等杂质比一般碳素钢低，常用作机械零件，在机械制造业中应用最多。

1.1 重要钢种

钢里除铁、碳外，加入其他的元素，就叫合金钢。另加入一种元素的合金钢，即是三元合金钢。如锰钢、硅钢（也叫矽钢，矽是硅过去的中文名称）等。锰钢一般含锰1.4%–1.8%，用于制造汽车、柴油机上的连杆螺栓、半轴、进气阀和机床的齿轮等。硅钢是含硅量高的钢，具有很高的电阻，在电气工业中有广泛应用。例如，变压器用的钢即是含碳量小于0.02%、含硅3.8%–4.5%的硅钢。另外加入两种或两种以上元素的叫多元合金钢。合金钢还常按用途命名,如工具钢、高速钢、不锈钢等。

1.1.1 工具钢

工具钢是用作车刀、刨刀、锉刀、锯条、拉丝工具等的合金钢。常用的有铬铝工具钢(含铬1.2%–1.5%、含铝1.0%–1.5%)、铬钼钒工具钢(含铬11%–12%、含钼0.4%–0.6%、含钒0.15%–0.3%)、铬锰钼工具钢(含铬0.6%–0.9%、含锰1.2%–1.6%、含钼0.15%–0.3%)等。

1.1.2 高速钢

高速钢也叫锋钢,是含钨的合金钢,用于制造高速运转的切削工具。它一般含钨8.5 ~ 19%、含铬3.8%–4.4%、含钒1%–4%。

1.1.3 不锈钢

主要指含铬、镍的合金钢,不锈钢品种很多,常见的有含铬17%–20%、含镍8%–11%,如果再加入钛(1%左右),钢的耐酸能力更强。

资源链接:不锈钢的发现[①]

不锈钢的发现虽然认为是在1900–1915年,但是它的萌芽期在1821年。其发展的进程详见表4–3。

表4–3 不锈钢的发展进程

1820年	M.Faraday	发表了难以生锈的白金钢和10%Ni.Fe合金。
1821年	P.Berthier	发现了Fe.Cr的耐酸性
1872年		在英国申请了30Cr.2W耐酸性不锈钢的第一号专利。
1892年	R.A.Hadfield	发表了有关Cr含量增多时腐蚀量增加的论文。
1895年	H.Goldshmidt	发明了利用铝热剂法制造低碳Fe.Cr合金。
1904年	L.A.Guillet	发表了关于Cr钢的金属组织论文。
1906年	L.A.Guillet	发表了关于Ni.Cr钢的金属组织论文。
1908年	P.Monnanz	发表了不锈钢的耐蚀性与钝化现象之间的关系。
1909–1912	A.M.Ponevin	高Cr钢的研究。
1911年	P.Monnartz	发表了有关耐酸性Fe.Cr合金的研究,从12%Cr附近开始耐蚀性明显地急剧得到改善。
1912年	B.Strauss E.Maurcr	克虏伯公司提出申请了马氏体奥氏体2种类型的不锈钢专利。
1920年时期		托马斯公司使镍铬耐蚀可锻钢得到商品化。
1915	H.Brearlet	提出申请淬火硬化型马氏体系不锈钢"Stainless steel"的专利SUS420的原型

① 陈时付.不锈钢的历史、分类和规格[J].上海钢研,2003,(4):43.

2 铜合金

2.1铜合金性能及应用

由于性能优异，直到现在，几乎所有的工业机器和设备还都要用到铜和铜合金。铜合金耐磨损、易切削加工、成形性好，并能以精确的尺寸和公差进行铸造，因而它是制造齿轮、轴承、汽轮机叶片以及许多复杂形状产品的理想材料，应用极其广泛。

(1)铜和铜合金具有优越的导电性能，并能在恶劣环境下工作，是制造热交换器不可缺少的材料。如空调器的冷凝管就是用铜合金制成的。据统计，每一万千瓦的锅炉容量约需5t铜合金冷凝管。一个60万千瓦的大型发电厂就要用300t铜合金管材。

(2)耐腐蚀性好使铜和铜合金特别适合在海洋工程和化工设备中应用。各种暴露在海水中的容器和管道系统以及海上采油平台和海岸发电站中使用的设备和构件等等，都要依靠它来抵抗腐蚀和海洋生物的污损。

(3)铜和铜合金还有许多特殊的用途。例如，铜合金在低温下能保持良好的韧性，是低温工程中理想的结构材料；有些铜合金具有优良的弹性，是制造仪器仪表中弹性元件的重要材料。

2.2铜合金种类

工业中广泛应用的铜和铜合金有工业纯铜、黄铜、青铜和白铜。黄铜是铜锌合金，含铜66%–73%、锌27%–34%。在加入其他合金元素后，形成多元黄铜。青铜是铜和锡、铝、铍、硅、锰、铬、镉、锆及钛等元素组成的合金的统称。青铜根据成分可分为锡青铜和特殊青铜。锡青铜是历史上应用最早的合金。青铜含铜67%–89%、锌2%–33%、锡0%–9%(不含锡的也叫无锡青铜)、铅0%–2%，用作制造机械零件。此外还有特种青铜，如磷青铜、铍青铜、硅青铜等，具有耐腐蚀、高导电性能，用于仪表工业。白铜是以镍为主要合金元素的铜合金。

3 铝合金

金属铝的强度较低，硬度和耐磨性较差，不适宜制造承受大载荷及强烈磨损的构件。为了提高铝的强度，常加入一些其他元素，如镁、铜、锌、锰、硅等。这些元素与铝形成铝合金后，不但提高了强度，而且还具有良好的塑性和压力加工性能。

铝合金中主要有坚铝和铝镁合金。坚铝含铝95.5%、铜3%、锰1%、镁0.5%，坚硬而轻，用于制造汽车和飞机。铝镁合金含铝90%–94%、镁6%–10%，可制作仪器及天平梁。若把锂掺入铝中，就可生成铝锂合金。由于锂的密度比铝还低($0.535g\cdot cm^{-3}$)，如果加入1%锂，可使合金密度下降3%，强度提高20%–24%，刚度提高19%–30%。因此用铝锂合金制造飞机，可使飞机质量减轻15%–20%，并能降低油耗和提高飞机性能。铝锂合金是很有发展前途的合金。随着加工工艺的改进，银白色的铝合金也在向彩色铝合金方向发展。

4 钛合金

钛及钛合金发展至今，已有50多年历史。由于它具有很高的强度和耐腐蚀性，是世界上各国大力发展的轻金属材料。专家估计，目前世界上钛及钛合金的生产能力已超过现有消费需求量的2–2.5倍，因而钛及钛合金市场竞争剧烈，各国都努力提高质量、降低成本，一些老的技术已被淘汰。美国注重宇航用钛合金及其他方面的应用，同时开发新的领域；日本则注重发展非宇航领域用新型钛合金。

钛具有不寻常的综合优点。它比钢轻得多(它的密度只有钢的1/2强)，比铝和钢更加结实(以同等重量而论)，能抗腐蚀，还能耐高温。因为这些优点，钛现在已被用于飞机、轮船、导弹以及一切需要具有这些特点的场合。目前，钛合金已扩大应用到民用工业和船舶工业，如蒸汽涡轮叶片、深海压力容器、电磁烹调器具、民用汽车、钟表、眼镜架等。

5 镁合金

镁是最轻的结构金属，常作铝合金中的合金元素，全世界约300多种铝合金中几乎都含有镁，因此，它们一起被广泛地用于航天、航空工业。另外，镁合金也越来越多地用于汽车、钢铁(球墨铸铁的球化剂和钢铁冶炼的脱硫剂等)、金属防腐、工具制造等。特别是在汽车市场，镁合金具有广阔的应用前景。例如，轿车重量每下降100kg，每升汽油可使汽车多行驶5km,统计表明,车重减轻10%,耗油量减少5%。因此,减轻汽车重量具有节约能源和减少废气污染的双重功效,而镁合金在减轻汽车重量方面具有很大的发展潜力。

6 其他常用合金

易熔合金有铸字合金、巴比特合金、伍德合金和焊锡等。铸字合金(也称活字金)含铅70%、锑18%、锡10%、铜2%,用于制造铅字。巴比特合金含锡70%–90%、锑7%–24%、铜2%–22%,用于制造机械的轴承。伍德合金含铋38%–50%、铅25%–31%、锡12.5%–15%、镉12.5%–16%,熔点低(60℃–70℃),用于制作汽锅的安全阀等。焊锡含铅67%、锡33%,熔点为275℃,用于熔接金属。此外,含镍60%–75%、铁12%–26%、铬11%–15%、锰1%–2%的镍铬合金,电阻大、耐腐蚀,常用作电热丝(镍铬丝)。

7 新型合金材料

新型合金材料种类繁多。例如具有在一定的条件下变形后,又能恢复到变形前原始形状的能力的形状记忆合金;工作温度随所受压力、环境介质和寿命要求的不同而有所不同的高温合金;还有贮氢合金材料。目前正在开发的贮氢合金主要有三大系列:镁系列合金、稀土系合金和钛系合金。

金属或合金在熔融状态下缓慢冷却得到的是晶态金属或晶态合金。如果在熔融状态下以极高的速度骤冷(冷却速度约为106开/秒),因原子来不及有序化排列,形成的是非晶态金属或合金。这种结构与玻璃的结构极为相似,所以又称为金属玻璃。非晶态合金与晶态金属相比,虽然化学成分相似甚至相同,但由于结构不同,无论在力学、电学、磁学及化学性质等方面都有显著的差异。非晶态合金作为一种新型的金属材料,具有许多优良的特异性能,而且大部分非晶态合金是直接由液态急冷而成的,工艺简单,生产费用低,原料便宜,成本低廉,因此是一种有广阔应用前景的新型材料。

第3节　无机非金属材料

无机非金属材料是人类最先应用的材料。这些材料绝大多数以二氧化硅为主要成分,所以我们常把无机非金属材料称作“硅酸盐材料”。一般无机非金属材料具有耐高温、高硬度和抗腐蚀等优良工程性能,其主要缺点是抗拉强度低、韧性差。随着现代科学技术的发展,出现了氧化物陶瓷、氮化物陶瓷和碳化物陶瓷等许多具有特殊性能的新型材料,广泛应用于建筑、冶金、机械及尖端科技领域。

1 传统无机非金属材料

传统陶瓷材料的主要成分是硅酸盐,自然界存在大量天然的硅酸盐,如岩石、砂子、粘土、土壤等,还有许多矿物如云母、滑石、石棉、高岭石、绿柱石、石英等,它们都属于天然的硅酸盐。此外,人们为了满足生产和生活的需要,生产了大量人造硅酸盐,主要有玻璃、水泥、各种陶瓷、砖瓦、耐火砖、水玻璃以及某些分子筛等。硅酸盐制品性质稳定,熔点较高,难溶于水,有广泛的用途。陶瓷、玻璃和水泥统称为硅酸盐材料,硅酸盐制品一般都是以粘土(高岭土,$Al_2O_3 \cdot 2SiO_2 \cdot 2H_2O$)、石英($SiO_2$)和长石(钾长石,$K_2O \cdot Al_2O_3 \cdot 6SiO_2$;钠长石,$Na_2O \cdot Al_2O_3 \cdot 6SiO_2$)为原料。这些原料中都含有$SiO_2$,因此在硅酸盐晶体结构中,硅与氧的结合是最重要的。

1.1 陶瓷

把粘土、长石($K_2Al_2Si_6O_{16}$)和石英研成细粉,按适当比例配好,用水调和均匀,做成制品的坯型,干燥后入窑,在高温(1200℃)下煅烧成素瓷。素瓷经上釉,再入窑加热到1400℃左右,控制适当保温时间,就得到不透水、防玷污、不受酸碱作用而有光泽的传统陶瓷制品,其化学组成以氧化物为主。陶瓷在我国有悠久的历史,是中华民族古老文明的象征,其种类很多,广泛应用于建筑、化工、电力、机械等工业及日常生活和装饰等方面。

1.2 玻璃

玻璃是无定形硅酸盐的混合物，是由熔体过冷而成固体状态的无定形物体，一般性脆而透明，化学成分比较复杂。常讲的玻璃是硅酸盐玻璃。

1.2.1玻璃的原料和生产

制造普通玻璃的主要原料是纯碱（Na_2CO_3）、石灰石（$CaCO_3$）和石英砂（SiO_2），有些特种玻璃还包含氧化铅（PbO）和硼砂（$Na_2B_4O_7·10H_2O$）。

玻璃主要是硅砂与其他化学物质加热熔融而成，其主要成分为Na_2SiO_3、$CaSiO_3$ 、SiO_2或写成$Na_2O·CaO·6SiO_2$ 。

生产玻璃时，把原料粉碎，按适当配比混合以后，放入玻璃熔炉里加热。原料熔融后就发生了比较复杂的物理、化学变化，其中主要反应时二氧化硅跟碳酸钠和碳酸钙起反应生产硅酸盐和二氧化碳：

$$Na_2CO_3+SiO_2 \xlongequal{高温} Na_2SiO_3+CO_2\uparrow$$

$$CaCO_3+SiO_2 \xlongequal{高温} CaSiO_3+CO_2\uparrow$$

在原料里，石英的用量是较多的。普通玻璃是Na_2SiO_3、$CaCO_3$ 和SiO_2熔化在一起所得到的物质。这种物质不是晶体，称作玻璃态物质，它没有固定的熔点，而是在某一定温度范围内逐渐软化。

1.2.2玻璃的种类

普通玻璃为钠玻璃，是以砂（主要成分是二氧化硅）、碳酸钠和碳酸钙共熔而制成，其反应为：

$$Na_2CO_3 + CaCO_3 + 6SiO_2 \xlongequal{高温} Na_2CaSi_6O_{14} + 2CO_2\uparrow$$

所得产物虽然以化学式$Na_2CaSi_6O_{14}$或$Na_2O·CaO·6SiO_2$表示，但是玻璃实际上是一种组成不定的不同硅酸盐的混合物。

玻璃中SiO_2的含量愈高，愈耐高温，如石英玻璃中添加一些三氧化二硼（B_2O_3）以降低SiO_2膨胀倍数，SiO_2含量超过80%。故这种玻璃除耐高温外，还耐骤冷和骤热，也耐一般的化学作用。改变原料的成分，可制得多种不同性能、不同用途的玻璃，见表4–4[①]。

表4–4　几种常见的玻璃

名称	主要原料	组成	用途
钠玻璃	SiO_2 ,$CaCO_3$,Na_2CO_3	$Na_2O · CaO · 6SiO_2$	窗玻璃
钾玻璃	SiO_2 ,$CaCO_3$,K_2CO_3	$K_2O · CaO · 6SiO_2$	化学仪器
铅玻璃	SiO_2, K_2CO_3 ,PbO	$K_2O · PbO · 6SiO_2$	光学仪器

① 戴大模. 实用化学基础[M]. 上海：华东师范大学出版社，2000：332.

此外还可以将玻璃按照容器类、物理化学类、平板类、建材类、照明类、光学类等分类。

资源链接:彩色玻璃[①]

普通玻璃常带浅绿色,这是因为原料中混有二价铁的化合物。在熔制时若加入金属氧化物,可制成各种颜色的玻璃。二价的氧化铜(CuO)或氧化铬(Cr_2O_3)可着绿色,氧化钴(Co_2O_3)着蓝色,一价氧化铜(Cu_2O)着红色,二氧化锰(MnO_2)着紫色。乳色玻璃则含氧化锡(SnO_2)或氟化钙(CaF_2)。硅酸亚铁(Fe_2SiO_4)量多时则为黑色,量少则为深绿色。若在玻璃中加入卤化银(AgCl或AgBr)并进行适当的热处理即可制成变色玻璃。当阳光照到玻璃上,卤化银分解,银原子聚集为较大的银粒,使玻璃变黑(实际是深棕色)能挡住80%-90%的光线。一旦强光消失,卤素与银又化合为卤化银,玻璃便自动褪色,又恢复透光性。

1.3水泥

1.3.1水泥的主要成分

水泥的基本成分是由碳酸钙($CaCO_3$)、二氧化硅(SiO_2)、三氧化二铝(Al_2O_3)和三氧化二铁(Fe_2O_3),依照特定的物理和化学标准混合所调制而成。水泥具有水硬性,使它成为建筑不可或缺的部分,往水泥加入石膏可以调节水泥的硬化速度。

1.3.2水泥的生产流程

水泥的生产过程是将粘土、石灰石和氧化铁粉等按一定比例混合磨细,制成水泥生料,送进回转窑进行煅烧。发生的反应主要是:

$2CaO + SiO_2 \rightarrow 2CaO \cdot SiO_2$ (硅酸二钙)(1000℃时)

$3CaO + Al_2O_3 \rightarrow 3CaO \cdot Al_2O_3$ (铝酸三钙)(1200℃时)

当温度到达1400℃左右,窑内物料开始烧结,部分开始熔融。这时硅酸二钙仍保持为固态,它熔于熔融液里,与游离的CaO继续反应生成硅酸三钙($3CaO \cdot SiO_2$)。硅酸三钙以微小的结晶析出,即成熟料。

$3CaO + SiO_2 \rightarrow 3CaO \cdot SiO_2$ (硅酸三钙)(1400℃时)

这一段称为"烧结带"。经过烧结带后,熟料开始冷却而出窑,这一段

① 吴旦.化学与现代社会[M].北京:科学出版社,2002:182.

叫做“冷却带”。其中主要反应如下：

$CaCO_3 \xlongequal{1000-1300℃} CaO+CO_2\uparrow$

$2\ CaO + SiO_2 \xlongequal{750-1000℃} 2CaO\cdot SiO_2$

$3\ CaO + Al_2O_3 \xlongequal{1000-1300℃} 3CaO\cdot Al_2O_3$

$4\ CaO + Al_2O_3 + Fe_2O_3 \xlongequal{1000-1300℃} 3CaO\cdot Al_2O_3\cdot Fe_2O_3$

$CaO\cdot SiO_2 + 2\ CaO \xlongequal{1300-1400℃} 3CaO\cdot SiO_2$

经过上述变化，生料即烧结成块，从窑中出来的产品就是熟料。将熟料磨成细粉，加入少量石膏（其作用是调节水泥在建筑施工中的硬化时间），即成硅酸盐水泥。

资源链接：水泥的发明

1824年，一个英国石匠Joseph Aspdin，因他在厨房发明的水泥，获得了专利权。他把石灰石和厨房火炉里的灰土混合后加热并磨成粉，就创造出加水就会变硬的水泥。Aspdin把水泥命名为卜特兰（Portland），是因为它长得像英国海岸外的卜特兰岛上所采来的一块石头。由于这个发明，Aspdin建立起今天卜特兰水泥工业的基础。

1.3.3 水泥的硬化

水泥配上适当分量的水后，调和成浆，经过相当时间，凝固成块，最后成为坚硬如石的物体，这一过程叫做水泥的硬化。水泥的凝结和硬化是很复杂的物理化学过程，水泥与水作用时，颗粒表面的成分很快与水发生水化或者水解作用，产生一系列新的化合物，反应如下：

$3CaO\cdot SiO_2+ n\ H_2O = 2CaO\cdot SiO_2\cdot(n-1)H_2O + Ca(OH)_2$

$2CaO\cdot SiO_2+m\ H_2O = 2CaO\cdot SiO_2\cdot mH_2O$

$3CaO\cdot Al_2O_3+6\ H_2O = 3CaO\cdot Al_2O_3\cdot 6\ H_2O$

$4CaO\cdot Al_2O_3\cdot Fe_2O_3+7\ H_2O = 3CaO\cdot Al_2O_3\cdot 6\ H_2O + CaO\cdot Fe_2O_3\cdot H_2O$

硅酸盐水泥和水反应后，形成四个主要化合物：氢氧化钙、含水硅酸钙、含水铝酸钙和含水铁酸钙。这几种主要化合物决定了水泥硬化过程中的一些特性①。

1.3.4 水泥的分类

① 朱光明，秦华宇. 材料化学[M]. 北京：机械工业出版社，2003：213–215.

普通水泥，是把石灰质和粘土质粉状原料混合物在1450℃左右烧成水泥熟料，磨细（往往加少量石膏共同磨细）后得到；矿渣硅酸盐水泥，是含有20%–85%磨细的高炉炉渣的硅酸盐水泥，它热稳定和耐腐蚀性能较好，主要用于水利工程和高温车间工程等方面；火山灰质（硅酸盐）水泥，是含有20%–50%磨细的火山灰质材料（如硅藻土、凝灰岩等）的硅酸盐水泥，主要用在水利工程上；高铝水泥又叫矾土水泥，它是含氧化铝较高的水泥（组成以铝酸钙为主），用于耐热、耐火、耐海水腐蚀和紧急工程等方面。此外还有很多特性水泥，如耐酸水泥，是由石英粉、长石粉、硅藻土或辉绿岩等和水玻璃、硅氟酸钠调和而成的胶凝材料，能耐酸，能耐200℃左右的温度，广泛用于制造耐酸器材和防酸建筑物；快硬水泥，它的原料和制法跟普通硅酸盐水泥相似，其中$3CaO\cdot SiO_2$的含量较高，粒度也较细，用于制造混凝土构件及紧急工程；膨胀水泥是硬化时体积膨胀的水泥，用矾土水泥和消石灰制成的膨胀剂，再跟建筑石膏和水泥配制而成，它用来填塞建筑物的裂缝。

水泥在日常生活中的应用很广泛，但是传统水泥单调的颜色在一定范围内限制了它的应用。现在出现的白水泥是白色的硅酸盐水泥，用含氧化铁、氧化锰等杂质少的石灰石和粘土作原料，并用无灰燃料（如重油、煤气）煅烧而成，常用于室内装潢。水泥里拌入耐碱的矿物颜料，能制得彩色水泥。

2 新型无机非金属材料

新型无机非金属材料可以做成单晶、纤维、薄膜和粉末，具有强度高、耐高温、耐腐蚀，并可有声、电、光、热、磁等多方面的特殊功能，用途极为广泛，遍及现代科技的各个领域。

2.1 功能陶瓷

功能陶瓷以电、磁、光、热和力学等性能及其相互转换为主要特征，在通信电子、自动控制、集成电路、计算机技术、信息处理等方面的应用日益普及。

2.1.1 高温结构陶瓷

高温结构材料与金属材料的性能比较有耐高温、耐腐蚀、硬度大、耐磨损、不怕氧化等优点。高温结构陶瓷除了氮化硅、氧化铝和碳化硅外，还有二氧化锆等。二氧化锆(ZrO_2)的导热性差，所以可用作高温绝热材料；耐腐蚀、化学温稳定性好，可制成熔炼Pt、Pd、Ru、Rh等贵重金属的坩埚；不被玻璃浸润，可用作熔制玻璃的炉窑内衬材料。

2.1.2 透明陶瓷

一般陶瓷是不透明的，但光学陶瓷像玻璃一样透明，故称透明陶瓷。一般陶瓷不透明的原因是其内部存在有杂质和气孔，前者能吸收光，后者令光产生散射，所以就不透明了。因此如果选用高纯原料，并通过工艺手段排除气孔就可能获得透明陶瓷。现已研究出如烧结白刚玉、氧化镁、氧化铍、氧化钇、氧化钇-二氧化锆等多种氧化物系列透明陶瓷。近期又研制出非氧化物透明陶瓷，如砷化镓(GaAs)、硫化锌(ZnS)、硒化锌(ZnSe)、氟化镁(MgF_2)、氟化钙(CaF_2)等。

这些透明陶瓷不仅有优异的光学性能，而且耐高温，一般它们的熔点都在2000℃以上。如氧化钍-氧化钇透明陶瓷的熔点高达3100℃，比普通硼酸盐玻璃高1500℃。透明陶瓷的重要用途是制造高压钠灯，它的发光效率比高压汞灯提高一倍，使用寿命达2万小时，是使用寿命最长的高效电光源。高压钠灯的工作温度高达1200℃，压力大、腐蚀性强，选用氧化铝透明陶瓷为材料成功地制造出高压钠灯。透明陶瓷的透明度、强度、硬度都高于普通玻璃，它们耐磨损、耐划伤，用透明陶瓷可以制造防弹汽车的窗、坦克的观察窗、轰炸机的轰炸瞄准器和高级防护眼镜等[①]。

2.1.3 生物陶瓷

用生物陶瓷制成的人体器官植入人体后，要经受人体内复杂的生理环境的长期考验。选用的材料要求生物相容性好，对机体无免疫排异反应；血液相容性好，无溶血、凝血反应；不会引起代谢作用异常现象，对人体无毒。例如，生物陶瓷和骨组织的化学组成比较接近，生物兼容性和组织亲和性也较好，目前主要用于人体硬组织的修复。表4-5为典型生物陶瓷的力学性能及其应用。

① 唐有祺，王夔. 化学与社会[M]. 北京：高等教育出版社，2002：160.

资源链接:压电陶瓷与电子打火

压电陶瓷是一种可以使电能和机械能相互转换的特殊陶瓷材料。它在受到机械应力时,会发生陶瓷的晶体极化现象,极化值与应力成正比;而在电场作用下,它会产生与电场强度成正比的应变。

压电陶瓷是一种烧结致密的、不具有对称中心的多晶材料。具有代表性的压电陶瓷有钛酸钡($BaTiO_3$)和锆钛酸铅[$Pb(Ti、Zr)O_3$]系陶瓷。压电陶瓷的应用相当广泛,涉及许多高新技术和军工技术领域,并与人类的日常生活密切相关。例如,可用压电陶瓷做成换能器,如耳机、扬声器、拾音器、传声器及电视遥控器等;还可以用它把大功率的电能高效地转换成很强的超声振动,用以探寻水下鱼群、金属的无损探伤、超声清洗、超声乳化、超声切割加工等。日常生活中,如燃气灶上的"电子打火"装置和一次性打火机上的压电点火器就是采用黄豆大小二粒锆钛酸铅压电陶瓷制成的,它们依靠人手指按压的力量产生出数千伏以上的高电压,从而达到引燃燃料的目的。

表4-5 典型生物陶瓷的力学性能及其应用

材料类别	弯曲强度/Mpa	压缩强度/Mpa	杨式模量/Mpa	应用举例
氧化铝单晶	130-210	3000	385	人工牙根
氧化铝陶瓷	210-380	100	371	人工骨、牙根、关节
烧结氧化锆	140	210	154	人工骨、关节
热解石墨	520	-	28	心脏瓣膜
碳纤维	2550	-	240	人工骨、关节
烧结磷酸钙	140-160	470-700	34-84	人工牙根、骨充填材料
羟基磷灰石	113-196	510-920	35-120	人工骨、牙

2.1.4金属陶瓷

金属陶瓷是由一种或多种陶瓷与金属或合金组合而成的一种复合材料。它兼有金属的高韧性和可塑性,以及陶瓷的耐高温、耐磨、抗氧化、抗腐蚀等优点。

金属陶瓷可按其基质陶瓷的种类分为:氧化物基质金属陶瓷(如Al_2O_3、ZrO_2等);碳化物金属陶瓷(如ZrC、B_4C、SiC等);硼化物金属陶瓷(如TiB_2、CrB_2等);氮化物金属陶瓷(如TiN、TaN等);硅化物金属陶瓷(如$TiSi_2$、WSi_2等)。而与之复合的金属常有Co、Ni、Cr、Fe、Mo、Nb等。目前使用最广泛的金属陶瓷有Cr-Al_2O_3系和WCr- Al_2O_3系,用于制造汽轮机叶片、火箭喷嘴、炉膛等。

此外，还有超导材料，Al_2O_3/SiC，Al_2O_3/Si_3N_4，MgO/SiC，莫来石/SiC，Si_3N_4/SiC，SiC/超细SiC诸多陶瓷体系组成的纳米陶瓷等，都是很有发展前途的材料。

资源链接：光导纤维

从高纯度的二氧化硅或石英玻璃熔融体中，拉出直径约100μm（比头发略粗）的细丝，可作为光导纤维。自20世纪七十年代以来，用光导纤维取代铜、铝金属导线进行通讯的研究蓬勃发展，现已大规模使用。光纤的种类很多。按照光纤组成的材料划分有石英玻璃光纤、多组分玻璃光纤、氟化物光纤、塑料光纤和液芯光纤。光导纤维的特点是①抗干扰性能好，不发生辐射；②通讯质量好，保密性好、成本低；③质量轻、耐腐蚀，绝缘性能好、寿命长、输送距离长。光导纤维除用于通讯外，与数字技术及计算机结合起来，还可以用于医疗、图像、数据等信息处理、控制电子设备和智能终端等。

第4节　高分子材料

1 高分子化学基础

1.1 高分子的原料和合成方法

高分子（Macromolecule）是相对分子质量高达几千到几百万的分子。此类分子构成的化合物称高分子化合物（Macromolecular compound），又称高聚物（High polymer），也称聚合物（Polymer）。

由一种或者几种单体发生加成反应，结合成为高分子的聚合反应称为加成聚合反应，简称加聚反应。在工业上利用加成聚合反应生产的合成高分子约占合成高分子总量的80%，最重要的有聚乙烯、聚氯乙烯、聚丙烯和聚苯乙烯等。含有双官能团或多官能团的单体分子，通过分子间官能团的缩合反应把单体分子聚合起来，同时生成水、醇、氨等小分子化合物，称为缩合聚合反应，简称缩聚反应。如己二胺和己二酸之间通过脱水缩合，生成聚酰胺。它的商品名称叫尼龙-66或锦纶-66，数字表示两种单体中碳原子的数目。把粘稠的尼龙-66液体从抽丝机的小孔里挤出来,得到性能优异的尼龙-66合成纤维。

$$nH_2N—(CH_2)_6—NH_2 + nHOOC—(CH_2)_4—COOH$$

己二胺　　　　己二酸

$$\longrightarrow H^*\!\left[NH—(CH_2)_6—\overset{\displaystyle H}{\overset{|}{N}}—\overset{\displaystyle O}{\overset{\|}{C}}—(CH_2)_4—\overset{\displaystyle O}{\overset{\|}{C}}\right]_n^*OH + (2n\text{-}1)H_2O$$

尼龙-66(聚酰胺)

日常生活中我们熟悉的"的确良"是对苯二甲酸和乙二醇脱水缩合聚合而成的聚酯纤维高分子——涤纶,它有挺括不皱、易洗易干等特点。

$$n\,HO—\overset{\displaystyle O}{\overset{\|}{C}}—C_6H_4—\overset{\displaystyle O}{\overset{\|}{C}}—OH + nHO—CH_2CH_2—OH$$

对苯二甲酸　　　　乙二醇

$$\longrightarrow HO^*\!\left[\overset{\displaystyle O}{\overset{\|}{C}}—C_6H_4—\overset{\displaystyle O}{\overset{\|}{C}}—O—CH_2CH_2—O\right]_n^*H + (2n\text{-}1)H_2O$$

的确良(聚酯)

1.2合成高分子的结构与性能

合成高分子的结构大体有三种:线型长链状不带支链的、带支链的和体型网状的。线型高分子可呈蜷曲、弯折或呈螺旋状,加热可熔化,也可溶于有机溶剂,易于结晶,合成纤维和大多数塑料都是线型高分子。支链高分子在很多性能上与线型高分子相似,但支链的存在使高分子的密度减小,结晶能力降低。体型高分子具有不熔不溶、耐热性高和刚性好的特点,适用作工程和结构材料。

1.3合成高分子的命名

合成高分子的命名,一种是在单体前加"聚"字,如聚乙烯、聚氯乙烯等;另一种是在简化的单体名称后面加"树脂"二字,如酚醛树脂,它是由甲醛和苯酚缩聚得到的,又如脲醛树脂、环氧树脂等。

2 合成高分子材料

通常使用的有机合成高分子材料，按其性能、状态及用途可分为塑料、合成橡胶、合成纤维，即“三大合成材料”。此外，还包含胶粘剂、离子交换树脂、有机硅聚合物，以及涂料、高分子复合材料等。

2.1 塑料

塑料是一类在加热、加压下塑制成型，而在常温、常压下能保持固定形状的高分子材料。塑料除含合成树脂外，还需要加入填充剂(可增加树脂的强度和硬度，并降低成本)、增塑剂(增加树脂的可塑性)、稳定剂(提高树脂对热、光及氧的稳定性)和着色剂(使树脂呈现所需要的颜色)等。

目前全世界投入一定规模生产的塑料品种近300余种，这些品种我国几乎都能生产。塑料按性能和应用范围，可分为通用塑料、工程塑料、特种塑料。通用塑料是指生产量大、货源广，价格低.适于大量应用的塑料。聚乙烯、聚氯乙烯、聚苯乙烯、聚丙烯、酚醛塑料统称五大通用塑料。由通用塑料制成的塑料生活用品由于使用后被弃置成固体废物，从而造成“白色污染”。

工程塑料是可作为工程材料和代替金属用的塑料。要求有优良的机械性能、耐热性和尺寸稳定性。主要有聚酰胺、ABS、聚甲醛、聚四氟乙烯、环氧树脂、聚甲基丙烯酸甲酯等。

特种塑料又称功能塑料，是指具有某种特殊功能，适于某种特殊用途的塑料。例如用于导电、压电、热电、导磁、感光、防辐射、专用于摩擦磨损用途等塑料。主要成分是树脂，有些是专门合成的特种树脂，但也有一些是采用上述通用塑料或工程塑料用树脂经特殊处理或改性后获得特殊性能的。例如聚四氟乙烯具有优异的绝缘性能，抗腐蚀性特别好，能耐高温和低温，可在200℃-250℃范围内长期使用，在宇航、冷冻、化工、电器、医疗器械等工业部门都有广泛的应用。表4-6为几种常见的塑料及性能。

2.1.1 聚碳酸酯

聚碳酸酯是一种新型的热塑性塑料，透明度达90%，被誉为“透明金属”。因为它有良好的机械性能和电绝缘性能，特别是由于它的抗冲击强度和抗热性能大大超过其他塑料，因而用于齿轮、电器零件、精密零件，成为工程塑料的重要一员。

聚碳酸酯有两种常用的合成方法。第一种方法是用碳酸二苯酯与双酚A丙烷(又称双酚A)的酯交换反应：

表4-6　几种常见的塑料及性能

名称	结构单元	主要性能	主要用途	燃烧时的特点
聚乙烯(PE)	$—CH_2CH_2—$	透明、稍带乳白色，有蜡一样滑腻感。耐寒、耐化学腐蚀，无毒，电绝缘性好；耐热性差，易老化。溶于苯、四氯化碳中	食品、医药的包装材料；涂料；绝缘材料，用于雷达、电视机；也可制成管道和电容器的薄膜介质	易燃烧，熔化成滴。火焰浅黄色，根端淡蓝色，有石蜡燃烧的气味，离火后继续燃烧
聚氯乙稀(PVC)	$—CH_2—CH(Cl)—$	耐酸碱，耐潮湿、耐老化，力学性能和电绝缘性良好；耐热性差。溶于环已酮、硝基乙烷、苯、甲苯等溶剂中	电线、电缆的包皮；绝缘涂料；建筑用管道、板材、壁纸；可制成人造革、氯纶等	不太易燃烧，火焰上端黄色，根端蓝绿色，熔融能拉丝，有氯化氢气味，离火后熄灭
聚苯乙烯(PS)	$—CH_2—CH_2—$（下连苯环）	耐水，电绝缘性好，透明度高，易染色，但吸水性差。室温下硬而脆。溶于甲苯、醋酸甲酯、二氯乙烷、三氯乙烯、二硫化碳等溶剂中	绝缘材料；电容器薄膜介质；汽车、飞机两件；医疗卫生用具；日常用品等。聚苯乙烯泡沫塑料有隔音、绝热功能，能作剧场、冷藏库的墙体隔层材料。	易燃，火焰橙黄色，冒浓黑烟，有芳香烃气味，离火后继续燃烧
甲基丙烯酸甲酯有机玻璃(MMA)	$—CH_2—C(CH_3)(COOCH_3)—$	透光性好，透明度可达91～93%，能透过紫外线。质轻，电绝缘性好，耐酸碱，易加工，密度小，耐冲击，抗碎裂能力超过普通玻璃的10倍，不易破碎。不耐热，140℃软化，不耐磨。溶于氯仿、甲酸、冰醋酸等溶剂中	制汽车、飞机用玻璃，光学仪器，大型建筑物的天窗，电子设备、仪器、仪表部件，电容绝缘材料等，还能作假牙、齿托、假肢和人体模型。	能燃烧，火焰黄而明亮，边缘蓝色、顶端白色。软化起泡，有强烈的水果腐烂气味，离火后继续燃烧
聚四氟乙烯(塑料王)(PTFE)	$—CF_2—CF_2—$	优异的耐高、低温性能，优异的耐化学腐蚀性，介电性好，摩擦系数小。刚性差、强度低。不溶于有机溶剂	高低温环境中工作的化工设备；电机、电容器、变压器的绝缘材料；轴承；原子能、航天工业用的特种材料及防火涂层	不燃烧
酚醛树脂(PF)	苯环（带OH）$—CH_2—$	有较好的绝缘性能，耐热、耐腐蚀，有较高的机械强度和优良的电性能	主要作电绝缘材料，如电灯开关、插头、插座、电话机外壳等，还可用于仪表、无线电、汽车、航空、船舶	难燃烧，火焰黄色，有火星，膨胀起裂、焦木味，离火后熄灭
ABS树脂聚丙烯腈、丁二烯、聚苯乙烯的共聚物	$—CH_2—CH(CN)—CH_2—CH_2=$ $—CH(C_6H_5)—CH_2—CH_2—CH=$	综合了三者的优良性能，具有高强度、耐热、耐油、弹性好、抗冲击、不易变形等优点，表面可以电镀。可在110℃长期使用。但不易曝晒。	制成工程塑料，在机械、电子、电气、交通、建筑等方面可代替金属材料。生活上还可用于制作餐具、衣架、玩具、洗脸盆等	易燃，黄色火焰，并冒黑烟。有特殊香味。离火后能继续燃烧

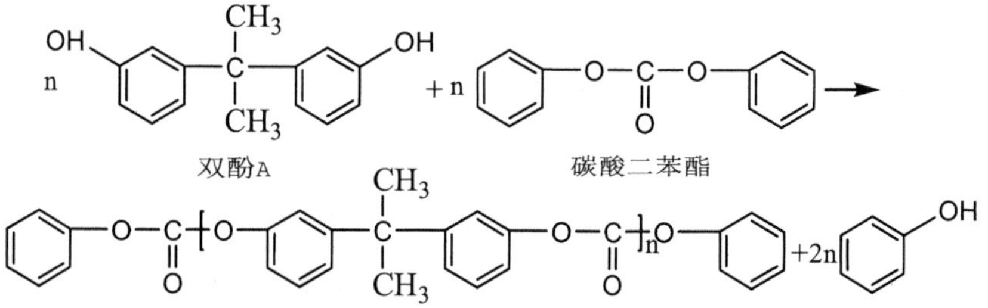

双酚A　　碳酸二苯酯

此反应可逆，无须加溶剂。以碱作催化剂时反应速度加快，但容易发生副反应。酸作催化剂时容易使反应完成，生成高聚合度的树脂。同时，反应还需要在较高温度和减压条件下进行，以蒸除副产物苯酚。

第二种方法是双酚A与光气进行缩合反应：

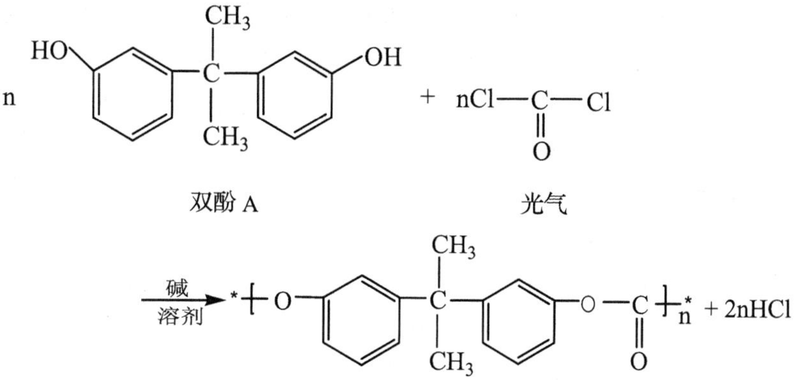

双酚A　　光气

碱 / 溶剂　+ 2nHCl

生成的HCl被碱吸收，反应后必须除去无机盐类，以免树脂高温时老化。

聚碳酸酯可代替玻璃、木材、合金。用它的低发泡料制造全塑自行车架、质轻、强度大，有些客机每架耗用聚碳酸酯部件重达2t。宇宙飞船上有数百个部件是用玻璃纤维增强的聚碳酸酯制造的。用它制造安全帽不仅安全抵得上金属制品，而且质轻①。

2.1.2 含氟塑料

含氟塑料主要指聚四氟乙烯、聚三氟氯乙烯和聚全氟丙烯，以及它们的共聚物等。结构式可表示如下：

① 刘旦初.化学与人类[M].上海：复旦大学出版社，2000：146-148.

$\left[CF_2—CF_2 \right]_n$ 聚四氟氯乙烯

$\left[CF_2—CFCl \right]_n$ 聚三氟氯乙烯

$\left[CF_2—CF(CF_3) \right]_n$ 聚全氟丙烯

其中聚四氟乙烯性能最优，用途最广。由于它不被任何酸、碱、王水及各种溶剂所腐蚀，素有“塑料王”的美称，因而被广泛应用于制冷工业、化学工业、电器工业上。它在-269.3℃-250℃温度范围内都可使用。聚四氟乙烯还有一个特性是十分致密和光滑，常被应用于机械工业中的轴承材料。加上它还是耐高温的塑料，涂在锅内壁表面就制成了不粘锅。但是在使用不粘锅时，必须注意两点，其一，要用木制锅铲，因为涂层极薄，铁铲容易将其破坏。其二，不粘锅不能空烧，也就是说，烧的时候锅内必须有东西。因为尽管聚四氟乙烯能耐高温，但还是耐不了空烧时的高温。聚四氟乙烯的商品名为特氟龙，这是来源于杜邦公司的商品名——Teflon。至于特氟龙塑料是否有致癌性尚未最后定论。

聚四氟乙烯所以会有这些特性，与其大分子结构密切相关。在聚四氟乙烯分子中碳与氟以共价键结合，分子高度对称，支化的可能性很小，聚合物结晶度很高(93%-97%)。聚四氟乙烯具体的合成路线为：

$$CaF_2 + H_2SO_4 = CaSO_4 + 2HF$$

$$CHCl_3 + 2HF(\text{无水氢氟酸}) = CHClF_2(\text{二氟一氯甲烷气体}) + 2HCl$$

$$2CHClF_2 \xrightarrow[\text{高温分解}]{600\sim800℃} CF_2=CF_2 + 2HCl$$

$$nCF_2=CF_2 = \left[CF_2—CF_2 \right]_n$$

资源链接：食品保鲜膜[①]

保鲜膜是为了保持被包装物品质、食物原味、延长存放时间的一种塑料薄膜。塑料保鲜膜按用途可分为两类：一类是民(家)用塑料保鲜膜；另一类是工(商)业用塑料保鲜膜。而按其材质又可分为聚乙烯(PE)、聚氯乙烯(PVC)、偏聚氯乙烯(PVDC)及其它材质的保鲜膜等。它们的化学

① 阎蒙钢，马旭明，王江平．保鲜膜的是与非[J].化学教育，2006，(5)：3.

结构及性质如表4-7所示。

PVC(Polyvinyl chloride;聚氯乙烯)保鲜膜是以聚氯乙烯树脂为主要原料,添加增塑剂、稳定剂等加工助剂制成的。增塑剂在PVC制品中广泛采用。保鲜膜中的增塑剂常用的有:邻苯二甲酸二丁酯(DBP)、邻苯二甲酸二乙基己酯(DEHP)和己二酸二(2-乙基己基)酯(DEHA)。

国家质量监督检验检疫总局公告[2005]第155号中指出PVC保鲜膜对人的潜在危害来源于两个方面。一是产品中氯乙烯单体的残留量,二是加工过程中使用加工助剂的种类及含量。研究表明,PVC保鲜膜中的DEHA在遇到油脂、高温(超过100摄氏度)时,容易从PVC中释放出来,进入食品中。

表4-7　三种材质保鲜膜的结构性质一览表

分类	名　称	分子结构	物理性质	化学性质
PE	polyethylene 聚乙烯	$\left[H_2C-CH_2 \right]_n$	无色蜡状半透明,无毒,易燃	有很好的化学稳定性
PVC	polyvinyl chloride 聚氯乙烯	$\left[H_2C-CH(Cl) \right]_n$	无定型聚合物,难燃	极好的耐化学腐蚀性
PVDC	Polyvinylidene chloride 偏聚氯乙烯	$\left[H_2C-CCl_2 \right]_n$	良好的防潮和气密性	良好的耐药,耐酸、碱、盐

对于广大普通消费者来说,怎样便捷的识别安全的食品保鲜膜是非常有必要的。以下三点可供参考:

一“看”。如果食品保鲜膜上标有PE保鲜膜或者聚乙烯保鲜膜,就可放心使用。如果标有PVC或者是没有标明材质的话,那就尽量别买。

二“摸”。聚乙烯保鲜膜一般黏性和透明度较差,用手搓揉以后容易打开,而聚氯乙烯保鲜膜则透明度和黏性较好,用手搓揉以后不好展开,容易粘在手上。

三“烧”。聚乙烯保鲜膜用火点燃后，火焰呈黄色，离开火源后不会熄灭，有油滴现象，并且没有刺鼻的异味；而有毒性的聚氯乙烯膜点燃火焰呈黄绿色，烟雾较大，没有油滴现象，离开火焰会熄灭，且有强烈刺鼻的异味。

2 橡胶

橡胶在很宽的温度范围内都呈高弹态，在较小的负荷下能发生很大的形变，除去负荷后又能很快恢复到原来的状态。橡胶分天然橡胶和合成橡胶。天然橡胶主要来源于热带地区的橡胶树、橡胶草的乳胶，其主要成分是聚异戊二烯。割开橡胶树干，便有牛奶似的胶液从树皮里流出，使其凝固，再经过一系列工序的加工，就得到半透明的橡胶块。

世界橡胶产量中，天然橡胶占15%左右，其余都是合成橡胶。合成橡胶按性能和用途可分为通用橡胶和特种橡胶。通用橡胶用量较大，例如丁苯橡胶占合成橡胶产量的60%；其次是顺丁橡胶，占15%；此外还有异戊橡胶、氯丁橡胶、丁钠橡胶、乙丙橡胶、丁基橡胶等，它们都属通用橡胶。硅橡胶、含氟橡胶、丁腈橡胶属于特种橡胶。表4-8为一些合成橡胶的化学组成和用途。

资源链接：橡胶的硫化和填料

许多合成橡胶是线型高分子，具有可塑性，但强度低，遇冷变硬，遇热变软甚至流动，遇溶剂被溶解，弹性小，回弹力差，容易产生永久变形，没有多大使用价值。因此如何克服合成橡胶的这些缺点，是人们关注的问题。研究表明，若加入硫黄与橡胶分子作用，可使橡胶硫化。反应如下：

$$
\begin{array}{c}
\cdots CH_2-CH=CH-CH_2-\cdots \\
\\
\cdots CH_2-CH=CH-CH_2-\cdots
\end{array}
\xrightarrow{+nS}
\begin{array}{c}
\cdots CH_2-\overset{|}{C}H-CH-CH_2-\cdots \\
| \\
S \\
| \\
S \\
| \\
\cdots CH_2-\underset{|}{C}H-CH-CH_2-\cdots
\end{array}
$$

橡胶的硫化过程可用图4-2表示：

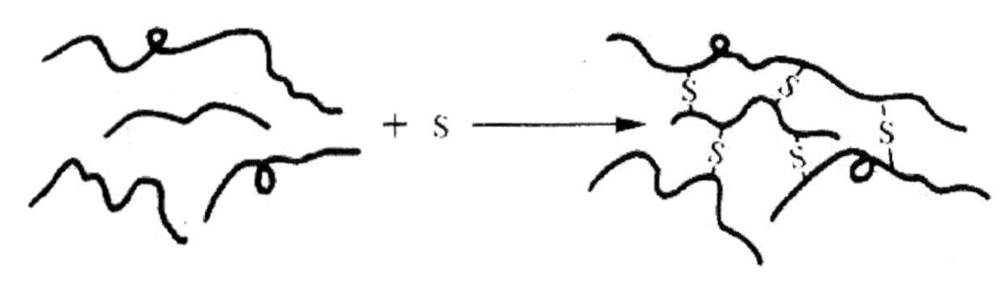

图4-2 橡胶硫化过程示意图

表4-8 一些合成橡胶的主要性能和用途

名称	结构单元	主要性能	主要用途
天然橡胶(NR)	$-CH_2-\underset{CH_3}{\underset{\mid}{C}}=CH-CH_2-$	弹性好,较高力学强度,良好耐屈挠抗疲劳性,耐油性、耐臭氧老化性差	做轮胎,胶管,胶鞋、胶黏剂
顺丁橡胶(BR)聚丁二烯橡胶	$-CH_2-CH=CH-CH_2-$	优异的弹性和耐低温性能,滞后损失和生热小,耐磨性能优异,抗湿滑性能差,加工性能和黏合性能差	做飞机轮胎,鞋底,输送带覆盖胶,电线电缆,吸引胶管
异戊橡胶(IR)聚异戊二烯橡胶	$-CH_2-\underset{CH_3}{\underset{\mid}{C}}=CH-CH_2-$	粘结性、弹性、耐热性、学学稳定性及电绝缘性均好	制汽车、飞机轮胎。各种胶管、胶带、电缆包皮
氯丁橡胶(CR)聚氯丁二烯橡胶	$-CH_2-\underset{Cl}{\underset{\mid}{C}}=CH-CH_2-$	化学稳定性和耐磨性能好,耐油和溶剂,耐热,不燃烧,绝缘性、耐寒性及弹性差	制电线、电缆包皮。运输带,输油管,胶黏剂及防腐材料
硅橡胶(SI)聚二甲基硅氧烷	$-\underset{CH_3}{\underset{\mid}{\overset{CH_3}{\overset{\mid}{Si}}}}-O-$	耐高、低温(-60℃—250℃),抗臭氧、紫外线,防老化性及电绝缘性好,不耐碱,强度差	制飞机的门窗、密封材料,火箭、航天飞机的烧蚀材料,医疗器械,人造关节,耐高温的衬垫

硫化过程中大分子链之间通过硫桥进行了适度交联,成为网状或体型结构,提高了橡胶的化学稳定性,使橡胶既有弹性又有良好的强度。其

中硫的作用是使线型橡胶分子之间形成硫桥而交联起来,转变为体型结构,使橡胶失去塑性,同时获得高弹性。硫是橡胶的硫化剂,凡能使橡胶由线型结构转变为体型结构、并获得弹性的物质都可称为橡胶的硫化剂。由于单纯硫化的橡胶硬度、耐磨性、抗撕裂等性能还是不够理想。因此,在硫化之前要添加填料来改进。最常用的填料有炭黑、黏土、白垩等,其中炭黑对橡胶的强度有很大补强作用,故也称为增强填料;而黏土和白垩,对橡胶的物性影响较小,称为"惰性"填料。在加工汽车轮胎等制品时,还要加入一些合成纤维,以进一步增强橡胶制品的使用强度,通常称为帘子线,俗称"嵌发丝"。

3 纤维

纤维是指长度比直径大许多倍,具有一定柔韧性的纤细物质。纤维分为天然纤维和化学纤维两大类。棉、麻、丝、毛属天然纤维。化学纤维又可分为人造纤维和合成纤维。人造纤维是以天然高分子纤维素或蛋白质为原料,经过化学改性而制成的,如粘胶纤维(人造棉)、醋酸纤维(人造丝)、再生蛋白质纤维等。合成纤维是由合成高分子为原料,通过拉丝工艺获得纤维。合成纤维的品种很多,最重要的品种是聚酯(涤纶)、聚酰胺(尼龙、锦纶)、聚丙烯腈(腈纶),它们占世界合成纤维总产量的90%以上。此外还有聚乙烯醇缩甲醛(维纶)、聚丙烯(丙纶)、聚氯乙烯(氯纶)等。几种常见的合成纤维的主要性能和用途见表4-9。

随着合成高分子聚合物的改性和加工技术的发展,化学纤维新品种日新月异,这对改善工业结构材料,丰富人们的衣着起很大的作用。供纺织用的化纤新品种主要是异形纤维、中空纤维、复合纤维、超细纤维、变形丝、高吸湿纤维等。此外,还有一些特种合成纤维,例如:阻燃合成纤维、耐腐蚀纤维、高强度、高模量碳纤维、玻璃纤维等。

资源链接:常用纺织纤维的鉴别①(见表4-10)

① 王玉标.实用化学[M].上海:上海交通大学出版社,2000:132.

表4-9　几种合成纤维的主要性能和用途

名称	结构单元	主要性能	主要用途
聚已内酰胺(锦纶或尼龙-6)PA6	$-NH(CH_2)_5CO-$	比棉花轻,强度高,耐磨性、耐化学腐蚀性和染色性均好、强度高,弹性好,耐腐蚀,不霉、不蛀;缺点是耐光性、保型性、吸水性差、耐热性较差。	制日用品牙刷、衣刷、内衣、运动服、制绳索、渔网、地毯、轮胎帘子线、降落伞、绸、宇宙飞行服等
聚丙稀腈(腈纶或人造羊毛)PAN	$-CH_2-\underset{\displaystyle CN}{\underset{\mid}{CH}}-$	蓬松柔软、保暖性好,比羊毛轻而结实,耐光、弹性好;吸湿、染色性不好	生产羊毛混纺及纺织品,代替羊毛制衣料、地毯,工业用布,绒线,还可用于帆布、帐篷及制备碳纤维等
聚对苯二甲酸乙二醇酯(涤纶或的确良)PET	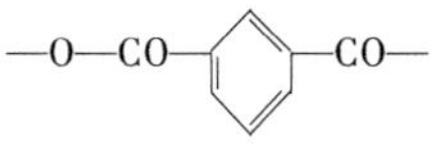 $-O-CO-C_6H_4-CO-$	力学性能和耐磨性能优良,易洗、易干、保型性好,抗皱折,耐酸(除硫酸);不耐碱,染色性差	大量用于植物。电绝缘材料。渔网。绳索。运输带。人造血管等;还可制造轮胎帘子线、拉链、印刷筛网
聚氯乙稀(氯纶)PVC	$-CH_2-\underset{\displaystyle Cl}{\underset{\mid}{CH}}-$	耐磨性、弹性、耐化学腐蚀性、耐光性、保暖性很好,不燃烧,绝缘性好,耐热性和染色性较差。	制针织品、工作服、绒线、滤布、毛毡、渔网、电绝缘材料等
聚丙烯(丙纶)PP	$-CH_2-\underset{\displaystyle CH_3}{\underset{\mid}{CH}}-$	密度小,能浮在水面上,机械强度高,耐磨、耐化学腐蚀、电绝缘性好;染色性、耐光性、耐热性、吸湿性均差	制绳索、虑布、网具、工作服、土工布、地毯衬布、人造草坪、混纺衣料、包装袋等
聚乙烯醇缩甲醛(维尼龙或维纶)PVA	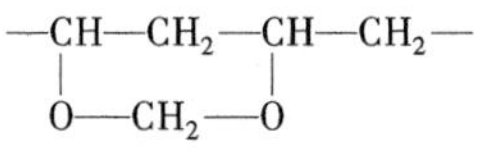 $-\underset{\mid}{CH}-CH_2-\underset{\mid}{CH}-CH_2-$ $O-CH_2-O$	柔软、吸湿性似棉花,耐酸、耐腐蚀性、耐光性、耐磨性及保暖性好;耐热性、染色性差	制衣料、窗帘、滤布、粮袋、输送带、包装材料、渔网、舰船绳缆、劳动保护品等

表4-10　常用纺织纤维的鉴别

纤维种类	燃烧情况	产生的气味	灰烬颜色和状态
棉	燃烧很快，产生黄色火焰及蓝色的烟	有烧纸的气味	灰末细软，呈浅灰色
麻	燃烧快，产生黄色火焰及蓝色的烟	有烧枯草的气味	灰烬少，呈浅灰或灰白色
丝	燃烧慢，烧时缩成一团	有烧毛发的臭味	灰为黑褐色小球，用手指一压即碎
羊毛	不延烧，一面燃烧，一面冒烟起泡	有烧毛发似的臭味	灰烬多，为有光泽的黑色脆块，用手指一压就碎
粘胶纤维	燃烧快，产生黄色火焰	有烧纸的气味	灰烬少，呈淡灰或灰白色
醋酯纤维	燃烧缓慢，一面熔化，一面燃烧，并滴下深褐色胶状液体	有刺鼻的醋酸味	灰烬为黑色有光泽的块状，可以用手指压碎
涤纶	燃烧时纤维卷缩，一面熔化，一面冒烟燃烧，产生黄白色火焰	有芳香气味	灰烬为黑褐色硬块，用手可以压碎
锦纶	一面熔化，一面缓慢燃烧，火焰很小，呈蓝色，无烟或略带白烟	有芹菜香味	灰烬为浅褐色硬块，不易压碎
腈纶	一面熔化，一面缓慢燃烧，产生明亮的白色火焰，有时略有黑烟	有鱼腥臭味	灰烬为黑色圆球状，易压碎
维纶	烧时纤维迅速收缩，发生融熔，燃烧缓慢，有浓烟，火焰较小，呈红色	有特殊臭味	灰为褐黑色硬块，可用手压碎
丙纶	靠近火迅速卷缩，边熔化，边燃烧，火焰明亮，呈蓝色	有燃蜡气味	灰为硬块，能用手压碎
氯纶	难燃，接近火焰时收缩，离火即熄灭	有氯气的刺鼻气味	灰为不规则黑色硬块

4 高分子涂料

涂料一般有三个主要组分，即成膜物（油料、树脂）、次要成膜物（颜料）和辅助成膜物质（溶剂），它们都是不挥发组分。此外还有挥发组分，包括苯、甲苯、松节油、醋酸乙酯、丙酮、乙醇等。涂料涂于物体表面后，挥发组分挥发离去，不挥发组分干结成膜。现代社会涂料已经有了巨大的变化，但涂料与人类生活的关系却越来越密切，在日常生活中有装饰、保护、标志等作用。表4-11是几种常见涂料的性能和用途。

表4-11 几种涂料的性能和用途[1]

类别	性能	用途
酚醛树脂类（酚醛漆）F	漆膜具有一定的硬度和光泽，干得快，耐水，耐酸碱，电绝缘性较好。漆膜较脆，易粉化	木器、机械设备、机车、船舶、电器的腐蚀、防潮或绝缘
沥青涂料（沥青漆）L	漆膜光亮平滑，耐水性强，耐化学腐蚀，有较好的电绝缘性。色泽单调，对日光不稳定	防腐、金属底漆、船舶防污及电绝缘
氨基树脂类（聚氨酯）A	漆膜坚硬、耐磨、耐水、耐热、耐酸碱性较好；附着力强，光泽好，不易泛黄；电绝缘性好	用于交通工具、仪器仪表、五金零件和家具等的防护和装饰
丙烯酸酯类B	漆膜光亮坚硬、附着力强，具有良好的保色、保光性能；耐热、耐化学腐蚀；防霉性突出。耐溶剂性差	有清漆和磁漆两种。适于温热地区车辆、机器、仪表、家电、家具等的保护性涂饰
醇酸树脂类C	漆膜坚韧、附着力强，光泽较好，耐油、耐水、耐磨。耐碱性差，干燥较慢	机械、汽车、船舶、电器、仪表的涂饰
环氧树脂类H	漆膜坚韧，附着力特强，稳定，电绝缘性好。户外耐候性差，与其他涂料不易结合	化工、机械设备及船舶、管道等的涂装，家具打底涂饰、电工器材的绝缘涂覆

5 高分子粘合剂

胶接与焊接、铆接相比具有许多优点，如：接头光滑、质量轻、成本低等。粘合剂（胶粘剂）是一类有优良粘合性能，可以把两个相同或不同的固体材料牢固地连接在一起的物质，它包括合成树脂、合成橡胶和无机物中有粘接性能的物质。骨胶、虫胶、糊精等都是天然粘合剂。近数十年来，随着科学技术的发展，以合成高分子为基料的各种合成粘合剂相继问世，使胶接工艺在机械、电子、建筑、航空航天领域及日常生活中应用越来越广泛。

作为合成粘合剂，首先应能润湿被胶接物体的界面，而后在适当条件下固化。因此，粘合剂的基本成分（即粘料），一般应在胶接条件下容易聚合的液态单体，或是在应用时具有活性基团的线型结构的液态低聚物，在

① 戴大模.实用化学基础[M].上海：华东师范大学出版社，2000：327.

粘接固化后能变成体型结构的聚合物。此外还有固化剂(如胺类、咪唑、聚酰胺)、填料、增韧剂(如邻苯二甲酸二丁酯)、稀释剂、防老剂(如N-苯基-α萘胺)等组成的混合物。

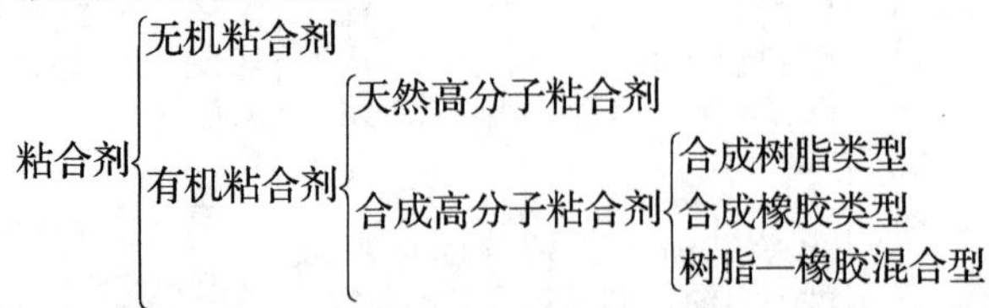

常见粘合剂有环氧粘合剂、聚醋酸乙烯酯、改性酚醛树脂粘合剂、瞬间粘合剂等。在电子工业、机械制造工业、建筑业乃至日常生活中,粘合剂的应用都十分广泛。

6 新型高分子材料

在合成高分子的主链或支链上接上带有显示某种功能的官能团,使高分子具有特殊的功能,满足光、电、磁、化学、生物、医学等方面的功能要求,这类高分子通称为功能高分子。

功能高分子
- 光敏高分子
  - 感光树脂
  - 光致变色高分子
  - 光导电高分子
- 导电高分子
  - 高分子半导体
  - 高分子导体
  - 超导高分子
- 微生物降解高分子
- 交换型高分子
  - 离子交换树脂
  - 电子交换树脂
- 生物医药高分子
  - 高分子药物
  - 医用高分子
  - 仿生高分子
- 高分子吸附剂
- 高分子膜

现在已有高分子分离膜、导电高分子、医用高分子、可降解高分子、高吸水性高分子等功能高分子。随着经济发展、科学技术发展以及生命科学的需求，高分子材料正在不断的发展和探索之中。

第5节　宝石材料

宝石由宝石矿物加工而成，宝石矿物分有机矿物和无机矿物两大类。宝石矿物经过加工，制成装饰品，称之为宝石。世界上的矿物，包括有机的和无机的，大约在3000种左右。在这3000种矿物中，具有美观、耐用、稀少又适合加工作为宝石的，只有百余种，而在这百余种矿物中，对于珠宝首饰商和佩戴者来说，也只有大约20种左右是最主要的。

宝石的基本特性有颜色、硬度、透明度、光泽、比重、荧光性和磷光性、包裹体、色散和闪烁、解理和断口、双折射和多色性等。

资源链接：绚丽多彩的宝石

宝石，七彩纷呈，质朴秀雅。例如，水晶的紫色，孔雀石的绿色、蓝宝石的蓝色，等等。实际上宝石的许多夺目的颜色，从化学的角度来说，就是宝石中含有有颜色的离子。表4-12列出一些宝石颜色对应所含的离子的颜色。

表4-12　与宝石颜色对应所含的离子的颜色

宝石	所含离子	离子颜色
绿宝石	铬（Ⅲ）离子Cr^{3+}	绿色
翡翠	铬（Ⅲ）离子Cr^{3+}	绿色
紫水晶	锰（Ⅲ）离子Mn^{3+}	紫色
橄榄石	铁（Ⅱ）离子Fe^{2+}	浅绿色
黄玉	铁（Ⅲ）离子Fe^{3+}	黄色
绿松石	铜（Ⅱ）离子Cu^{2+}	蓝绿色

1　自然元素宝石——金刚石

由金刚石矿物形成的宝石是钻石（Diamond），是唯一由单一元素组成的宝石，化学成分为C，晶体属等轴晶系的一种自然元素矿物。与石墨和六方晶系的金刚石成同质多象。晶体结构中，每个碳原子均被其它四个碳原子所围绕，形成四面体。金刚石最典型的晶形是八面体、菱形十二面体及它们的聚形。金刚石无色透明，若含杂质则呈现黄、蓝、绿、黑等不同颜色，强金刚光泽。摩氏硬度10，是已知物质中硬度最高的，但有中等八面体解理，性脆。密度3.47–3.53g/cm^3。在X射线照射下会发出蓝绿色荧光，这一特性被用于从矿砂中选矿。

钻石的化学性质很稳定，在常温下不容易溶于酸和碱，酸碱不会对其产生作用。钻石的质量等级是直接影响评价和确定销售价格的主要因素之一。目前，公认的国际评价标准和国家评价标准已被广泛采用。通常所说的“4C”评价标准包括四个方面：质量（Carat）、颜色（Color）、净度（Clarity）和切工（Cut）。

1.1 质量

钻石的国际通用质量单位是克拉（ct）。在钻石的贸易中，钻石的价格一般用“每克拉多少价”来表示。钻石的价格与钻石的质量有关，质量越大越稀有，价格也就越高。在同一级别中，每克拉钻石的价格是相同的。

1.2颜色

钻石的颜色分为两大类。一类是花色系列，如蓝色、绿色、红色及黄色等罕见的颜色，这类钻石的颜色一般需要单独评价；另一类是好望角系列（Cape系列），即无色——黄色系列，大多数钻石的颜色属于这一类，世界上各个国家或组织对此系列钻石颜色的分级，都制定有相应的评价标准。目前，通常按钻石的颜色变化，把Cape系列钻石的颜色划分为12级，用英文字母来表示，从极白到黄（褐、灰）色逐级表示为D、E、F、G、H、I、J、K、L、M、N和<N。

1.3净度

钻石净度是指钻石内部和表面的洁净度，洁净度反映了钻石内外包裹体的存在程度。包裹体可减少透过钻石的光，降低它的亮度和净度。可以认为是包裹体决定了钻石净度的等级。

在钻石内部或表面存在的所有特征，可划分为内部特征和外部特征二类，这两类特征在国际上都有通用的表示符号。

（1）内部特征 包括内含的各种晶体、针尖、云雾、羽状体和胡须。

（2）外部特征包括成品钻石上残留的原晶面、多余小面、划痕、抛磨线、表面生长纹、损伤痕、缺口、磨损的小面棱等。

在评价或观察钻石净度时，要注意包裹体的数量、大小、位置、明亮度和类型五方面的因素，并进行整体性的综合评价和分级。我国规定钻石净度观察采用10倍放大镜，钻石净度从大的方面划分为5级：①镜下无瑕级（LC）；②极微瑕级（VVS）；③微瑕级（VS）；④微瑕级具有明显的瑕疵；⑤重瑕疵级（P）。

1.4切工

钻石切工评价，也是评价钻石品质的四大标准之一。好的钻石切工可以形成最佳亮度和光彩，差的钻石切工会显得呆板，无光彩，甚至还会出现黑底或鱼眼现象。钻石切工评价主要针对标准圆多面形款式的钻石切磨质量，标准切工的钻石共有57或58个面，具体评价钻石切工的指标有比率和修饰度。

2 氧化物宝石

2.1 刚玉

红、蓝宝石的矿物名称为刚玉，化学成分为三氧化二铝（Al_2O_3），因含微量元素铬（Cr^{3+}）而成红至粉红色，属三方晶系。晶体形态常呈桶状、短柱状、板状等，其集合体多为粒状或致密块状。透明至半透明，玻璃光泽。折光率1.76–1.77，双折射率0.008–0.010。二色性明显，非均质体。有时具有特殊的光学效应–星光效应，在光线的照射下会反射出迷人的六射星光，俗称“六道线”。摩氏硬度为9，密度3.95–4.10g/cm^3 。红宝石在长、短波紫外线照射下发红色及暗红色荧光。刚玉可作为研磨材料及制造精密仪器的轴承，颜色鲜艳透明者可作贵重宝石，如红宝石、蓝宝石等。

资源链接：钟表里的“钻”

在机械手表的盘面上，常可以看到“17钻”或者“19钻”等字样。国外生产的手表盘上标着“17 Jewels”，“Jewel”就是人造钻石的意思。

一般的闹钟没有钻数，标明“5钻”、“7钻”的钟就是上好的品种了。钟表里为什么要用宝石呢？拆开钟表，你会看到它的“五脏六腑”是许多小齿轮。齿轮不停地转动，带动秒针、分针和时针准确地向前移动。支架齿轮的轴承必须经受住无数次的摩擦而很少损耗变形，才能保证钟表报时的准确。

这坚硬、耐磨的轴承是由人造红宝石做成的。钟表里有多少个这样的宝石轴承，就标明是多少钻。因此，钟表的钻数越多，质量越好。

2.2石英

石英的化学成分为SiO_2,晶体属三方晶系的氧化物矿物,即低温石英(a–石英),是石英族矿物中分布最广的一个矿物种。广义的石英还包括高温石英(b–石英)。低温石英常呈带尖顶的六方柱状晶体产出,柱面有横纹,类似于六方双锥状的尖顶实际上是由两个菱面体单形所形成的。石英集合体通常呈粒状、块状或晶簇、晶腺等。

纯净的石英无色透明,玻璃光泽,贝壳状断口上具油脂光泽,无解理,摩氏硬度7,密度2.65g/cm^3,受压或受热能产生电效应。石英因粒度、颜色、包裹体等的不同而有许多变种。无色透明的石英称为水晶,紫色水晶俗称紫晶,烟黄色、烟褐色至近黑色的俗称茶晶、烟晶或墨晶,玫瑰红色的俗称芙蓉石;呈肾状、钟乳状的隐晶质石英称石髓,具不同颜色同心条带构造的晶腺叫玛瑙,玛瑙晶腺内部有明显可见的液态包裹体的俗称玛瑙水胆,细粒微晶组成的灰色至黑色隐晶质石英称燧石,俗称火石。石英的用途很广,无裂隙、无缺陷的水晶单晶用作压电材料,来制造石英谐振器和滤波器,一般石英可以作为玻璃原料,紫色、粉色的石英和玛瑙还可作雕刻工艺美术的原料。

3 含氧盐宝石

3.1 绿柱石

绿柱石的化学组成为$Be_3Al_2[Si_6O_{18}]$,晶体属六方晶系的环状结构硅酸盐矿物。晶体常呈六方柱,柱面上有纵纹,集合体有时呈晶簇或针状,有时可形成伟晶,长可达5m,重达18t。多为浅绿色,成分中富含铯时,呈粉红色,称为玫瑰绿柱石;含铬时,呈鲜艳的翠绿色,称为祖母绿;含二价铁时,呈淡蓝色,称为海蓝宝石;含三价铁时,呈黄色,称为黄绿宝石。玻璃光泽,解理不完全,摩氏硬度7.5–8,密度2.6–2.9g/cm^3。

3.2 电气石

化学通式为$NaR_3A_{16}[Si_6O_{18}][BO_3]_3(OH,F)_4$,晶体属三方晶系的一族环状结构硅酸盐矿物,式中R代表金属阳离子,当R为Mg^{2+}、Fe^{2+}或(Li^+、Al^{3+})时,分别构成镁电气石、黑电气石和锂电气石三个矿物种。电气石晶体呈近三角形的柱状,两端晶形不同,柱面具纵纹,常呈柱状、针状、放射状和块状集合体。颜色多变，富铁者为黑色，富锂、锰、铯者为玫瑰色或深蓝色，富镁者呈褐色或黄色，富铬者为深绿色。玻璃光泽，断口松脂光泽，半透明至透明，无解理，摩氏硬度7–7.5，密度2.98–3.20g/cm³，有压电性。色泽鲜艳者在中国称为碧玺。

3.3 黄玉

黄玉的化学组成为$Al_2[SiO_4][F,OH]_2$，晶体属正交（斜方）晶系的岛状结构硅酸盐矿物。晶体通常呈短柱状，柱面有纵纹，多呈粒状或块状集合体。无色或黄、蓝、红等色，玻璃光泽，透明至不透明。一组与柱面垂直的完全解理，摩氏硬度8，密度3.4–3.6g/cm³。黄玉可作轴承及研磨材料，质佳者可作贵重宝石。中国内蒙古和江西等地出产黄玉。

3.4 石榴子石

石榴子石化学通式为$A_3B_2[SiO_4]_3$，晶体属等轴晶系的一族岛状结构硅酸盐矿物的总称。化学式中A代表二价阳离子，主要有镁、铁、锰和钙等；B代表三价阳离子，主要有铝、铁、铬、钛等。石榴子石按成分特征，通常分为铝系和钙系两个系列。

铝系矿物成员有：紫红色、玫瑰红色镁铝榴石；红褐色、橙红色铁铝榴石；深红色锰铝榴石。钙系矿物成员有：黄褐色、黄绿色钙铝榴石；棕、黄绿色钙铁榴石；鲜绿色钙铬榴石。石榴子石晶形好，常呈菱形十二面体。颜色变化大（深红、红褐、棕绿、黑等），无解理，断口参差状，玻璃光泽至金刚光泽，断口为油脂光泽，半透明。摩氏硬度6.5–5，密度3.32–4.19g/cm³，性脆。石榴子石主要作研磨材料，色彩鲜艳透明者可做宝石，俗称子牙乌。

3.5 翡翠

翡翠（Jadeite）是一种以硬玉为主的纤维状、致密块状的钠铝硅酸盐矿物集合体，化学式为$NaAl[Si_2O_6]$。硬玉是自然界中最常见的造岩矿物之一辉石族中的一种少见品种，属单斜晶系。晶体形态为短柱状、纤维状微晶集合体。翡翠的颜色千变万化，多为绿、红、紫、蓝、黄、灰、黑、无色等。根据绿色的色调、亮度和饱和度，翡翠可分为祖母绿色、苹果绿色、葱心绿、菠菜绿、油绿、灰绿等六种。玻璃光泽至油脂光泽，半透明至不透明。折光率1.66–1.68，双折射率0.012–0.020，无多色性，摩氏硬度6.5–7，密度3.25-3.4g/cm^3，韧性极强。

3.6 软玉

软玉(Nephrite)最早产于新疆和田，又称“和田玉”或“新疆玉”。软玉是一种具链状结构的含水钙镁硅酸盐，是造岩矿物角闪石族中以透闪石、阳起石为主，并含有其他微量矿物成分的显微纤维状或致密块状矿物集合体。化学成分为$Ca_2(Mg^{2+},Fe^{2+})_5(Si_4O_{11})_2(OH)_2$，属单斜晶系，晶体呈纤维状或针柱状。颜色多种多样，呈白、青、黄、绿、黑、红等色。一般为油脂光泽，有时为蜡状光泽。半透明至不透明。折光率1.606-1.632，双折射率0.021-0.023。无荧光或磷光，摩氏硬度6-6.5，密度2.9-3.1g/cm^3。断口参差状。韧性极强，质地细腻，坚韧，抛光后表面十分明亮。软玉按品种可以分为羊脂白玉、白玉、青玉、青白玉、碧玉(专指绿色的软玉)、墨玉、黄玉、糖玉、花玉、金山玉等。羊脂白玉质地细腻，光泽强，洁白如羊脂，堪称为“软玉之王”、“白玉之冠”。

3.7 猫眼石

猫眼石在矿物学中是金绿宝石(Chrysoberyl)中的一种，属尖晶石族矿物。金绿宝石是含铍铝氧化物，化学分子式为$BeAl_2O_4$。属斜方晶系。晶体形态常呈短柱状或板状。猫眼石有各种各样的颜色，如蜜黄、褐黄、酒黄、棕黄、黄绿、黄褐、灰绿色等，其中以蜜黄色最为名贵。透明至半透明。玻璃至油脂光泽。折光率1.746-1.755，双折射率0.008-0.010 。摩氏硬度8.5，密度3.71-3.75g/cm^3，贝壳状断口。

3.8 变石

变石在矿物学中属于金绿宝石，只是由于具有不同的光学特点而成为两种不同的宝石。变石属斜方晶系，晶体常呈短柱状和板状。可呈变色(绿色、红色)，透明、半透明至不透明。折光率为1.745-1.754，二色性强，非均质体。摩氏硬度8.5，密度3.73g/cm^3，韧性极好。在长、短波紫外线照射下都可以出现微弱的红光。

因变石中含有微量的铬，使得它对绿光透射最强，对红光透射次之，对其他光线全部强烈的吸收。因此，在白天时由于阳光的照射，使其透过的绿光最多，故其呈现绿色，用近似白光的日光照明，变石也呈现蓝色。可是一到晚上，当富含红光的蜡烛、油灯或钨丝白炽灯照明时，透射的红光就特别多，故呈现出红色。“变石”由此而得名。变色强烈显著的，是上等珍品。如果变色效应与猫眼效应集于一个宝石上，则是极为罕见的宝石，价值极高。

4 有机宝石——珍珠

珍珠（Pearl）是砂粒微生物进入贝蚌壳内受刺激分泌的珍珠质逐渐形成的具有光泽的 美丽小圆体，化学成分是碳酸钙及少量有机物，除作饰物外，还有药用价值。

珍珠是一种古老的有机宝石，产在珍珠贝类和珠母贝类软体动物体内，由于内分泌作用而生成的含碳酸钙的矿物（文石）珠粒，是由大量微小的文石晶体集合而成的。珍珠的化学组成为：$CaCO_3$ 91.6%、H_2O和有机质各4%、其他0.4%。珍珠的形状多种多样，有圆形、梨形、蛋形、泪滴形、纽扣形和任意形，其中以圆形为佳，非均质体。颜色有白色、粉红色、淡黄色、淡绿色、淡蓝色、褐色、淡紫色、黑色等，以白色为主。白色条痕。具典型的 珍珠光泽，光泽柔和且带有虹晕色彩。透明至半透明，折光率1.530-1.686，双折射率0.156，无色散现象。摩氏硬度2.5-4.5。天然淡水珍珠的密度一般为2.66-2.78g/cm^3，因产地不同而有差异。无解理，韧性较好。在短波紫外光下珍珠显白色、淡黄色、淡绿色、蓝色荧光，黑色珍珠发淡红色荧光，X射线下有淡黄白色的荧光，遇盐酸起泡。

5 人工合成宝石

人造宝石又称合成宝石，因人工制造而得名。按严格的意义讲，人造宝石应具有与天然宝石基本相同的物理、化学、光学性质。然而，某些用于珠宝业的材料，并没有它的天然对照物。这些人造物也不存在再现某些天然宝石材料的物理、光学及化学性能的问题。目前，人造宝石的主要方法有焰熔法、提拉法、热液法、助熔剂法、高温高压法、布里吉曼法、导模法、浮区法。由于人造宝石采用工业化规模生产，所以它们的价格绝大多数都低于天然宝石。随着制造工艺的迅速提高，人造宝石在颜色、透明度、光泽、特殊光学效果、硬度等外观形态上都在迅速接近、达到天然对照宝石的优质品标准。

问题讨论:怎样鉴别天然宝石和人造宝石?

宝石可分为天然宝石和人造宝石两大类,品质相近,价格迥异。我们在选择宝石首饰时,如何用肉眼去鉴别它们呢?天然宝石一般色泽柔和、自然,色彩有时很混杂,几种颜色共处于一宝石体中,有花纹却不规则,但很细腻。用肉眼对光看宝石,或用10倍以上的放大镜仔细观察,有时可见宝石内部有如棉絮状、网状或树根状的包裹体和小裂缝,偶尔可见明显的扁平生长线。有些宝石手感发凉、滑手、显得湿润像浸过油。好的宝石研磨后具有"猫眼"和"星光"效果,即宝石中有一道白线,恰似猫在白天强光下眼中的一条白线;"星光"则是在阳光下转动宝石,经折射的光闪闪如月夜间的星星眨眼。

而人造宝石一般颜色鲜艳、均匀、纯净。经抛光后,光泽耀眼,颜色的人工意识较强。由于加入了某些稀土元素,有单色的,如黑、红、黄等;也有复合色,如玫瑰红、酱紫。但绝不会出现像天然宝石几种色彩共处于宝石体中那样的现象。另外,有些宝石中有较为明显的圆形小气泡及人工合成生长的其他痕迹。生长线呈线型较为明显,颗粒较大,同一颜色规格数量较多,较为坚硬,一般在6度以上,用刀刻不动,相反,能在玻璃上划出痕迹来。

综合活动　新型材料

1 复合材料

复合材料是指两种以上不同性质或不同结构的物质组合成的材料,通常由基材(Matrix)和增强体(Reinforcement)构成。如自然界中的树木,即为一种纤维增强体与木质素基材结合而成的复合材料。在人造复合材料中如在橡胶内加入碳黑颗粒制成的轮胎,水泥和砂石做成的混凝土,都是日常生活中显而易见的例子。

复合材料的分类以基材的种类可分为:金属基复合材料(Metal matrix composite, MMC);陶瓷基复合材料(Ceramic matrix composite, CMC);塑料基复合材料(Polymer matrix composite, PMC)。

根据增强体形状可分为:纤维复合材料:如玻璃纤维、硼纤维、碳纤维、有机纤维、陶瓷纤维、金属纤维等;粒子复合材料:如氧化铝、碳化硅、碳化钨、石墨、硅砂等;板状复合材料:三夹板、积层板、覆面金属、双金属等。

2 功能高分子材料

在合成高分子的主链或支链上接上带有显示某种功能的官能团,使高分子具有特殊的功能的材料称为功能高分子。目前,功能高分子材料主要有:

2.1 导电高分子

高分子具有绝缘性,这是由它的结构所决定的。但20世纪70年代人们合成了聚乙炔,发现它有导电性能。乙炔分子中碳与碳以叁键结合,单体经加聚聚合后得到聚乙炔,这是一种双键、单键间隔连接的线型高分子,分子中存在共轭π健体系,π电子可以在整个共轭体系中自由流动,因此可以导电。若将碘掺杂到聚乙炔中,导电率会大幅度提高。随聚乙炔后,又发现聚吡咯、聚噻吩、聚噻唑、聚苯硫醚等都具有导电性,导电高分子材料引起人们的重视。用导电塑料做成的塑料电池已进入市场,硬币大小的电池,一个电极是金属锂,另一个电极是聚苯胺导电塑料,电池可多次重复充电使用,工作寿命较长。

2.2 医用高分子

高分子材料应用于医学上已有40多年历史。由于某些合成高分子与人体器官组织的天然高分子有着极其相似的化学结构和物理性能,因此用高分子材料做成的人工器官具有很好的生物相容性,不会因与人体接触而产生排斥和其他作用。目前已知可用于制作人造器官的合成高分子材料有:尼龙、环氧树脂、聚乙烯、聚乙烯醇、聚甲醛、聚甲基丙烯酸甲酯、聚四氟乙烯、聚醋酸乙烯酯、硅橡胶、聚氨酯、聚碳酸酯等。目前,用高分子材料制造的人造器官,除了脑、胃和部分内分泌器官外,人体中几乎所有器官都可用高分子材料制造。

2.3 可降解高分子

合成高分子的主链结合得十分牢固,要降解必须设法破坏、削弱主链的结合。目前已提出生物降解、化学降解和光照降解等三种方法,并合成了生物降解塑料、化学降解塑料和光照降解塑料,这类可降解高分子将在解决“白色污染”方面发挥了重要作用。

2.4 高吸水性高分子

生活中号称“尿不湿”的纸尿片现已大批量进入市场，婴儿用上它整夜不必换尿片。这种用高吸水性高分子做成的纸尿片，即使吸入1000mL水，依然滴水不漏，干爽通气。有的高吸水性高分子可吸收超过自重几百倍甚至上千倍的水，体积虽然膨胀，但加压却挤不出水来。这类奇特的高分子材料可用淀粉、纤维素等天然高分子与丙烯酸、苯乙烯磺酸进行接枝共聚得到，或用聚乙烯醇与聚丙烯酸盐交联得到。高吸水性高分子的吸水机制尚不清楚，可能与高分子交联后结构中立体网络扩充有关。高吸水性高分子是一种很好的保鲜包装材料，也适宜做人造皮肤的材料。有人建议利用高吸水性高分子来防止土地沙漠化。

3 纳米材料

纳米(nm)，又称毫微米。一纳米等于十亿分之一米的长度，相当于4倍原子大小，万分之一头发粗细。形象地讲，一纳米的物体放到乒乓球上，就像一个乒乓球放在地球上一般。这就是纳米长度的概念。

当物质加工到100纳米以下时，往往产生既不同于微观原子、分子，又不同于宏观物质的超常规特性，具有这种特性的材料称为纳米材料。人们想利用的就是纳米材料所具有的这种一般现有材料所不能实现的功能。由于一个原子的大小约为十分之一纳米，所以纳米技术就是指在纳米尺寸范围内，通过直接操纵和安排原子、分子来创造新物质。用通俗的话来说就是一个原子、一个原子地制造物品。

纳米材料又称为超微颗粒材料，由纳米粒子组成。纳米粒子也叫超微颗粒，一般是指尺寸在1-100nm间的粒子，是处在原子簇和宏观物体交界的过渡区域，这样的系统既非典型的微观系统亦非典型的宏观系统，介于宏观与微观之间。它具有表面效应、小尺寸效应和宏观量子隧道效应。

纳米材料大致可分为一维纳米材料(纳米微粒)、二维纳米材料(纳米涂层和纳米管)、三维纳米材料(纳米陶瓷)、纳米催化剂等四类。其中纳米微粒开发时间最长、技术最为成熟，是生产其他三类产品的基础。

纳米材料是纳米科学技术(Nanometer Science & Technology)的基

础,现正引起世界各国的广泛的关注。

实践与测试

1.说出材料的发展方向,指出其中与化学有关的方面。
2.预言原子操纵技术和纳米材料将给人类带来什么?
3.复合材料有哪几种?举出生活中的应用实例。
4.试总结金属材料、无机非金属及有机高分子材料这三大类材料的主要特点和不足。
5.举例说明加聚和缩聚反应有何不同?
6.纳米材料有何特性?
7.怎样便捷的识别安全的食品保鲜膜?
8.怎样鉴别真假黄金?
9.用作宝石的材料有哪些?写出其化学成分。
10.活动建议
(1)通过小组活动查找有关有机高分子化合物的应用。
(2)通过教师的指导调查塑料、树脂、合成橡胶、合成纤维的种类。
(3)要求学生写出与塑料、合成纤维、合成橡胶有关的“生活小常识”等文章。
(4)查找有关资料,举行讨论和演讲会,展示学生了解新型高分子材料的分类与发展趋势。
(5)调查市售白金饰品的成色与价格。

参考文献

[1]陈锡恩.金与社会[J].化学教育,1996,(1):1.
[2]郑长龙.化学新课程中的教学素材开发[M].北京:高等教育出版社,2003.
[3]邢其毅,徐瑞秋,周政.基础有机化学下册[M].第二版.北京:高等教育出版社,1994.
[4]何纪纲.五彩缤纷–高分子世界漫游[M].长沙:湖南教育出版社,2001.
[5]郑长龙.化学新课程教学素材开发[M].北京:高等教育出版社,2003.

[6]黄可龙,刘素琴.化学与新材料[M].长沙:湖南教育出版社,2001.
[7]洪啸吟.光照下的缤纷世界–光敏高分子化学的应用[M].长沙:湖南教育出版社,1999.
[8]王章忠,乔斌.机械工程材料[M].北京:机械工业出版社,2001.
[9]毛东海,朱江,张德胜.身边的化学[M].上海:上海科学技术文献出版社,2003.
[10]姚子鹏.探究物质之本[M].上海:上海科学技术文献出版社,2003.
[11]高中"研究性学习"设计编写委员会.研究性学习材料汇编–科技与社会热点[M].北京:华夏出版社.2001.
[12]黄丽.高分子材料[M].北京:化学工业出版社,2005.
[13]戴大模.实用化学基础[M].上海:华东师范大学出版社, 2000.
[14]董炎明.高分子材料实用剖析技术[M].北京:中国石化出版社,1997.
[15]干大川.珠宝首饰设计与加工[M].北京:化学工业出版社,2005.
[16]张立德,牟季美.纳米材料和纳米结构[M].北京:科学出版社,2001.
[17]张立德.纳米材料[M].北京:化学工业出版社,2000.
[18]李成功.当代社会经济的先导——新材料[M].北京:新华出版社,1992.
[19]唐小真.材料化学导论[M].北京:高等教育出版社,1997.
[20]干福熹.信息材料[M].天津:天津大学出版社,2000.
[21]谢长生.人类文明的基石——材料科学技术[M].武汉:华中理工大学出版社,2000.
[22]董宝平.铂与社会[J].化学教育,2004,(11):3–5.
[23]陈时付.不锈钢的历史、分类和规格[J].上海钢研,2003,(4):43.
[24]阎蒙钢,马旭明,王江平.保鲜膜的是与非[J].化学教育,2006,(5):3.

第5单元　化学与日用品

随着合成化学工业的不断发展，日用化学品便源源不断地进入到人们的现代生活中。很难想象，一个生活在现代社会中的人，完全告别日用化学品将会是怎样的情景。种类繁多的日用化学品，涉及洗涤用品、美容化妆品、文化体育用品等。日用化学品在走进人们生活的同时，也给人们带来了方便、洁净、卫生和美丽。

第1节　洗涤用品

日用化学洗涤剂正在逐步成为当今社会人们离不开的生活必需品。不管是在公共场所、豪华饭店，还是在每个家庭、大众小吃摊，我们都可以看到化学洗涤剂的踪迹。

1 洗涤剂

洗涤剂是具有洗涤去污作用的多组分物质。按用途分，洗涤剂可分为工业用洗涤剂（用于纺织工业、金属表面处理和车辆洗刷）和日用洗涤剂（洗涤日常生活中的丝、毛、棉、麻等织物，餐具器皿和家用设备）。按洗涤去除污垢类型来分，洗涤剂分为重垢型洗涤剂（用于洗涤污染程度较重的物品，如汗渍斑斑的内衣）和轻垢型洗涤剂（用于洗涤污染程度较轻的物品，如蔬菜水果）。根据原料来源不同，洗涤剂分成皂类洗涤剂（主要以天然油脂为原料）和合成洗涤剂（主要以石油化工产品为原料）。

1.1 皂类洗涤剂

从广义上讲皂类洗涤剂是脂肪酸跟无机碱、有机碱起皂化反应得到的产物。肥皂是洗涤剂的祖先，远在5000年前就问世了。《礼记》中记载，周朝已有使用草木灰清洁衣垢的历史。我们在日常生活中所指的肥皂，主要是高级脂肪酸的钠盐或钾盐，其中的钠皂硬度较高，一般用于制造香皂、洗衣皂、药皂和工业皂。钾皂硬度低，易溶于水，用于制造软皂和液体皂。

1.1.1 普通洗衣皂

肥皂是生活必需品之一，其主要成分是高级脂肪酸钠盐或钾盐[RCOONa(K)]。许多植物油和动物油的脂肪酸与苛性钠或苛性钾一起加热皂化后，就成为可以洗涤衣物的肥皂。此反应叫做皂化反应：

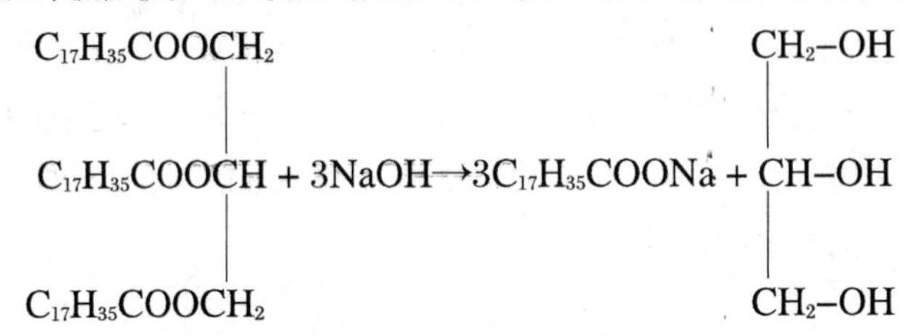

肥皂的形态还与皂化所用的油脂种类有关，制皂的原料为各类动植物油，分为软性油脂和硬性油脂两大类。软性油脂制的皂凝固点低，水溶性好，易洗易漂，但难以做成固体块状。硬性油脂制作的皂凝固点高，不易溶解，坚固耐用，但难以清漂，容易在衣物上留下白色皂痕。一般民用肥皂至少采用2–3种油脂混合皂化，取长补短。

现在用的肥皂是从工厂的反应釜里熬制出来的。制皂工厂的反应釜里盛着不同比例的动物油和植物油，然后加进烧碱熬煮。油脂和氢氧化钠发生皂化反应，生成脂肪酸皂和甘油。因为肥皂在浓的盐水中不溶解，而甘油在盐水中的溶解度很大，所以可以用加入食盐的办法把肥皂和甘油分开。因此，当熬煮一段时间后，倒进去一些食盐细粉，反应釜里便浮出厚厚一层粘粘的膏状物。用刮板把它刮到肥皂模型盒里，冷却以后就结成一块块的肥皂了。

肥皂虽不是我国的发明，但“肥皂”一词却与我国古代使用的皂荚有关。皂荚是一种豆科皂荚树所结的荚果，含有皂甙成分，有表面活性剂样性能：起泡、去污、乳化，并且比真正的肥皂耐硬水，不含碱性，对丝毛织物无损伤。如明代李时珍《本草纲目》云：“肥皂荚……十月采荚，煮熟捣烂，和白面及诸香作丸，澡身面去垢，而腻润胜于皂荚也”。

古代不管是东西方，最早的洗涤成分都不外乎是碳酸钠和碳酸钾。前者为天然湖矿产品，后者就是草木灰的主要洗涤成分。我国古代虽然没有发明出确切的肥皂产品，但是却间接地使用了肥皂的化学成分[①]。先秦科技著作《周礼·考工记》中记载："练帛，以栏为灰，渥淳其帛，实诸泽器，淫之以蜃，清其灰而盝之……"。这里是说，精练丝绸，要用楝(栏)叶灰汁浸润透，然后放在光滑的容器里，再用大量的蚌壳灰水浸泡，然后让浸渍液中的丝胶等污物沉淀下……。楝叶灰水含K_2CO_3，蚌壳灰为CaO，遇水生成$Ca(OH)_2$，二者相遇可以生成皂化性能较强的KOH，而KOH再与绸缎上在织造时施加的油脂润滑剂作用，就生成了真正意义上的肥皂，从而起到渗透、乳化、洗涤的作用，达到均匀脱胶、保护丝素不过练的目的。元朝王祯所著《农书》记录："每织必先以油水润苎……经织成布，于好灰水中浸蘸熬干，……如前不计次数，惟以净白为度。"苎麻原料以油脂水浸润，以利纺纱和织布。织成的布放在含K_2CO_3的灰水中煮，作为润滑剂的油脂又被皂化成了肥皂，使布煮得更加白净。油脂在整个纺织过程中一物两用，构思设计很是巧妙。

生活实验:自制肥皂

把20g猪油、7g氢氧化钠和50mL水放在烧杯中，用酒精灯加热。一边加热，一边不停地搅拌，使猪油和氢氧化钠充分反应。由于反应比较慢，所以这一段反应时间比较长。在反应过程中，应该加几次水，以补足因蒸发而损失掉的水分。

当你看到反应混合物的表面已经不再漂浮一层熔化状态原油脂(即没有作用的猪油)时，说明猪油和氢氧化钠已经基本上反应完全，就可以停止加热。然后趁热往烧杯中加入50mL热的饱和食盐溶液，充分搅拌后，就可以放置冷却，使硬脂酸钠从混合物中析出。

最后，将漂浮在溶液上层的硬脂酸钠固体取出，用水将吸附在固体表面的溶液(其中溶解了甘油、食盐和未作用完的氢氧化钠)冲洗干净，将其干燥成型后，就做成了一块肥皂。

---

① 榕嘉.肥皂古今科普谈[J].四川丝绸，2003，(4)：52.

1.1.2 香皂

香皂是兼有护肤、治疗、除臭作用的洗涤剂。香皂中含高级脂肪酸(一般用牛油、椰子油和羊油为原料)达80%左右,还有1%–2.5%的香精和少量着色剂,1%–1.5%用作防止酸败的泡花碱,以及0.5%–1%的杀菌剂。

1.1.3 药皂

药皂是洗涤剂,又是消毒杀菌剂。有的药皂里加入的消毒杀菌剂或中草药,具有治病的性能。药皂中的杀菌剂含量为0.5%–2%。常用的杀菌剂有三混甲酚(邻、对、间甲酚的混合物)、香芹酚(2–甲基–5–异丙基苯酚)、麝香草酚(5–甲基–2–异丙基苯酚)和3、4、5–三溴水杨酰苯胺。

由于肥皂遇硬水产生沉淀,降低去污效果,且生产又需要消耗大量油脂,所以,随着石油化学工业的发展,合成洗涤剂便快速发展起来,其产量现已大大超过肥皂。

1.2 合成洗涤剂

合成洗涤剂是多组分的混合物,它的成分是表面活性剂和多种辅助剂。我国合成洗涤剂的主要成分是烷基苯磺酸钠,大约占洗涤剂总产量的90%。

1.2.1 表面活性剂的作用

表面活性剂是一类在很低浓度时能显著降低水的表面张力的化合物。表面活性剂分子都是由非极性的、亲油的碳氢链部分和极性的亲水基团两部分构成,这两部分形成不对称结构,因此表面活性剂是两亲分子,具有既亲油又亲水的两亲性质。并不是所有具有两亲结构的分子都是表面活性剂,例如,丙酸、丁酸都具有两亲结构,就不是表面活性剂,而只是具有表面活性而已。只有疏水基足够大的两亲分子,一般来说碳链长度大于8个碳原子时,才显示表面活性剂的特性。

在洗涤过程中表面活性剂在水和油污之间形成独特的定向排列,若干个溶质分子或离子缔合成肉眼看不见的聚集体,这些聚集体是以非极性基团(亲油基)为核,里面包裹着油污,以极性基团(亲水基)为外层的分子有序组合体,我们把它称之为胶团。胶团形成以后,它的内核相当于碳氢油微滴,具有溶油的能力,使整个溶液表现出既溶水又溶油的能力。紧紧吸附着油污的胶团在机械力的作用下与载体(衣物)分开,并悬浮于水中，由于载体表面粘附着洗涤液，油污不会再返回到衣物表面，达到清洗的效果。实际上表面活性剂的洗涤性，包括了它的润湿性、溶油性、渗透性、乳化性、分散性、增溶性和发泡性等几乎全部基本特征。

资源链接：合成洗衣粉

合成洗衣粉是用合成表面活性剂与各种辅助剂配成粘稠的料浆，然后用喷雾干燥方法制成的粉状成品。长期以来，人们认为表面活性剂含量越高，去污力越强，甚至误以为洗衣粉泡沫越丰富，洗涤效果越好。实际上，在不同的温度和浓度下，对不同污垢和斑渍类型，不同的洗衣粉有不同的洗涤效果。我国目前生产的普通合成洗衣粉适用于洗涤棉、麻、人造棉、聚酯、尼龙、丙烯腈等纤维织物。这类洗衣粉的pH在9.5~10之间，碱性较强。它的主要成分是烷基苯磺酸钠25%，甲苯磺酸钠2.5%，月桂酸乙醇酸胺3%，三聚磷酸钠30%，无水硅酸钠10%，CMC2%，荧光增白剂0.2%，硫酸钠27.3%。

1.2.2 表面活性剂的分类及其性质

表面活性剂按照其在水中亲水基是否电离可分为离子型和非离子型表面活性剂两大类。离子型又可按照离子的电性分为阴离子型、阳离子型和两性离子型表面活性剂3种。此外还有近年发展较快的，既有离子型亲水基，又有非离子型亲水基的混合型表面活性剂。下面分别加以介绍：

（1）阴离子型　憎水基主要为烷基、异烷基、烷基苯等，亲水基主要有钠盐、钾盐、乙醇胺盐等水溶性盐类。阴离子表面活性剂在水溶液里电离成带有长链亲油基和短链亲水基的离子以及没有表面活性的金属阳离子。这种表面活性剂占所有洗涤剂表面活性剂的60%以上。它主要有烷基磺酸钠（化学式为$C_nH_{2n+1}SO_3Na$，n约为14~18）、烷基苯磺酸钠（化学式为，$C_nH_{2n+1}-C_6H_4-SO_3Na$，n为10–14）和脂肪醇硫酸钠。烷基苯磺酸钠是多种异构体的复杂混合物，它是表面活性剂中产量最大、应用最广泛的一种。以十二烷基苯磺酸钠为例，其制备工艺如下：

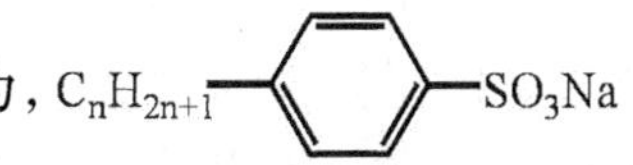

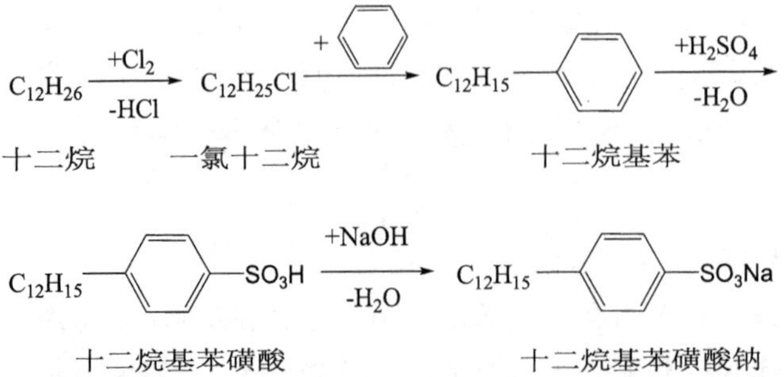

$$C_{12}H_{26} \xrightarrow[-HCl]{+Cl_2} C_{12}H_{25}Cl \xrightarrow{+C_6H_6} C_{12}H_{15}-C_6H_5 \xrightarrow[-H_2O]{+H_2SO_4}$$

十二烷　　一氯十二烷　　十二烷基苯

$$C_{12}H_{15}-C_6H_4-SO_3H \xrightarrow[-H_2O]{+NaOH} C_{12}H_{15}-C_6H_4-SO_3Na$$

十二烷基苯磺酸　　十二烷基苯磺酸钠

脂肪醇硫酸钠的分子式是$C_nH_{2n+1}OSO_3Na$（n为12–18，烷基是直链烷基）。它是综合性能良好、能被微生物降解的表面活性剂，可用于毛、丝织物的洗涤，但成本较高。阴离子表面活性剂的结构如图5–1所示：

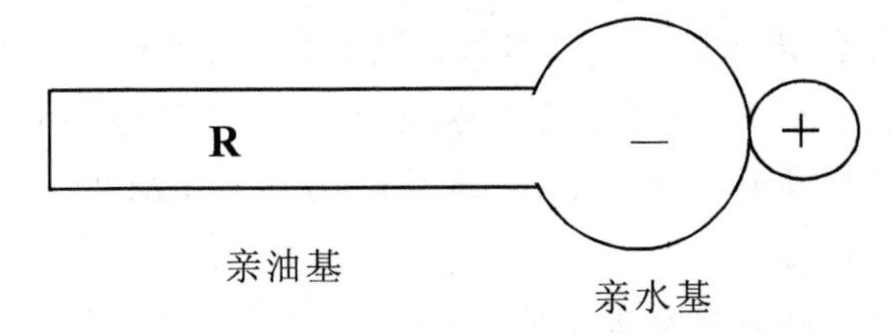

图5–1　阴离子表面活性剂分子结构示意图

（2）阳离子型　阳离子表面活性剂大多是含氮化合物，即有机胺的衍生物。主要有季铵盐（$RNR_3^+A^-$）、烷基吡啶翁（$RC_5H_5N^+A^-$）。如十六烷基三甲基氯化铵：

$$\left[C_{16}H_{33}-N(CH_3)_3\right]^+ Cl^-$$

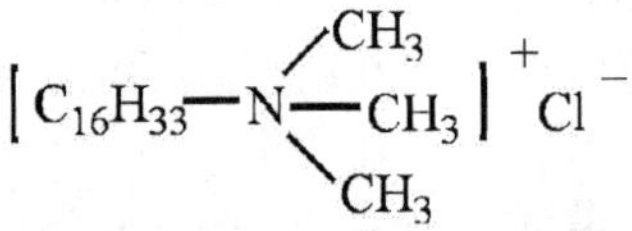

图5–2　十六烷基三甲基氯化铵

阳离子表面活性剂在水溶液里电离成一个带有长链亲油基和短链亲水基的阳离子及没有表面活性的阴离子（如Cl^-、Br^-）。如氯化十八烷基三甲基季胺盐的电离：

$$C_{18}H_{37}(CH_3)_3NCl = C_{18}H_{37}(CH_3)_3N^+ + Cl^-$$

阳离子表面活性剂的水溶液大多呈酸性。由于阴离子表面活性剂的水溶液大多呈碱性或中性，故两者不能混用。若混合就会产生沉淀，失去效能。

一般纤维带负电荷，阳离子表面活性剂在中性、碱性溶液中会牢固地吸附在织物上，不能发挥洗涤作用。相反，它能够洗涤在酸性溶液中带正电荷的毛丝织物。另外，它是重要的工业表面活性剂，用于矿物浮选、石油工业防腐、消毒杀菌和合成纤维工业中的整理等方面。阳离子表面活性剂的结构如图5-3所示：

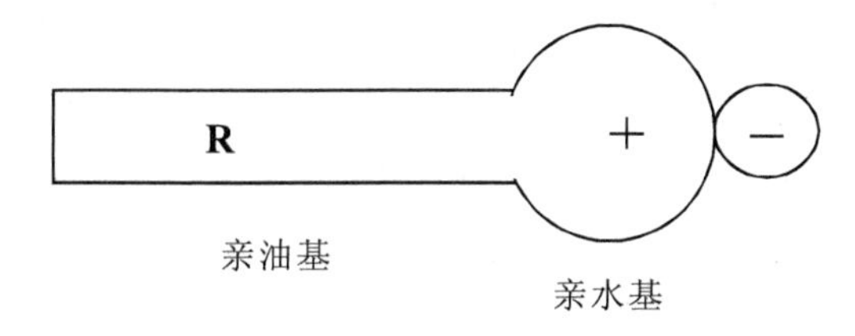

图5-3　阳离子表面活性剂分子结构示意图

(3)两性型　两性离子表面活性剂是携带正负两种离子电荷的表面活性剂。它的表面活性离子的亲水基既有阴离子又有阳离子，兼有阴阳离子表面活性剂的优点。因此，无论在酸性或碱性条件下，两性离子表面活性剂都能发挥溶解去污的本领。两性离子表面活性剂分氨基酸型和甜菜碱型两类。如甜菜碱类[$RN^+(CH_3)_2CH_2COO-$]，氨基丙酸类($RN^+H_2CH_2CH_2COO^-$)等。它们具有抗静电、柔软、杀菌和调理等作用，广泛应用于婴儿香波、洗发香波中。两性离子表面活性剂的结构如图5-4所示：

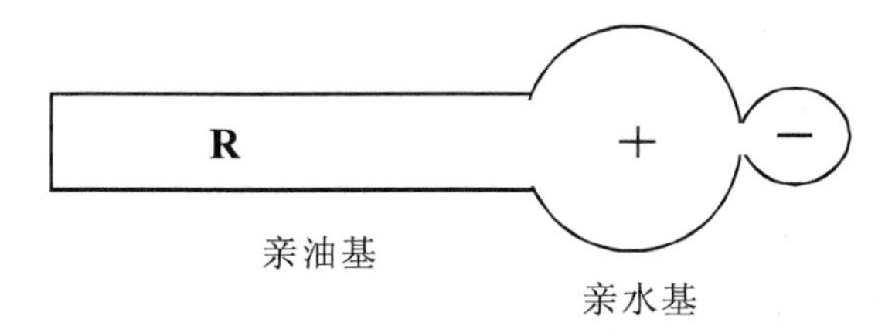

图5-4　两性表面活性剂分子结构示意图

(4)非离子型　非离子型表面活性剂在水溶液里不会电离成离子，而以分子或胶束状态存在于溶液中，它的疏水基是由含活泼氢的长碳链脂肪醇、脂肪酸和脂肪胺提供的，而亲水基大都是由醚、多元醇或酯提供的。例如，[$RO(CH_2CH_2O)_nH$]，n=1-5，一般采用脂肪醇和环氧乙烷直接缩合而成；烷基醇酰胺类[$RCON(CH_2CH_2OH)_2$]，由脂肪酸与乙醇胺类直接缩合而成；多元醇类化合物(如蔗糖、山梨糖醇、甘油醇的衍生物)等。另外还有聚氧乙烯、聚氧丙烯生成的聚合型表面活性剂及烷基多苷类表面活性剂。

非离子表面活性剂在洗涤用品中经常使用，它的产量约占总洗涤表面活性剂的30%左右。常和离子型表面活性剂配合使用，主要用作发泡剂、稳泡剂、乳化剂、增溶剂和调理剂等多种用途。当作为一种主要成分和阴离子表面活性剂配合使用时，即使加入量很少，也能大大增加体系的去污能力，这是因为它对油污具有良好的乳化能力和增溶能力。

(5)混合型　这种活性剂的分子带有两种亲水基团，一种带电，一种不带电。如，醇醚硫酸盐[$(CH_2CH_2O)_nSO_4M$，n=1–5]，两种亲水基分别是非离子的聚氧乙烯基和阴离子的硫酸根。

1.2.3合成洗涤剂中的辅助剂

三聚磷酸钠($Na_5P_3O_{10}$)它对Ca^{2+}、Mg^{2+}有很强的络合性能，从而软化硬水。对重金属有色离子(Fe^{2+}、Cu^{2+}、Mn^{2+}等)也能起络合作用，以提高织物洗涤后的白度。它还对脂肪微粒起分散、乳化作用。

资源链接:无磷洗衣粉及其配方

常用的三聚磷酸钠(STPP)尽管具有良好的钙镁离子交换性能，但最大的缺点是它在洗涤后随废水排出，直接影响到水系的含磷量。含磷废水排入湖泊、近海区域后，会使藻类等水生植物迅速增长，破坏生态平衡，使鱼、虾等动物因缺氧而无法生存。我国自20世纪80年代起在内陆部分湖区及近海水域相继出现水质富营养化现象，具体表现为水质变坏、发绿、近海频频出现赤潮，造成水生物及海生物大量死亡。根据上述现象，国际上自20世纪70年代起已通过法令在某些国家及地区对家用洗涤剂实行限磷或禁磷措施，以减少它们对环境的污染。

随着限禁含磷洗涤剂法令的相继出现，取代STPP助洗剂的研究已成为当前洗涤剂工业开发无磷洗涤剂研究的热点。目前已研制出多种无磷助洗剂，如4A沸石、偏硅酸钠、柠檬酸钠以及多羧酸螯合剂等。在多羧酸螯合剂品种开发中，值得提倡的是结构如图5–5所示的N–月桂酰基乙二胺三乙酸：

HOOC—H_2C＼N—CH_2CH_2—N(／CH_2COOH)(＼CH_2COOH)
$H_3C(H_2C)_{10}$—C(=O)／

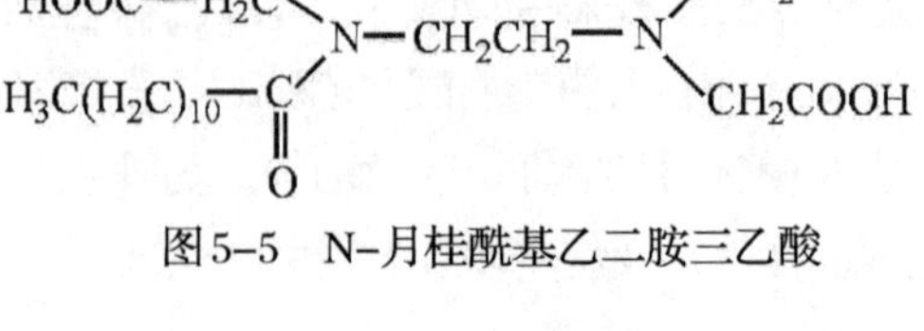

图5–5　N–月桂酰基乙二胺三乙酸

N-月桂酰乙二胺三乙酸是乙二胺四乙酸(EDTA)的同系物。EDTA有活性很强的金属离子螯合作用,但它在实际应用中只有三个羧酸基参加螯合反应,而N-月桂酰乙二胺三乙酸恰好利用了这个空位,通过在氮原子上引入长碳链酰基而赋予产品有表面活性剂的性能,从而使之同时具有螯合及清洗作用,可望今后在无磷家用洗涤剂中得到广泛的使用[①]。

但总体来说,这些无磷助洗剂若单独用作STPP的代用品,均存在明显的缺点。因此,通常都采用多组分复配方法以弥补其不足。其中最常见的为采用以4A沸石、偏硅酸钠、柠檬酸钠复配的无磷洗衣粉。

硅酸钠,俗称水玻璃,跟水里的高价金属离子形成沉淀,对污垢粒子有悬浮、乳化、分散等作用,还有稳定泡沫的作用。它是金属的缓蚀剂,可以有效地抑制三聚磷酸钠腐蚀洗衣机里的金属。

纯碱,纯碱在水中显碱性,只适合加入重垢粉状洗涤剂中,用于洗涤棉织物上的脂肪污垢。由于碱性较强,对皮肤有刺激,损伤丝、毛纤维织物的强度,所以高档洗衣粉中不含碳酸钠。

硫酸钠,主要用作填料,防止粉状洗涤剂结块,以便加工,还能提高洗涤剂活性物在织物上的吸着量,帮助去污。

羧甲基纤维素钠盐(CMC),是纤维素用氯乙酸处理后得到的产物,它能使织物柔软,提高洗涤液的粘度,起润湿织物、稳定泡沫等作用。

酶制剂,有蛋白酶、淀粉酶、脂肪酶等制剂,它们能使蛋白质等大分子有机物变成小分子溶于水的物质,以提高洗涤效果。根据酶的特性,加酶洗衣粉在40℃左右达到最好的洗涤效果,超过70℃就失效了。

过氧酸盐,在较高温度下,能放出游离氧,对织物起漂白作用,但不影响纤维本身,是良好的洗涤漂白剂。洗涤剂中以过硼酸钠($Na_2B_2O_4 \cdot 4H_2O$)和过碳酸钠($2Na_2CO_3 \cdot 3H_2O_2$)为多见。

资源链接:荧光增白剂

在洗衣粉中加入荧光增白剂可以保持服装整洁如新。我国荧光增白剂产量最大的品种是二苯乙烯三嗪类化合物,配入量约为0.1%。如:

① 赵德丰等.精细化学品合成化学与应用[M].北京:化学工业出版社,2001:260.

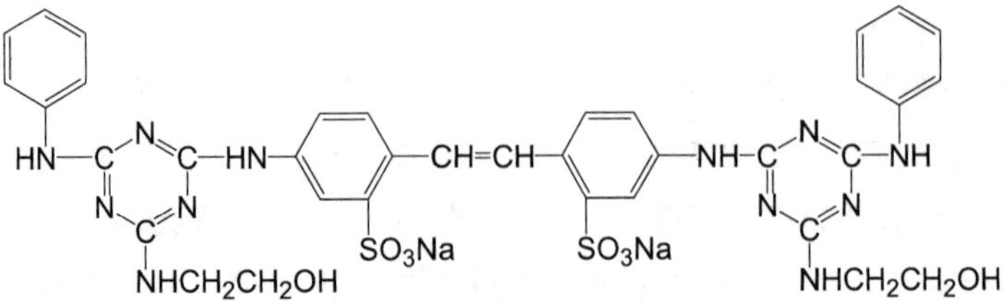

2 洗涤

根据要求将污垢从不同物品上洗脱下来达到清洁目的过程叫洗涤。洗涤按所用的溶剂不同，又分水洗和干洗。

2.1 水洗

2.1.1 污垢的种类和性质

衣物的污垢来自空气的传播、人体分泌物和工作场所接触物三个方面。污垢分为油质污垢（油脂、矿物油、脂肪酸、脂肪醇等）、固体污垢（尘埃、烟灰、泥土、皮屑、矿物质等）和水溶性污垢（无机盐、糖类、有机酸等）。

污垢和织物间的结合有机械附着（固体污垢散落在织物纤维表面或纤维间）、分子间相互吸引（当污垢带电荷时更容易聚积在织物表面）、化学结合及化学吸附（墨水、血污、铁锈、蛋白质等）三种情况。棉织物容易吸附极性污垢，毛织物容易吸附油质污垢，合成纤维因带静电容易吸尘。

2.1.2 洗涤剂的去污原理

肥皂和洗涤剂表面活性剂的表面活性和胶束的性能使它们具有多种作用。第一是润湿作用，就是洗涤剂溶液很容易润湿织物纤维，并浸入纤维的微孔中。第二是乳化作用，洗涤剂的亲油基溶入油滴，亲水基留在水中，能降低油水两相的表面张力，搅拌后能帮助油乳化。第三是分散作用，就是洗涤剂分子能钻进固体粒子的缝隙，减弱固体粒子的内聚力，使粒子破裂成微小质点而分散在水中。第四是起泡作用，就是使气液两相间表面张力降低而产生大量泡沫。第五是增溶作用，就是活性剂把油溶解在胶束的亲油基内，使油性物质的溶解度增大。肥皂和合成洗涤剂能去污，是润湿、乳化、分散、起泡和增溶等作用的综合表现。洗涤剂的去污原理可表示如下：

织物·污垢+洗涤剂⇌织物+污垢·洗涤剂

去污过程可用图5-6表示：

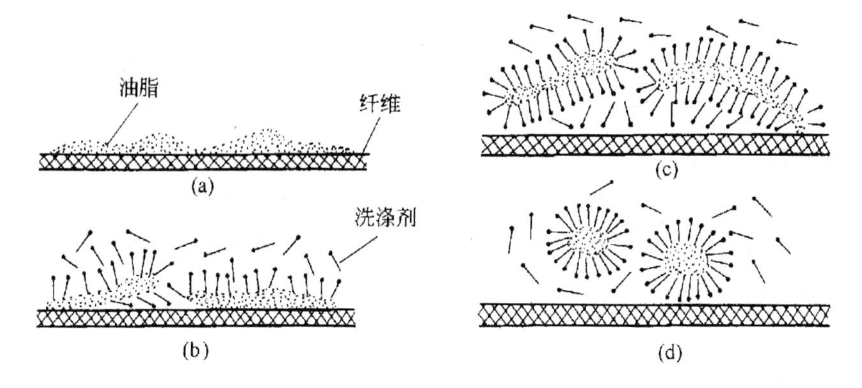

图5-6　去污过程示意图

2.1.3 化学纤维的洗涤

化学纤维多是热塑性的，在高温下容易收缩、起皱或软化，不易恢复原状。因此，要根据化学纤维品种的不同选择洗涤剂和恰当的温度，一般温度应比天然纤维低，不能用开水泡。常用化学纤维织品的洗涤条件见表5-1：

表5-1　常用化学纤维织品的洗涤条件

织品种类	洗涤剂性质	水温（℃）	注意事项
粘胶纤维织品	中性	<40	湿态时强度降低，洗涤时切勿用手揉搓或拧绞
涤纶织品	普通	<50	耐光性差，洗后宜阴干
锦纶织品	普通	<40	多与羊毛混纺，羊毛在碱性溶液中揉搓易收缩
腈纶织品	中性	<40	
维伦织品	普通	<40	
丙纶织品	普通	<40	耐光性差，洗后宜阴干
氯纶织品	普通	冷水	

2.1.4 特殊污渍的洗涤方法

生活中常会碰到用一般的洗涤剂难以清洗的污迹，这时要配合使用乳化、氧化还原、酸碱中和、相似相溶等化学或物理方法予以清除，详见表5-2：

2.2 干洗

干洗是指使用化学洗涤剂，如：四氯乙烯（$Cl_2C{=}CCl_2$）、汽油、三氯乙烯、F113等，经过清洗、漂洗、脱洗、烘干、脱臭、冷却等工艺流程，从而去除污垢脏渍的洗涤方法。之所以称之为干洗是因为洗涤所用的溶剂中不含或只含有少量水。

干洗最大的好处之一就是可以去除衣服上的油脂类污物；而水洗则较差。天然纤维织物如羊毛衫及真丝服装干洗效果非常好，而这类织物送去水洗则可能会发生缩水、起皱、掉色等。合成纤维织物如聚酯纤维的干洗效果也很好，而水洗却较难去除这类织物上的油性污物。只要洗衣店预先采取了防止衣物缩水、掉色及纤维变形等一系列措施，干洗就可帮助一件织物恢复成“平整如新”的状态。

表5-2　特殊污渍的洗涤方法

污迹种类	去污方法
动、植物油迹	先用松香水、香蕉水、汽油擦或用液体洗涤剂洗，再用清水漂洗
茶、咖啡迹	新迹用70～82℃的热水揉洗。旧迹用浓食盐水浸洗或先用洗涤剂洗，然后用氨水和甘油(1：10)混台制成的溶液搓洗。羊毛混纺织品不宜用氨水，可改用10%甘油溶液洗
汗迹	用1：4氨水溶液洗涤，也可将衣服放在3%的盐水里浸几分钟，用清水漂洗后，再用肥皂洗。白色衣物上的陈汗迹，要经过漂白才能完全除去
水果汁迹	新沾上的果汁，马上用食盐水揉洗，一般就能去除。如果还有痕迹，可用稀释20倍的氨水揉洗，再用清水漂洗。白衣物上的果汁迹，宜先用氨水涂擦，随后用肥皂或洗涤剂揉洗
酱油迹	新迹用冷水搓洗后再用洗涤剂洗。陈迹在温洗涤剂溶液中加入2%的氨水或硼砂进行洗涤，然后用清水洗净
中性笔水迹	新迹水洗，再用温皂液浸渍一些时间，用清水漂洗。陈迹先用洗涤剂洗，再用10%酒精溶液洗，最后漂净。也可用0.25%的高锰酸钾(灰锰氧)溶液洗。或用双氧水漂洗
蓝黑墨水迹	新迹先用洗涤剂洗。陈迹先在2%的草酸水溶液中浸几分钟，再用肥皂或洗涤剂洗。或用维生素C浸洗
炭素墨水、墨汁迹	新迹用米饭粒涂在污迹表面，细心揉搓可除去，然后用洗涤剂揉洗。陈迹用1分酒精、2分肥皂制的溶液反复涂擦
油漆、沥青迹	新迹用松节油(或苯、汽油等)揉搓。陈迹可将污迹处浸在15～20 %的氨水或硼砂溶液中，使凝固物溶解并刷擦污迹
尿迹	新迹能用温水洗去。陈迹用温热的洗衣粉(肥皂)溶液洗，再用氨水或硼砂处理，最后以清水洗净
铁锈	用1%草酸温溶液洗后，再用清水漂净
口红迹	用纱布沾酒精或挥发油擦洗
口香糖迹	先撕下残迹，再放到冷箱中冷却剥离，最后用挥发油擦洗

干洗发展到今天，大部分(几乎有90%)的干洗店都采用四氯乙烯作

为溶剂,通常称之为“干洗油”。这是因为这种溶剂相对其他干洗溶剂来说要实用一些,并且能被有效地回收再循环使用。但这种有机溶剂具有一定的挥发性和毒性,如果使用不当,将对干洗店周围的居民健康造成影响。因此,干洗店和大宾馆的洗衣房,应使用封闭性能好并能回收有害物质的干洗机,要安装合格的通风设备,以保护洗衣工人和周围居民的身体健康。此外,人们从干洗店取回衣物后不要立即收藏或使用,最好在通风处晾挂一段时间,以保证有害物质挥发完全。还应注意的是,贴身衣物最好不要干洗,以免衣物上残留的干洗剂对人体造成不良影响。

第2节　化妆品与化学

1 化妆品概述

化妆品是指以涂擦、喷洒或者其他类似的方法,散布于人体表面任何部位(如皮肤、毛发、指甲、口唇等),以达到清洁、消除不良气味、护肤、美容、修饰等目的的日用化学品。

据估计,当今化妆品有几万种,每年产值达几百亿美元。我国化妆品工业始于1905年的“广生行”,它首先在香港办厂,不久在上海、广州、营口相继办厂。1911年在上海成立中国化学工业社,它是当时我国生产化妆品规模最大的工厂。

1.1 化妆品的作用

化妆品能清洁皮肤和毛发的污垢,保持人体皮肤和毛发的柔滑滋润,抵抗恶劣环境的侵蚀,美化皮肤和毛发等,可改变人体形象和精神面貌。但化妆品的原料种类繁多,有的可能含有对人体有害的化学物质。例如,面膜能有效地清除面部死亡的表皮和毛孔分泌的污垢,但它会刺激皮肤细胞分裂过快,使角质层变厚而老化。许多染发剂或多或少含有对人体健康不利的化合物,如苯胺类有机化合物,易引起皮肤发痒、过敏。常用香粉搽面会吸收油脂和水分,久之会使皱纹加深。因此,我们在发扬化妆品积极作用的同时还得注意抑制它的消极作用。此外,在生产过程中,如设备差、环境不良可受到化学污染,生产中无菌操作不严、储存不当、消毒不良，则有利于微生物的生长繁殖等等，均可对人体健康造成不良影响。

1.2 化妆品的成分

化妆品的成分分为基质原料和配合原料两大部分。基质原料是主要成分，包括油脂和蜡类原料（如椰子油、蓖麻油），粉末类原料（如滑石粉、钛白粉）和溶剂部分（如酒精、丙酮、甘油）。配合原料起辅助作用，如使化妆品成型或赋予特定的颜色和香味等。配合原料常用的有表面活性剂（如硬脂酸钠、甲壳素）、色素（如天然色素和合成色素）、防腐剂（如苯甲酸酯、乙醇）、粘合剂（如果胶、阿拉伯树胶）、滋润剂（如甘油、山梨醇）、发泡剂（如烷基苯磺酸钠）、收敛剂（如碱式氯化铝）和香精（如天然香精、人工合成香精）等。

1.3 化妆品的分类及组成

化妆品的分类方法很多，一般按其对人体的作用进行分类。

1.3.1 护肤化妆品

雪花膏 因为涂在皮肤上像雪花那样立即消失而得名。能防止皮肤干燥、干裂。它的基本配方是：硬脂酸20%、多元醇15%–18%、水60%–70%、氢氧化钾1%、香精1%等。

冷霜 当它涂在皮肤上，由于水分蒸发有冷的感觉，因此叫冷霜。常用蜂蜡、硼砂和水为原料，制成水-油型乳化体冷霜。它的基本配方是：液体石蜡50%、蜂蜡15%、硼砂1%、水34%，再加适量香精和防腐剂。

营养霜 在冷霜或润肤霜中加入对皮肤有营养的物质，通常就叫营养霜，它能滋补皮肤。常加入的营养性物质有维生素A、E，珍珠水解液，人参浸出液，蜂王浆，雌激素等。

爽身粉 主要在浴后使用，起润肤、吸汗、消毒等作用。配方通常是：滑石粉75%、碳酸镁8%、氧化锌3%、高岭土8%、硼酸3%、香精1%。

按摩油 它是按摩时的用品。配方是：无水羊毛脂5%、硬化豚脂28%、凡士林60%、液体石蜡6%、香精和防腐剂适量。

1.3.2 护发化妆品

护发化妆品通常是指使头发保持天然、健康和美观的外表，光亮而又不油腻以及用于修饰和固定发型的用品，还有易于梳理的作用。一般护发化妆品在出厂前应进行毒性和过敏性试验，以保证使用者的安全和健康。

摩丝 是泡沫状定发型的化妆品。它能使头发乌黑光亮，手感光滑，容易梳理，主要成分是水溶性高分子化合物，作用是在头发表面形成很薄的高分子膜，增加头发的刚性，使发型富有立体感，不易变形。这层高分子保护膜能溶于水，可以用水洗去。它的配方是：聚乙烯吡咯烷酮0.5%–4%、羟乙基纤维素和羟丙基三甲胺苯胺盐共聚物0.5%、乙醇15%、去离子水60%–65%、喷射剂15%、香精和适量防腐剂。摩丝中含有液化正丁烷，属易燃物品。

香波 是洗发用的化妆品，生产历史已有60多年。香波的主要成分是表面活性剂，它能高效地除去头发上的污垢和发屑，还能使头发光亮、美观和顺服。常用的配方是：橄榄油3%、椰子油21%、氢氧化钾3.5%、氢氧化钠1.8%、酒精15%、三聚磷酸钠3%、水52.2%、香精和色素0.5%。

1.3.3 美容化妆品

它是赋予各种鲜明的色彩、修饰和美化容貌的化妆品，如香粉、胭脂、唇膏、眉笔和指甲油等。香水给人香馥幽雅的香气，往往也归入这一类。

香粉 主要用于面部化妆。好的香粉敷在脸上，能使皮肤透出正常的光泽，发出令人悦和的幽香。粉末粒度以在10–30um，手感滑软为好。常用的配方是：滑石粉40%、高岭土15%、碳酸钙9%、碳酸镁16%、氧化锌15%、硬脂酸钾5%、香精和色素1%。

香水 是用香精和溶剂混合制成的。香气芬芳、浓郁持久，通常喷洒在衣裳、手帕和头发等处。香水中约含香精15%–25%。配制用的酒精浓度约为95%，一般要经过精制和去除杂味。香水种类繁多。如古龙水的配方是：香柠檬油1.2%、迷迭香油0.1%、苦橙花油0.5%、薰衣草油0.05%、柠檬油0.6%、唇形花油0.05%、龙涎香酊(3%)0.5%、橙花水5%、酒精(95%)92%。花露水的配方是：香柠檬油3.0%、苦橙花油0.6%、薰衣草油0.6%、丁香油0.2%、肉桂油0.5%、玫瑰油0.6%，酒精(95%)94.6%。

唇膏 把色素溶解，让它悬浮在脂蜡基内，就制成唇膏。唇膏涂抹在嘴唇上，使嘴唇有红润健康色彩，达到美容效果。好的唇膏涂敷容易，油腻不重，色彩保留时间长，色泽均匀，不出油、不碎裂，而且无害于皮肤。唇膏的常见配方是：洛巴蜡4.5%、蜂蜡21%、单硬脂酸甘油酯10%、蓖麻油44%、无水羊毛脂4%、鲸蜡醇2%、柠檬酸异丙酯2.5%、溴酸红2.0%、色淀10%、香精和适量的防氧化剂。变色唇膏主要使用曙红色素，在pH为3的微酸性呈淡咖啡色，当曙红色素搽到pH为6(接近中性)的唇部时，就变成了红色。在实际使用时，是一边搽，一边就变红了。

指甲油 它是专门增进指甲美观的化妆品。其主要成分有成膜物、树脂、增塑剂、溶剂和颜料等。通常的配方是：硝酸纤维素($[C_6H_7O_2(OH)(ONO_2)_2]_n$)11.5%、磷酸三甲酚酯8.5%、邻苯二甲酸二丁酯13%、乙酸乙酯31.6%、乙酸丁酯30%、乙醇5%、颜料0.4%。

牙膏 是口腔卫生用品，用牙膏刷牙可使牙齿表面洁白光亮、保护牙龈，防止龋蛀和口臭。牙膏是较复杂的混合物。它通常由摩擦剂(如碳酸钙、磷酸氢钙)、保湿剂(如木糖醇、聚乙二醇)、表面活性剂(如十二醇硫酸钠、2-酰氧基键磺酸钠)、增稠剂(如羧甲基纤维素、鹿角果胶)、甜味剂(如甘油、环己胺磺酸钠)、防腐剂(如山梨酸钾盐和苯甲酸钠)、活性添加物(如叶绿素、氟化物)，以及色素、香精等混合而成。

特种牙膏 它是有特殊性质的牙膏。如：含氟牙膏加有活性物氟化钠、氟化亚锡，对防止龋齿有效；叶绿素牙膏里加入叶绿素，对阻止牙龈出血、防止口臭有特效；在牙膏中添加其他药物，还有治疗口腔疾病的功效。如草珊瑚牙膏对牙龈红肿、口臭、牙质过敏症等有明显的减缓和治疗作用。

讨论思考：含氟牙膏为什么能防止龋齿？

20世纪50年代初，一些流行病学研究指出，氟化物具有阻止龋齿的作用。于是，1955年出现了添加氟化亚锡(SnF_2)的牙膏。后来，一氟磷酸钠(MFP)代替了氟化亚锡，成为世界上研究最广泛的氟化物。如今被添入牙膏预防龋齿的氟化物还有氟化钠和氟化胺类物质。

龋齿是由于发生在牙釉质上，也可能是局部地发生在牙釉下面的牙本质里的去矿化作用引起的。去矿化作用就是由口腔细菌在糖代谢或可酵解的碳水化合物代谢过程中释放出来的有机酸穿透牙釉质表面使牙齿的矿物质——羟(基)磷灰石溶解：

$$Ca_{10}(PO_4)_6(OH)_2+8H^+ = 10Ca^{2+}+6HPO_4^{2-}+2H_2O$$

饮水、食物和牙膏里的氟离子会跟羟基磷灰石反应生成氟磷灰石：

$$Ca_{10}(PO_4)_6(OH)_2+2F^- = Ca_{10}(PO_4)_6F_2+2OH^-$$

或：$Ca_{10}(PO_4)_6(OH)_2+CaF_2 = Ca_{10}(PO_4)_6(OH)_{2-x}F_x+Ca^{2+}+(2-x)F^-+xOH^-$

溶解度研究证实氟磷灰石比羟磷灰石更能抵抗酸的侵蚀。因此，含氟牙膏有防治龋齿的功效。

1.3.4 特种化妆品

特种化妆品是指一类具有特种功能的化妆品。

染发剂　头发中的黑色素可被某些氧化剂氧化而使颜色被破坏，生成一种无色的新物质。利用这个反应，可以漂白头发。常用的氧化剂为过氧化氢。为迅速而有效地漂白头发，可在过氧化氢中加入一些氨水作为催化剂，同时使用热风或热蒸汽加速黑色素的氧化过程。

黑色头发$\xrightarrow{H_2O_2\ NH_3\cdot H_2O}$棕色→红色→金黄色→白色

图5–7　黑头发漂白颜色变化示意图

头发漂白脱色后，再用染料可将头发染成自己所喜爱的颜色。基本要求是染色时不影响皮肤，不损害头发结构，染色要迅速，色彩鲜艳且牢固。它的种类繁多，市场上多用氧化染料。先用还原剂染料刷在头发上，再涂上氧化显色剂，达到发色要求后用香波洗去。通常的配方为：还原液是对苯二胺4.3%、甲醛3.0%、亚硫酸氢钠(95%)4.4%，羟甲基纤维素10%、水77.7%。氧化显色剂通常用3%–6%的过氧化氢溶液，也有用过硼酸钠94.7%、柠檬酸2.1%、葡萄糖内酯3.2%混合液。

根据耐久性的不同，染发剂可分为临时染色和半永久染色两类。前者一般用水溶性染料作用于头发表面而染色(可用洗发剂洗去，多用于舞台化妆)，后者则渗透到头发内较深的部位，通常由有机染料和钴或镍配合物所组成。永久性染料一般都是氧化性染料，能渗透到头发内部，然后被氧化成有色产物，新生成的有色物质在水中的溶解度很小，因而持久地附着在头发上。永久性染料通常是对苯二胺的衍生物，对苯二胺可将头发染成黑色，淡黄色染发剂则可用对氨基二苯胺磺酸或对苯二胺磺酸配制。

需要注意的是，染发剂多是苯胺类衍生物，有一定的毒性，有的人会产生过敏，因此不要一味追求时尚而过多染发。

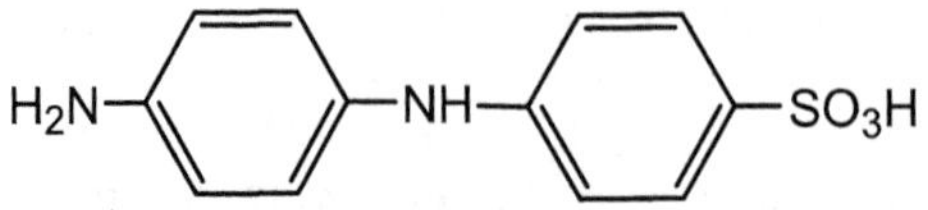

图5-8　对氨基二苯胺磺酸 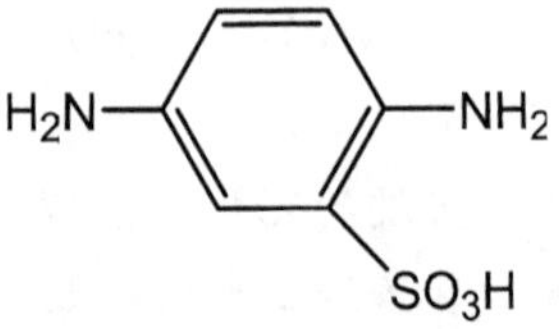　　　　图5-9　对苯二胺磺酸

烫发剂　使头发卷曲最初是采用加热卷烫的方法，所以叫烫发。随着化妆品生产技术的发展和对头发物理化学性质的进一步认识，现在可以不用热烫而使头发卷曲，即所谓冷烫。现代卷发是通过化学方法完成的。首先使用还原剂（如半胱氨酸甲酯）与头发中的胱氨酸作用，将胱氨酸中的二硫键打开，还原生成半胱氨酸，使头发柔软而易于变形，然后用弱氧化剂溶液或空气将半胱氨酸氧化成胱氨酸，此时头发硬化并定型，这就是"冷"烫的原理。半胱氨酸甲酯与人发中的胱氨酸反应如图5-10所示：

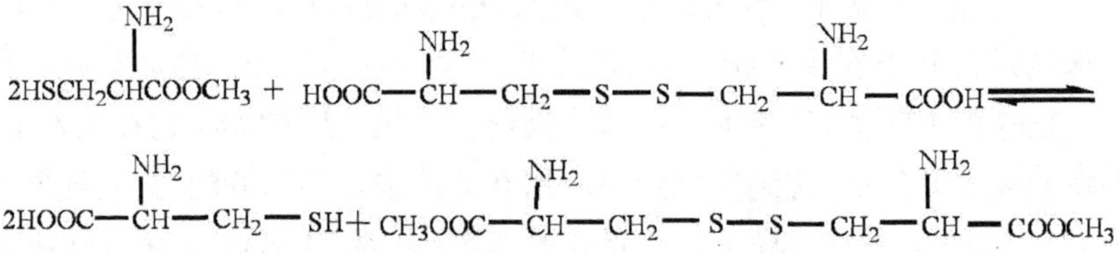

$$2HSCH_2CH(NH_2)COOCH_3 + HOOC{-}CH(NH_2){-}CH_2{-}S{-}S{-}CH_2{-}CH(NH_2){-}COOH \rightleftharpoons 2HOOC{-}CH(NH_2){-}CH_2{-}SH + CH_3OOC{-}CH(NH_2){-}CH_2{-}S{-}S{-}CH_2{-}CH(NH_2){-}COOCH_3$$

图5-10　半胱氨酸甲酯与人发中的胱氨酸反应

空气氧化定型反应可能是如图5-11所示：

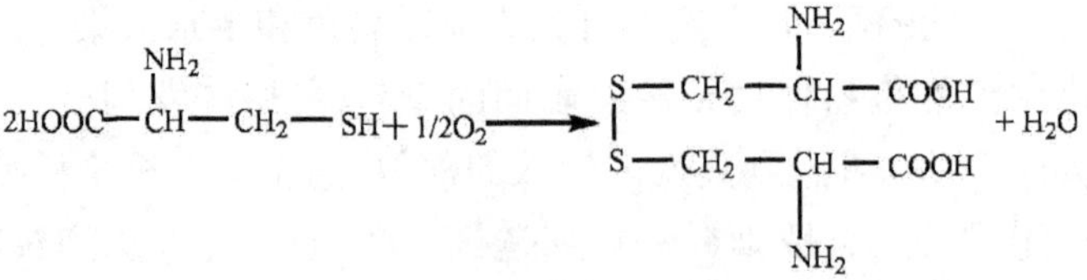

$$2HOOC{-}CH(NH_2){-}CH_2{-}SH + 1/2O_2 \longrightarrow \begin{matrix} S{-}CH_2{-}CH(NH_2){-}COOH \\ | \\ S{-}CH_2{-}CH(NH_2){-}COOH \end{matrix} + H_2O$$

图5-11　空气氧化定型反应

化学卷发剂一般是以还原剂（如半胱氨酸甲酯、巯基醋酸等）为主要成分，添加溶胀剂、渗透剂、增湿剂、护发剂等配制而成。化学卷发的卷曲度、弹性、柔软性、色泽等与卷发剂的有效成分含量、各种辅助剂、酸碱度及卷发温度有关。比较好的配方如下：半胱氨酸甲酯7%–10%，添加适量的乙醇、甘油、三乙醇胺、蔗糖、尿素、苛性钠、碳酸钠、去离子水等配制而成，其pH为9–10。常用的氧化剂有过氧化氢（H_2O_2）、过硼酸钠（$NaBO_2$）和

溴酸钠($NaBrO_3$)或溴酸钾($KBrO_3$)[①]。

脱毛剂　脱毛剂是除去毛发的化学制剂。我们知道毛发角朊中含有较多的胱氨酸,胱氨酸中有S–S键存在。化学脱毛的原理是用碱金属或碱土金属硫化物拆开S–S键,软化并切断毛发。用作脱毛剂的化学药品有硫化钠、硫化钙和硫化锶等。它们可水解成氢硫化合物和氢氧化合物,从而迅速地软化毛发。硫化锶的水解反应方程式如下:

$$2SrS + 2H_2O \longrightarrow Sr(SH)_2 + Sr(OH)_2$$

巯基醋酸钙[$Ca(HSCH_2COO)_2$]是冷烫卷发时用来打断蛋白质链间S–S键的钙盐,近年来已被用于制备脱毛剂。经典的脱毛乳剂中含有巯基醋酸钙(7.5%)、碳酸钙(填充剂,20%)、氢氧化钙(使溶液呈碱性,1.5%)、十六烷醇(皮肤调理剂[$CH_3(CH_2)_{15}OH$],6%)、硫酸十二酯钠(洗涤剂,0.5%)和水(64.5%)。脱毛剂配方中的硫化物由于水解产生很臭的硫化氢,因此配方中加入氢氧化钙使pH在11以上可以控制这种臭味。

由于皮肤比毛发对化学侵蚀更敏感,因此,使用脱毛剂应该很谨慎,即便如此,对皮肤的侵蚀也难以避免。

面膜　它是敷在面部皮肤上的一层薄薄物质,作用是使皮肤跟外界空气隔绝,让皮肤的温度上升。在面膜中常掺入维生素等营养物质。这些物质渗入皮肤,能改善皮肤的机能。经过一段时间后除去面膜,皮肤上的皮屑随之除去,皮肤就整洁一新。面膜种类很多,常用的组成成分有羧甲基纤维素、聚乙烯吡咯烷酮、聚乙烯醇、甘油、蒸馏水、香精、色素和适量防腐剂等[②]。

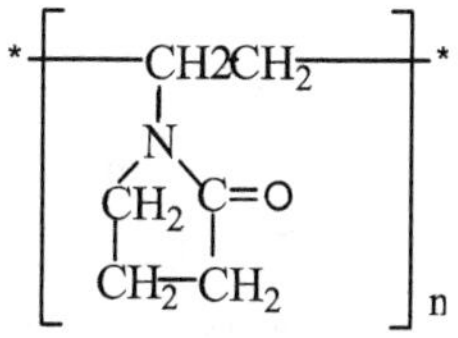

图5–12　聚乙烯吡咯烷酮

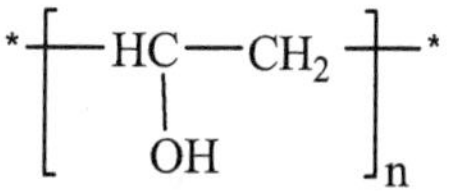

图5–13　聚乙烯醇

① 高锦章.消费者化学[M].北京:化学工业出版社,2002:165.

② 戴立益.我们身边的化学[M].上海:华东师范大学出版社,2002:86.

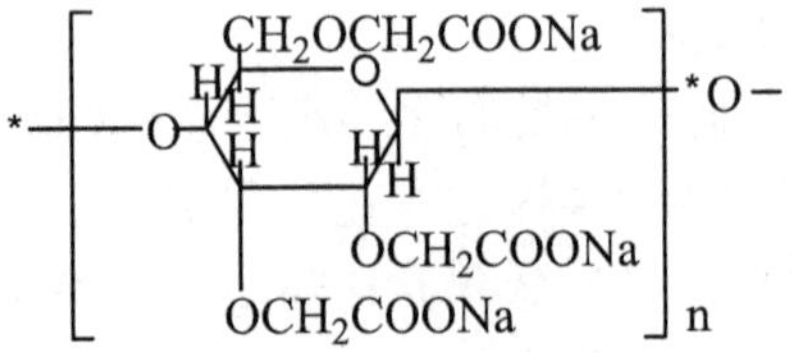

图5–12　羧甲基纤维素

雀斑霜　它是消除雀斑的化妆品。雀斑是皮肤内黑色素增多而出现的小斑点，妇女比男子多，多发在身体暴露部分，如面颊、手背等处。氢醌、维生素C、汞制剂等药物能阻止黑色素生成或促使它分解，因此能作雀斑霜的有效成分。雀斑霜的配方是抗坏血酸–硬脂酸脂1%、聚氯乙烯鲸蜡醇醚4%、单硬脂酸甘油酯1%、羊毛酯5%、十八醇6%、2–辛基月桂醇10%、丙二醇5%、水66%，再加适量香精。

防晒化妆品　防晒品的开发虽是近代才开始，但是其发展之快出乎人们意料。随着皮肤科学的发展，人们认识到中波紫外线（UVB）对皮肤机体的危害明显，较低剂量即可产生红斑，而长波紫外线（UVA）容易引起皮肤的衰老和肿瘤发生。目前国际上防晒化妆品的品种增加最为明显。人们积极寻找既可防UVB又可防UVA的新型、高效和安全的防晒剂。而且，在各种化妆品中开始添加防晒剂成分，出现了防晒口红、防晒粉底和防晒摩丝等等。

防晒化妆品中的主要成分是防晒剂，根据对紫外线的作用，防晒剂可分为两类：一类是对紫外线起到反射或散射作用的物质如钛白粉和氧化锌，即紫外线屏蔽剂；另一类则是能吸收紫外光的物质，即吸收剂，常用的有以下几种：①对氨基苯甲酸及其酯类。应用较早，一般用量为5%–10%，但价格较贵，而且，其吸收紫外光的能力因使用的溶剂不同而有所变化；②对氨基二羟丙基苯甲酸乙酯。价格适中，是一种常用的防晒添加剂；③对二甲氨基苯甲酸辛酯。稳定性好，可与各种化妆品配伍，耐汗性优良，是目前应用最广的防晒添加剂；④二苯甲酮类，可以单独使用，也可复配成防晒化妆品。此外，尚有肉桂酸酯及盐类、水杨酸酯类、维生素A等。有些防晒霜对皮肤有营养作用，还可防止表皮细胞角化。

问题讨论：防晒护肤品为什么能够防晒？[①]

① 陈润杰.生活的化学2[M].上海：上海远东出版社.2003：94.

防晒护肤品是一些可以吸收紫外线的产品，一般都印有一个简称“SPF”的防晒系数，用来表示其防晒能力。“防止日晒时间指数”(San Protection Factor，SPF)，用作显示防晒护肤品对于皮肤隔离紫外线时间的程度。例如皮肤在猛烈的阳光下曝晒10分钟便会发烫变红，但涂了“SPF 15”的防晒护肤品后，防御时间便可达到150分钟，而“SPF”防晒系数愈高，过滤紫外线的能力便愈强。当选购防晒护肤品时，可计算一下防御时间，以便购买合适的护肤品。防晒系数、防御时间及紫外线被过滤的百分比关系如表5-3所示：

表5-3　防晒系数、防御时间及紫外线被过滤的百分比关系

SPF防晒系数	防御时间	紫外张被过滤的百分比
2	20	50%
8	80	87.5%
15	150	93.3%
30	300	96.7%

除了爱美一族在外出前要涂上防晒用品外，一些需要长时间在烈日下工作或运动的人也应该涂上防晒霜，以免被阳光灼伤。

保健化妆品　是一类除有美化作用外，还具有保健功能的化妆品。例如，在雪花膏中加入从甘蔗提取的乙醇酸，能使胶原和弹性蛋白再生，起支持结缔组织作用。又如有机锗化妆品对皮肤表面有防晒、消炎和抗腐作用。市场上有名的SOD化妆品是在化妆品中加入从动物身上提取的活性酶，它能消除人体分泌的使人衰老的过氧化物，故有防老化妆品的美名。还有许多近年来涌现的名目繁多的各式各样的保健化妆品，如：各式减肥、丰胸类化妆品、延缓衰老类化妆品等。这类产品不仅价格昂贵，功效不一，而且多数缺乏科学依据，质量也不能保证，消费时一定要慎重。

资源链接：化妆品的正确使用

化妆品都是化学合成品，虽然对人体有保护和美化的功能，但对人体皮肤会产生刺激作用，有些甚至引起皮肤水肿、瘙痒、斑疹等“化妆品皮炎”。化妆品在生产过程中应该严格管理，合理选料，科学配方，杜绝细菌和铅、汞、镉、砷等重金属污染。在购买过程中应根据自己的皮肤性质正确选用，要注意生产厂家和生产日期。

第3节　文体用品

1 文化用品与化学

1.1 笔

北宋著名的书画家苏东坡的一句“信手拈来世已惊，三江滚滚笔头倾”，展现出笔锋纵横、笔触万机的画面。我国古代，在文房四宝中“笔”居首位，突出了笔的重要性。在现今社会中，各种各样、形形色色、多姿多彩的笔不断地帮助人们学习知识、表达思想、促进交流、美化环境。

资源链接：钢笔和墨水

相传，钢笔是一百多年前一个外国商人华特曼发明的。那时候，欧洲人签署文件用的是鹅毛笔。因为鹅毛笔漏墨水，弄脏了营业合同，使华特曼丢掉了一笔大生意。这件事使他受到很大刺激，决意改革。华特曼给笔增添了皮囊储灌墨水，为笔设计了带毛细管的笔舌和有细小裂缝的钢笔尖，墨水沿着裂缝缓缓流下。重按笔尖，裂缝扩大，墨水多下，轻点笔尖，裂缝合拢，墨迹变淡。从此，钢笔和铅笔一起，代替了欧洲人长期使用的鹅毛笔。

最早的墨水是染料的水溶液，写出来的字不能经久保存。后来，化学家发现，五倍子等植物里含有的鞣酸和铁离子生成的黑色物质鞣酸铁可以牢牢地粘附在纸、布等纤维上，形成字迹，且永不褪色。但鞣酸铁是细粉末，在水里不溶解，会堵塞笔尖上的裂缝和毛细管，根本无法使用。而鞣酸亚铁却能溶解在酸性水溶液里，暴露在空气中慢慢被氧化，自动转变成黑色的鞣酸铁。但墨水中的少量硫酸，会腐蚀钢笔尖。于是，人们想到用K金作为笔尖材料。后又被性能相近，价格低廉的铱合金所取代。

各式各样的笔是现代生活中不可缺少的书写工具。从古代的毛笔、鹅毛笔到近现代的钢笔、铅笔、圆珠笔以及现在广为普及的中性笔，无不体现了一种科技进步。

1.1.1 铅笔

常见的铅笔有两种，一是用木材固定铅笔芯的铅笔；一是把铅笔芯装入细长塑料管并可移动的活动铅笔。不管是怎样的铅笔，其核心部分就是用铅笔芯。铅笔芯是由石墨掺和一定比例的粘土制成的,当掺入粘土较多时铅笔芯硬度增大,笔上标有Hard的首写字母H。反之则石墨的比例增大,硬度减小,黑色增强,笔上标有Black的首写字母B。儿童学习、写字适用软硬适中的HB标号铅笔,绘图常用6H铅笔,而2B 、6B 铅笔常用于画画、涂答题卡。

1.1.2 钢笔

钢笔的笔头是用含5%-10%的Cr、Ni合金组成的特种钢制成,铬镍钢抗腐蚀性强,不易氧化,为了改变钢笔头的耐磨性能,故在笔尖上镶有铱金粒。铱金笔既有较好的耐腐蚀性和弹性,还有经济耐用的特点,深受广大消费者欢迎。是我国自来水笔中产量最多、销售最广的笔。

钢笔中的金笔,其笔尖用K金制成。我国生产的金笔有两种,一是含Au 58.33% 、Ag 20.835% 、Cu 20.835%的14K金笔;另一是含Au50% 、Ag 25% 、Cu 25%的12K金笔。金笔书写流利、耐腐蚀性强、书写时弹性特别好,是一种很理想的硬笔,但价格较高。

1.1.3 圆珠笔

圆珠笔是用油墨配不同的颜料书写的一种笔。笔尖是个小钢珠,把小钢珠嵌入一个小圆柱体型铜制的碗内,后连接装有油墨的塑料管,油墨随钢珠转动由四周流下。该笔比一般钢笔坚固耐用,但如果使用保管不当,往往写不出字来,这主要是因干枯的油墨粘结在钢珠周围阻碍油墨流出的缘故。油墨是一种粘性油质,是用胡麻子油、合成松子油(主含萜烯醇类物质)、矿物油(分馏石油等矿物而得到的油质)、硬胶加入油烟等调制而成的。在使用圆珠笔时,不要在有油、有蜡的纸上写字,否则油、蜡嵌入钢珠沿边的铜碗内影响出油而写不出字来,还要避免笔的撞击、曝晒,不用时随手套好笔帽,以防止碰坏笔头、笔杆变型及笔芯漏油而污染物体。如遇天冷或久置未用,笔不出油时,可将笔头放入温水中浸泡片刻后再在纸上划动笔尖,即可写出字来。

1.1.4 中性笔

中性笔是目前世界上流行的一种书写工具,最早起源于日本。我国在20世纪90年代中期通过引进国外墨水,开始生产中性笔,由于中性笔兼自来水笔和圆珠笔的共同优点,书写手感舒适,因此深受人们的喜爱。

中性笔墨水主要由着色剂、溶剂、增稠剂、分散剂以及其他添加剂和尾塞油组成。

着色剂大体可以分为三类:分别为无机颜料、有机颜料和染料。根据中性笔不同的颜色采用不同的着色剂。在无机颜料中,最常见的就是炭黑,它广泛用于黑色中性笔的中性墨水中。除了上述三类着色剂外,还有一些特种着色剂,包括一系列珠光的、金属的、荧光的和磷光的颜料,这些颜料的使用,使中性笔的色彩更加绚烂多彩。

溶剂是中性笔墨水中的挥发成分,加入溶剂的目的是溶解中性笔墨水中的着色剂,溶剂多以醇类、有机醚类为主。目前通常使用的溶剂有:甘油、苯甲醇、苯氧基乙醇等,而大多数厂家为了提高溶解性,改善书写质量,都采用混合溶剂法,一方面可以防止蒸发速度过快造成墨水干涸而堵塞笔头;另一方面也可以克服蒸发速度过慢而导致书写字迹不干,渗透到纸中铺开的缺点。

增稠剂是为了使墨水具有一定稠度和粘度,以天然胶质物和有机合成物为常用,如:天然胶质的淀粉胶、糊精、动植物胶类及合成树脂、丙烯酸类等,较理想的还有黄原胶和高分子共聚物碱活化的增稠剂。

分散剂是通过其润湿作用和渗透作用,渗透入原料粒子的间隙,在粒子的表面发生定向吸附,从而改变了固体粒子的表面性能,并使粒子表面带电,形成双电层,阻止了粒子的聚集,而使颜料分散体系形成。常用的分散剂有:聚丙烯酸盐类、马来酸钠和烯烃的共聚物、磺基琥珀酸类、聚氧乙烯(芳基)醚类等。

中性笔中除了中性墨水还有防止墨水倒流的尾塞,尾塞油有锂基脂和硅胶等,锂基脂(Grease)又称浮塞,主要的作用是液体活塞,封住中性笔管,防止墨水倒流,且书写时能很好地随动下滑密封,耐温范围40–90℃,它与硅胶的不同之处在于:用锂基脂作尾塞油的中性笔耐冲击性好,与中性墨水互不相溶,界面清晰,无气泡,可以长久保持良好的气密性,防止墨水蒸发或倒流,而硅胶作尾塞油时耐冲击性不好,抗摔打性差,弹性差,粘稠度无稀稠之分,有粘壁现象出现。故锂基脂较硅胶应用广泛。

最近几年,中性笔在我国发展十分迅速,大有取代圆珠笔之势。但制约我国中性笔发展的最大因素就是中性墨水的研发,开发出优质的国产中性墨水是化学研究工作者亟待解决的问题。

资源链接：改正液与人体健康①

1.改正液的成分

改正液属于化工涂料的一种，主要由掩盖剂（钛白粉、锌钡白等）、成膜剂（聚醋酸乙烯酯等酯类）和将它们溶解的有机溶剂组成。而此类有机溶剂必须具有沸点低、易挥发的特点才可实现快速干燥。现市售的改正液产品主要是用甲苯、二氯乙烷、苯等做溶剂。可见，改正液中危害人体健康的成分主要是有机溶剂。

2.改正液的弊断

使用过改正液的人都知道，它有一种特殊的气味，事实表明，如果过多地吸入这种气体，可对呼吸道造成刺激，还可造成眼、鼻和咽喉发炎，引起头痛、恶心等症状。长期使用，可形成毒性蓄积，对人体健康造成危害。

1.1.5 粉笔

粉笔是由硫酸钙的水合物（俗称生石膏）制成。也可加入各种颜料做成彩色粉笔。在制作过程中把生石膏加热到一定温度，使其部分脱水变成熟石膏，然后将热石膏加水搅拌成糊状，灌入模型凝固而成。其主要反应为：

$2CaSO_4 \cdot 2H_2O = 2CaSO_4 \cdot 1/2\ H_2O + 3H_2O$

控制好温度，利用生、熟石膏的互变性质还可制造模型，塑像以及医用的石膏绷带等。

1.2 墨

墨水和墨汁一样，因含有化学性质极不活泼的碳，所以用碳素墨水和墨汁写的字，画的画，保存时间较长。

此外，不同牌号的墨水，因为往往带有不同的电荷，混用会产生沉淀，影响书写质量。利用化学反应的颜色变化，我们还能设计出多种密写药水，如NaOH+酚酞，I_2+淀粉溶液等。

1.3 纸

纸是我国的四大发明之一，纸的发明，推动了世界文化的发展，造纸是一个较复杂的化学过程。纸的主要成分是纤维素。我国的造纸技术很

① 王彬，王俊茹.改正液与人体健康[J].化学教育，2003（3）：4.

早就传到了国外。公元4世纪时最先传到朝鲜，7世纪又从朝鲜传到日本，8世纪传入阿拉伯，公元1150年，又从阿拉伯传到欧洲。此后，中国的造纸术逐渐传遍了整个世界。

资源链接：蔡伦与造纸

蔡伦，是东汉时期桂阳人，从小就进宫当了太监，到汉和帝时被提升为中常侍，后来又兼任尚方令，掌管皇宫里的手工作坊，专门为皇帝监造各种器具用品。

他在接触诏令、文书的过程中发现，丝帛是书写的好材料，但造价太贵，而前人造的纸又疙疙瘩瘩，让人无法下笔。于是他广泛地研究了民间的造纸经验，用树皮、麻头、破布和旧渔网作原料，用水浸湿，使它润胀，再用斧头剁碎，用水洗涤；然后用草木灰浸透并且蒸煮，随之，拿清水漂洗，漂洗完，就滤出捶打，让所有的纤维都分离出来。纤维捣碎后，便用水配成悬浮的浆液，再用漏水的细帘捞出纸浆，使之分布细薄均匀，最后取下压平，晾干，纸就制成了。

公元105年，蔡伦把他监造的第一批纸献给了汉和帝，汉和帝一见，赞不绝口，从此，造纸术得到了推广。公元116年，蔡伦被封为"龙亭侯"，他造出的纸，就被人们称为"蔡侯纸"。

随着造纸的技术的发展，许许多多有特色的名纸纷纷登上历史舞台。不仅出现了藤皮、桑皮作原料的纸，还研制出稻麦秆纸和竹纸。尤其是安徽泾县出产的"宣纸"，更享有"纸寿千年，墨分五层"的美誉。

现在的纸有很多种。报纸是一种新闻纸，其纸浆用SO_2漂白，因此报纸日久即变黄。此外，报纸的油墨中含有0.1–1.0mg/kg的多氯联苯（PCB），因此，不可用报纸包裹食品。

复写纸是将一种易于脱离的油溶性涂料涂在纸上晾干而成的，这种涂料是由印刷油墨、石蜡、牛羊脂、松节油和蓝、烛红等油溶性颜料混合而成的。现在广泛应用的无碳复写纸利用的则是现代微胶囊技术。照相纸利用的是卤化银见光分解的特性，硫酸纸用于胶版印刷等等。

资源链接：无碳复写纸[①]

① 王毓明.微胶囊技术[J].化学教育，1999，(4)：4.

通过两层纸中间的一层碳黑/蜡传递产生图像、记号的称为碳纸；而不需要碳黑，通过打字机或笔尖的压力就能产生图像、记号的称为无碳纸。

无碳复写纸的基本原理和各构成组分如图5-15所示。它是由上页纸的背面涂布含有包封了隐色染料的微胶囊，称为CB面(Coated Back)，其涂料称为CB涂料；下页纸的正面涂布隐色染料的显色剂，称为CF面(Coated Front)，其涂料称为CF涂料。将它们叠放在一起(称为两联)，当在上页纸正面用力写字，利用其产生的压力使微胶囊破裂，此时隐色染料与显色剂反应而显色，故能显示所写字形。

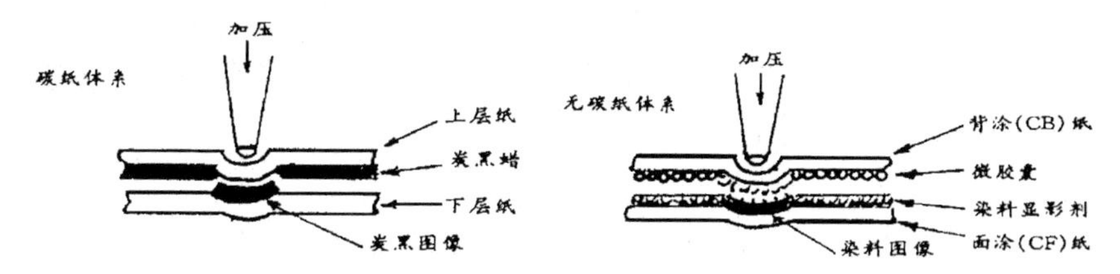

图5-15　碳纸与无碳纸构成组分示意图

隐色染料(或称压敏染料)较早使用的是三苯甲烷及其内酯类化合物，如结晶紫内酯(CVL)，发蓝色，发色速度快，但耐光牢度差。后来应用苯甲酰甲基蓝隐色体(BLMB)，耐光牢度好，但发色速度慢，一般与CVL混合使用，性能互补。日本在萤烷类压敏染料中引入氯、氟和三氟甲基等强吸电子基团，得到发黑色、耐晒、耐光、耐水新一代压敏染料。

染料显影剂，目前世界上使用的有3种：(1)酸性膨润土，(2)水杨酸锌，(3)酸性酚醛树脂。新型的染料显影剂亦在不断研制。

无碳复写纸是现代办公自动化、产业信息用纸，用途广泛，用量逐年递增，产品品种不断扩大。

2 体育用品与化学

在激动人心、令人赏心悦目的体育世界中，也处处充满着化学知识。

2.1 奥运火炬

几千年来，火炬一直是光明、勇敢和威力的象征。自第十一届奥运会以来，历届开幕式都要举行颇为隆重的“火炬接力”。丁烷气和煤油是常用的火炬燃料：

$$2C_4H_{10}+13O_2 \xrightarrow{点燃} 8CO_2\uparrow+10H_2O$$

我国化学专家研制的式样新颖的轻型火炬，火苗高达1m左右，即使在晴朗的白天，200m以外，仍然清晰可见，而且在大雨中也能熊熊燃烧。

2.2 足球场上的“神医”

在激烈拼搏的足球赛中，我们常看到运动员摔倒在草坪上，这时队医急忙跑上前，用一个小喷壶，在运动员受伤的部位喷几下，然后反复搓揉、按摩一会儿，受伤运动员又生龙活虎地冲向了球场。原来小壶里装的是氯乙烷（CH_3CH_2Cl），一种无色、沸点只有13.1℃的易挥发有机物。因为液体挥发时，将从周围吸收热量，所以当把氯乙烷药液喷洒在运动员受伤部位时，由于它们迅速挥发而使皮肤表面的温度骤然下降，知觉减退，从而起到了镇痛和局部麻醉的作用。

2.3 泳池用水

在奥运比赛的游泳场馆中，蓝色的游泳池水令人赏心悦目。这是因为杀菌的需要，在池水中加有重金属盐$CuSO_4$。

2.4 运动鞋底

不同的运动员对于运动鞋的材料也有不同的要求。为此，设计师采用了最新的化学材料设计了各种性能的运动鞋，颇受运动员的青睐。篮球、排球运动员需要有一定弹跳性的鞋，他们选用弹性好的顺丁橡胶作鞋底；足球运动员要求鞋能适应快攻快停、坚实耐用的要求，便用强度高的聚氨酯橡胶作底材，并安装上聚氨酯防滑钉；田径运动员要求鞋柔软而富有弹性，又设计了高弹性的异戊橡胶鞋底，满足了运动员的要求。

2.5 举重擦粉

举重前，运动员把两手伸入盛有白色粉末“镁粉”的盆中，然后互相摩擦掌心。这个助运动员一臂之力的白色粉末“镁粉”其实是碳酸镁（$MgCO_3$）。$MgCO_3$具有良好的吸湿性，能加大手掌心与器械之间的摩擦系数，从而使运动员能紧紧握住杠铃，创造优异成绩。

2.6 发令烟雾

在一般的小型田径比赛中，裁判员是根据对方发令枪打响后的白色烟幕计时的。原来发令枪火药纸里的药粉含有氧化剂氯酸钾和发烟剂红磷等物质。摩擦产生的高温使氯酸钾迅速发生分解反应：

$$2KClO_3 \xlongequal{高温} 2KCl+3O_2\uparrow$$

产生的氧气马上与红磷发生剧烈的燃烧：

$$4P + 5O_2 \xlongequal{点燃} 2P_2O_5$$

燃烧的产物是白色五氧化二磷粉末，在空气中形成白烟，所以计时员就在看到白色烟雾时开始计时。

2.7 神奇撑杆

撑杆跳高的关键器材是撑杆，它起着传递力量、积蓄能量的作用，起决定作用的是撑杆的弹性性能和长度。1932年，日本选手西田修平奇迹般跳过4.30m高度，创造佳绩，很重要的原因就是日本有丰富的竹资源，当时世界各国选手都是用日本加工的高强度和高韧性的竹竿。但是第二次世界大战的战火使竹源中断，迫使欧美等国开发了轻质合金的金属撑杆，这种金属杆直径均匀，不易弯曲，性能优于竹竿，但其在插入插穴时产生很大冲击力，需运动员上肢肌肉发达，因此成绩提高有限。玻璃纤维杆的出现，以其优异的弯曲性能，很快风靡全球，运动成绩突飞猛进，世界撑杆跳名将布勃卡使用这种玻璃纤维杆，多次打破世界纪录，创造了体坛的神话。近年来，一种更先进的石墨——玻璃纤维合成杆被研制出来，优点是质地轻、坚韧可靠、弹性好，而且不像玻璃纤维从一端到另一端只能均匀弯曲，使运动员握杆更高，更容易用力在杆尖，增加弹力，创造佳绩。

2.8 泳衣材料

泳衣的改进关键就是如何减少水的阻力。最重要的两点：一是水不从泳衣表面进入，又能使进入泳衣的水流出；二是使用质轻料薄、表面光滑的材料。1950年尼龙泳衣风靡世界，特点是伸缩性好，径向易伸长，胸襟处衬入橡胶层。1972年慕尼黑奥运会，毛线泳衣出现了，它只在一个方向上有伸缩性。1976年美国杜邦公司生产了双向伸缩的聚氨脂纤维，它用在泳衣反面，可以防止衣服伸长时过多水的渗入。1988年又有新型游泳衣推出，质地薄、表面光滑、伸缩性能好，可以减少10%的阻力。目前正在研制仿生材料制成具有鱼类皮肤特点的超能力泳衣，日本一位科学家构想，在泳衣表面涂上分子量为400万的高分子化合物，与水摩擦时，高分子化合物剥落，阻力减少，数据显示其较一般泳衣阻力可减少10%，由此推算100m自由泳约可缩短2s时间。

2.9 塑胶跑道

在体育场，围绕着翠绿色足球场的是一圈圈十分醒目的棕红色的田径跑道。这种跑道是用合成材料——塑胶铺设的，俗称“塑胶跑道”。塑胶跑道的构造，好像是一块正贴胶粒的海绵乒乓球拍。跑道面上的橡胶颗粒好比是胶粒，那塑胶面层就相当于海绵层，而跑道的地基就像球拍的木底板。这种塑胶跑道为田径健儿创造佳绩，提供了良好的基础。但也存在易老化和难以降解等问题。

化学为体育锦上添花，尤其是新材料的应用为体育竞技事业的发展立下了汗马功劳，世界纪录也因此不断被刷新。

资源链接：体育兴奋剂

兴奋剂在英语中称“Dope”，如今通常所说的兴奋剂不再是单指那些起兴奋作用的药物，而实际上是对禁用药物的统称。

国际奥委会最新公布的兴奋剂包括以下5种：

①刺激剂，如苯丙胺和可卡因等；②麻醉剂，吗啡、乙基吗啡、杜冷丁和可待因等；③蛋白同化制剂，如合成雄性激素类固醇类及b2激动剂等；④利尿剂，如速尿等；⑤肽和糖蛋白激素及类似物，如绒毛膜促性腺激素(HCG)、促肾上腺皮质激素(ACTH)等。兴奋剂的检测方法有尿样检测和血样分析。

奥林匹克理想把人类在体育运动中崇尚进取的愿望集中表述为“更快、更高、更强”。然而，在科学技术高速发展、训练水平和运动成绩突飞猛进的今天，要夺取体育比赛的胜利已经越来越难。在所有的比赛场上，运动员使用兴奋剂都是出于本质上相同的原因，即希望靠兴奋剂来夺取比赛的胜利。

运动员使用兴奋剂是一种欺骗行为。公平竞争意味着“干净的比赛”、正当的方法和光明磊落的行为。使用兴奋剂既违反体育法规，又有悖于基本的体育道德，对运动员的身体健康也造成了严重损害。

3 艺术用品与化学

3.1 摄影冲印：感光化学

许多化学物质对光是敏感的。如银的氯化物、溴化物、碘化物都具有保存影像的可贵性能。照相原理就是利用了某些化学物质的光学性质。

3.1.1 黑白照相

黑白照相的原理是利用卤化银见光易分解的特性。通常是把含溴化银胶体粒子的明胶均匀地涂在透明胶片上，制成底片，照相时，在光的作用下，胶粒中溴化银见光分解成“银核”：

$$AgBr \xlongequal{\text{光照}} Ag+Br$$

银核内部由于缔合作用产生了Ag_2^+、Ag_3^+、Ag_4^+等聚集体，这个过程叫“曝光”。曝光后的溴化银颗粒中存在着游离银形成了潜影。

当曝光后的胶片在暗室中用对苯二酚或硫酸对甲胺基苯酚等还原剂配成的显影液处理，此时含有银核的溴化银粒子被还原剂还原成黑色的金属银，曝光强的部分黑度就深，弱的部分黑度浅，未曝光的溴化银不被还原而保持无色。这一处理过程称为“显影”。常用的显影剂有：

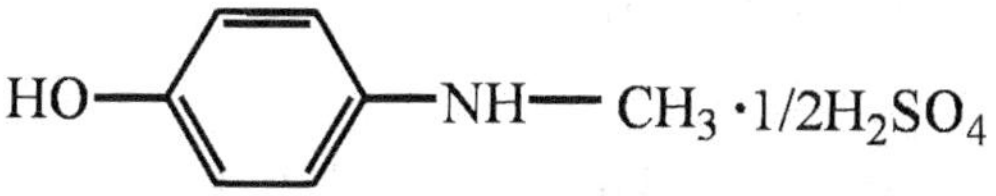

图5-16　N-甲基对氨基酚（米吐尔）

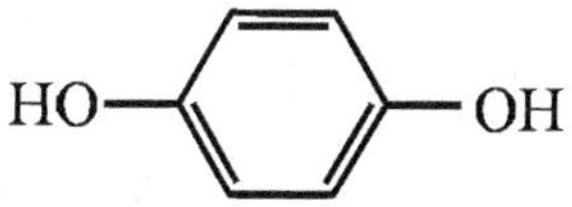

图5-17　对苯二酚（海德路几奴）

图5-18　对氨基苯酚

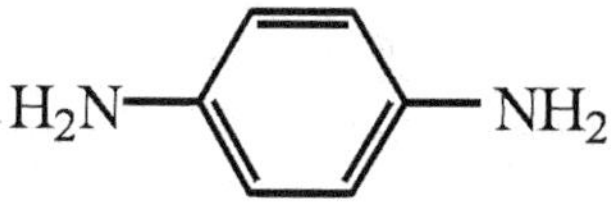

图5-19　对苯二胺

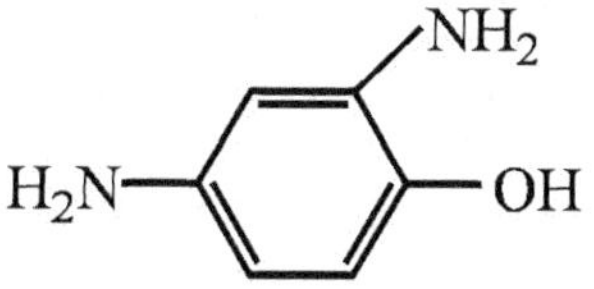

图5-20　2，4-二氨基苯酚

显影过程是一个选择性还原的过程，不是任何还原剂都可以担任显影任务的。因此有人总结出，作为显影剂必须要有二个羟基，或二个氨基，或一个羟基、一个氨基。在苯的衍生物中，这些基团又必须处于邻位或对位，不能是间位等等。

实际上显影剂在将银离子还原成金属银时，自身就被氧化为醌，如：

$$HO-C_6H_4-OH + 2Ag^+ \longrightarrow O=C_6H_4=O + 2Ag + 2H^+$$

然后把显影后的底片放入用“海波”(五水硫代硫酸钠,化学式为$Na_2S_2O_3 \cdot 5H_2O$)配成的定影液中,使因未曝光而未被还原的溴化银形成配离子$Ag(S_2O_3)_2^{3-}$而溶解①:

$$AgBr+2S_2O_3^{2-} = Ag(S_2O_3)_2^{3-}+Br^-$$

剩下的金属银不再变化,这一过程叫做“定影”。经过定影后,就可以得到一张印有负像的底片。把底片附在洗相纸上重复曝光、显影、定影的过程,就可以得到印有正像的照片。

3.1.2彩色照相

众所周知,可见光(白光)是由红、绿、蓝三原色组成的。人的视觉神经中也正好有感红、绿、蓝的三种神经细胞。1861年Maxwell第一次用加色法原理获得了物体的彩色影像。如图5-21②所示,用三个黑白感光片,使用三种颜色的滤色片,拍摄三张照片,显影后得到三张负片。经红滤色片的负片上只有红光感光,再翻成正片后,凡红色部位均无感光,绿蓝的部位均被感光成黑影,当白光通过此正片时,只有红光能通过,再通过红滤色片后投到屏幕上就是物体红色部位的红色成像。同样道理,另两张分别投入绿和蓝,于是靠三种原色的叠合,在屏幕上就显示出了物体原来的彩色成像。由于这是将三种原色画面叠加而得的成像方法,所以又称之为加色法。

由于选用的原色彩色滤色片,只能通过一种原色,所以不可能把这三个单独过程叠合在一次进行,因为这种原色滤色片每任意两种的叠合即不能使光线通过。为此1869年Ducos du Hauron又发明了减色法印相技术。如图5-22所示,和加色法一样,仍用三张黑白底片,进行加滤色片的

① 何法信.现代化学与人类社会[M].济南:山东大学出版社,2001:261.

② 江逢霖.照相化学[M].上海:复旦大学出版社,1994:153.

曝光,再翻转成正片,把正片上曝光部位的黑影去除且全都染上滤色片的余色。这样,在第一张正片上,红色部位是透明的,其余部位都是红色的余色。第二张正片上,绿色部位是透明的,其余部位是绿色的余色。第三张正片上,蓝色部位是透明的而其余部位则是蓝色的余色。所谓余色,就是另两种原色的叠加颜色。红色的余色,就是青色(绿加蓝),绿的余色为品红(红加蓝),蓝的余色则是黄色(红加绿)。

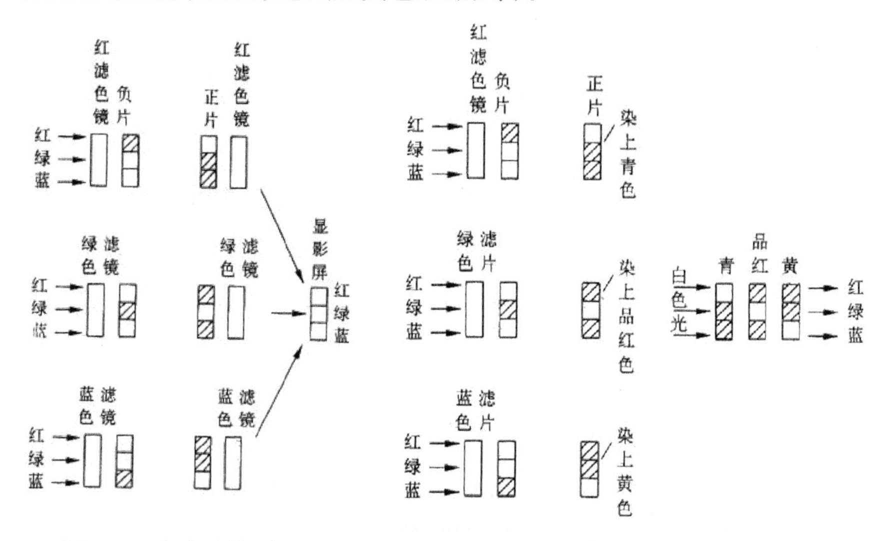

图5-21　加色法的原理　　　　图5-22　减色法的原理

考虑到实际照相的需要,我们先要有能形成负片的底片,然后通过底片再制作相片。上述减色法的过程为彩色正像的形成过程,因此要在底片上形成负像,其过程就有所不同。然而原理仍然是减色法,关键仍然是染色。这里就必须借助于化学的方法。

在制备感光乳剂的时候,加入一种成色剂,利用显影剂还原卤化银时所生成的氧化物与之作用,就可生成所需颜色的染料。当然,这种显影剂是经过特殊选择的。这是一个十分巧妙的安排,因为染色正好被安排在所需要的显影部分。以青染料为例:

现在彩色胶片一般是由片基和三种感色乳剂层所组成。感受蓝光的乳剂层通常位于上面,因为卤化银本身就对蓝色光敏感。其次是黄滤色层,这一层能吸收蓝色光防止下面的乳剂层受蓝光作用。再下面是感绿层，接着是感红层和片基。这些乳剂层中加有不同的染料，使它们对一定的色光敏感，这些感色层与黑白全色胶片中所用的菁类染料相似。不过应当认识到彩色增感染料一般并不涉及产生决定影像色彩的最终的原色。彩色胶片整个乳剂层的厚度约为0.0254mm。彩色胶片的显影剂一般都是用取代胺作还原剂的。

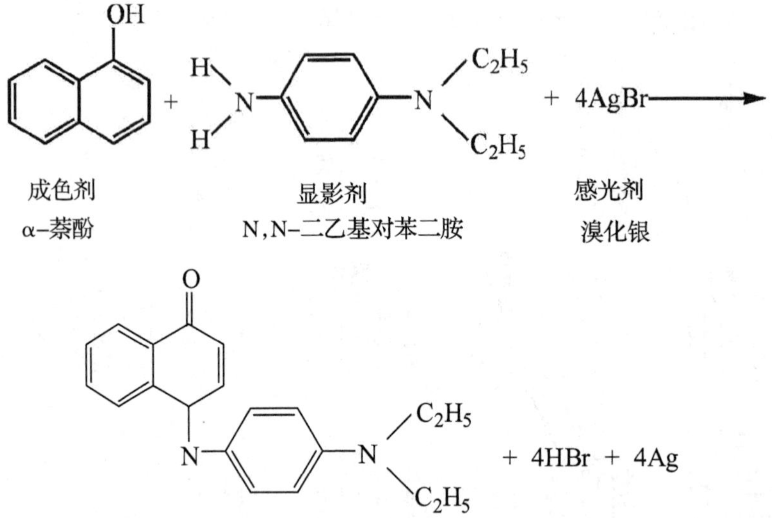

OH

\+ H_2N—(苯环)—$N(C_2H_5)_2$ + 4AgBr ⟶

成色剂 α–萘酚　　显影剂 N,N–二乙基对苯二胺　　感光剂 溴化银

O

N—(苯环)—$N(C_2H_5)_2$ + 4HBr + 4Ag

青染料

在三个感色乳剂层中剩下的未曝光的卤化银是原始曝光的真实记录。例如，红光照在胶片上经黑白显影后，就在感红层内留下游离银。由于其他感色层未被原始影像曝光，故它们不包含信息。现在有选择地进行再曝光和显影后，将在整个乳剂层中产生游离银和相应的有色染料，但胶片上原来红光照过的地方除外。在那里没有形成染料，因为那里的卤化银事先已被黑白显影剂还原了。接着再用氧化剂如铁氰根离子把三个乳剂层中全部金属银连同黄色滤光层都漂去：

$$Ag+Fe(CN)_6^{3-}+2CN^-=Ag(CN)+Fe(CN)_6^{4-}$$

一旦银被氧化，就用海波处理，并将它从乳剂中洗去。最后得到的乳剂是带颜色而且透明的。考虑到原来红光曾使底片曝光，我们将看到透射光呈现红色。

3.2 变色眼镜

有一种太阳眼镜在阳光或强光下颜色变深，在室内时又会回复至与普通眼镜没有分别。这就是变色眼镜。究其原因，是因为这种特殊的镜片在熔化了的玻璃中加入氯化银（Silver chloride，AgCl）和氯化铜（I）（Copper（I）chloride，CuCl）。原理在于氯化银在阳光的照射下进行了氧化还原反应，氯离子被氧化为氯原子，而银离子则被还原为银原子。这样，银原子便会把镜片变黑，阻挡阳光。

氧化作用：$Cl^- \rightarrow Cl+e^-$，　　　还原作用：$Ag^++e^-\rightarrow Ag$

与此同时，镜片里的铜（Ⅰ）离子会作为还原剂，并把氯原子还原为氯离子。

$Cu^++Cl\rightarrow Cl^-+Cu^{2+}$

而新形成的铜（Ⅱ）离子就会和银原子产生化学反应，把一切变回原状。

$Cu^{2+} + Ag\rightarrow Ag^++Cu^+$

黑色 透明

所以，当人们在强光之下，镜片便不断进行氧化还原反应。但走进室内时，镜片内的化合物便会回复原状，变成普通的眼镜一样。这样，人们便可以不用更换眼镜，却又可保持视野清晰了。

3.3 油画复原

一幅名贵的油画，时间长了，画面上的白云慢慢变得灰暗下来，原因是白色颜料中的铅白与空气中的含硫化合物反应生成了黑色的硫化铅。此时，只要用沾有双氧水的棉球轻轻擦拭，油画即可焕然一新。发生的化学方程式为：

$Pb_3(OH)_2(CO_3)_2+3H_2S = 3PbS+4H_2O+2CO_2$

$PbS+4H_2O_2 = PbSO_4+4H_2O$

3.4 显示屏

分为彩色显示屏和液晶显示屏。

3.4.1 彩色显示屏

用氧化钇铕或硫氧钇铕为红色发光物质，用硫化锌镉铜铝为绿色发光物质，用硫化锌银为蓝色发光物质。

3.4.2 液晶显示屏

物质除了固、液、气三态外，还有第四态——等离子态，有些物质还有第五态，就是液晶态。所谓“等离子电视”、“液晶电视”其实就源于这两类新材料。

液晶态就是液状晶体态，它仅仅存在于某些特殊的有机化合物中间。这种物质从外形看，像一种半透明的乳状液体，可以自由流动(液态特征)，可是它的分子内部结构，却又不同于一般液体，具有像水晶那样的特性：从各个方向看去，透光程度不一样，这就是液晶。也就是说，液晶同时具备了液体和晶体两种状态的特征。

液晶在正常情况下，它的分子排列很有秩序，是清澈透明的。但是，加上直流电场以后，分子的排列被打乱了，有一部分液晶变得不透明，颜色加深或发生改变，因而能显示数字或者图像。

电子显示是电子工业在20世纪末，继微电子和计算机之后的又一次大的发展机会。在目前的平板显示技术中，应用最广泛并已形成生产体系的是液晶显示(LCD)。液晶是由化学家设计、合成的一类具有特定几何结构的有机小分子或高分子化合物。大多数液晶是刚性棒状结构，其基本结构可以表示为：

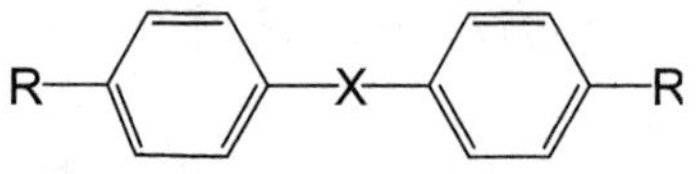

R—⟨苯环⟩—X—⟨苯环⟩—R

图5-23　液晶

它的中心是刚性的核，核中间有-X“桥”，例如-CH=N-，-N=N-或-N=N(O)-等。两侧由苯环、脂环或杂环组成，形成共轭体系。分子尾端的R基团可以是酯基($-CO_2C_2H_5$)、硝基($-NO_2$)、氨基($-NH_2$)或卤素(如Cl、Br等)。其分子的长度为200-400nm，宽度为40-50nm。

3.5 火药与焰火

火药是我国古代四大发明之一，其化学反应为：

$$S+2KNO_3+3C = K_2S+3CO_2\uparrow+N_2\uparrow$$

利用此反应可制成各种烟花爆竹，用以烘托节日的喜庆气氛。

焰火常装在一颗发射弹筒中用发射装置射入天空，弹筒中装有火药、发光剂镁粉和铝(它们燃烧时会产生耀眼的白光)，此外，还加入了各种发色剂，即不同金属的盐类，这些盐类在高温下能发出特定颜色的光，如锂盐红色、钠盐黄色、钾盐紫色、铜盐绿色等，即化学上的焰色反应。

3.6 霓虹闪烁

每当夜幕降临，在繁华的现代都市，商店橱窗、宾馆酒店招牌，均可以看到许多五光十色的霓虹灯，十分美丽动人。这些霓虹灯实际上是一种气体放电光源。氖气产生红色，氩气能射出浅蓝色的光，氦气能放出淡紫色光。如果在灯管内壁再涂上不同的荧光物质，则可以得到更多所需要的颜色。

资源链接：稀有气体的应用

氦气是除了氢气以外密度最小的气体，可以代替氢气装在飞船里，不会着火和发生爆炸。液态氦的沸点为-269 ℃，利用液态氦可获得接近绝对零度(-273.15 ℃)的超低温。氦气还用来代替氮气做人造空气，供探海潜水员呼吸，因为在压强较大的深海里，用普通空气呼吸，会有较多的氮气溶解在血液里。当潜水员从深海处上升，体内逐渐恢复常压时，溶解在血液里的氮气要放出来形成气泡，对微血管起阻塞作用，引起“气塞症”。氦气在血液里的溶解度比氮气小得多，用氦跟氧的混合气体(人造空气)代替普通空气，就不会发生上述现象。此外，这种含氦的人造空气，还可用来医治支气管气喘，因为它的平均密度比普通空气小三倍，容易吸入或呼出。

氦-氖激光器是利用氦氖混合气体，密封在一个特制的石英管中，在外界高频振荡器的激励下，混合气体的原子间发生非弹性碰撞，被激发的原子之间发生能量传递，进而产生电子跃迁，并发出与跃迁相对应的受激辐射波，近红外光。氦-氖激光器可应用于测量和通讯。

氖和氩还用在霓虹灯里。霓虹灯是在细长的玻璃管里，充入稀薄的气体，电极装在管子的两端，放电时产生有色光。灯光的颜色跟灯管内填充气体种类和气压有关，跟玻璃管的颜色也有关，见表5-4所示：

表5-4　稀有气体与灯光的颜色之间的关系

灯色	气体	玻璃管的颜色
大红	氖	无
深红	氖	淡红

金黄	氪	淡红
蓝	体积分数：氩80%氖20%	淡蓝
绿	体积分数：氩80%氖20%	淡黄
紫	体积分数：氩5%氖50%	无

氩常用来填充普通的白炽电灯泡,灯丝在空气中加热会产生燃烧现象,因此必须抽掉灯泡中的空气,但空气抽出后,炽热的灯丝就容易蒸发。所以长时间使用的灯泡在玻璃内壁会附着一层黑色薄膜。如果把一定数量的氮气或氩、氮混合气体充入灯泡里,就会增加灯泡内部的气压,防止灯丝在炽热时蒸发,以延长灯丝的寿命。用氪来填充白炽灯,可以节能10%,氩和氪的混合气广泛用于充填荧光灯。

作为麻醉剂,氙气在医学上很受重视。氙能溶于细胞质的油脂里,引起细胞的麻醉和膨胀,从而使神经末梢作用暂时停止。人们曾试用体积分数为80%氙气和20%氧气组成的混合气体,作为无副作用的麻醉剂。

3.7溶洞奇观

在自然界里,有许多天然溶洞,如安徽广德的太极洞、湖南张家界的黄龙洞等,这些溶洞里有各种千姿百态的石笋和石钟乳。它们的形成是由于CO_2潜入水中,沿着石灰岩的“躯体”里的小孔和裂缝流动,进入地下,跟石灰岩发生化学反应:

$$CaCO_3+H_2O+CO_2 = Ca(HCO_3)_2$$

使石灰岩不断溶解,裂缝不断扩大,形成溶洞。如果溶洞的顶上有含$Ca(HCO_3)_2$的水滴下来,重力势能和适当的温度和气压变化,都使$Ca(HCO_3)_2$分解:

$$Ca(HCO_3)_2 = CaCO_3\downarrow + H_2O+CO_2\uparrow$$

天长日久,$CaCO_3$不断沉积,就形成了石笋和石钟乳。

3.8音像记录

记录音像资料的材料从以前的磁带、录像带到现在的光盘,信息记录方式也从模拟信号向数字信号转变。图5-24为普通光盘的结构示意图:

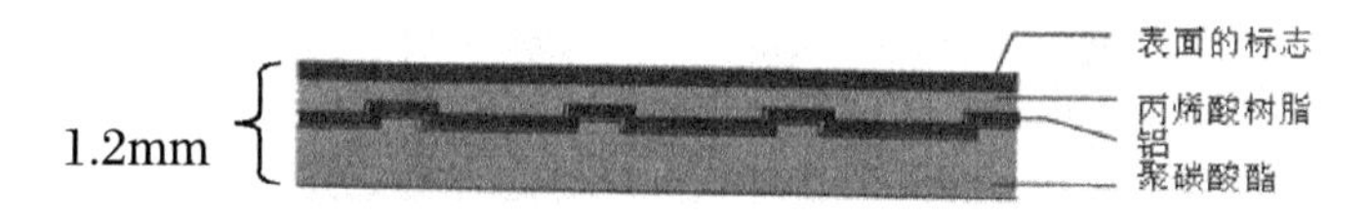

图5-24　光盘结构示意图

从图中可以看出，光盘（镭射唱片）的主要成分是铝（Aluminium），并分别用丙烯酸树脂和聚碳酸酯（Po1ycarbonate）来制光盘的面和底部。透过铝片上的凹凸坑纹来储存音乐或图像的数码资料，并且利用反射镭射光线来把唱片上的资料阅读出来。它的体积虽然比原来的塑料唱片小，但单面已经可以储存74min以上的音像资料。

综合活动　常用餐具洗涤剂的调查与研究

1 选题目的

目前，随着人们生活水平的提高，洗涤剂已进入千家万户，它可用来洗涤餐具和水果蔬菜等。然而，人们在使用洗涤剂时，既希望它有良好的洗涤效果，更关心洗涤剂是否有毒性，会不会伤手，影响健康……当然，还要考虑价格是否低廉等。为此，可通过调查超市或商场，了解常见品牌的洗涤剂价格，并通过乳化法和洗涤剂对种子发芽的影响的实验，比较不同品牌洗涤剂的去污力和毒性。

2 市场调查

走访几家超市或商场，并对市售洗涤剂价格进行调查，填写下表：

表5-5　市售餐具洗涤剂价格及品牌的调查情况

品牌 价格（元） 商场				

3 实验原理

检验洗涤去污力:采用乳化法。因为洗涤剂去油污的途径之一是使油脂溶于水中,乳化法即通过比较洗涤剂对食用油(如调和油)的乳化效果来比较洗涤剂的去污力。

检验洗涤剂毒性:选用不同浓度的洗涤剂稀释液浸泡种子(绿豆),观察绿豆发芽情况,从而比较洗涤剂的毒性大小。

4 实验步骤

4.1 不同洗涤剂去污力比较的研究

取100mL四种洗涤剂,分别用自来水稀释成25倍和50倍的洗涤稀释液。

分别取上述洗涤剂稀释液400mL置于试管中,滴加1mL调和油,以相同的强度震荡试管一分钟,静置,记录各混合液分层的时间和分层后的现象。重复实验三次(见表5-6)。

4.2 不同洗涤剂毒性的比较

(1)将不同品牌的洗涤剂分别稀释成10倍稀释液。

(2)把50粒绿豆(大小、色泽基本一致)分别浸泡在10倍、25倍洗涤剂稀释液、自来水中20分钟,倒掉液体,将绿豆放在表面皿中,置于室内,避免阳光直射,室温保持在25℃。每隔六小时观察一次绿豆发芽情况,每次各注1mL自来水,以保持绿豆发芽的水分。记录36小时后观察到的情况(见表5-7)。

表5-6　50(25)倍稀释液去污力的比较

品牌	稀释倍数	分层时间			平均分层时间	分层后下层情况
		第一组	第二组	第三组		
	25倍					
	50倍					
	25倍					
	50倍					
	25倍					
	50倍					
	25倍					
	50倍					
自来水						

表5-7　不同洗涤剂毒性的比较(对绿豆发芽的影响)

品牌	表面裂开1/2以上粒数		种皮颜色	豆芽长（MM）	豆芽颜色
	10倍				
	25倍				
	10倍				
	25倍				
	10倍				
	25倍				
	10倍				
	25倍				
自来水					

5 结果分析(略)

6 问题与讨论(略)

实践与测试

1. 不同类型的表面活性剂可以混用吗？为什么？
2. 化妆品有哪些种类？其主要原料各是什么？
3. 黑白照相的化学原理是什么？
4. 调查市售合成洗涤剂的化学成分、品牌及价格。
5. 水洗和干洗各有什么优缺点？
6. 中性笔的墨水中有哪些成分？试简述之。
7. 粉笔的主要成分是什么？怎样制造无尘粉笔？
8. 报纸为什么不能用来包装食品？为什么报纸长时间保存会变黄？
9. 足球场上的镇痛剂的主要成分是什么？简述其原理。
10. 简述“烫发”、“染发”的化学原理。

参考文献

[1]化工百科全书编委会.化工百科全书[M].第1卷.北京:化学工业出版社,1990.

[2]刘旦初.化学与人类[M].上海:复旦大学出版社,1998.

[3]刘程等.表面活性剂应用大全[M].北京:北京工业大学出版社,1992.

[4]高锦章.消费者化学[M].北京:化学工业出版,2002.

[5]陈平初,李武客,詹正坤.社会化学简明教程[M].北京:高等教育出版社,2002.

[6]赵德丰.精细化学品合成化学与应用[M].北京:化学工业出版社,2001.

[7]陈润杰.生活的化学2[M].上海:上海远东出版社,2003.

[8]顾惕人.表面化学[M].北京:科学出版社,1994.

[9]何法信.现代化学与人类社会[M].济南:山东大学出版社,2001.

[10]徐学卿.中性笔的现状和发展前景[J].中国制笔,2002,(4):28-29.

[11]王彬,王俊茹.改正液与人体健康[J].化学教育,2003,(3):4.

[12]程铸生.精细化学品化学[M].上海:华东化工学院出版社,1990.

[13]《化学与家政》编写组.化学与家政[M].上海:上海科学技术文献出版社,1992.

[14]崔结,吴建,杨金田.日用化学知识与技术[M].北京:兵器工业出版社,1994.

[15]戴立益.我们周围的化学[M].上海:华东师范大学出版社, 2002.

[16]榕嘉.肥皂古今科普谈[J].四川丝绸,2003,(4):52.

[17]王毓明.微胶囊技术[J].化学教育,1999,(4):4.

第6单元　化学与资源

地球上广泛存在的各种资源是人类生产和生活的物质基础。与人类关系最为密切的资源莫过于三类:水资源、能源资源和矿产资源。人类社会的发展史就是人类对各种资源利用水平不断提高的历史。随着人类社会的发展,人们对资源的需求量越来越大,而地球上的资源总量是有限的,而且人们在利用资源的同时,还将产生的废物随意排放,由此导致了淡水资源匮乏、能源危机等严重危害人类社会可持续发展的问题。解决这些问题成为摆在人们面前的首要任务。

第1节　水资源

1 关于"水"

1.1 水的性质

水同其他物质一样,受热时体积增大,密度减小。纯水在0℃时密度为0.99987g/cm^3,沸水的密度为0.95838g/cm^3,密度减小4%。水的沸点与压力成直线变化关系,沸点随压力的增加而升高。在正常大气压下,水结冰时,体积增大11%左右。冰融化时体积又突然减小。水的冻结温度随压力的增大而降低。大约每升高130个大气压,水的冻结温度降低1℃。大洋深处的水不会冻结就是这个原因。

水的热容量很高,传热性比其他液体小。由于这一特性,天然水体封冻时冰体会极慢地增厚,即使在水面长期封冻时,河流深处仍然是液体,水的这种特性对水下生命有重要意义,对指导灌溉也有利,如进行冬灌能提高地温,防止越冬作物受低温冻害。

资源链接:深水的“颜色”

水分子对于可见光中波长不同的光线(指红、橙、黄、绿、青、蓝、紫)所发生的散射作用(指光束在媒质中前进时,部分光线偏离原方向而分散传播的现象)强弱不同,对于波长短的(如绿、青、蓝等)光,其散射作用远比波长长的光(如红、橙色)的散射作用强。再加上散射作用的强弱与光程的长短也有关。在水层较浅时,可见光中各种波长的光几乎都能透过,散射作用也不显著,因此,水是无色透明的。当水较深时,由于散射作用显著,水就显出浅蓝绿色,如果水中溶有空气越多则越偏绿色,水更深时会出现深蓝色甚至显黑色。

1.2 自然界中的天然水

自然界中的天然水主要包括地表水、雨水、地下水和海水,它们的分布如表6-1所示。天然水是成分复杂的流体,一般来说,天然水中所含的多种杂质大致可归纳为3类:悬浮物、胶体及溶解物质。天然水中淡水约占3%,因而可提供人类生活和工农业生产用水仅占天然水的很小一部分。同时,人类的生产、生活等活动所排放的废物,污染了大量可利用的淡水资源,使人类面临更加严峻的水资源问题。如何更有效地利用现有的淡水、防止水源污染以及进一步扩大淡水水源,已经成为一个世界性的亟待解决的社会问题。

表6-1 地球上不同类型水的水量分布[①]

水体		水量/万km^3	其中淡水/万km^3
地表水	海洋	137000	
	湖泊	23	12.5
	河流	0.12	0.12
	冰川	2400	2400
	土壤水	8.2	8.2
地下水	潜水、层间水	4400	400
大气水		1.4	1.4
总量		145432.7	2822.2

① 陈平初.社会化学简明教程[M].北京:高等教育出版社,2004:488.

1.2.1 地表水

地表水主要指江水、河水、湖水以及高山上的冰川。由于地表水，与地面上动植物、土壤、岩石等相接触，会发生一系列物理和化学作用，从而使水中杂质的量大为增加。而且，由于各地区的地理条件、地质组分和生活活动等情况不同，当水与这些环境接触之后，就会形成杂质组成不同的各种类型天然水。其中常含有黏土、砂、水草、溶解性气体、钙镁盐类及细菌等。

1.2.2 雨水

雨水可以认为是天然的蒸馏水，但含有氧、氮、二氧化碳和尘埃等。由于二氧化硫、二氧化碳、氮的氧化物等气体污染物在水中的溶解度比大气的主要组成物O_2和N_2的溶解度大许多，所以当大气受这些气体污染时，常使雨水的水质受到很大影响。例如，含高浓度SO_2大气的雨水pH可降到5.5–4.4之间，因为雨水的酸碱缓冲性很小，所以只要水中溶解有少量酸性物质，便会使水具有较强的酸性，从而产生酸雨。

1.2.3 地下水

地下水主要是由于雨水和地表水渗入地下而形成的。地下水常因流经不同的地质构层而溶入了各种可溶性矿物质，如钙、镁、铁的硫酸盐及碳酸氢盐等，其含量的多少决定于其流经的地质中矿物质的成分、接触的时间和流过路程的长短等。一般来说，地下水硬度较大。但由于水在含水层中流过时，地质层起了过滤的作用，所以它是比较清晰透明的，很少含有悬浮物和细菌，因此略经处理后即可作为生活用水及要求不高的工业用水。

1.2.4 海水

海水是一个浓度大约1.1 $mol \cdot dm^{-3}$的阴离子和阳离子的溶液，海水的pH约为7.5至8.4。海水的主要成分见表6–2，除了这些成分外，海水中还含有不同种类的无机和有机悬浮物、菌藻及微生物，所以它是一个具有复杂组成的液体体系。

表6-2 海水的主要成分①

成分	含量(mg · dm^{-3})	成分	含量(mg · dm^{-3})
钠 Na^{+}	10500	硫酸氢根 HSO_4^{-}	142
镁 Mg^{2+}	1350	溴 Br^{-}	65
钙 Ca^{2+}	400	其他固体	34
钾 K^{+}	380	总溶解固体	34500
氯 Cl^{-}	19000	水	965517
硫酸根 SO_4^{2-}	2700		

1.3 饮用水

1.3.1 自来水

自来水一直是城镇居民的主要饮水来源，但由于近年来各地的水源受到不同程度的污染，加上城市供水管道年久失修，增加了自来水二次污染的几率。此外，自来水在消毒时，使用了大量的氯气或含氯漂白粉，它们在杀菌的同时也带来了游离氯对种种有机物的氯化作用，其中包括含氯的二恶英在内。这些有毒含氯物质即使在高温下(100℃)也不易分解，严重危害着人类的健康。有关实验已证明，长期饮用超标准量含氯水，是导致人体部分癌变或突变的原因。

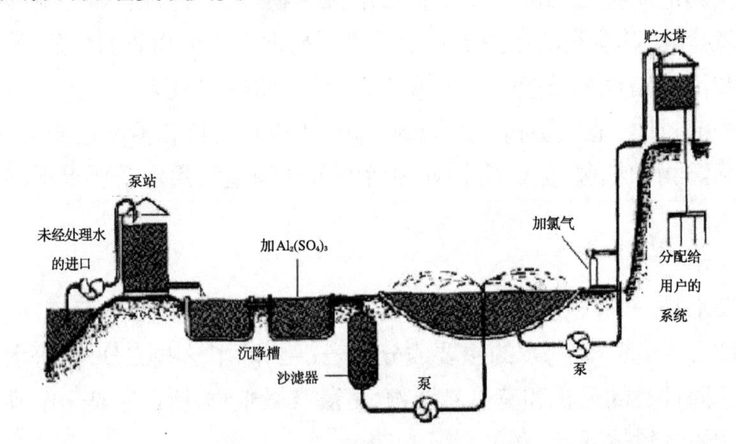

图6-1 自来水厂中水处理过程示意图

① 吴旦.化学与现代社会[M].北京：科学出版社，2002:153.

资源链接:饮水消毒

1.ClO_2消毒

由于用氯消毒的水可能有臭味,并且长期食用用氯处理过的食物(白面粉、猪肉等)可能导致人体摄自食物的不饱和脂肪酸活性减弱,产生活性毒素,对人造成潜在危害。大约从20世纪40年代起,国外就开始采用ClO_2消毒饮用水。

ClO_2杀菌、漂白能力优于Cl_2,且没有臭味生成。按ClO_2、Cl_2质量及其产物计,ClO_2消毒能力是等质量Cl_2的2.63倍。

把Cl_2通入$NaClO_2$溶液即得ClO_2:

$2NaClO_2+Cl_2 = 2ClO_2+2NaCl$

因ClO_2成本高,所以有前期用Cl_2而后期用ClO_2消毒的方法。

2.氯氨消毒

若水中含NH_3,它将和Cl_2反应生成氯氨:

$NH_3+HClO \rightleftharpoons NH_2Cl+H_2O$

$NH_3+2HClO \rightleftharpoons NHCl_2+2H_2O$

$NH_3+3HClO \rightleftharpoons NCl_3+3H_2O$

在pH为5−8时,NH_2Cl、$NHCl_2$共存。当Cl_2和NH_3的物质的量比为(15−20):1时,有显著量的NCl_3。一般情况下,NCl_3不重要。当HClO因消耗而减少时,NH_2Cl、$NHCl_2$按逆反应方向生成HClO,仍是HClO消毒。NH_2Cl、$NHCl_2$消毒速率比HClO慢,它们的优点是不存在用氯消毒残留的臭味。

1.3.2矿泉水

矿泉水有两种,一种是从地壳深处近3000m岩层流出的泉水;二是从地表溶岩流出的矿物质溶解水。前者中包含相当数量的生命动力元素,特别是锌、锰、钼等。后一种矿泉水中多少有一些矿物质:如钙、镁、HCO_3^-,锶离子等,因为HCO_3^-多,因此有助于消化作用。我国矿泉水厂很多,但多数矿泉水的氧−17核磁共振谱太宽,几乎没有什么生命动力元素群。国家在批准某种矿泉水生产许可证时,只要符合钙、镁、锶等2−3个元素含量即可。

资源链接:矿泉水的标准

什么样的水才能称为矿泉水呢?国际上规定的标准是:

①泉源四周2-3公里半径内，不可有污染源；

②经过10年以上水质检验，水的成分要保持不变；

③必须配合泉涌的天然流量取用装瓶，不可硬性抽取；

④水温要冬暖夏凉；

⑤地面雨水须经层层岩石过滤，再经由岩石断层自然涌出；

⑥矿物质含量均衡，与人体液比率相当，以利吸收及有毒物质排除。

1.3.3 纯净水

纯净水是使用符合饮用水卫生标准的水做原水经过若干道工序，进行提纯和净化的水。这种水几乎没有什么杂质，更没有细菌、病毒、含氯的二恶英等有机物。由于所用的反渗透膜结构的不同，有弱酸性超纯水，也有中性超纯水。在这种水中，由于水分子间极性作用，引起分子间过分串联，形成直径很大的线团结构，不易通过细胞膜，相反地细胞内的生命动力元素的离子逆向渗到细胞膜外侧，进到纯净水线团中，致使人体内有益的生命相关的元素流至体外，有些敏感的人感觉纯净水越喝越不解渴，越想喝，长久下来感觉无力，对正在成长的少年和老人有比较突出的负作用，因此不宜长期饮用纯净水。

2 水资源及其现状

2.1 水资源含义

水是自然界的重要组成物质，是环境中最活跃的要素之一，是人类和一切生物赖以生存和发展的最重要最基本的物质基础。关于水资源（通常所指的淡水资源）的含义，较普遍的说法是指可以供人们经常取用、逐年可以恢复的水量。

2.2 水资源现状

地球是一个蔚蓝色的星球，其71%的表面积覆盖水。地球上97.5%的水是咸水，只有2.5%是淡水。而在淡水中，将近70%冻结在永久的冰盖中，其余的大部分是土壤中的水分或是深层地下水，难以开采供人类使用。江河、湖泊、水库及浅层地下水等较易开采供人类直接使用，但其数量不足世界淡水的1%，约占地球上全部水资源的0.007%。

由于地球上存在着水循环作用，大气降水（雨、雪等）会不断地对水资源进行补给,水资源被看做一种可再生的资源。但这种资源是有限的,它的恢复有时间性和区域性,有些地区长期超采地下水,形成地下水漏斗,使地下水位下降造成地面沉降、海水入侵,此外严重的水污染也使水资源数量和质量受到严重威胁。因此,水资源不是取之不尽的。

2.2.1缺水的类型

有限的水资源,因为人口增长导致日益增长的淡水需求,使用过程中的巨大浪费,加之水体污染减少了可用水源,造成全世界各地的水荒。目前,世界范围内共有2.32亿人口所在的26个国家被列为缺水国家,其中不少国家人口增长率非常高,所以它们的水资源问题也日益加深。

我国缺水的类型有三种:资源型缺水、水质型缺水和工程型缺水。具体到某一个缺水地区,情况就复杂了,有水资源不足的,有水污染缺水的,也有供水工程不足缺水的,还有多种情况都存在的。

2.2.2水环境恶化产生水危机

水资源的严重匮乏和严重污染造成水资源矛盾日益加剧。从我国情况看,水环境恶化的问题也十分突出。

(1)江河湖泊等水体受到污染,经检测,受污染的河流长度约占一半,水质为Ⅳ-Ⅴ级;淡水湖泊中度污染。

(2)北方河流断流的现象加剧,特别是像黄河这样的大河,也连续断流,加重了淤积,排洪能力下降,居民饮水困难,工农业生产受损。

(3)大量超采地下水,使局部地区形成降落漏斗,造成地面下沉,沿海地区海水入侵。北京地区地面最大下沉达0.6m,天津城区最大下沉2.6m。

(4)水土流失治理缓慢,草原退化、沙漠化面积仍不断扩展。

资源链接:中国水资源现状

我国水资源总量为2.8万亿立方米,占世界水资源总量的8%,居世界第6位,但人均占有量只有2300立方米,约为世界人均水平的1/4,排在世界第121位,是世界上26个贫水国家之一,却要维持着占世界21.5%的人口。近些年来,随着经济的发展和人口的激增,我国水资源的供需矛盾日益尖锐,全国660多个城市,有400多个缺水,有100多个经常闹水荒。全国城市日缺水量达1600万立方米,影响4000多万城市居民的正常生活。

在我国华北、西北的许多地方,近年来河流断流,湖泊水库干涸,地下水位大幅度下降,愈演愈烈的水荒已经严重制约了当地经济和社会的发展。

水污染更使我国的缺水状况雪上加霜。七大水系、部分湖泊和近岸海域污染的趋势仍然没有得到有效控制。主要流域,包括长江、黄河、松花江、珠江、辽河、海河、淮河、太湖、巢湖、滇池的断面监测结果表明,36.9%的河段达到或优于地面水环境质量3类标准,其中,Ⅰ类水质为8.5%,Ⅱ类水质为21.7%,Ⅲ类水质为6.7%,63.1%的河段失去了饮用水功能。七大水系的污染严重程度依次为:辽河、海河、淮河、黄河、松花江、珠江、长江,其中辽河、海河以Ⅴ类或劣Ⅴ类水质为主。淮河干流水质有机污染程度减轻,Ⅴ类和劣Ⅴ类水质达到54%,黄河、松花江以Ⅳ类水质为主。

一些湖泊富营养化污染程度加剧,巢湖、滇池、太湖污染最重。地下水水质恶化,水位下降,50%的城市的地下水不同程度地受到污染。近岸海域水质以Ⅲ类和劣Ⅲ类为主,占59.7%,东海近岸海域污染最重,超Ⅲ类海水比重高达67.3%,渤海次之,占41.9%。为了改善21世纪中国的水环境,必须兴建一批骨干水利工程;尽快建设节水型社会,在工农业和生活用水方面,引进发达国家先进节水措施,以提高水的重复利用程度;要有力地贯彻《中华人民共和国水法》,使我国水资源的开发、利用、保护和防治水害等真正纳入法治管理的轨道。

2.2.3 解决水资源危机的措施

从环境角度来说,最完善的措施是拦水和调水,改变水资源的时空分布,充分利用水资源。同时注重节约用水,提高水资源利用率。工业方面提倡节水产业、推行工业冷却水的循环利用;控制污染物的排放,加强废水处理,既可减小对城市周边环境的污染又可使宝贵的水资源得以利用;淡水的最大用途在农业上,大部分用于灌溉,农业方面应采用先进的灌溉方式(喷灌、滴灌),防止水渗漏、蒸发造成的损失,同时还要注意在最佳时间用水,充分发挥水的功效。

此外,海水淡化是一种非常有前途的淡水提供途径,蒸馏法、膜分离法(也叫反渗透法)、电渗析法等海水淡化装置已日趋成熟。这些措施为我们解决水危机带来了希望。全世界目前与200多个海水淡化工厂在运行,我国在西沙群岛也建有海水淡化装置。

3 海水资源及其综合利用

3.1 海洋物质资源

面对当前全球性的人口爆炸、陆地资源枯竭和环境危机，人类已越来越认识到开发利用海洋资源将成为21世纪生存和可持续发展的重要物质和环境条件。

海洋物质资源就是海洋中的一切有用的物质，包括海水本身及溶解于其中的各种化学物质、蕴藏于海底的各种矿物资源以及生活在海洋中的各种生物体。海水中有近80种化学元素，陆地上有的，天然海水中不仅都存在，而且有17种元素是陆地上所稀少的。海水既可直接利用，也可淡化后利用。

沉积、蕴藏在海底的各种矿物资源是当前人类开发利用最为重要的海洋资源，特别是其中的海洋油气资源，其产值已占世界海洋开发产值的70%以上。滨海砂矿则是产值仅次于油气的海洋矿产资源，广泛分布于世界各滨海地带。大洋多金属结核是海洋矿产资源的潜在宝库，据统计，世界大洋多金属结核的总储量高达30000亿t，其中一些主要有用金属（如Mn、Ni、Cu、Co等）的含量，是地壳中平均含量的300倍，它们将成为21世纪这些金属的主要来源。

海洋生物资源有着特殊重要的地位，海洋已发现的生物有30门类50万余种。陆地上有的门类，海洋中基本都有，而海洋中许多物种却是陆地上所没有的。中国近海已确认有20278种海洋生物，隶属5个界44个门，其中有12个门是属于海洋所特有的。我国有记录的3802种鱼中，海洋鱼就占了3014种，具有经济开发价值的约为150种。海洋生物不仅可以弥补人类食物资源的不足，还能用于制造多种高效、特效药物和提供大量、多种重要工业原料。

3.2 海水综合利用

海水本身可以淡化利用以解决陆地淡水资源严重缺乏问题；海水还可以直接利用，例如工业冷却水，大量生活用水和低盐度海水灌溉农作物；利用海水中大量的盐来开辟盐田制盐；海水中富含大量的元素可为工农业生产提供原料，创造收益，如海水中提取镁、钾为工农业创造新价值；

海水中提取的溴、碘分别是药用和食用的重要元素;海水中的铀和氘是核材料的重要来源。

海洋资源是极其丰富的,只要人类能够重视并利用新技术加以开发利用,那么海洋资源将成为人类赖以生存的巨大宝库。

第2节 能源资源

能源是人类生存和发展的重要物质基础,是人类社会发展的动力,能源的开采和利用水平也是社会经济发展水平的重要标志。我国自然资源总量排世界第七位,能源资源总量居世界第三位,水力资源可开发装机容量居世界首位。目前中国能源工业已经形成了以煤炭为主、多种能源互补的能源生产体系。

1 煤炭资源

埋藏在地下具有开发利用或潜在利用价值的煤炭数量,称作煤炭资源量。经过一定的地质勘探工作,确定符合国家规定的储量计算标准,并具有一定工业开发利用价值的煤炭资源量称作煤炭储量。煤炭储量是已发现的煤炭资源量,而未发现的煤炭资源量,一般称作预测煤炭资源量,二者之和,称作煤炭资源总量。

煤炭是传统的能源,也是能源世界的主角,同时也是重要的化工原料。在地球上化石燃料的总储量中,煤炭约占80%。全世界煤炭地质总储量为107500亿t标准煤,其中可采储量为10391亿t。90%的可采储量集中在美国、前苏联、中国和澳大利亚等国[①]。我国探明的煤炭可采储量为7300多亿t,居世界前列,占世界总储量的13%。1949年我国原煤产量仅为0.32亿t,居世界第10位;1990年达到10.9亿t,我国已成为世界第一产煤和用煤大国[②]。

从以上概略对比可以看出,中国煤炭资源总量和储量都不小,称得上是煤炭资源大国。但是,相对于众多的人口和一次能源主要依赖煤炭

① 陈军,陶占良.能源化学[M].北京:化学工业出版社,2004:23.

② 吴旦.化学与现代社会[M].北京:科学出版社,2002:91.

的现实，中国又是耗煤量大，而人均占有量很小的国家。因此，珍惜保护、合理利用煤炭资源是每一个公民的责任和义务，必须唤起全社会的关注。

2 石油资源

石油是当今世界的主要能源，有“工业的血液”之美称。和煤一样，石油不仅是重要的能源物质，也是极其重要的化工原料。20世纪60年代以来，石油在大部分国家的能源结构中大幅上升，成为推动现代工业和经济发展的主要动力。

地球上蕴藏着丰富的石油，据估计其蕴藏量为10000多亿t，其中700多亿t蕴藏在海洋里。世界已探明石油开采储量为2500多亿t，已采出1150亿t，剩余1400亿t。石油资源分布极不均衡，主要分布在中东各国，约占世界总探明剩余开采储量的68%①。

根据石油中所含烃类化合物的种类不同，可将石油分为四大类②：

(1)石蜡基石油：这种油含直链烷烃(C_nH_{2n+2})较多，在沸点馏分中含石蜡较多。加工石蜡基石油，可以得到黏度指数较高的润滑油，我国大庆油田就属于这种类型。

(2)环烷基石油：含环烷烃(C_nH_{2n})较多，含石蜡较少，有利于炼制柴油和润滑油，但汽油产量不高，氧化稳定性不好。

(3)中间基石油：这种石油介于(1)和(2)两种类型之间，烷烃和环烷烃各占一半左右。

(4)芳香基石油：这种石油含单芳烃和稠芳烃较多(C_nH_{2n-6})，石油组分内有双键，故化学活泼性较强，容易加氢和发生取代反应转化成为其他产品。我国台湾省产的石油多属于芳香基石油。

根据1994年第二次全国油气资源评价结果，我国石油总资源量940亿t。到2000年底，累计探明石油地质储量212.89亿t。在此基础上，按照资源序列评价出石油的有效可采资源量为130–160亿t，国外评价我国可采石油资源量中值为109亿t。根据以上可采资源量的评价结果，进一步评价出我国国内在2010年、2020年和2050年石油年产量分别为1.7亿t、

① 陈军，陶占良．能源化学[M]．北京：化学工业出版社，2004：52.

② 吴旦．化学与现代社会[M]．北京：科学出版社，2002：96.

1.8亿t和1.0亿t。目前，我国石油产量名次稳定在世界第5位，是世界重要的产油大国之一。但与经济发展巨大的石油需求相比，我国的石油战略储备显得越来越重要。

3 天然气资源

天然气是世界上需求增长最快的能源。我国天然气资源丰富，总资源达数十万亿立方米。探明储量仅为资源总量的2%，说明我国天然气勘探前景极为广阔。

根据1994年第二次全国油气资源评价结果，我国天然气总资源量38万亿m^3。到2000年底，累计天然气探明地质储量25557亿m^3（不包括煤层甲烷气）。在此基础上，按照资源序列评价出天然气有效可采资源量为10万亿m^3。国外评价我国可采天然气资源量为6.4万亿m^3。根据以上可采资源量的评价结果，进一步评价出我国国内在2010年、2020年和2050年天然气年产量分别为700亿m^3、900亿m^3和1000亿m^3。根据评价分析，我国是天然气资源大国，预计天然气的开采与利用随着“西气东输”工程的完工，将在相当长一段时间内会继续保持快速发展势头，成为国民经济发展的重要产业。

资料链接：天然气水合物

天然气水合物早在20世纪40年代即已被发现。它是由甲烷和水形成的水合物，在低温高压环境下，甲烷被包进水分子中，形成一种冰冷的白色透明结晶，外貌极像冰雪或固体酒精，点火即可燃烧，又叫可燃冰、气冰或固体瓦斯。甲烷在水合物中处于高压并冻结成固态，经测试1m^3可燃冰可释放出164m^3甲烷气体，是一种能量密度高、分布广的能源矿产。

勘探研究证明，海洋大陆架是天然气水合物形成的最佳场所。已发现的天然气水合物主要存在于北极地区的永久冻土区和世界范围内的海底、陆坡、陆基及海沟中。据估计全球天然气水合物中甲烷的碳总量约是当前已探明的所有化石燃料（包括煤、石油和天然气）中碳总量的2倍。因此，有专家乐观地估计，当世界化石能源枯竭殆尽，可燃冰能源将成为新的替代能源。

化石燃料是大自然赋予人类的财富，是不可再生资源，其总储量是有限的，花去一点就会少一点，因此，我们每个人都要牢固树立节约能源意识。由于现代社会对能源需求的过高期望，能源资源的短缺和新能源的开发将是人类面临的实际问题。

第3节 矿产资源

1 卤化物矿产

1.1 萤石

萤石又称为氟石，化学成分为CaF_2，晶体属等轴晶系的卤化物矿物。在紫外线、阴极射线照射下或加热时发出蓝色或紫色荧光，并因此而得名。摩氏硬度4，比重$3.18 g\cdot cm^{-3}$。

我国是世界上萤石矿产最多的国家之一，主要产于浙江、湖南、福建等地。世界其他主要产地有南非、墨西哥、蒙古、俄罗斯、美国、泰国、西班牙等地。萤石在冶金工业上可用作助熔剂，在化学工业上是制造氢氟酸的原料。

1.2 钾石盐

钾石盐的化学成分为KCl，晶体属等轴晶系的卤化物。单晶体呈六面体，集合体常呈粒状或块状。纯净的钾石盐无色透明，含杂质时呈浅灰、浅蓝、红色等，玻璃光泽。摩氏硬度2，比重$1.99\ g\cdot cm^{-3}$。易溶于水，味苦咸且涩，火焰为紫色。

我国青海省察尔汗盐湖是中国储量最大的钾石盐产地。钾石盐绝大部分用于制造钾肥，部分用于提取钾和制造钾的化合物。

2 氧化物和氢氧化物矿产

2.1 赤铁矿

赤铁矿的化学成分为Fe_2O_3，晶体属三方晶系的氧化物矿物。摩氏硬度为5.5–6.5，比重$5.0–5.3\ g\cdot cm^{-3}$。呈铁黑色、金属光泽的片状赤铁矿集合体称为镜铁矿；呈灰色、金属光泽的鳞片状赤铁矿集合体称为云母赤铁矿；呈红褐色、光泽暗淡的称为赭石。

赤铁矿是自然界分布极广的铁矿石，是重要的炼铁原料，也可用作红色颜料。世界著名矿床有美国的苏必利尔湖、俄国的克里沃伊洛格和巴西的迈那斯格瑞斯。中国著名产地有辽宁鞍山、甘肃镜铁山、湖北大冶、湖南宁乡和河北宣化等地。

2.2 磁铁矿

磁铁矿的化学成分为Fe_3O_4，晶体属等轴晶系的氧化物矿物。因为它具有磁性，中国古代又称为慈石、磁石、玄石。摩氏硬度5.5–6，比重4.8–5.3 g·cm^{-3}。具强磁性，是矿物中磁性最强的，中国古代的指南针“司南”就是利用这一特性制成的。

磁铁矿分布广，俄罗斯、北美、巴西、澳大利亚和中国辽宁鞍山等地都有大量产出。磁铁矿是炼铁的主要矿物原料，也是传统的中药材。

2.3 褐铁矿

“褐铁矿”属于含铁矿物的风化产物（$Fe_2O_3 \cdot nH_2O$），成分不纯，水的含量变化也很大。通常呈黄褐至褐黑色，条痕为黄褐色，半金属光泽，块状、钟乳状、葡萄状、疏松多孔状或粉末状，也常呈结核状或黄铁矿晶形的假象出现。硬度随矿物形态而异，无磁性。

褐铁矿的含铁量虽低于磁铁矿和赤铁矿，但因它较疏松，易于冶炼，所以也是重要的铁矿石。世界著名矿产地是法国的洛林、德国的巴伐利亚、瑞典等地。

2.4 锡石

锡石的化学成分为SnO_2，晶体属四方晶系的氧化物矿物。常含铁和铌、钽等氧化物的细分散包裹体。纯净锡石近乎无色，一般呈黄棕色至深褐色，摩氏硬度6.0–7.0，比重6.8–7.1 g·cm^{-3}。

锡石是最常见的锡矿物，大部分采自砂矿，是炼锡的最主要矿物原料。世界著名产地是中国云南、广西及南岭一带以及东南亚、玻利维亚、俄罗斯。中国是世界上产锡的主要国家之一，广西南丹大厂规模最大。云南个旧锡矿开采历史悠久，素有“锡都”之称。

2.5 软锰矿

软锰矿化学成分为MnO_2，晶体属四方晶系金红石型结构的氧化物矿物。通常呈肾状、结核状、块状或粉末状集合体，其中呈树枝状似化石的形态长于裂隙面的，俗称假化石。通常呈铁黑色，条痕黑色，半金属光泽，摩氏硬度1-2，摸之污手，比重4.5–5 $g\cdot cm^{-3}$。软锰矿是最普通的锰矿物，也是提炼锰的重要的矿石。除呈矿巢或矿层产于残留粘土中外，主要在沼泽中以及湖底、海底和洋底形成沉积矿床。

世界著名产地有俄罗斯、加蓬、巴西、澳大利亚。中国湖南、广西、辽宁、四川等地有产出。

2.6金红石

金红石的化学成分为TiO_2，晶体属四方晶系的氧化物矿物。金红石通常呈红褐色到几乎黑色，条痕浅褐色，金属光泽到半金属光泽，柱面解理清楚。摩氏硬度6.5，比重4.2–5.6 $g\cdot cm^{-3}$。金红石作为副矿物产于花岗岩、伟晶岩、片麻岩、云母片岩和榴辉岩等岩石中，也以碎屑或砂矿形式分布于沉积岩或沉积物中。金红石主要用于提取钛和制造白色颜料。世界著名产地有挪威、瑞典、俄罗斯伊尔门山、澳大利亚的新南威尔士和昆士兰、美国的弗吉尼亚等。中国江苏、辽宁、山东、河南、湖北、安徽等省也有产出。

2.7黑钨矿

黑钨矿的化学成分为$(Fe,Mn)WO_4$，晶体属单斜晶系的氧化物矿物。矿物和条痕颜色均随铁、锰含量而变化，含铁愈多，颜色愈深，一般为褐红色至黑色，条痕黄褐色至黑褐色，比重7.2–7.5 $g\cdot cm^{-3}$，摩氏硬度4–4.5，一般具有弱磁场。黑钨矿产于高温热液石英脉中。中国赣南、湘东、粤北一带是世界著名的黑钨矿产区。其他主要产地有俄罗斯西伯利亚、缅甸、泰国、澳大利亚、玻利维亚等地。黑钨矿是炼钨的最主要的矿物原料。

3 硫化物矿产

3.1方铅矿

方铅矿是硫化物中很著名的矿物，它由金属元素铅和非金属元素硫组成，分子式是PbS，组成中常含有Ag、Bi、Sb、As、Cu、Zn、Se等元素。方铅矿颜色呈铅灰色，摩氏硬度2.5，比重7.4–7.6 $g\cdot cm^{-3}$，是它重要的鉴定特征之一。

方铅矿是自然界分布最广的含铅矿物，伴生矿物有闪锌矿、黄铜矿、黄铁矿、方解石、石英、重晶石、萤石等。它是炼铅的最重要的矿物原料，而含银的方铅矿又是炼银的重要原料。世界著名产地有美国密西西比谷地、新南威尔士布若肯山、墨西哥圣犹拉里亚、加拿大苏里万矿以及东欧的保加利亚、捷克和斯洛伐克。中国的著名产地有云南金顶、广东凡口、青海锡铁山等。

3.2 闪锌矿

化学成分是ZnS,晶体属等轴晶系的硫化物矿物。闪锌矿的晶体结构中经常含有铁(Fe)、镉(Cd)、铟(In)、镓(Ga)等有价值的元素。闪锌矿近乎无色,随含铁量的增加,闪锌矿的颜色从浅黄、黄褐变到铁黑色,透明度也由透明到半透明,甚至不透明。闪锌矿的摩氏硬度3.5–4,比重3.9–4.2 $g \cdot cm^{-3}$。

闪锌矿是最重要的锌矿石,几乎总与方铅矿共生,是提炼锌的主要矿物原料,其成分中所含的镉、铟、镓等稀有元素也可以综合利用。世界著名产地是澳大利亚的布罗肯希尔、美国密西西比河谷地区等。中国著名产地是云南金顶、广东凡口和青海锡铁山。

3.3 辰砂

中国湖南辰州(今沅陵)盛产此矿物,故称辰砂,古时又称丹砂或朱砂。辰砂化学成分是HgS,晶体属三方晶系的硫化物矿物。矿物和条痕都呈朱红色。辰砂的比重大,达8.0 $g \cdot cm^{-3}$,摩氏硬度低,为2–2.5。

辰砂几乎是提炼汞的唯一矿物原料。辰砂的单晶体可以做激光调制晶体,是当前激光技术的关键材料。辰砂还是中药材之一。世界著名的辰砂产地是西班牙的阿尔玛登、意大利的伊德里亚、俄罗斯的尼基托夫卡、美国的新阿尔玛登。中国产地有新疆阿尔泰、湖南晃县和贵州铜仁等。

3.4 黄铜矿

黄铜矿的化学成分是$CuFeS_2$,晶体属四方晶系的硫化物矿物,黄铜色,金属光泽。摩氏硬度3–4,比重4.1–4.3 $g \cdot cm^{-3}$。黄铜矿易被误认为黄铁矿和自然金,但以其更黄的颜色和较低的硬度与黄铁矿相区别。黄铜矿是提炼铜的主要矿物之一,是仅次于黄铁矿的最常见的硫化物之一,也是最常见的铜矿物。在地表风化作用下,黄铜矿常变为绿色的孔雀石和蓝色的蓝铜矿。

世界著名产地是西班牙的里奥廷托、德国的曼斯菲尔德、瑞典的法赫伦、美国的亚利桑那和田纳西州、智利的丘基卡马塔等。中国的黄铜矿分布较广，著名产地有甘肃白银厂、山西中条山、长江中下游的湖北、安徽和西藏高原等。

3.5 黄铁矿

黄铁矿因其浅黄铜的颜色和明亮的金属光泽，常被误认为是黄金，故又称为“愚人金”。黄铁矿化学成分是FeS_2，晶体属等轴晶系的硫化物矿物。成分中通常含钴、镍和硒，具有NaCl型晶体结构。常有完好的晶形，强金属光泽，不透明，摩氏硬度较大，达6–6.5，比重4.9–5.2 $g\cdot cm^{-3}$。在地表条件下易风化为褐铁矿。黄铁矿是分布最广泛的硫化物矿物，在各类岩石中都可出现。黄铁矿是提取硫和制造硫酸的主要原料。世界著名产地有西班牙里奥廷托、捷克、斯洛伐克和美国。中国黄铁矿的储量居世界前列，著名产地有广东英德和云浮、安徽马鞍山、甘肃白银厂等。

3.6 辉锑矿

辉锑矿化学成分是Sb_2S_3，晶体属正交(斜交)晶系的硫化物矿物。晶体常见，形态特征鲜明呈铅灰色，有强金属光泽，不透明，摩氏硬度2–2.5，比重4.52–4.62 $g\cdot cm^{-3}$。辉锑矿是提炼锑的最重要的矿物原料，常与黄铁矿、雌黄、雄黄、辰砂、方解石、石英等共生于低温热液矿床，是分布最广的锑矿石。中国是著名的产锑国家，储量居世界第一，尤以湖南新化锡矿山的锑矿储量大质量高。

3.7 雌黄

雌黄的化学成分是As_2S_3，晶体属单斜晶系的硫化物矿物，摩氏硬度低，为1.5–2，比重3.49 $g\cdot cm^{-3}$。柠檬黄色，条痕鲜黄色，油脂光泽至金刚光泽，与自然硫相似。雌黄经常与雄黄共生，是提取砷及制造砷化物的主要矿物原料。世界著名产地是马其顿的阿尔查尔、格鲁吉亚的鲁库米斯(晶体最大可达5厘米)、德国萨克森和美国犹他州等。中国湖南慈利和云南南华也有出产。

3.8 雄黄

雄黄的化学成分是AsS，晶体属单斜晶系的硫化物矿物，又名鸡冠石。雄黄常呈橘红色，条痕呈淡橘红色，与辰砂相似，但辰砂的条痕颜色鲜红，呈油脂光泽。摩氏硬度低，为1.5–2，比重3.48 $g\cdot cm^{-3}$。

雄黄与雌黄、辰砂和辉锑矿紧密共生于低温热液矿床中。雄黄与雌黄是提取砷及制造砷化物的主要矿物原料。雄黄是中国传统中药材,具杀菌、解毒功效。中国湖南慈利和石门交界的牌峪是世界雄黄产地之最。

3.9辉钼矿

辉钼矿化学成分为MoS_2,晶体有不同类型,分属六方和三方晶系的硫化物矿物,呈铅灰色,表面上看像铅,条痕为亮铅灰色,强金属光泽。通常呈叶片状、鳞片状集合体。摩氏硬度约为1-1.5,比重为5 $g \cdot cm^{-3}$。

辉钼矿常产于花岗岩与石灰岩的接触带,辉钼矿是提炼钼的最重要的矿物原料。世界著名产地是美国科罗拉多州的克来马克斯和尤拉德-亨德森。中国的辉钼矿储量名列世界前茅,辽宁的杨家杖子是主要产地。

4含氧盐矿产

4.1白云石

化学成分为$CaMg[CO_3]_2$,晶体属三方晶系的碳酸盐矿物。白云石的晶体结构为菱面体,纯白云石为白色,因含其他元素和杂质有时呈灰绿、灰黄、粉红等色,玻璃光泽。摩氏硬度3.5-4,比重2.8-2.9 $g \cdot cm^{-3}$,矿物粉末在冷稀盐酸中反应缓慢。白云石是组成白云岩和白云质灰岩的主要矿物成分,可用作冶金熔剂、耐火材料、建筑材料和玻璃、陶瓷的配料。

4.2孔雀石

孔雀石的化学组成$Cu_2(OH)_2CO_3$,晶体属单斜晶系的碳酸盐矿物。因颜色类似蓝孔雀羽毛的颜色而得名。晶体为柱状、针状或纤维状,通常呈绿色,玻璃光泽,半透明。摩氏硬度3.5-4,比重4-4.5 $g \cdot cm^{-3}$,遇盐酸起泡。产于铜矿床氧化带中,是含铜硫化物氧化的次生产物,常与蓝铜矿、赤铜矿、褐铁矿等共生,可用作寻找原生铜矿的标志。孔雀石可用于炼铜,质纯色美者可作为装饰品及工艺品原料,其粉末可做绿色颜料(称石绿)。俄罗斯乌拉尔、中国海南岛等地盛产孔雀石。

4.3重晶石

化学组成为$BaSO_4$,晶体属正交(斜方)晶系的硫酸盐矿物,常呈厚板状或柱状晶体,多为致密块状或板状、粒状集合体。质纯时无色透明,含杂质时被染成各种颜色，玻璃光泽，透明至半透明。摩氏硬度3–3.5，比重4.3–4.6 g·cm^{-3}。

重晶石主要形成于中低温热液条件下，中国湖南、广西、青海、新疆等地有巨大的重晶石矿脉。重晶石是提取钡的原料，磨成细粉可作钻探用的泥浆加重剂，又可做各种白色颜料、涂料以及橡胶业、造纸业的填充剂和化学药品等。

4.4 石膏

化学组成为$CaSO_4 \cdot 2H_2O$，晶体属单斜晶系的含水硫酸盐矿物，常呈近似菱形的板状，多为纤维状、粒状、致密块状集合体。玻璃光泽，纤维状者呈丝绢光泽。摩氏硬度2，比重2.3 g·cm^{-3}。石膏有多种形态产出：质纯无色透明的晶体称为透石膏；雪白色、不透明的细粒块状称为雪花石膏；纤维状集合体并具丝绢光泽的称为纤维石膏。石膏加热放出水分后，变为熟石膏。

石膏主要由化学沉积作用形成。中国的石膏矿储量在世界名列前茅，以湖北应城最为著名。石膏主要用于制作模型、雕塑、粉笔、涂料、水泥等。

4.5 石棉

石棉是指能劈分成细长而柔韧的纤维并可资利用的纤维状硅酸盐矿物的统称。石棉可分为蛇纹石石棉（温石棉）和闪石石棉两类。蛇纹石石棉和闪石石棉的区分是：把石棉放在研钵中研磨，蛇纹石石棉成混乱的毡团，纤维不易分开，闪石石棉研磨后易分成许多细小的纤维。不含铁的石棉呈白色，含铁的石棉呈不同色调的蓝色。纤维状集合体丝绢光泽。

蛇纹石石棉分布很广，占石棉产量的95%以上。石棉常用于耐热、绝缘、耐酸、耐碱的材料。中国四川石棉县及青海省芒崖是石棉的著名产地。

4.6 高岭石

明末，在景德镇高岭村开采此矿，命名为高岭土，后经德国地质学家李希霍芬按高岭土之音译成“Kaolin”介绍到世界矿物学界。高岭石属于粘土矿物，其化学组成为$Al_4[Si_4O_{10}] \cdot (OH)_2$，晶体属三斜晶系的层状结构硅酸盐矿物，多呈隐晶质、分散粉末状、疏松块状集合体，土状光泽。摩氏硬度2–2.5，比重2.6–2.63 g·cm^{-3}。吸水性强，和水具有可塑性。

高岭石是组成高岭土的主要矿物，常见于岩浆岩和变质岩的风化壳中。中国高岭石的著名产地有江西景德镇、江苏苏州、河北唐山、湖南醴陵等。世界其他著名产地有英国的康沃尔和德文、法国的伊里埃、美国的佐治亚等。高岭石是陶瓷的主要原料，在其他工业中也有广泛应用。

4.7 滑石

滑石化学组成为$Mg_3[Si_4O_{10}](OH)_2$，晶体属三斜晶系的层状结构硅酸盐矿物，一般为致密块状、叶片状、纤维状或放射状集合体，白色或各种浅色，脂肪光泽（块状）或珍珠光泽（片状集合体），半透明。摩氏硬度1，比重2.6–2.8 $g \cdot cm^{-3}$，有滑感，绝热及绝缘性强。

滑石广泛用于造纸、陶瓷、橡胶、油漆、耐火器材、纺织、染料、铸造及制药等工业。质软、滑腻、光泽柔和的块状滑石用于雕刻工艺品材料。

综合活动　家用燃料

在社会生产、家庭生活中都要消耗能量，燃料是人类赖以获取能量的物质。家用燃料沿着薪柴→煤→煤气→液化气→天然气的顺序发展。其中，管道煤气由煤加工制得，液化气是石油炼制产物，天然气则能直接使用。

1 家庭生活中使用气体燃料的原因

（1）因气体易扩散，故气体燃料与空气混合充分，容易完全燃烧，与固体燃料相比有较高的能量利用率。

（2）气体燃料便于运输，使用方便（易点燃，易熄灭），且清洁卫生。

（3）固体煤中含有硫、氮等杂质，直接燃煤、煤球或煤饼会产生大量二氧化硫、氮氧化物（NO_x）、粉尘等，造成大气污染，住宅环境也烟灰满天，厨房空气的污染则更严重。

2 煤加工成煤气的化学原理

把煤转化成煤气的方法很多，主要有：

2.1 发生炉煤气

由热空气和灼热的煤反应制得，其可燃成分是一氧化碳，同时含有较多量的氮气。

$$C+O_2 \xlongequal{点燃} CO_2 \qquad CO_2+C \xlongequal{高温} 2CO$$

发生炉煤气生产容易，价格低廉，但热值太低，且一氧化碳有毒，所以它仅是管道煤气的次要气源。

2.2 水煤气

将水蒸气鼓入灼热的煤粉，得到的气体叫水煤气，其可燃成分是一氧化碳和氢气。

$$C+H_2O \xlongequal{高温} CO+H_2$$

由于这是一个吸热反应，故必须交替鼓入空气和水蒸气，才能维持炉温。水煤气的热值也不高，也是管道煤气的次要气源。

2.3 干馏煤气(焦炉气)

即煤干馏得到的气体，其可燃成分是甲烷和氢气，同时得到副产品焦炭和煤焦油。干馏煤气热值高，是管道煤气的主要气源。

一个大型的煤气厂，有多种类型的制气设备，一般是将上述数种气源气体掺混，使之达到一定的热值和良好的燃烧性质，才贮于大型贮气柜中，送入城市煤气管网。

3 管道煤气、液化气、天然气的成分和发热量

管道煤气的可燃成分是氢气、一氧化碳和甲烷，分别约占48%–50%，10%–15%和13%–18%。这三种气体燃烧时放出的热量是不一样的，表6–3列出了它们的燃烧热。

表6–3　H_2、CO和CH_4的燃烧热(kJ/mol)

	H_2	CO	CH_4
燃烧热	285.5	282.5	889.5

液化气又叫液化石油气，主要成分和燃烧热见表6–4。

表6-4　液化气的成分及其燃烧热

名　称	丙烷	丙烯	丁烷	丁烯
化学式	C_3H_8	C_3H_6	C_4H_{10}	C_4H_8
体积分数	7%	28%	23%	42%
燃烧热（kJ/mol）	2247	2126	2996	2720

液化气中C_3、C_4的烃是沸点较低的成分，用蒸馏的方法很容易从石油分馏气、裂化气中分离出来，经降温加压转化为液态，贮存于钢瓶中，供煤气管道还未接通的地区或农村、山区使用。

天然气的主要成分是甲烷，还有少量的其他气态烃，天然气直接产自油气田，开采后经脱硫、脱水等，即可用作家庭燃气。

三种气体燃料的热值大体见表6–5。

表6–5 管道煤气、液化气和天然气的热值

	管道煤气	液化气	天然气
热 值	15.6MJ/m^3	47.3MJ/kg ~ 109 MJ/m^3	38.7 MJ/m^3

4 注意燃气安全

家用燃气给人类的生活带来许多方便，但也潜伏了不少危险。如煤气中毒、发生火灾甚至爆炸事故等。所以，我们要科学地使用气体燃料。如：冬天不用煤炉取暖，保持室内通风，正确安装燃气热水器，不私自处理液化气残液等。

可燃气体爆炸极限宽度大的，容易发生爆炸。液化气、天然气的爆炸极限比管道煤气的宽度要小。表6–6列出了各种家用气体燃料的爆炸极限（V%）：

表6–6 各种家用气体燃料的爆炸极限(V%)

	发生炉煤气	水煤气	干馏煤气	液化气	天然气
爆炸极限（上限–下限）	17.3–87.1	6.3–73.8	4.7–26.5	2–10	5–6

一旦发生火灾，要立即采取相应的灭火措施[1]，并迅速拨打火警119。

表6-7 各种灭火剂的组成、种类、扑救火灾类型

灭火剂	组成	种类	扑救火灾类型举例
水	H_2O	各种天然和加工过的水，如自来水，河水	如木材、一般的建筑火灾，不宜扑灭金属钠、镁等火灾
泡沫灭火剂	发泡剂、泡沫稳定剂、降粘剂、抗冻剂、助溶剂、防腐剂等	蛋白泡沫灭火剂、氟蛋白泡沫灭火剂、水成膜泡沫灭火剂、高倍数泡沫灭火剂、抗溶性泡沫灭火剂	氟蛋白泡沫用于扑救大型油罐，并在扑灭大面积油类火灾中与干粉联用
干粉灭火剂	一般由 $NaHCO_3$、$KHCO_3$、KCl、K_2SO_4等和基料、流动剂、防结块剂组成	KCl为基料的钾盐干粉$NaHCO_3$为基料的钠盐干粉及氨基干粉等	液化石油气等可燃性气体火灾、非水溶性可燃液体火灾、电气设备等
二氧化碳灭火剂	二氧化碳气体		电气设备、精密仪器、贵重设备、图书档案等火灾
卤代烷灭火剂	是卤素原子取代烷烃分子中的部分或全部氢原子后得到的卤代碳氢化合物	1310(CF_3Br) 1211(CF_3Cl) 1202(CF_2Br) 2402($C_2F_4Br_2$)	卤代烷灭火剂泄放大量能破坏臭氧层，故已停止生产和使用(中国至2005年)
烟雾灭火剂	由硝酸钾、木炭、硫黄、三聚氰胺和碳酸氢钾等组成		适于扑灭200㎡以下柴油、原油等小型钢质油罐火灾
7150灭火剂	三甲氧基硼氧六环，分子式(CH_3O)B_2O_3		扑灭镁、铝、海绵状钛等轻金属火灾

实践与测试

1.门窗紧闭的厨房内一旦发生煤气大量泄漏，极容易发生爆炸。当你从室外进入厨房嗅到极浓的煤气异味时，在下列操作中，你认为最合适的是(　)

① 和丽球.火灾与消防中的化学[J].化学教育，2003，10:190.

A. 立即开启抽油烟机排出煤气,关闭煤气源

B. 立即打开门和窗,关闭煤气源

C. 立即打开电灯,寻找泄漏处

D. 上述三者可同时进行

2. 用液化气烧水煮饭为什么比管道煤气快?从经济上看,哪一种更合算?

3. 为什么说推广使用天然气是城市燃气的发展方向?

4. 结合当地水资源情况,谈谈保护水资源和节约用水的重要性。

5. 调查当地的矿产资源的品种及储量,提出发展资源经济的合理化建议。

6. 煤气中毒是CO中毒,其原因是CO与血红蛋白(Hb)结合成Hb·CO,使血红蛋白失去输送O_2功能的缘故。CO进入血液后有如下平衡:

$CO+Hb\cdot O_2 O_2+Hb\cdot CO$,试分析:

煤气中毒病人,可以通过进入高压氧舱的方法救治的化学平衡的原理加以说明。

7. 简述水是如何被净化的?

8. 从总量和人均占有量的角度论述我国能源资源的未来形势。

9. 完成一篇关于海水综合利用的小论文。

参考文献

[1]陈平初.社会化学简明教程[M].北京:高等教育出版社,2004.

[2]吴旦.化学与现代社会[M].北京:科学出版社,2002.

[3]陈军,陶占良.能源化学[M].北京:化学工业出版社,2004.

[4]和丽秋.火灾与消防中的化学[J].化学教育,2003,10:190.

[5]唐有祺,王夔.化学与社会[M].北京:高等教育出版社,1997.

[6]《大学化学》编委会.今日化学[M].北京:北京大学出版社,1995.

[7]丁廷桢.化学原理及应用基础[M].北京:高等教育出版社,1998.

[8]何法信.现代化学与人类社会[M].济南:山东大学出版社,2001.

[9]刘旦初.化学与人类[M].上海:复旦大学出版社,1998.

[10]刘克本.无机化学[M].成都:成都科技大学出版社,1988.

[11]刘志滨,陈建中.普通化学教程[M].合肥:中国科学技术大学出版社,1987.

[12]上海大学《工程化学》编写组.工程化学[M].上海:上海大学出版社,1999.

[13]沈光球.现代化学基础[M].北京:清华大学出版社,1999.

[14]同济大学普通化学及无机化学教研室.普通化学[M].上海:同济大学出版社,1997.

[15]张学铭,任仁,吕秀升.普通化学[M].北京:北京工业大学出版社,1996.

[16][美]R.布里斯罗.化学的今天和明天[M].华彤文等译.北京:科学出版社,1998.

[17]中国科学院化学部等译.化学中的机会[M].北京:中国计量出版社,1988.

[18]和丽球.火灾与消防中的化学[J].化学教育,2003,(10):190.

第7单元　化学与能源

能源、材料和信息被称为人类社会发展的三大支柱。能源科学技术的每一次重大突破都给生产力的发展和人类文明的进步带来重大而深远的影响,而化学则是各类能源技术的重要科学基础。

所谓能源是指提供能量的自然资源,凡是能为人类提供热、光、动力等有用能量的物质(包括物质运动)都属能源的范畴。根据不同的标准,能源可以分为各种类型。图7-1表示的是一种常见的能源分类方法。

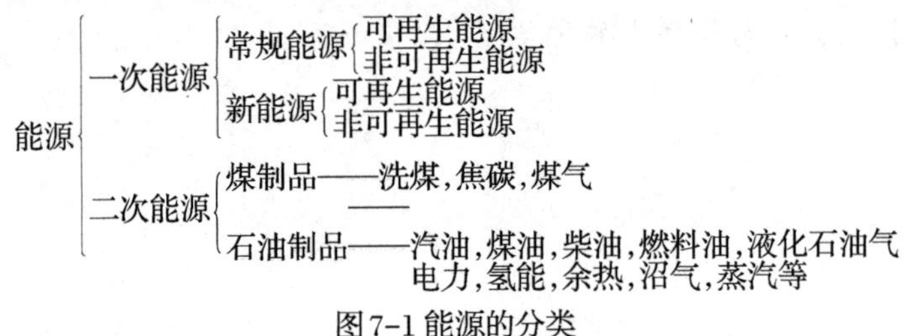

图7-1 能源的分类

人类的文明始于火的使用,燃烧现象是人类最早的化学实践之一,燃烧把化学与能源紧密地联系在一起。人类巧妙地利用化学变化过程中所伴随的能量变化,创造了五光十色的物质文明。根据各个历史阶段所使用的主要能源,人类社会可以分为柴草时期、煤炭时期和石油时期。现今,并且在今后相当长的一段时间内,化石燃料仍是人类使用的主要能源。在由煤、石油、天然气等天然原料提供的化学能转化成热能、机械能、电能、光能等形式的过程中,又不可避免地增加了环境的负担,如何降低能源利用对生态的影响,减少污染物排放以及如何有效地进行污染治理,都离不开化学的应用。各种清洁能源技术已作为能源技术新的发展方向之一,如太阳能和核能的开发和利用等,其中也涉及诸多化学问题需要研究。所以,研究能源过程中所涉及的化学问题必将不断推动能源技术的发展和应用。

第1节 煤

1煤的形成

煤是由远古时代的植物经过复杂的生物化学、物理化学和地球化学作用转变而成的固体可燃物，人们在煤层及其附近发现大量保存完好的古代植物化石。在煤层中可以发现炭化了的树干；在煤层顶部岩石中可以发现植物根、茎、叶的遗迹；把煤磨成薄片，置于显微镜下可以看到植物细胞的残留痕迹。这些现象都说明成煤的原始物质是植物。一般由高等植物变成的煤称为腐植煤，这种煤贮量多、用途广。此外，由树皮、树脂等高等植物的稳定组成变成的煤称为残植煤，这种煤贮量不多，还有一种是由低等植物转变成的煤成为腐泥煤。

植物从生长到死亡，其残骸堆积埋藏、演变成煤的过程是非常复杂的。从煤化学观点来看，植物残体在泥炭化过程中一部分分解成水、二氧化碳及少量甲烷而消失，使碳含量相应地增加。同时，还生成一种新的有机酸——腐植酸，它是成煤过程的中间产物。随着煤化程度的加深，由于腐植酸进一步脱二氧化碳、脱水、缩聚，在烟煤阶段腐植酸消失，变成中性的腐殖质。烟煤以后阶段，需要较高的能量，使其进一步发生变化，脱甲烷、脱水，变成烟煤和无烟煤。现代的成煤理论认为煤化过程如图7-2所示：

$$\underset{C_{17}H_{24}O_{10}}{\text{植物}} \xrightarrow{-3H_2O、-CO_2} \underset{C_{16}H_{18}O_5}{\text{泥炭(腐蚀泥)}} \xrightarrow{-H_2O} \underset{C_{16}H_{14}O_3}{\text{褐 煤}} \xrightarrow{-2CH_4、-H_2O} \underset{C_{13}H_{14}}{\text{无烟煤}}$$

图7-2 煤化过程

2煤的元素组成和结构

2.1煤的元素组成

自然界中煤的品种非常多，但主要都是由有机物和无机物两部分组成。无机物主要是水和矿物质元素，有机物主要由碳、氢、氧和少量的氮、硫、磷组成。煤的化学组成虽然各有差别，目前公认的平均组成见表7–1：

表7–1　煤中五种元素含量

所含元素	碳	氢	氧	氮	硫
含量（%）	85.0	5.0	7.6	0.7	1.7

将其折算成原子比，可用 $C_{135}H_{96}O_9NS$ 表示，此外也还有微量的其他非金属和金属元素。

2.2 煤的结构

对于煤的结构的研究已持续了一个多世纪。然而，到目前为止，人们对煤结构的认识仍不甚明了。近年来，随着化学分析技术的发展，高效色谱、高分辨质谱、X射线吸收谱、固体核磁等技术的应用使人们对煤结构的认识有了长足的进步。其结构式如图7–3所示。

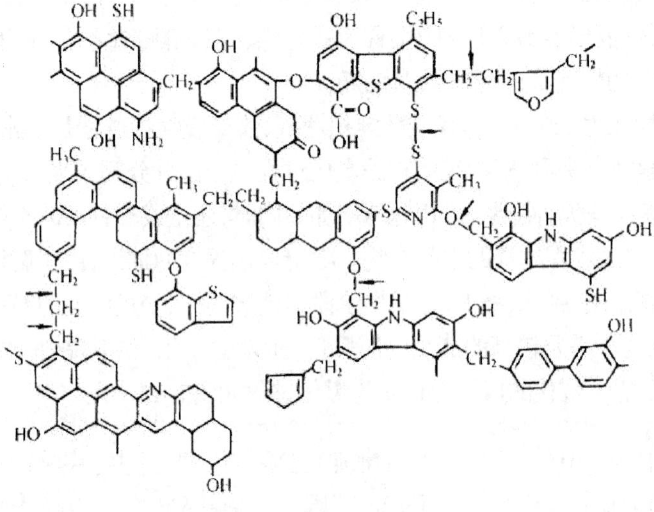

图7–3　煤的结构式

3 煤燃烧的净化及综合利用

我国的燃料用煤（包括火力发电、铁路运输、民用、其他工业用煤等）占有很大比例，但由于煤不能充分燃烧而导致利用率低下和环境污染。因此，煤炭的综合利用具有很大的经济价值和实际意义。众所周知，煤最主要的用途是作为一次能源直接燃烧以获得热能。目前，全世界总发电量的47%来自于以煤作为燃料的发电厂。有数据表明，到2000年，我国一次能源总消费量为14.4亿吨标准煤，占总能源消耗的69.4%，居世界首位[①]。直接燃煤对环境污染相当严重，二氧化硫(SO_2)，氮氧化物(NO_x)等是造成酸雨的罪魁，大量CO_2的产生是全球气温变暖的祸首。此外还有煤灰和煤渣等固体垃圾的处理与利用问题等。为了解决这些问题，合理利用和综合利用煤资源的办法不断出现和推广，其中最令人关心的：一是如何使煤转化为清洁的能源；二是如何提取分离煤中所含的宝贵的化工原料。现在已有实用价值的办法是煤的气化、煤的焦化和煤的液化。煤的综合利用可以通过煤化工中的不同加工方式得以实现。

3.1 煤燃烧的净化

煤燃烧的净化主要分为燃烧中净化和燃烧后净化烟气。燃烧前的净化可采用以下若干种方法。

3.1.1 先进的燃烧器

先进的燃烧器是通过改进电站锅炉以及工业锅炉和窑炉的设计和燃烧技术，以减少污染物排放，提高燃烧效率。国外已商业应用的有低NO_x燃烧器，其燃烧过程是燃料和空气逐渐混合，以降低火焰温度，从而减少NO_x生成；或者调节燃料与空气的混合比，提供只够燃料燃烧的氧，而不足以和氮结合成NO_x。我国已开发出新型水容量(热功率1兆瓦以上)煤粉燃烧器，燃烧效率达95%以上，在50%负荷条件下仍能稳定燃烧，且煤种适应性广，脱硫装置正在进一步开发。

3.1.2 流化床(沸腾炉)燃烧

流化床燃烧是把煤和吸附剂(石灰石)加入燃烧室的床层中，从炉底鼓风使床层悬浮，进入流化燃烧。流化形成湍流混合条件，从而提高燃烧效率；石灰石固硫，减少SO_2排放；较低的燃烧温度(830-900℃)使NOx生成量大大减少。反应方程式为：

$$S + CaO + 3/2O_2 \rightarrow CaSO_4$$

燃烧后的烟气净化主要是采用对SO_2、NO_x和颗粒物的控制。烟尘、SO_2变成亚硫酸钙浆状物。干法是用浆状脱硫剂(石灰石)喷雾，与烟气中的SO_2反应，生成硫酸钙，水分被蒸发，干燥颗粒用集尘器收集。这两种

---

① 徐宝峰.煤与煤的综合利用[J].化学教学，1995，(6)：27.

方法脱硫效率达90%。反应方程式为:

$$SO_2 + CaO + 1/2O_2 \rightarrow CaSO_4$$

烟气除尘,目前大型电站一般采用静电除尘器,除尘效率可达99%以上。国外目前正在研究开发先进的脱硫工艺,以及可以同时脱除90%以上的SO_2和NO_x的烟气净化新技术。我国电站烟气净化尚处于初级阶段。90%的火电站装了除尘器,平均除尘效率90%,其中静电除尘仅占总数的12%,除尘效率96%。新建大型电站靠高烟囱(210米以上)扩散,扩散效果虽不差,可减轻城市空气污染,但不能解决地区的污染问题。

3.2煤的干馏

所谓煤的干馏,就是将煤投入干馏炉中,在隔绝空气条件下加热。随着温度的升高,煤中的有机物开始分解,其中挥发性产物呈气态或蒸汽状态逸出,残留下的不挥发性产物即为焦炭。

按照加热温度的不同,分为高温干馏、中温干馏和低温干馏。煤的高温干馏所得产物为炼焦,其加热温度可达1000℃左右。炼焦所用的煤一般是烟煤,它是一种复杂的高分子有机化合物的混合物,基本单元结构是聚合的芳环,在芳环的周边带有侧链。炼焦过程中,随着温度的升高,侧链不断脱落分解,芳环本身则缔合并稠环化。炼焦的主要产品有焦炭、煤气、硫铵、吡啶碱、苯、甲苯、二甲苯、酚、萘、蒽和沥青。焦炭可作为炼铁的原料,煤气用作燃料、合成氨和生产化肥。

低温干馏的终温为500℃-600℃。低温干馏的产品包括半焦、煤焦油和煤气。半焦加热时不形成焦油,燃烧时无烟,可作民用和动力用燃料以及铁合金生产的炭料。低温干馏煤焦油是黑褐色液体,含有较多脂肪烃、环烷烃、多烷基酚、二元酚和三元酚等化合物。由低温焦油可生产发动机燃料、酚类、烷烃和芳烃,其中包括苯、萘的同系物等。低温干馏煤气中含有较多甲烷和其他烃类,可作燃料,也可作为化学合成原料气。

3.3煤的气化

煤的气化是以煤或煤焦为原料,以氧气、水蒸气或氢气等作为气化剂,在高温条件下通过化学反应将煤或煤焦中的可燃部分转化为气体燃料的过程。完成气化转化的实质是一系列的相互影响的高温反应过程,可用反应方程式表示为:

燃烧反应：$C + O_2 \rightarrow CO_2$

发生炉煤气反应：$C + O_2 \rightarrow 2CO$

碳-水蒸气反应：$C + H_2O \rightarrow CO + H_2$

变换反应:$CO + H_2O \rightarrow CO_2 + H_2$

碳加氢反应:$C + 2H_2 \rightarrow CH_4$

热解反应:$C_mH_n \rightarrow n/4CH_4 + (m-n)/4C$

上述一系列反应式可用简式表示为：

煤 $\rightarrow C + H_2O + CO_2 + H_2 + CO + CH_4$

气化时，所得可燃气体称为气化煤气，其有效成分包括H_2、CH_4、CO等。可作为二次能源用于城市煤气及工业燃气及化工原料气（称为一碳化学）。

3.4煤的液化

煤气化产生合成气（H_2+CO），再用合成气为原料合成液体燃料或化学产品，称为煤的间接液化。合成的产品有饱和或不饱和烃和汽油。除此之外，还能得到如乙烯、丙烯、乙醇等一些重要的基本有机化学原料。

直接液化是将煤在较高温度和压力下与氢反应使其降解和加氢，从而转化为液体油类的工艺，故又称加氢液化。在煤的加氢液化中，不是氢分子攻击煤分子使其裂解，而是煤先发生热解反应生成自由"碎片"，后者在有氢供应的条件下与氢结合而得以稳定。经直接液化后所得液化油可加工成液体燃料及化学品。

第2节　石油

石油是发展国民经济和国防建设的重要物资。石油产品用途极广，它为现代化工农业、交通运输业和国防部门提供了重要的燃料和其他化工产品。目前，各种石油产品数以千计，与人们的生活息息相关。因此，把石油叫做"工业的血液"。石油也常跟天然气共存，是很复杂的混合物。石油的性质因产地不同而不同，密度、粘度和凝固点的差别很大。

1石油的化学组成

石油的成分随地区而异，一般含碳84%、氢11%-14%；另外含少量氧、氮和硫等；灰分含量低，约0.05%。主要是由各种烷烃、环烷烃和芳香烃所组成的混合物。石油大部分是液态烃，同时在液态烃里溶有气态烃和固态烃。

天然石油（又称原油）一般是墨绿色、棕色、黑色或浅黄色的油脂状液体。石油的相对密度介于0.75-0.98之间。颜色愈深，相对密度愈大，相对密度大于0.9的称为重质油；反之，颜色浅，相对密度小于0.9的称为轻质油。石油粘度较大，不溶于水，但溶于有机溶剂中。石油具有荧光性，即在紫外光照射下可产生荧光，据此可作为鉴定岩石是否含油的标志。石油里的主要元素是碳和氢，分别占83%-87%和11%-14%。此外还含有少量的硫（0.06%-8%）、氮（0.02%-1.7%）、氧（0.08%-1.8%）以及微量金属元素（镍、钒、铁、铜）等。

1.1 烃类有机物

由于石油中的碳和氢主要形成的有机物以烃的形式存在于石油中，因此，石油中烃类的含量较多，种类繁杂。通过大量研究，发现石油中的烃类大致分为四类：烷烃、环烷烃、芳烃和烯烃。这四类烃又因分子中原子数目的不同，包括了许多性质相似的同系物。

1.2 非烃类有机物

除了主要的烃类有机物以外，还有相当含量的非烃类有机物。这类化合物分子中除碳氢元素外，还有硫、氧、氮等元素，虽然含量不多，但对石油的利用具有重要的影响。非烃类主要分为以下四种：

1.2.1 含硫化合物

石油中含硫化合物有：硫醇（RSH）、硫醚（RSR）、二硫化合物（RSSR）和噻吩（ ）等。此外，在石油加工中还会产生硫化氢气体。

1.2.2 含氧化合物

主要有环烷酸、酚类，其次还有微量的脂肪酸。这类化合物统称为有机酸。在炼油生产中常把环烷酸和酚叫做石油酸。

1.2.3 含氮化合物

主要有吡咯（ ）、吡啶（ ）、喹啉（ ）和胺类（RNH_2）等。

1.2.4 胶状物质

大多数石油中含有深褐色或黑色胶粘的物质，按其性质可分为胶质和沥青，都是由碳、氢、氧和氮等元素组成的多环复杂化合物在高温时易转化为焦炭。石油中非烃类有机物的含量和组成因产地而异。多数石油的含硫量小于1%，重质石油中含硫较多。一般石油含氧化合物和含氮化合物较少，其影响不如硫化物大。一般轻质石油含胶状物质较少，通常小于4%–5%，但在重质石油中可达到20%以上。

2石油的炼制

石油中所含化合物种类繁多。必须经过多步炼制，才能使用。主要过程有分馏、裂化、重整、精制等。

2.1分馏

不断地加热和冷凝，就可以把石油分成不同沸点范围的蒸馏产物，这种方法就是石油的分馏。分馏出来的各种成分叫做馏分。

烃（碳氢化合物）的沸点随碳原子数增加而升高，在加热时，沸点低的烃类先气化，经过冷凝先分离出来；温度升高时，沸点较高的烃再气化再冷凝，借此可以把沸点不同的化合物进行分离，这种方法叫分馏，所得产品叫馏分。分馏过程在一个高塔里进行，分馏塔里有精心设计的层层塔

表7–2石油分馏主要产品及用途

	温度范围/℃	分馏产品名称	分子中所含碳原子数	主要用途
气体		石油气	C_1–C_4	化工原料，气体燃料
轻油	30–180	溶剂油 汽油	C_5–C_6、 C_6–C_{10}	溶剂 汽车，飞机用液体燃料
	180–280	煤油	C_{10}–C_{15}	液体燃料，溶剂
	280–350	柴油	C_{17}–C_{20}	重型卡车，拖拉机，轮船用燃料，各种柴油机用燃料
重油	300–500	润滑油 凡士林	C_{18}–C_{30}	机械，纺织等工业用的各种润滑油，化妆品，医药业用的凡士林
		石蜡	C_{20}–C_{30}	蜡烛，肥皂
		沥青	C_{30}–C_{40}	建筑业，铺路
	>500	渣油	$>C_{40}$	做电极，金属铸造燃料

板，塔板间有一定的温差，以此得到不同的馏分。分馏先在常压下进行，获得低沸点的馏分，然后在减压状况下获得高沸点的馏分。每个馏分中还含有多种化合物，可以进一步再分馏。石油分馏的主要产品如表7-2。

在石油炼制过程中，沸点最低的C_1至C_4部分是气态烃。来自分馏塔的废气和裂化炉气，统称石油气，其中有不饱和烃，也有饱和烃。不饱和烃如乙烯(C_2H_4)、丙烯(C_3H_6)、丁烯(C_4H_8)都有双键，容易发生加成反应和聚合反应，所以这些烯烃都是宝贵的化工原料。

2.1.1 C_1-C_4馏分

(1)乙烯

乙烯以O_2为催化剂在150℃，20MPa条件可制得高压聚乙烯(反应式①)，日常生活中用的食品袋、食品匣、奶瓶等就是用这种材料成型的：

$$nCH_2{=\!=}CH_2 \xrightarrow[150℃,\ 200Mpa]{O_2} {+}CH_2{-}CH_2{+}_n \qquad ①$$

$$nCH_2{=\!=}CH_2 \xrightarrow[100℃,\ 常压]{TiCl_4} {+}CH_2{-}CH_2{+}_n \qquad ②$$

若用$TiCl_4$作催化剂在100℃常压下，则可制得强度较高的低压聚乙烯(反应式②)，它可用以制造脸盆、水桶等器皿。乙烯也可以用银作催化剂在250℃和常压条件下生成环氧乙烷(反应式③)，这是制造环氧树脂的原料之一。乙烯在$KMnO_4$催化下可加水成为乙二醇(反应式④)，它是制造涤纶的原料之一。如在H_2SO_4催化下加水，乙烯也可加成为乙醇(反应式⑤)，乙烯和HCl加成为氯乙烷(反应式⑥)，乙烯和Cl_2生成二氯乙烷(反应式⑦)等等。

众多的乙烯产品广泛用于工农业、交通、军事等领域，它是现代石油化学工业的一个龙头产品，是一个国家综合国力的标志之一。我国目前乙烯年产量200多万吨，居世界第8位。

$$CH_2{=}CH_2 + H_2O \xrightarrow[250℃常压]{Ag} \underset{O}{CH_2{-}CH_2} \qquad ③$$

环氧乙烷

$$CH_2{=}CH_2 + H_2O \xrightarrow{KMnO_4} \underset{Cl\qquad Cl}{H_2C{-}CH_2} \qquad ④$$

乙二醇

$$CH_2{=}CH_2 + H_2O \xrightarrow[\text{加温加压}]{H_2SO_4} CH_3{-}CH_2OH \quad ⑤$$

乙醇

$$CH_2{=}CH_2 + HCl \longrightarrow CH_3{-}CH_2Cl \quad ⑥$$

氯乙烷

$$CH_2{=}CH_2 + Cl_2 \longrightarrow \underset{Cl}{H_2C}{-}\underset{Cl}{CH_2} \quad ⑦$$

二氯乙烷

(2)丙烯和丁烯

丙烯($CH_3CH{=}CH_2$)可以制造聚丙烯塑料、聚丙烯腈(人造羊毛)化学纤维、甘油等等。丁烯($CH_3CH_2CH{=}CH_2$)经过氧化脱氢变成丁二烯(反应式⑧),然后可以聚合生成顺丁橡胶(反应式⑨),它的弹性很好,适合做轮胎。丁二烯和苯乙烯共聚可以制造丁苯橡胶(反应式⑩),这是人造橡胶中用量最大的品种,它的链节一端带有苯环,具有热稳定性好,耐磨、耐光、抗老化等优点。

$$CH_3CH_2CH = CH_2 + 1/2\ O_2 \xrightarrow{\text{氧化脱氢}} CH_2 = CHCH = CH_2 + H_2O \quad ⑧$$

丁二烯

$$nCH_2 = CHCH = CH_2 + H_2O \xrightarrow{\text{聚合}} {+}CH_2CH = CHCH_2{+}_n \quad ⑨$$

丁二烯　　顺丁橡胶

$$nCH_2 = CHCH = CH_2 + nCH_2 = \underset{C_6H_5}{CH} \xrightarrow{\text{共聚}} {+}CH_2CH = CHCH_2CH_2\underset{C_6H_5}{CH}{+}_n \quad ⑩$$

丁二烯　　苯乙烯　　丁苯橡胶

将石油气中这些不饱和烃分离后,剩下的饱和烃中以丁烷(C_4H_{10})为主,它的沸点为-0.5℃,稍加压力即可液化储于高压钢瓶中。当打开阀门减压时即可汽化点燃使用,城市居民用石油液化气的主要成分就是丁烷。另外还含有在液化时带进的一定量的戊烷(C_5H_{12})和己烷(C_6H_{14}),它们的沸点分别是36℃和69℃,在炼油厂炉气温度高时和丁烷等混在一起,加压液化时也就混入钢瓶,用户在室温打开阀门时,这些杂质沸点较高,在室温下不能汽化,而以液态沉积于钢瓶中。

问题讨论:为什么液化石油气罐在用完之后再摇一摇或浇一点热水又可使用?

通常家用的液化石油气罐内的主要成分为C_3和C_4的烃类化合物,这些化合物在常温下是气体。经过加压后变成液体装入罐内。使用时只要打开阀C_3和C_4就会立即气化而喷出。点燃即可使用。当所有的C_3和C4都跑出来之后,火也就慢慢小下去。此时如果将液化气罐摇一摇,或者在罐子外浇一点热水,火立刻会大起来。这是因为我们现时使用的液化石油气中还含有一些C_5。由于C_5在常温下是液体,其蒸气压随温度而升高。C_5蒸气同样是可燃气体,和C_3、C_4有同样的性能。摇一摇可以帮助C_5挥发,加温也是帮助C_5气化。尽管C_5的数量并不多,但总有一些。因此,在烧菜进行到一半突然断气时,你不妨试试这个方法,它会让你摆脱尴尬的局面。但请注意,绝对不可用明火直接加热液化气罐,这样做非常危险。

2.1.2 C_5-C_{10}馏分

在30℃-180℃沸点范围内可以收集C_5-C_6馏分,这是工业常用溶剂,这个馏分的产品也叫溶剂油。在40-180℃沸点范围内可以收集C_6-C_{10}馏分,这是需要量很大的汽油馏分。按各种烃的组成不同又可以分为航空汽油、车用汽油、溶剂汽油等。汽油质量用“辛烷值”表示。在气缸里汽油燃烧时有爆震性,会降低汽油的使用效率。汽油中以C_7-C_8成分为主,据研究,抗震性能最好的是异辛烷,将其辛烷值标定为100,抗震性最差的是正庚烷,其辛烷值定为零。若汽油辛烷值为90,即表示它的抗震性能与90%异辛烷10%正庚烷的混合物相当(并非一定含90%异辛烷),商品上称为90#汽油。

人们发现:1L汽油中若加入1mL四乙基铅$Pb(C_2H_5)_4$,它的辛烷值可以提高10-12个标号。四乙基铅是有香味的无色液体,但有毒,有的地方在其中适当加一些色料,以提醒人们注意这是含铅汽油。这种抗震剂已沿用了几十年,但在汽车越来越多的今天,汽油燃烧后放出的尾气中所含微量的铅化合物已成为公害。所以目前改用甲基叔丁醚[$CH_3OC(CH_3)_3$]或乙基叔丁醚[$CH_3CH_2OC(CH_3)_3$]以改善汽油的爆震性,即市售

$$CH_3-\underset{\displaystyle CH_3}{\underset{|}{CH}}-CH_2-\overset{\displaystyle CH_3}{\overset{|}{\underset{\displaystyle CH_3}{\underset{|}{C}}}}-CH_3$$

异辛烷

$$H-\overset{H}{\overset{|}{\underset{H}{\underset{|}{C}}}}-\overset{H}{\overset{|}{\underset{H}{\underset{|}{C}}}}-\overset{H}{\overset{|}{\underset{H}{\underset{|}{C}}}}-\overset{H}{\overset{|}{\underset{H}{\underset{|}{C}}}}-\overset{H}{\overset{|}{\underset{H}{\underset{|}{C}}}}-\overset{H}{\overset{|}{\underset{H}{\underset{|}{C}}}}-\overset{H}{\overset{|}{\underset{H}{\underset{|}{C}}}}-H$$

正庚烷

的无铅汽油。自20世纪70年代起从环境保护的角度考虑，各国纷纷提出要求使用无铅汽油，有些汽车的设计规定必须使用无铅汽油，以减少对环境的污染。

资源链接：乙醇汽油[①]

乙醇汽油是指在汽油组分（指炼油厂生产的，与普通汽油指标略有不同的，专门用于调配乙醇汽油的油品）中按体积混合比加入10%的变性燃料乙醇后作为汽车燃料用的汽油。分90#、93#、95#三个牌号，分别用"E10乙醇汽油90号"、"E10乙醇汽油93号"、"E10乙醇汽油95号"表示，其中E10表示变性燃料乙醇加入量为10%（体积比）。

2000年8月我国开始启动乙醇汽油项目，2001年4月2日国家发布了《变性燃料乙醇》（GB1835022001）和《车用乙醇汽油》（GB1835122001）两项国家标准。目前确定的乙醇汽油试点范围包括黑龙江、吉林、辽宁、河南、安徽五省及湖北、山东、河北和江苏四省的部分地区。

乙醇几乎能够完全燃烧，不会产生对人体有害的物质。用乙醇替代等量汽油，可提高汽油的辛烷值，清洁汽车引擎，减少机油替换，降低汽车尾气有害物质的排放，使尾气有害气体排放量减少30%。作为增氧剂，燃料乙醇还可替代MTBE（甲基叔丁基醚）、ETBE（乙基叔丁基醚），避免对地下水造成污染。所以，乙醇汽油这一新型"绿色能源"的推广使用，将对中国减轻环境污染、节省石油资源等具有重要的意义。

提高蒸馏温度，依次可以获得煤油（C_{10}–C_{16}）和柴油（C_{17}–C_{20}）。它们又分为许多品级，分别用于喷气式飞机、重型卡车、拖拉机、轮船、坦克等。蒸馏温度在350℃以下所得各馏分都属于轻油部分，在350℃以上各馏分则属重油部分，碳原子数在18–40之间，其中有润滑油、凡士林、石蜡、沥青等，各有其用途。

2.2裂化

石油的裂化有热裂化、催化裂化和加氢裂化。裂化的目的是为了提高轻质液体燃料（汽油、煤油、柴油等）的产量，特别是提高汽油的产量。催化裂化还可得到高质量的汽油。裂化的产物主要是分子量比较小、沸

---

① 付立海，周仕东．乙醇汽油[J]．化学教学，2004，(9)：27.

点比较低、类似汽油的饱和与不饱和液态烃的混合物及气态烃的混合物。

用上述加热蒸馏的办法所得轻油约占原油的1/3-1/4。采用催化裂化法，可以使碳原子数多的碳氢化合物裂解成各种小分子的烃类，以满足社会的需要。如：

$$C_{16}H_{34} \xrightarrow[\text{加热加压}]{\text{催化剂}} C_8H_{18} + C_8H_{16}$$

十六烷烃　　　　　辛烷　　辛烯

裂解是采用比裂化更高的温度，使具有长链分子的烃断裂成各种短链的气态烃和少量液态烃。裂解就是深度裂化，以获得短链不饱和烃为主要产品的石油加工过程。短链不饱和烃主要指的是乙烯、丙烯、丁二烯等。

裂解产物成分很复杂，从C_1至C_{10}都有，既有饱和烃，又有不饱和烃，经分馏后分别使用。裂解产物的种类和数量随催化剂和温度、压力等条件不同而异。不同质量的原油对催化剂的选择和温度、压力的控制也不相同。我国原油成分中重油比例较大，所以催化裂化就显得特别重要，我国现已开发出一系列铝硅酸盐分子筛型催化剂。经催化裂化，从重油中能获得更多乙烯、丙烯、丁烯等化工原料，也能获得较多更好的汽油。

2.3 催化重整

催化重整能改变石油“大家庭”中三大“家”族（烷烃、环烷烃、芳烃）在产品中的组合情况，以提高石油产品的质量。如：在石油第一次“分家”中获得的直馏汽油含直链烷烃多，性能不能满足开飞机、汽车的要求，人们就采用“重整”的办法来解决。重整，就是重新整顿的意思，也就是将直链烃类重新整顿成为带侧链的烃类或环状的烃类。经过重整的汽油，质量大大地提高。而且从重整油的芳香烃中还可获取苯、甲苯及二甲苯等重要化工原料。

重整是石油工业中另外一个重要过程。在一定的温度压力下，汽油中的直链烃在催化剂表面上进行结构的“重新调整”，转化为带支链的烷烃异构体，这就能有效地提高汽油的辛烷值，同时还可得到一部分芳香烃，这是原油中含量很少而只靠从煤焦油中提取难以满足生产需要的化工原料，可以说是一举两得。现用催化剂是多孔性氧化铝或氧化硅为载体，在表面上浸渍0.1%的贵金属，汽油在催化剂表面只要20s-30s就能完成重整反应。

2.4加氢精制

清除分馏过程所得产物中的有害东西，以便提高产品质量。这在炼厂就叫精制。如：直馏汽油、柴油等油品，由于含有硫化物，会产生腐蚀性，必须经过精制才能使用。另外，从减压塔得到的各种润滑油，也只是半成品，同样必须通过精制才能成为合格产品。

精制是提高油品质量的过程。蒸馏和裂解所得的汽油、煤油、柴油中都混有少量含N或含S的杂环有机物，在燃烧过程中会生成NO_x及SO_2等酸性氧化物污染空气。现行的办法是用以Al_2O_3为载体，活性组分有钴-钼(Co-Mo)、镍-钼(Ni-Mo)、镍-钨(Ni-W)等为催化剂，在一定温度和压力下使H_2和这些杂环有机物起反应生成NH_3或H_2S而分离，留在油品中的只是碳氢化合物。

综上所述，石油经过分馏、裂化、重整、精制等步骤，获得了各种燃料和化工产品，有的可直接使用，有的还可以进行深加工。其中，常压蒸馏和减压蒸馏是物理变化过程，而裂化、重整和加氢控制等属化学变化过程。

生活实验：自制固体酒精

1.配方

原料	规格	用量
酒精（≥95%）	药用三级	92L
硬脂酸	工业一级	6.5kg
硝酸铜	化学试剂级	0.5kg
氢氧化钠	工业级	1kg

2.实验方法

(1)将1kg氢氧化钠加入10L 95%的酒精中溶解，配制成0.1g/mL的氢氧化钠酒精溶液备用。

(2)将82L 95%的酒精和6.5kg硬脂酸加入带搅拌器和温度计的装置，用水浴加热至60℃-70℃，在不断搅拌下使硬脂酸完全溶解，再加入0.5kg硝酸铜，随后慢慢滴加配制的0.1g/mL氢氧化钠酒精溶液，使溶液保持微沸，整个过程约0.5小时之内完成，然后放置冷却至50℃-60℃左右，将溶液倒入模具，凝固后用塑料袋包装即得成品。所制得的固体酒精，可用小刀任意切割，分成小块包装。由于加入少量硝酸铜，可使其燃烧火焰呈鲜艳的绿色。

第3节 天然气

广义的天然气是指埋藏于地层中自然形成的气体的总称。但通常所称的天然气是指贮存于地层较深部的一种富含碳氢化合物的可燃气体，而与石油共生的天然气常称为油田伴生气。天然气是一种重要的能源，广泛用作城市燃气和工业燃料。天然气也是重要的化工原料。主要分布区域:前苏联、中东、北非、美国、西欧等。我国的天然气田主要分布在四川、辽宁、黑龙江、山东、台湾及沿海一带大陆架。

1天然气的成分

天然气是指从气田开采得到的含甲烷等烷烃的气体。根据天然气中甲烷和其他烷烃的含量不同,将天然气分为两种:一种是含甲烷多的称为干天然气(干气),通常含甲烷80%-99%(体积),个别气田的甲烷含量可高达99.8%。另一种是除含甲烷以外,还含有较多的乙烷、丙烷、丁烷的气体,称为湿天然气(湿气),或称多油天然气。有时人们往往把含甲烷等烷烃的气体都叫做天然气,当然这是不很确切的。如从油田开采石油时，得到的含烷烃的气体,这叫油田气。油田气几乎全部是饱和的碳氢化合物,主要含甲烷、乙烷、丙烷和丁烷以及少量的轻汽油。此外,气体中有时还存在硫化氢、硫醇、二氧化碳和氢气。油田气的组成因地区和季节等条件而异,通常的组成为甲烷10%-85%(体积)、乙烷0%-20%、丙烷0%-22%、丁烷0%-20%、戊烷和高级烃类0%-10%、氮气及稀有气体0%-10%、硫化氢0%-1%,二氧化碳少量。又如从炼油厂炼油时得到的含甲烷等低级烷烃的气体,这叫炼厂气。炼厂气是石油加工过程中副产的各种加工气体的总称,其中主要包括热裂化气、焦化气、催化裂化气、稳定塔气等。所以油田气和炼厂气虽然同样都是含有甲烷等烷烃的气体,但不能一概都称为天然气。

沼气和坑气的主要成分也是甲烷,由于环境的不同,其杂质的含量也不一致。沼气是池沼淤泥中一些有机物发酵而产生的。坑气又叫瓦斯，是煤矿煤层里的一些有机残余的分解产物随着煤的开采而释放出的。

2天然气的利用

天然气是一种碳氢化合物，具有可燃性，多是在矿区开采原油时伴随而出，过去因无法越洋运送，所以只能供当地使用，如果有剩余只好燃烧废气，十分可惜。天然气依其蕴藏状态，又分为构造性天然气、水溶性天然气、煤矿天然气等三种。而构造性天然气又可分为伴随原油出产的湿性天然气、与不含液体成分的干性天然气。

天然气是世界公认的优质高效能源和可贵的化工原料，可谓“天生丽质”。天然气作燃料有许多优点：不需复杂加工即可直接作为民用一次能源；加热的速度快，容易控制，能够被精确地送到需要加热的区域；燃料质量稳定，燃烧均匀，燃烧时比煤炭和石油清洁，基本上不污染环境；其热值、热效率均高于煤炭和石油。以天然气作燃料投资，可比电力投资节省75%，比煤炭节省59%，比石油节省13%。

作为工业原料，天然气更显示出极强的不可替代性。天然气是近千种化工系列产品的原料，被广泛用于生产合成氨及制造乙烯、乙炔、甲醇、甲醛、丙酮、苯，制取烧碱、纯碱、硫酸、二氯化碳，提取硫黄、碳黑及惰性气体，亦可用作汽油与合成橡胶的生产，甚至可用于生产单细胞蛋白质。

天然气应用领域正在不断拓宽，如以天然气为燃料的微型发电机可与电网相连，也可在几乎任何地方实现独立供电，它体积小，可靠性高，排放低，是很有前途的新技术。而燃料电池因其有望实现真正意义的“零排放”而备受关注，未来的燃料电池发电效率可高达50%至60%，若用于联合循环发电，能量利用率甚至可达80%，它在汽车供电、民用、联合循环发电等诸多方面具有广阔的应用前景。

资源链接：西气东输

西气东输工程的“西气”主要指在新疆塔里木盆地发现的天然气资源。“西气东输”工程已建设4200公里左右的管道，将塔里木盆地的天然气经过甘肃、宁夏、陕西、山西、河南、安徽、江苏，输送到上海、浙江，供应沿线各省的民用和工业用气。西气东输工程于2002年7月4号全线开工，到2005年，西气东输工程将全线贯通。西气东输管道是中国目前距离最长、管径最大、投资最多、输气量最大、施工条件最复杂的天然气管道。

2005年1至7月份，西气东输天然气累计向下游用户供气近20亿立方米，预计全年将稳定供气超过36亿立方米。西气东输正不断提升中国天然气在整个能源消费中所占的比例，改写中国能源消费结构。

第4节 化学电池

把化学能直接转化为电能的装置，统称化学电池或化学电源。如收音机、手电筒、照相机上用的干电池，汽车发动机用的蓄电池，钟表上用的纽扣电池等都是化学电池。

1 化学电池的原理

1.1 电池中的化学反应

化学电池都与氧化还原反应有关。例如：

$$Zn \underset{还原}{\overset{氧化}{\rightleftharpoons}} Zn^{2+} + 2e^- \quad Cu^{2+} + 2e^- \underset{还原}{\overset{氧化}{\rightleftharpoons}} Cu$$

这两个式子分别代表两个氧化还原半反应，两个半反应组合成一个氧化还原反应：

$$Zn + Cu^{2+} \rightleftharpoons Zn^{2+} + Cu$$

根据这个氧化还原反应可以设计出图7-4所示的化学电池：

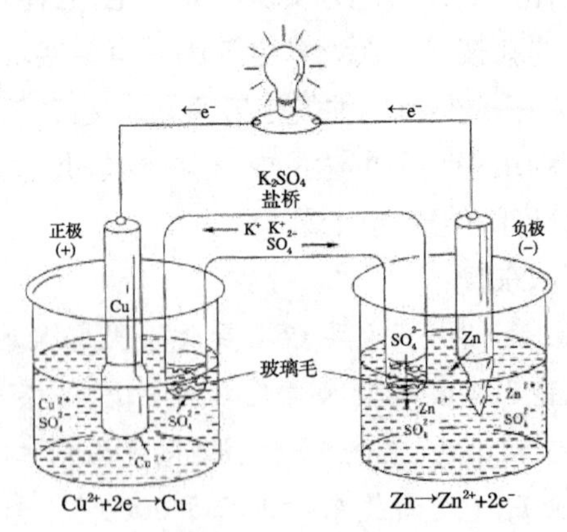

图7-4 锌铜电池示意图

从理论上来说，任何氧化还原反应，都可以设计成一个电池，但真要做成一个有实际应用价值的电池并非易事。

2化学电池的分类

2.1干电池

普遍用在手电和小型器械上的干电池，外壳锌片作负极，中间的碳棒是正极，它的周围用石墨粉和二氧化锰粉的混合物填充固定，正极和负极间装入氯化锌和氯化铵的水溶液作为电解质，为了防止溢出，与淀粉制成糊状物。锌-锰干电池的电极反应为：

锌负极：$Zn + 4NH_4Cl \longrightarrow (NH_4)_2ZnCl_4 + 2NH_4^+ + 2e^-$

锰正极：$MnO_2 + H_2O + e^- \longrightarrow MnO(OH) + OH^-$

电池总反应：$Zn+2NH_4Cl+MnO_2 \rightarrow ZnCl_2+2NH_3+MnO+H_2O$

干电池的电压是1.5-1.6V。它在使用时电阻逐渐增大，电压迅速降低，所以不宜长时间连续使用。干电池的结构如图7-5所示。

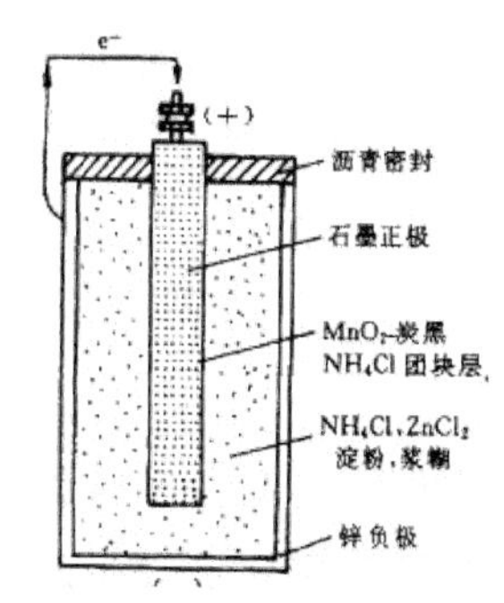

图7-5　锌锰电池的结构

在使用过程中，电子由锌极流向锰极（电流方向相反），锌皮逐渐消耗，MnO_2也不断被还原，电压慢慢降低，最后电池失效。这种电池是一次性消费品，但锌皮不可能完全消耗掉，所以回收旧电池可回收锌。锌既然是消耗性的外壳，在使用过程中就会变薄以致穿孔，这就要求在锌皮外加有密封包装，有些劣质产品，在使用过程中发生“渗漏”现象，即是没有按要求生产的缘故。

2.2“纽扣”电池

电子手表、液晶显示的计算器等所需电流是微安或毫安级的，它们所用的电池体积很小，有“纽扣”电池之称。它们的电极材料是Ag_2O_2和Zn，所以叫银-锌电池。电极反应和电池反应是：

负极：$2Zn + 4OH^- \longrightarrow 2Zn(OH)_2 + 4e^-$

正极：$Ag_2O_2 + 2H_2O + 4e^- \longrightarrow 2Ag + 4OH^-$

电池反应：$2Zn + Ag_2O_2 + 2H_2O \longrightarrow 2Zn(OH)_2 + 2Ag$

2.3蓄电池

蓄电池能够充电再生，放电时，发生自发反应，它起一个原电池的作用；充电时发生电解反应，起电解池的作用，可使原来的反应物再生。

2.3.1 铅酸蓄电池

汽车用铅酸蓄电池，如图7-6所示：

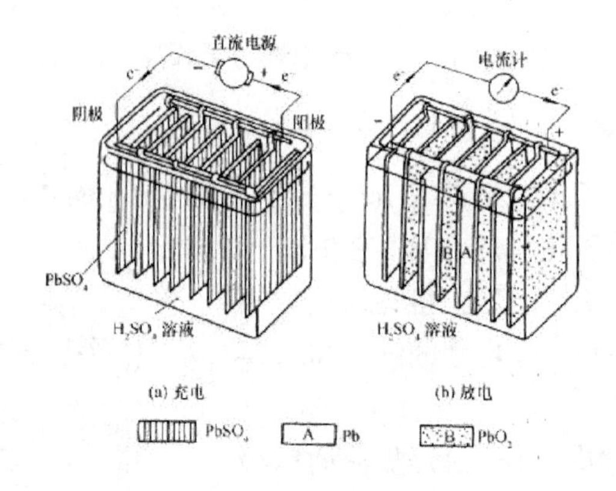

图7-6　铅酸蓄电池

电池内有一排铅锑合金的栅格板，栅孔为细的铅粉泥所填满。栅板交替由两块导板相连，分别成为顶部的两个电极。整个电极板在使用之前先浸泡在稀硫酸溶液中进行电解处理，在阳极，Pb被氧化成为二氧化铅(PbO_2)，在阴极，形成海绵状金属铅。干燥后，PbO_2为蓄电池的正极，海绵状铅为负极，所用电解液为30%的硫酸(H_2SO_4)。放电时，电极反应和电池反应如下：

负极：$PbO_2 + SO_4^{2-} + 4H^+ + 2e^- \longrightarrow PbSO_4 + 2H_2O$

正极：$Pb + SO_4^{2-} \longrightarrow PbSO_4 + 2e^-$

放电反应：$PbO_2 + Pb + 2H_2SO_4 \longrightarrow 2PbSO_4 + 2H_2O$

由上可知，两电极上都生成硫酸铅，由于其难溶性，沉积在电极上而不溶解在溶液中。由于反应中硫酸被消耗，有水生成，所以可用测定硫酸的密度来确定电池放电的程度，当硫酸的密度降到$1.05g \cdot mL^{-1}$或电压降低到1.9V时，就要充电。充电时的电极反应和电池反应恰好是放电时的逆反应：

$$PbO_2极:\quad PbSO_4 + 2H_2O \longrightarrow PbO_2 + SO_4^{2-} + 4H^+ + 2e^-$$

$$Pb极:\quad PbSO_4 + 2e^- \longrightarrow Pb + SO_4^{2-}$$

$$充电反应:\quad 2PbSO_4 + 2H_2O \longrightarrow PbO_2 + Pb + 2H_2SO_4$$

铅蓄电池放电和充电过程可以合并写为：

$$Pb + PbO_2 + 2H_2SO_4 \underset{充电}{\overset{放电}{\rightleftharpoons}} 2PbSO_4 + 2H_2O$$

2.3.2 碱性蓄电池

日常生活中用的充电电池就属于这类。它的体积、电压都和干电池差不多，携带方便，使用寿命比铅蓄电池长得多，使用恰当可以反复充放电上千次，但价格比较贵。商品电池中有镍-镉(Ni-Cd)和镍-铁(Ni-Fe)两类，它们的电池反应是：

$$Cd + 2NiO(OH) + 2H_2O \underset{充电}{\overset{放电}{\rightleftharpoons}} 2Ni(OH)_2 + Cd(OH)_2$$

$$Fe + 2NiO(OH) + 2H_2O \underset{充电}{\overset{放电}{\rightleftharpoons}} 2Ni(OH)_2 + Fe(OH)_2$$

反应是在碱性条件下进行的，所以叫碱性蓄电池。

2.3.3 锂离子电池

(1)锂离子电池的原理

锂离子电池正极采用钴酸锂($LiCoO_2$)，负极采用碳(C)。在充电时，Li^+的一部分会从正极中脱出，嵌入到负极碳的层间去，形成层间化合物。在放电时，则进行此反应的可逆反应。以上称为嵌入和脱嵌的两个过程是Li-ion电池的工作原理。故电池也称为“摇椅电池”。其电化学反应过程见示意图7-7所示。

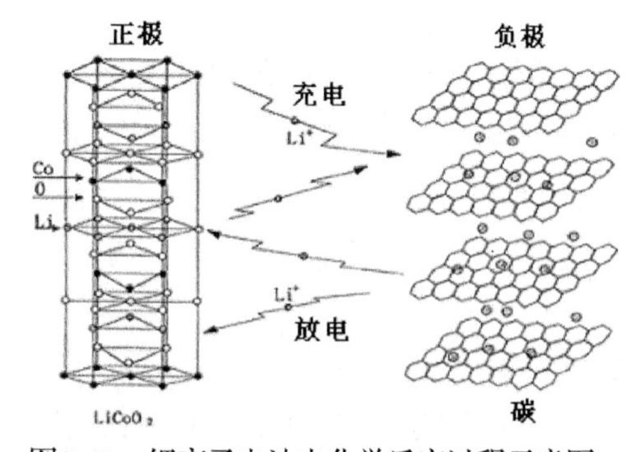

图7-7　锂离子电池电化学反应过程示意图

（2）锂离子电池结构

锂离子电池内部成螺旋形结构，正极与负极之间由一层具有许多细微小孔的薄膜纸隔开。锂离子电池的正极采用钴酸锂，正极集流体是铝箔；负极采用碳，负极集流体是铜箔，锂离子电池的电解液是溶解了$LiPF_6$的有机体。

锂离子电池盖帽上有防爆孔，在内部压力过大的情况下，防爆孔会自动打开泄压，以防止出现爆炸的现象。

（3）锂离子电池的性能

①高能量密度。与同等容量的Ni/Cd或镍氢电池相比，锂离子电池的重量轻，其能量体积比是这两类电池的1.5–2倍。

②高电压。锂离子电池使用高电负性的含元素锂电极，使其端电压高达3.7V，这一电压是Ni/Cd或镍氢电池电池电压的3倍。

③无污染，环保型。

④循环寿命长，寿命超过500次。

⑤高负载能力。锂离子电池可以大电流连续放电，从而使这种电池广泛应用于手机、摄像机、手提电脑等大功率用电器上。

2.3.4 太阳能电池

太阳能电池是把太阳能转化为电能的电池。太阳能电池的主要原件是把光能直接转换成电能的半导体器件。常用的半导体材料主要有硫化镉、晒化镉、砷化镓、锗和硅。

太阳能电池按用途分，一类是空间太阳能电池，它的特点是质量小、单位面积效率高、耐紫外辐射、有非常高的可靠性、使用寿命长。另一类是地面太阳能电池，最主要是备有蓄电池，常用的有铅蓄电池和镍镉电池，而且价格低。太阳能电池的应用范围很广，有发展前途的领域还有太阳能照明的公路、隧道、太阳能汽车、太阳能冰箱、太阳能空调机以及太阳能电话机等。

2.3.5 燃料电池

研究表明，在火力发电中，化学能的利用率只有30%–40%。而在燃料电池中，燃料的化学能直接转化成电能，正极和负极都用惰性材料（如铁、氧化铁、多孔炭、多孔镍等）制成。负极方面连续送入煤气、发生炉煤气、水煤气、氢气、甲烷和其他碳氢化合物等可燃性物质。正极方面连续送入空气或氧气。电解质可用碱(如氢氧化钾)的水溶液或熔融的碳酸盐或金属氧化物(如碳酸钾、氧化镁,后者在使用时会转化成碳酸盐),化学能的利用率高,可达70%左右。下面以氢氧燃料电池反应为例:

负极:$2H_2 + 4OH^- - 4e \rightarrow 4H_2O$

正极:$O_2 + 2H_2O + 4e \rightarrow 4OH^-$

总的反应:$2H_2 + O_2 = 2H_2O$

这跟氢气在氧气中燃烧一样,但没有火焰,也不放出热量,而产生电流。燃料电池目前尚不易普及,仅用于人造卫星、太空站等高科技领域。

资源链接:废电池的污染

据中国环境报报道,2000年中国电池产量和销售量高达140亿节。废旧电池中含有汞、铅、镍、锰等多种重金属,如将其随意丢弃,这些毒物将会进入土壤或水体之中,再通过食物链进入人体内,对人体健康造成危害。电池中造成污染的主要是含有重金属的电解质。其中,汞具有强烈的毒性,铅能造成神经紊乱、肾炎等,镉主要造成肾损伤以及骨疾-骨质疏松、软骨症及骨折。因此,回收并集中处理废旧电池显得越来越重要。

第5节　核能

本世纪初,伟大的物理学家、思想家爱因斯坦提出了著名的相对论后,根据他的质能转换公式,人们得知:一切质量都具有能量,反之亦然;质量与能量可以互相转化,质量的耗损与能量的产生成正比。不过,现代科学技术还做不到把一定的质量全部转化为能量,但部分质量的转化已经实现。例如,原子核聚变反应、裂变反应,以及某些质量不大的正、反基本粒子的“湮没反应”等等。

核能,包括核裂变能和核聚变能。50多年以前,科学家在一次试验中发现铀235原子核在吸收一个中子以后能分裂,在放出2-3个中子的同时伴随着一种巨大的能量,这种能量比化学反应所释放的能量大得多,这就是我们今天所说的核能。核能的获得途径主要有两种,即重核裂变与轻核聚变。核聚变要比核裂变释放出更多的能量。如人们所熟悉的原子弹、核电站、核反应堆等等都利用了核裂变的原理。只是实现核聚变的条件要求较高,即需要使氢核处于几千万度以上的高温才能使其具有相当的动能以实现聚合反应。

1核裂变反应和核电站

1938年12月,德国化学家哈恩和斯特拉曼发现核裂变,这一发现为核能的利用开辟了新的道路。当热中子(它的动能跟常温下气体分子的动能差不多)进入一些具有奇数中子的重原子核(^{235}U, ^{233}U, ^{239}Pu)内时,裂变就可能发生。重核分裂时产生两个较小的核和两个或更多个中子(235 U平均产生2.5个中子)以及许多能量。典型的核裂变反应有:

$$^{235}_{92}U + 10n \rightarrow ^{141}_{56}Ba + ^{92}_{36}Kr + 310n + \text{能量}$$

$$^{235}_{92}U + 10n \rightarrow ^{103}_{42}Mo + ^{131}_{50}Sn + 210n + \text{能量}$$

从上面的核反应方程来看,同一种核可能不只按一种方式分裂。裂变产物如 $^{141}_{56}Ba$ 和 $^{92}_{36}Kr$ 还能放射β粒子(0-1e)和γ射线(00γ),直到最后变成稳定的同位素。

$$^{141}_{56}Ba \rightarrow 0-1e + 00\gamma + ^{141}_{57}La$$

$$^{92}_{36}Kr \rightarrow 0-1e + 00\gamma + ^{92}_{36}Rb$$

这些反应的产物还能继续放出β粒子,在几个步骤之后,变成稳定的同位素,分别为 ^{141}Pr 和 ^{90}Zr。能裂变的 ^{235}U 在天然铀矿中只占0.7%,其余的99.3%都是不能被热中子分裂的 ^{238}U。反应堆里用的铀棒是天然铀或浓缩铀(铀235的含量占2%-4%)制成的。裂变产生的是速度很大的快中子,很容易被铀235俘获而不发生裂变,必须设法把快中子变为慢中子。因此,要在铀棒周围放上叫做减缓剂的物质,它们不吸收或很少吸收中子,使快中子跟它们碰撞后,能量减小,速度减缓。常用的减缓剂有石墨、重水和普通水。如果放出的快中子被减缓速度,它们就能引起其他重原子发生裂变,这些核放出9个中子再引起9个铀原子核裂变,这些裂变产生的27个中子再产生81个中子,这个过程叫做链式反应。在一定体积内,铀样品应具有足够的量维持链式反应，这最低的样品量叫做临界质量。

发生裂变时放出的巨大能量，可以按著名的爱因斯坦质能关系式$E=mc^2$计算。这里，E是来自一定质量m损失的能量，c是光速。如果使彼此分开的中子、电子和质子结合成任一特定的原子，就会发生质量亏损。例如，根据各组成粒子的质量能算出一个^4He原子质量是4.032982u。而由^4He原子的实测质量是4.002604u，所以质量亏损是0.030378u。由于原子比彼此分开的中子、质子和电子更稳定，原子处于较低的能级。因此，假定^4He原子由分开的质子、电子、中子构成，则每个原子损失的0.030378u将以能量的形式释放出来。跟质量亏损相当的能量叫做原子核结合能。结合能和键能类似，两者都是把整体（原子核或分子）拆散成基本组分所需能量的量度。彼此分开的核粒子比它们在核内结合时有更大的质量。

原子序数在30-63之间的元素比起非常轻和非常重的元素，每个核粒子有较大的质量亏损，这意味着最稳定的核存在于原子序数30-63的元素之间。由于它们相对稳定性较好，绝大部分的核裂变产物都是原子序数处于中间的元素。因此，当发生裂变并生成较小的更稳定的核时，这些粒子的总质量减小，质量必然要转变为能量。1kg^{235}U或^{239}Pu裂变时释放的能量约相当于20000tTNT。

原子能的研究成果，不幸首先用于战争，危害人民。但二次大战结束后，科技人员很快致力于原子能的和平利用，使它造福于人民。1954年前苏联建成了世界上第一座核电站，功率为5000kW。至今世界上已有30多个国家400多座核电站在运行之中，世界能源结构中核能的比例逐渐增加。核电站的工作原理如图7-8所示。

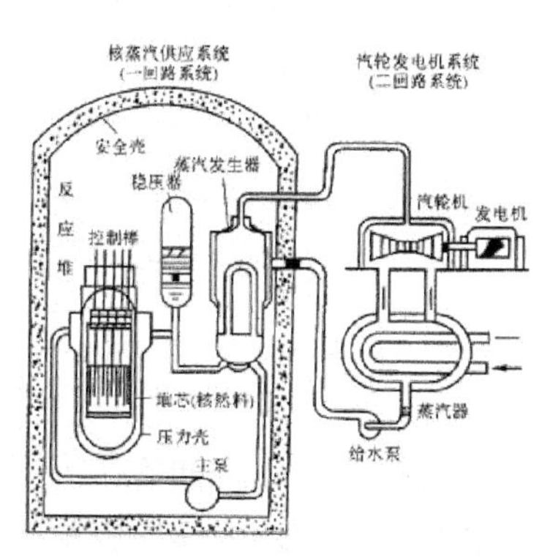

图7-8　核电站工作原理示意图

核电站的中心是核燃料和控制棒组成的反应堆，其关键设计是在核燃料中插入一定量的控制棒，它是用能吸收中子的材料如硼（B）、镉（Cd）、铪（Hf）等制成的。利用它们吸收中子的特性以控制链式反应进行的程度。U-235裂变时所释放的能量可将循环水加热至300℃,高温水蒸气推动发电机发电。核电是一种清洁的能源,但建设投资高,且有核泄漏的潜在威胁和存在核废料处理问题。

2核聚变

由2个或多个轻原子核聚合成一个较重的原子核的过程叫核聚变,这时也将释放很大的能量。例如2个氘核在高温下可聚合生成1个氦核。反应式如下:

$$_1^2H + _1^2H \rightarrow _2^4He$$

每克氘聚变时所释放的能量为5.8×10^8kJ,大于每克U-235裂变时所释放的能量(8.2×10^7 kJ)。从能源的角度考虑,核聚变有几个方面比核裂变优越:其一,聚变产物是稳定的氦核,没有放射性污染产生,没有难于处理的废料;其二,聚变原料氘的资源比较丰富,在海水中氘和氢之比为1.5×10^{-4}:1,提炼氘比提炼铀容易得多。遗憾的是这个聚变反应需要非常高的温度,以克服两个带正电的氘核之间的巨大排斥力。氢弹的制造原理,就是利用一个小的原子弹作为引爆装置,产生瞬间高温引发上述聚变反应发生强烈爆炸。氢元素的几种同位素之间能发生多种聚变反应,这种变化过程存在于宇宙之间,太阳辐射出来的巨大能量就来源于这类核聚变。但我们目前尚没有办法在地球上利用这类核聚变发电,怎样能取得这样高的温度?用什么材料制造反应器?怎样控制聚变过程等各种问题尚无答案。核科学家并未放弃核聚变的研究,另外一个反应温度低些的聚变反应已引起人们的关注,它以氘和锂(Li)为原料,在特定的强磁场中,可以发生下列聚变:

$$_1^2H + _3^6Li \rightarrow 2_4^2He$$

此外等离子体可控热核反应,激光技术引发核聚变等方面的研究都有一定成果。至于是否能利用核聚变的能量发电,目前还处于实验室的初探阶段。

资源链接:我国核能的和平利用

一个国家核能和平利用技术的水平是衡量其综合科技实力的重要标

志之一。核能和平利用产业对国民经济发展、国防建设和人民生活水平的提高起着重要的作用。

我国的核电事业自上世纪八十代初开始起步,“八五”期间有3台机组(共2100兆瓦)建成投产,即我国自行设计建造的秦山一期300兆瓦核电机组和利用外资、引进成套设备兴建的大亚湾核电站两台900兆瓦核电机组。目前,这3台核电机组一直在安全稳定地运行。2000年核电发电量为160亿度,占全国总发电量的1.19%。

“九五”期间有4个核电项目8台机组开工建设,总装机容量为6600兆瓦,它们分别是:1996年6月开工建设的秦山二期核电站两台600兆瓦压水堆机组,1997年5月开工建设的岭澳核电站两台百万千瓦级压水堆机组,1998年6月开工建设的秦山三期核电站两台700兆瓦重水堆机组,以及于1999年10月开工建设的田湾核电站两台百万千瓦级压水堆机组。核电总装机容量已达8700兆瓦,占全国电力总装机容量的2.2%。

我国已能自主设计建设300兆瓦压水堆核电站,基本实现了600兆瓦压水堆核电站的自主开发、设计和建造。通过已建和在建核电项目的实施,在核电研究与工程实验、工程设计、设备设计与制造、工程建设、项目管理等方面已经具有相当的基础和实力,具备了以我为主、中外合作条件下建设百万千瓦级压水堆核电站的能力和一定的开发创新能力,这是我国今后继续发展核电极为宝贵的基础。

综合活动 新能源开发

我国长期面临能源供不应求的局面,人均能源水平低,同时能源利用率低,单位产品能耗高。所以必须用节能来缓解供需矛盾,促进经济发展,同时也有利于环境保护。因此节能是我国的一项基本国策。在节能的同时我们也要积极开展各种新型能源的研究和探索,目前不成熟的新能源也可能成为未来的主要能源。当代新能源是指生物质能、太阳能、风能、地热能、海洋能等。它们的共同特点是资源丰富、可以再生、没有污染或很少污染,它们是远有前景,近有实效的能源。

1生物质能

生物质能是指由光合作用而产生的各种有机体储存的能量。植物生长借叶绿素吸收太阳能发生光合作用的反应式为：

$$mCO_2 + nH_2O \xrightarrow[\text{吸收太阳能}]{\text{叶绿素}} C_m(H_2O)_n + O_2$$

据估计地球上每年植物光合作用固定的碳达$2×10^{11}$t，含能量达$3×10^{21}$J，因此每年通过光合作用贮存在植物的枝、茎、叶中的太阳能，相当于全世界每年耗能量的10倍。生物质遍布世界各地，其蕴藏量极大，仅地球上的植物，每年生产量就相当于目前人类消耗矿物能的20倍，或相当于世界现有人口食物能量的160倍。生物质能是热能的来源，为人类提供了基本燃料。

2太阳能

地球上最根本的能源是太阳能。太阳每年辐射到地球表面的能量为$50×10^{18}$kJ，相当于目前全世界能量消费的1.3万倍，真可谓取之不尽用之不竭，因此利用太阳能的前景非常诱人。阳光普照大地，单位面积上所受到辐射热并不大，如何把分散的热量聚集在一起成为有用的能量是问题的关键。太阳能的利用方式是光热转化或光电转化。

太阳能的热利用是通过集热器进行光热转化的，集热器也就是太阳能热水器。它的板芯由涂了吸热材料的铜片制成的，封装在玻璃钢外壳中。铜片只是导热体，进行光热转化的是吸热涂层，这是特殊的有机高分子化合物。封装材料也很有讲究，既要有高透光率，又要有良好的绝热性。随涂层、材料、封装技术和热水器的结构设计等不同，终端使用温度较低的在100℃以下，可供生活热水、取暖等；中等温度在100℃-300℃之间，可供烹调、工业用热等；高温的可达300℃以上，可以供发电站使用。

在我国，太阳能的利用也一直是最热门的话题，经过多年的发展，国内在集热器（含太阳能热水器）已成为太阳能应用最为广泛、产业化最迅速的产业之一。太阳能热水器产量位居世界榜首。2008年的奥运会，北京将成为我国在太阳能应用方面的最大展示窗口，“新奥运”将充分体现“环保奥运、节能奥运”的新概念，计划奥运会场馆周围80%至90%的路灯将利用太阳能发电技术;采用全玻璃真空太阳能集热技术,供应奥运会90%的洗浴热水等等。

3 氢能

“氢能”是指氢与氧化剂(如空气中的氧)发生化学反应放出的能量。氢能是一种二次能源,它的热值虽然不高,但它的摩尔质量小,所以按单位质量计,热值达1.4×10^8J/kg,几乎是汽油的三倍。廉价的生产氢气的方法有:利用太阳能分解水;利用锰、钛、钌的配合物催化剂分解水;利用生物法光解水等。

此外,氢作为常规能源,还要解决它的储存问题。氢在一般条件下是以气态形式存在的,这就为贮存和运输带来很大的困难。氢的贮存有三种方法:高压气态贮存、低温液氢贮存和金属氢化物贮存。

4 风能

风能是利用风力进行发电、提水、扬帆助航等的技术,这也是一种可以再生的干净能源。按人均风电装机容量算,丹麦遥遥领先,其次是美国和荷兰。我国东南沿海及西北高原地区(如内蒙古、新疆)也有丰富的风力资源,现已建成小型风力发电厂9个,发电装机容量2万千瓦。

5 地热能

地壳深处的温度比地面上高得多,利用地下热量也可进行发电。在西藏的发电量中,一半是水力发电,约40%是地热电,火力发电只占10%左右。西藏羊八井地热电站的水温在150℃左右,台湾清水地热电站水温达226℃。温度较低的地热泉(温泉)遍布全国,已打成地热井2000多处。研究表明,地热能的蕴藏量相当于地球煤炭储量热能的1.7亿倍,可供人类消耗几百亿年,真可谓取之不尽、用之不竭。目前世界上已有近二百座地热发电站投入了运行,装机容量数百万千瓦。

6海洋能

在地球与太阳、月亮等互相作用下海水不停地运动,站在海滩上,可以看到滚滚海浪，在其中蕴藏着潮汐能、波浪能、海流能、温差能等，这些能量总称海洋能。海洋能主要的开发形式是海洋潮汐发电，让涨潮的海水冲进有一定高度的贮水池，池水下溢即可发电。我国在东南沿海已先后建成7个小型潮汐能电站，其中浙江温岭的江厦潮汐能电站具有代表性，它建成于1980年，至今运行状况良好，并且还在海湾两侧，围垦农田，种植柑橘，养殖水产，取得了很好的综合效益。

新能源的开发已受到世界各国的重视，但进展缓慢，这是因为技术难度较大，对所需研究基金的投资要求较高，有些示范装置，效能虽好，但因成本过高而不易推广。新能源的开发都是综合性项目，涉及化学、物理、电子、机械、仪表控制等各行各业，其中所需各种新材料，需要化学工作者进行研制；许多化学过程和反应条件，需化学工作者进行深入细致的研究。随着新能源的不断开发，世界能源结构正向多样化的方向发展。

实践与测试

1.能源有哪几种分类方法？
2.煤、石油、天然气都是由什么组成的？它们是怎样形成的？
3.什么叫一碳化学？
4.为什么说核反应堆是安全的？
5.生物质能的来源是什么？转化途径有哪些？
6.太阳能有哪些优点？
7.化学电池分为哪几种？各举一例，写出电极反应方程式。
8.查阅资料，举例说明我国为解决能源危机问题所采取的措施，并说明你对这些措施有什么看法，尽可能提出一些新的解决方案。
9.煤作为一种古老的能源，在现代社会正焕发着新的活力，结合实际，谈谈煤的洁净技术。
10.查阅资料，写一篇2000字左右题为“我国新能源的开发”小论文。
11.就地取材，自制一个简易电池。

参考文献

[1]袁权.能源化学进展[M].北京:化学工业出版社,2005.

[2]徐宝峰.煤与煤的综合利用[J].化学教学,1995,(6):27.

[3]周总瑛,张抗,周庆凡.中国能源消费特征与发展战略分析[J].资源战略,2001,(5):25-27.

[4]戴立益.我们周围的化学[M].上海:华东师范大学出版社,2001.

[5]郑长龙.化学新课程教学素材开发[M].北京:高等教育出版社,2003.

[6]李锦春.甲烷化学最新技术进展[J].天然气化工,1999,(5):49-54.

[7]唐任寰.走出核冬天[M].长沙:湖南教育出版社,1999 .

[8唐有祺,王夔.化学与社会[M].北京:高等教育出版社,1997.

[9]鲍景旦.应用化学热力学[M].北京:高等教育出版社,1994.

[10]鲍云樵.能源与我们[M].上海:上海科技教育出版社,1995.

[11]叶大均.能源概论[M].北京:清华大学出版社,1990.

[12]吕鸣祥.化学电源[M].天津:天津大学出版社,1992.

[13]朱之培,高晋生.煤化学[M].上海:上海科学技术出版社,1984.

[14]陶著.煤化学[M].北京:冶金工业出版社,1984.

[15]刘振宇.煤炭能源中的化学问题[J].化学进展,2000,(4):458-462.

[16]金晶.世界及中国能源结构[J].能源研究与信息,2003,(1):20-26.

[17]孙成权,朱岳年.21世纪能源与环境的前沿问题——天然气水合物[J].地球科学进展,1994(6):49-52.

[18]杨金焕,陈中华.21世纪太阳能发电的展望[J].上海电力学院学报,2001,17(4):23-28.

[19]申泮文.氢与氢能[M].天津:南开大学出版社,2000.

[20]胡子龙.贮氢材料[M].北京:化学工业出版社,2002.

[21]黄素逸.能源科学导论[M].北京:中国电力出版社,1999.

[22]侯逸民.走近核能[M].北京:科学出版社,2000

[23]刘洪涛.人类生存发展和核科学[M].北京:北京大学出版社,2001.

[24]衣宝廉.燃料电池——高效、环境友好的发电方式[M].北京:化学工业出版社,2000.

[25]李瑛,王林山.燃料电池[M].北京:冶金工业出版社,2000.

[26]陈军, 陶占良.能源化学[M].北京:化学工业出版社, 2004.

[27]付立海,周仕冬.乙醇汽油[J].化学教学,2004,(9):27.

第8单元 化学与工农业生产

物质生产是人类社会生存和发展的基础，而工农业生产是物质生产中最重要和最基础的方面。化学作为一门基础性的学科，在工农业生产中，特别是化工生产和农业生产中发挥了巨大的作用。化工生产中的各个部门，如硫酸工业、合成氨工业、硝酸工业、氯碱工业等，离开了化学知识，生产将无法进行。随着现代农业生产的发展，对化肥、农药等产品的质和量的要求不断提高，化学合成的研究在化肥、农药生产中所占的地位越来越重要。此外，关系国家国防安全的军事工业，尤其是炸药研制，还有近年来发展迅速的化学武器，都与化学息息相关。

第1节 硫酸工业

硫酸是化学工业最重要的产品之一。硫酸不仅被用作许多化学工业的原料，而且广泛地应用于国民经济的其他部门，如石油工业、机器制造业、化肥工业等。

1 生产硫酸的原料

生产硫酸的原料主要有硫黄、硫铁矿、石膏、有色金属冶炼烟气、硫化氢、废酸和各种含硫排放物。据统计，全世界近90%的硫资源用于生产硫酸。

1.1硫铁矿制备硫酸

硫铁矿有好几种，主要有普通硫铁矿（含硫25%–52%，含铁35%–44%）、浮选硫铁矿（浮选铜和锌的硫化矿后的副产品，含硫30%–40%）和含煤硫铁矿（采煤或选煤时的副产品，含硫35%–40%，含碳

10%-20%）。

我国是硫铁矿的最大消费国，目前我国主要以硫铁矿作为生产硫酸的主要原料，占国内硫酸产量的3/4左右。近年来我国硫铁矿产量见表8-1[①]：

表8-1 近年来我国硫铁矿产量

年份	1995	1996	1997	1998
硫铁矿产量/万吨	1765.0	1713.0	1730.0	1660.0

1.2硫黄制备硫酸

硫黄是生产硫酸的理想原料，具有工艺流程简单、建设投资少、没有废水和废渣等优点。世界上大多数国家用硫黄作为生产硫酸的主要原料。1996年各国硫酸工业使用硫黄生产硫酸所占比例见表8-2：

表8-2 1996年各国硫酸工业使用硫黄生产硫酸所占比例

国别	美国	英国	德国	法国	意大利	日本
比例/%	82.0	82.9	38.4	71.0	68.8	36.1

我国的天然硫资源很少，自能从煤和石油的加工中回收硫黄后，陆续建立利用硫黄生产硫酸的工厂。这种生产硫酸的方法成本略低于用硫铁矿作原料的生产方法，所以近年来进口相当数量的硫黄用于生产硫酸。

1. 3冶炼烟气制备硫酸

冶炼烟气是冶炼有色金属时的废气，特别是硫化矿中的废气含有二氧化硫，过去直接向大气中排放，既浪费资源又污染环境，现在用来生产硫酸，处理得好，废气中二氧化硫的含量可达5%以上。利用这种廉价原料，生产硫酸的成本只有用硫铁矿的60%左右。

2004年全国硫酸产量为3994.6万t，其中硫黄制酸产量1623.6万t，占总产量的40.6%；硫铁矿制酸产量1431.6万t，占总产量的35.8%；冶炼烟气制酸产量884.8万t，占总产量的22.2%。从原料结构看，已出现了三足鼎立的局面[②]。

---

① 王忠.硫酸工业和市场分析[J].矿冶，2000，(6):68.

② 夏成浩，葛新建.硫酸工业的生产技术进展[J].河南化工，2005，(10):13.

2 硫酸的生产方法

硫酸工业的生产始于18世纪中叶，随后在法国和德国得到迅速发展。最初，硫酸的生产都是采用铅室法生产，到了20世纪全部采用了塔式硫酸生产法。塔式生产法的设备生产强度为铅室法的6-10倍，并可将成品酸的浓度提高到75%，大大促进了硫酸工业的发展。

1890年美国建立起第一个用硫铁矿为原料的接触法硫酸厂，以铂作催化剂。经过十几年对不同条件下各种催化剂性能的研究，于1915年开始使用钒作催化剂。由于钒催化剂对一些有毒害物质具有较高的抵抗力，价格也便宜，因而迅速得到推广，极大地促进了接触法生产硫酸工艺的发展。

2.1 接触法生产硫酸工艺

以硫铁矿为原料的接触法生产过程包括硫铁矿的焙烧、炉气的净化、气体的干燥、二氧化硫的转化和三氧化硫的吸收。

2.1.1 硫铁矿的焙烧

硫铁矿的焙烧是在沸腾炉中进行的。硫铁矿焙烧时发生下列反应：

$4FeS_2+11O_2 \xlongequal{高温} 2Fe_2O_3+8SO_2$

这一反应大体上分二步进行：

①在高温下硫铁矿分解成硫蒸气和多孔性硫化亚铁。

$2FeS_2 \xlongequal{高温} 2FeS+S_2\uparrow$

②硫蒸汽和硫化亚铁分别与氧气反应。

$S_2+2O_2 = 2SO_2$

$4FeS+7O_2 = 2Fe_2O_3+4SO_2$

FeS与氧气的反应历程一般认为是先生成FeO[①]

$2FeS+3O_2 \xlongequal{高温} 2FeO+2SO_2$

接着FeO被氧化为Fe_3O_4

$2FeO+\frac{1}{3}O_2 = \frac{2}{3}Fe_3O_4$

然后，

① 汤桂华主编.硫酸[M].北京：化学工业出版社，1999：48-49.

$$\frac{2}{3}Fe_3O_4+\frac{1}{6}O_2 = Fe_2O_3$$

2.1.2 炉气的净化

从废热锅炉出来的炉气，还含有相当数量的矿尘，经旋风除尘器和电除尘器后，其中绝大部分矿尘被除去。经过除尘的炉气，依次通过冷却塔、洗涤塔、气体冷凝器、第一级电除雾器和第二级电除雾器进行净化。

2.1.3 炉气的干燥

经过净化的气体，在干燥塔中被循环淋洒的浓硫酸干燥。干燥酸的浓度一般维持在93%左右。由于在气体被浓硫酸干燥的过程中放出大量热量，所以在干燥塔硫酸循环系统中设有酸冷却器，用冷却水把热量移走，为了减少气体夹带硫酸雾沫对设备造成的腐蚀，通常在干燥塔顶装设丝网除沫器。

2.1.4 二氧化硫转化

经过干燥的气体进入二氧化硫鼓风机，提升压力后，送往转化工序。从二氧化硫鼓风机出来的气体，首先经过换交热器，于大约420℃的温度下，进入转化器的第一段。气体中的部分二氧化硫，在钒催化剂的催化作用下，与气体中的氧进行反应，生成三氧化硫并放出反应热，使反应后的气体温度升高。

钒催化剂是以V_2O_5为主要活性物(含量为6%-12%)，以SiO_2为载体，配以少量的K_2O、BaO等作为助催剂，它的化学式大体上写成$V_2O_5 \cdot 12SiO_2 \cdot 0.5Al_2O_3 \cdot 2K_2O \cdot 3BaO \cdot 2KCl$。催化剂的作用机理一般认为是:

①O_2向催化剂表面扩散，在催化剂作用下生成O^{2-}。

$$1/2\ O_2 + V^{4+} \rightleftharpoons V^{5+} + O^-$$

$$O^- + V^{4+} \rightleftharpoons V^{5+} + O^{2-}$$

②SO_2被催化剂表面吸附，并跟O^{2-}反应。

$$SO_2 + 2V^{5+} + O^{2-} \rightleftharpoons SO_3 + 2V^{4+}$$

③生成的三氧化硫在催化剂表面解吸。

总的反应方程式为:

$$SO_2 + 1/2\ O_2 \rightleftharpoons SO_3$$

2.1.5 三氧化硫的吸收

中间吸收塔和最终吸收塔都设有酸循环系统，用浓度为98%的硫酸进行吸收。

$$n\ SO_3 + H_2O = n\ SO_3 \cdot H_2O$$

当n<1时，为<100%的各种质量百分比浓度的硫酸（市售工业用浓硫酸含量为98%左右）；当n=1时，为100%的硫酸；当n>1时，为发烟硫酸。通常生产的硫酸是98%左右。生产98%的硫酸时，SO_3跟H_2O反应可能有两种途径：

① $SO_3(气) + H_2O(液) \rightleftharpoons H_2SO_4(液)$

② $SO_3(气) + H_2O(气) \rightleftharpoons H_2SO_4(气) \rightleftharpoons H_2SO_4(液)$

在酸循环系统中，还设有酸冷却器，用以排除吸收反应热。为了除去气体中夹带的硫酸雾沫，在中间吸收塔和最终吸收塔的顶部通常装有纤维除雾器。在吸收塔酸循环系统和干燥塔酸循环系统之间，设有串酸管线，不断向干燥酸循环系统补充从吸收酸循环系统来的浓硫酸，使干燥酸保持规定的浓度。多余的干燥酸，移入吸收酸循环系统，酸中的水分作为补充水的一部分，用于与三氧化硫反应生成硫酸，也可以作为成品出售。为了提供由三氧化硫生成硫酸所需要的水分，须不断向吸收酸循环系统中加水。由于三氧化硫不断被吸收，生成硫酸，所以吸收酸循环系统的硫酸数量不断增加。增加的部分引出生产系统，作为成品。

生产发烟硫酸时，可在中间吸收塔前装设发烟硫酸吸收塔和发烟酸循环系统，用以生产含游离$SO_3$20%或浓度更高的发烟硫酸。

3 接触法生产硫酸的技术展望

接触法生产硫酸，虽然只有半个世纪的历史，但早已成为一个成熟的工艺。接触法生产硫酸的技术展望大体有下列几个方面：

3.1 生产的大型化

硫酸是一种基础化工产品，需要量大、品种规格也不多，宜于采用大型化生产，当前单系列装置的最大生产能达到3100t/d，年产量超过百万吨。大型化生产可以降低单位产量成本，便于热能的综合利用和提高劳动生产率，因而综合经济效益较高。

3.2热能的合理利用

在硫酸生产过程中，几个主要的化学反应都是放热反应。例如，每生产1t硫酸，硫铁矿的焙烧可放热4.4×10^6kJ、二氧化硫氧化可放热1×10^6kJ、SO_3的吸收可放热1.8×10^6kJ，这三项合计为7.2×10^6kJ，折合电力2000度。如果利用低温余热发电，不仅可供本厂使用，还可向外厂供电，那么一家大型硫酸厂就可以兼作一家中小型发电厂。

3.3综合利用和环境保护

硫酸厂要排放出大量的废渣、废水、废气，严重污染环境，如果用二次转化流程，大体上可以达到环保要求。如利用废渣作建筑材料；采用封闭式的流程，尽量控制废水的排放；提高二氧化硫的转化率，尾气中的SO_2可用NH_3吸收以生产亚硫酸铵，防止吸收塔排放的尾气对空气的污染，等等。

第2节 合成氨工业

氨的合成是人类从自然界制取含氮化合物的最重要的方法。氨则是进一步合成含氮化合物的最重要原料，而含氮化合物在人民生活和工农业生产中都是必不可少的。

氨除了本身可以作为肥料外，它是进一步制取各种氮肥的原料，而氮肥是现代农业生产必不可少的。由氨制成的氮肥，最重要的是尿素、硝酸铵、硫酸铵、碳酸氢铵、磷酸铵等。用于生产各种氮肥的氨约占总产量的80%-90%。氨也可用于制造硝酸、硝酸盐、铵盐、氰化物等无机物，还可以用来制造胺、磺胺、腈等有机物。氨和这些氮化合物是生产染料、炸药、医药、合成纤维、塑料等的原料。 因此，合成氨工业在国民经济中有十分重要的地位。

1 合成氨的生产原料

氨是以氮、氢两种气体为原料合成的。世界上绝大部分合成氨都是以燃料为原料的。常用的燃料有煤、焦炭、液态石油烃、天然气、石油炼厂气等。它们跟水、空气反应，生成一氧化碳、氢气、氮气的混合气体，然后通过变换，使一氧化碳与水反应转化为氢气和二氧化碳，再除去二氧化碳，就得到氢气和氮气的混合气体。

在有炼焦厂的地方，可以用焦炉气为原料。焦炉气含氢气50%以上，还含有甲烷、一氧化碳、乙烯等气体，可以利用这些气体的液化温度不同，在低温下去掉这些杂质，最后补充一定量的氮气，可以得到优质的氢气、氮气混合气体。

在电力特别充足的地方，可以由电解水获得氢气。然后使氢气在限量的空气中燃烧，将水分离后，剩余的气体就是杂质很少的氢气、氮气混合气体。

总之，合成氨原料的选择应以因地制宜、价格低廉为原则。国内的绝大部分工厂仍以煤、焦炭为原料，目前新建的日产超千吨的十几家大厂全部用天然气或石脑油（石油工业中的轻油）为原料。

2 合成氨的生产过程

合成氨的生产，一般包括三个基本过程：原料气的制备、净化和压缩；氨的合成；氨的分离。如图8-1所示：

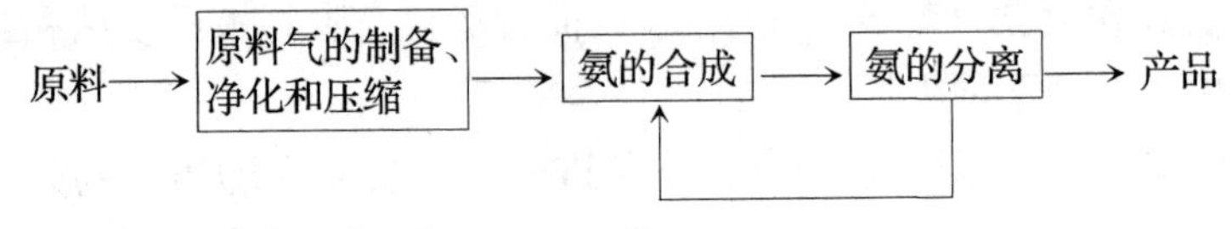

图8-1 合成氨的生产过程

2.1 原料气的制备

合成氨原料需要纯净的氢、氮混合气体，氢、氮比约为3(3:1)。

以煤、焦炭为原料制备原料气分两个阶段。第一阶段是生产半水煤气，也叫制气阶段，其热化学方程式如下：

$2C+O_2+3.76N_2 = 2CO+3.76N_2$；$\Delta H= -248.7kJ/mol$

$5C+5H_2O = 5CO+5H_2$；　$\Delta H= +590.5kJ/mol$

总反应为：

$7C+O_2+3.76N_2+5H_2O = 7CO+5H_2+3.76N_2$；$\Delta H= +341.8kJ/mol$

半水煤气中的一氧化碳在下阶段的变换反应中转化为氢气（转化率约90%），这样可使氢、氮比达到3左右。

第二阶段是CO的变换。

$$CO + H_2O = CO_2 + H_2\ ;\ \Delta H= -43kJ/mol$$

变换时用铁铬或铁镁作催化剂。前者的活性温度低(350℃-520℃),但对H_2S等抗中毒能力差;后者的活性温度高(400℃-550℃),但对H_2S等抗中毒能力较强。

2.2原料气的净化

原料气需要经过净化后才能满足合成氨的要求。净化任务是清除变换后生成的CO_2(约含30%)、残余的CO(约含2%-3%)以及微量的O_2、H_2S等。此外,还有一些气体,如CH_4、Ar虽然对催化剂无毒,但会影响合成氨的反应速率和转化率,在可能条件下,最好也要除去。

清除杂质的方法基本上有三种:

(1) 吸收法 利用H_2O、K_2CO_3、甲醇或氯仿等吸收CO_2、CO、H_2S等气体。

(2) 转化法 使CO在较低温度下再次变换成CH_4:

$$CO+3H_2=CH_4+H_2O$$

(3) 液氮洗涤法 让气体在低温下,使杂质气体逐一液化,最后用液氮洗涤,这可以比较彻底地清除有害气体。

在生产上,有的只采用(1)法,有的采用(1)、(2)或(1)、(3)并用。

2.3氨的合成

氨的合成是一个放热、气体体积缩小的可逆反应:

$$N_2+3H_2 \underset{\text{高温高压}}{\overset{\text{催化剂}}{\rightleftharpoons}} 2NH_3$$

2.3.1工艺条件的择优

工艺条件的择优是以取得最大的经济效益为目标的。实践证明,用以铁为主的催化剂,在3.2×10^4Pa、450℃、催化剂粒度为1.2-2.5mm,原料气体的氮氢比为3、循环气的氮氢比为2.8时,出口气体中氨的浓度较大。

压强越大,反应速率也越大。过去常采用3.2×10^4kPa的压强进行生产,后来由于能源费用增加,压强才逐渐降下来。目前许多新建的大型工厂采用1.5×10^4-2.0×10^4kPa的压强,有的甚至用7.1×10^3-8.1×10^3kPa的压强。

根据催化剂的活性温度，合成氨的温度一般控制在400℃-500℃范围内。

2.3.2 催化剂

合成氨采用以铁为主体的催化剂，它有多种型号。我国生产使用的A10型催化剂，起燃温度为370℃，耐热温度为500℃，活性最高时的温度为450℃左右。

催化反应的机理是：

① 氢氮混合气体向催化剂表面（主要是内表面）扩散。

②气体在催化剂表面发生活性吸附。

$$N_2(气)\rightarrow 2N(吸附)$$

$$H_2(气)\rightarrow 2H(吸附)$$

③吸附的氮和氢发生反应生成氨。

$$N(吸附)+H(吸附)\rightarrow NH(吸附)$$

$$NH(吸附)+H(吸附)\rightarrow NH_2(吸附)$$

$$NH_2(吸附)+H(吸附)\rightarrow NH_3(吸附)$$

④生成的氨从催化剂表面解吸

$$NH_3(吸附)\rightarrow NH_3(气)$$

⑤解吸出来的氨向气体主流扩散。

2.4 氨的分离

分离氨时，先用冷水冷却，使绝大部分氨液化而分离出来。再在较低温度下，用冷冻机使数量不多的氨进一步冷凝分离。分离氨后的混合气体，作为循环气，再导入合成塔。

资源链接：哈伯与合成氨

到十九世纪中期，人们对植物生长的机理有了一定的认识，知道氮是一切生物蛋白质不可缺少的元素。空气中含有78%（体积）的氮气，但是，几乎所有的生物（极少数生物除外）都不能直接从空气中吸收游离态的氮作为养料。植物只能从土壤中吸收氮的化合物，在体内形成蛋白质。土壤中含氮化合物的来源是：动物的排泄物、动植物尸体腐败后、雷雨放电形成的氮的氧化物进入土壤、某些细菌（如豆科植物的根瘤菌）吸收氮气转变成氮的化合物。但是这些化合态氮的来源，远远不能满足大规模农业生产的需要。于是,当时开始使用南美智利的硝石作为氮肥。

如何使大气中游离态的氮气转变成可以为植物能吸收的化合态的氮——称氮的固定,一直是化学家探索的有关国计民生的重大课题。1900年法国化学家勒夏特列(Henri Le Shatelier, 1850–1936)是最先研究氢气和氮气在高压下直接合成氨的反应。很可惜,由于他所用的氢气和氮气的混合物中混进了空气,在实验过程中发生了爆炸。在没有查明发生事故的原因的情况下,就放弃了这项实验。1904年德国化学家哈伯(1868~1934年)开始进行氮和氢合成氨的试验。他用了常温常压试验、电弧法试验、使用催化剂等多种方法都未取得成功,于是转向使用高压试验。最后发现,在1.75×10^7–2.0×10^7Pa下和500℃–600℃时,使用锇和铀作催化剂时,氮和氢能产生高于6%的氨。1909年7月哈伯成功地建立了每小时能产生80g氨的实验装置。

哈伯的成功引起德国巴登苯胺和苏打公司的极大兴趣,该公司利用先进的技术,不惜耗费巨资,进行工业生产试验。花了整整五年时间,进行了两万多次试验,终于设计成功并建成世界上第一座合成氨试验工厂,从此开创了合成氨工业。由于哈伯对合成氨研究的重大贡献,于1918年荣获诺贝尔化学奖。

第3节 硝酸工业

20世纪20年代以后,由于合成氨工业的发展,德国人奥斯特瓦尔德(Friedrich Wilhelm Ostwald 1853–1932),发明了氨催化氧化法合成硝酸的原理。

1 氨催化氧化法生产硝酸的原理

氨氧化生产硝酸包括三步化学反应:

1.1 氨的氧化

氨的氧化有一系列平行反应和连串反应。平行反应:

$4NH_3+5O_2 = 4NO+6H_2O$; $\Delta H= -907.3kJ/mol$

$4NH_3+4O_2 = 2N_2O+6H_2O$; $\Delta H= -1105kJ/mol$

$4NH_3+3O_2 = 2N_2+6H_2O$；△H= -1269kJ/mol

$2NH_3 = N_2+3H_2$；△H= +91.9kJ/mol

这些平行反应的速率都比较大，提高反应选择性的唯一途径是采用高选择性的催化剂。

连串反应：

$2NO = N_2+O_2$；△H= -180.6kJ/mol

$4NH_3+6NO = 5N_2+6H_2O$；△H= -1807.1kJ/mol

要控制连串反应的发生，必须使空气流的径向速度分布均匀，不允许气流返混，主反应发生后采取急冷、降温措施。

最常用的高选择性催化剂是铂-铑合金。含铑10%的催化剂活性最高，但是铑十分昂贵，一般以钯代替部分铑。催化剂的作用机理一般认为是

$O_2 \rightarrow 2O$（氧在催化剂上活性吸附）

$NH_3+O \rightarrow NH_2OH$（活性吸附的氧和氨反应）

$NH_2OH \rightarrow NH+H_2O$（羟胺受热分解）

$NH+O_2 \rightarrow HNO_2$

$HNO_2 \rightarrow NO+OH$

$2OH \rightarrow H_2O+O$

1.2一氧化氮的氧化

$2NO+O_2 = 2NO_2$；△H=-123kJ/mol

这是气相（均相）可逆放热反应。在低温、加压的条件下有利于提高反应速率，通常在810kPa、200℃以下反应，可获得较大的转化率。

1.3二氧化氮气体的吸收

$3NO_2+H_2O = 2HNO_3+NO$；△H= -136.2kJ/mol

这是一个放热的、气体体积缩小的可逆反应，因此降低温度、增加压强对反应有利。在生产上有采用常压的，也有用加压（400kPa和810kPa）的。

1.2和1.3两个反应是交替进行的。所以，硝酸的生产包括二个主要化工过程组——氨的氧化和氧化氮的氧化与吸收。硝酸生产的流程如图8-2所示：

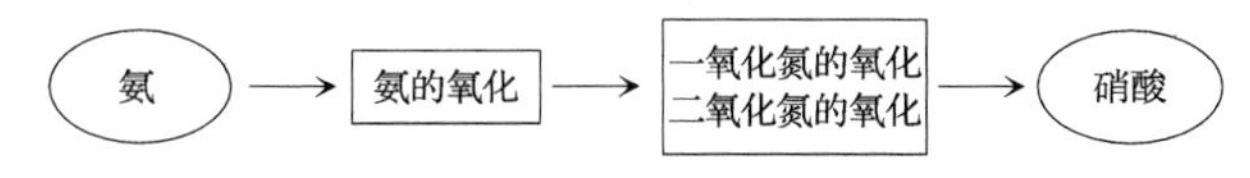

图8-2　硝酸生产的流程图

用这一流程生产的硝酸，浓度不超过60%，如要生产98%的浓硝酸，还要采取其他方法。

1.3.1 浓缩法

使浓硫酸和稀硝酸混合（如49份50%的硝酸和51份98%的硫酸混合），然后在精馏塔内精馏，从塔顶可以得到浓硝酸，塔底得到稀硫酸。稀硫酸蒸发浓缩后能循环使用。

1.3.2 直接法

分两步进行：

①二氧化氮的浓缩。将NO_2气体在-10℃的条件下用浓硝酸吸收（混合气体中的N_2和O_2等不被吸收），然后将溶液在40℃-60℃的条件下解吸，可得到含量达97%-98%的NO_2，再将NO_2在-8℃下液化，并转化为N_2O_4：

$$2NO_2 \rightleftharpoons N_2O_4$$

②硝酸的合成，将N_2O_4在加压的条件下合成硝酸：

$$2N_2O_4+2H_2O+O_2 = 4HNO_3$$

反应条件：按化学计量关系，N_2O_4过量25%-30%，O_2（纯氧）过量50%-60%，实际生产时用稀硝酸代替水，温度为70℃-75℃，压强一般采用5×10^3kPa，反应时间约为1h，反应在可间隙操作的高压釜中进行。

2 硝酸工业的发展趋势

目前各国硝酸工业的发展趋势是随着合成氨生产装置大型化而采用大机组，大装置，合理提高系统压力，提高产品浓度，降低原材料及能量的消耗，降低尾气排放浓度，以减少对大气的污染。硝酸工业形成了如下发展趋势：①生产规模大型化，目前最大装置为2000t；②装置高压化；③产品多样化，可生产浓、稀两种产品；④尾气排放达标；⑤催化剂不断改良⑥能量回收合理化；⑦总体技术提升。

资源链接：硝酸工业制法的发展

硝酸的工业制法有三种：

1.硝石法

第一种是早在17世纪就使用的硝石法，它是利用钠硝石跟浓硫酸共热而得：

$NaNO_3+H_2SO_4$(浓) $=\!=\!=$ $NaHSO_4+HNO_3\uparrow$

由于硝酸较易挥发，所以，反应产生的是硝酸蒸气，经冷凝后即为液体。反应生成的酸式硫酸盐，在高温条件下可进一步与钠硝石反应，生成硫酸正盐和硝酸。但硝酸在高温时会分解，所以硝石法一般控制在第一步反应。此法产量低，消耗硫酸多，又受到硝石产量的限制，已逐步被淘汰。

2.电弧法

第二种是电弧法，20世纪初，曾利用电弧产生的高温模拟闪电，使空气中的氮和氧化合成一氧化氮，再冷却吸收生成硝酸，1905年第一座用电弧法生产硝酸的工厂建成。

N_2(气)$+O_2$(气)$=\!=\!=2NO$(气)

这是可逆反应，而且这两种单质互相化合时是吸热的，因此高温对于NO的生成有利。不过，即使在3000℃，平衡混合物中也仅含有5%的一氧化氮。

3.氨的催化氧化法

第三种是氨的催化氧化法，1913年后，由于合成氨的工业化，用氨作原料生产硝酸成为主要方法：

$4NH_3+5O_2=\!=\!=4NO+6H_2O$；$\Delta H=-960.7kJ/mol$

$2NO+O_2=\!=\!=2NO_2$；$\Delta H=-123.kJ/mol$

$3NO_2+H_2O=\!=\!=2HNO_3+NO$；$\Delta H=-136.2kJ/mol$

尾气用碱液吸收尾气，可制得重要化工原料$NaNO_2$：

$NO+NO_2+2NaOH=\!=\!=2NaNO_2+H_2O$

第4节 氯碱工业

在化学工业中，由电解食盐水生产氯气和烧碱的工业，叫做氯碱工业。氯碱工业是基本化学工业之一，它的产品烧碱和氯气在国民经济中占有重要地位，广泛用于纺织工业、轻工业、冶金和有色冶金工业、化学工业和石油化学工业。

1 氯碱工业的原料

氯碱工业的原料是食盐。食盐有海盐、湖盐（如青海的盐湖）、井盐、岩盐。我国的氯碱工业多建于沿海，所用食盐主要是海盐。

海盐中含有硫酸钙、硫酸镁、氯化镁等杂质，要净化后制成饱和食盐水再电解，否则Ca^{2+}、Mg^{2+}在碱性溶液中易形成沉淀，堵塞隔膜和管路，而SO_4^{2-}会引起放氧副反应等不利因素。

净化饱和食盐水，一般用氯化钡除去SO_4^{2-}，再用氢氧化钠、碳酸钠除去Ba^{2+}、Ca^{2+}、Mg^{2+}等杂质，然后用盐酸调节到中性或偏酸性，预热到75℃左右，送入电解槽的阳极室电解。

2 氯碱工业的生产方法

2.1 隔膜法

隔膜法的核心步骤——电解，是在电解槽中进行的。一般使用的是在阳极和阴极之间设置了隔膜的隔膜电解槽。隔膜电解槽根据隔膜的构造和位置的不同又分为水平式隔膜电解槽、立式电解槽、立式吸附隔膜电解槽。

$$2NaCl+2H_2O = 2NaOH+H_2\uparrow+Cl_2\uparrow$$

上述是电解时的主反应，还会发生一些对生产不利的副反应。例如，当食盐水的浓度不高时，在阳极Cl_2将溶于盐水中，发生如下副反应：

$$Cl_2+H_2O = HClO+HCl$$

另外，由于OH^-和Cl^-的放电电压比较接近，当食盐水的浓度不高时，Cl^-的放电电压有所提高，将在阳极同时发生OH^-的放电。

2.2 离子交换膜法

离子交换膜法是20世纪70年代新发展的方法。这种方法是用离子交换膜作隔膜，它允许Na^+通过，但Cl^-和OH^-不能通过。因此，用这种方法生产的烧碱纯度很高，浓度也较大。但离子交换膜的使用寿命目前还不够长，这个问题一旦解决，它将可能成为最有发展前途的制碱方法。德国、日本等国已有一些氯碱工厂用离子交换膜法生产烧碱。

离子交换膜法具有如下优点：①耗能低。离子交换膜法耗电大约为隔膜法的71.9%；②碱液浓度高，含盐量低；③离子交换膜具有极其稳定的化学性能，无污染和毒性。

资源链接：我国氯碱工业的发展概况

我国的氯碱工业是在上个世纪二十年代才开始创建的。第一家氯碱厂是上海天原电化厂，1930年正式投产。我国现有烧碱企业近250家，生产能力近7.2×10^6t /年，居世界第二位。烧碱的消费主要用在轻工、纺织、化工等部门。

目前，我国烧碱生产方法有四种，即隔膜法、离子膜法、水银法和苛化法。其中，隔膜法产量最大，现在约占烧碱生产总量的78%左右；离子膜次之，但其产量比例呈上升趋势；而水银法及苛化法烧碱产量较小，属淘汰工艺。

就目前我国氯碱工业的状况看，与世界发达国家相比仍存在一定差距。根据世界氯碱工业的发展趋势，生产技术先进化、高新化，原料路线多样化、合理化，规模布局集中化、大型化，产品品种系列化、精细化，市场经营化，将是我国氯碱工业未来的发展方向。

第5节 化学与军事工业

1 炸药

1.1 黑火药

军事上的黑火药成分是：KNO_3占75%；硫黄占10%；木炭占15%。黑火药极容易燃烧，其反应式为：

$$2KNO_3 + S + 3C \xlongequal{\text{引燃}} K_2S + N_2\uparrow + 3CO_2\uparrow$$

燃烧时放出大量热，产生的气体体积在瞬间膨胀2000倍，如果这个反应是在很小的密闭容器中进行，就会导致猛烈的爆炸。

1.2 “黄色炸药”（“苦味酸”或“三硝基苯酚”）

黄色炸药的爆炸威力比黑火药更加强大,生成“黄色炸药”的反应式:

$$C_6H_5-OH + 3HO-NO_2 \xrightarrow{\text{浓硫酸}} C_6H_2(OH)(NO_2)_3 + 3H_2O$$

1.3 “TNT”(三硝基甲苯)

制“TNT”的化学反应式是:

$$C_6H_5-CH_3 + 3HO-NO_2 \xrightarrow{\text{浓硫酸}} C_6H_2(CH_3)(NO_2)_3 + 3H_2O$$

原子弹、氢弹的爆炸威力通常用“相当于若干百万吨TNT”来衡量。

1.4 硝化甘油

甘油的学名叫“丙三醇”。用丙三醇与浓硝酸反应可制得硝化甘油:

$$\begin{matrix} CH_2OH \\ | \\ CH_2OH \\ | \\ CH_2OH \end{matrix} + 3HO-NO_2 \xrightarrow{\text{浓硫酸}} \begin{matrix} CH_2ONO_2 \\ | \\ CH_2ONO_2 \\ | \\ CH_2ONO_2 \end{matrix} + 3H_2O$$

1.5 “火药棉”(纤维素三硝酸酯)

火药棉即纤维素三硝酸酯,其爆炸威力较大,制备的反应式为:

$$\left((C_6H_7O_2)\begin{matrix} -OH \\ -OH \\ -OH \end{matrix}\right)_n + 3HO-NO_2 \xrightarrow{\text{浓硫酸}} \left((C_6H_7O_2)\begin{matrix} -ONO_2 \\ -ONO_2 \\ -ONO_2 \end{matrix}\right)_n + 3H_2O$$

1.6 硝铵(硝酸铵)

硝铵也是一种烈性炸药。若加热到高温或受到猛烈撞击,会发生爆炸性分解:

$$2NH_4NO_3 \xlongequal{\triangle} 2N_2\uparrow + O_2\uparrow + 4H_2O$$

1.7 液氧炸弹

利用炭粉、木屑、棉花、烟煤粉等在氧气中可以瞬间烧尽,并产生高热和二氧化碳、水蒸气以及未用尽的氧气等大量气态生成物的特性,将液氧(1 L液氧可以变成800 L的气态氧,0 ℃,101 kPa)跟以上所举易燃物粉末混合,即可制成液氧炸药。

资源链接:近代炸药

近代炸药的生产是以硝化纤维开始的。1833年法国化学家布拉孔诺把淀粉跟浓硝酸作用,得到淀粉硝酸酯。经试验证明它有易爆性。几乎同时,另一法国化学家佩劳茨发现,纸张等含纤维物质经浓硝酸处理后,也会得到一种易爆物。1846年德国工业化学家申拜恩取得制造硝化纤维专利,并于1847年在英国建厂生产,以后由于生产中屡屡发生爆炸事件而被迫停产。

1846年意大利化学家苏布雷多用浓硫酸和浓硝酸的混合物处理甘油,意外地得到一种爆炸性极强的化合物–硝化甘油。硝化甘油极易爆炸,长期来不能投产。

1862年瑞典工业化学家诺贝尔(A.B.Nobel,1833–1896)经过几百次试验,终于找到一种办法–把75%硝化甘油和25%硅藻土混在一起,习惯上叫它黄色炸药。这样就能大大加强炸药的稳定性,既能保持硝化甘油的爆炸威力,又保证运输和使用的安全。他的发明立即为世界各国采用,发明者诺贝尔因此成为百万富翁。同时,诺贝尔还发明雷管、炸胶等250多项,故有炸药大王的称号。

1863年德国化学家维尔布兰德发明TNT炸药,广泛用于矿山造路,成为销路最广的炸药。第二次世界大战后,炸药更进一步现代化了。1940年美国发明复合炸药,主要成分除硝基火药外还加入高氯酸铵、铝粉等,这不仅加大火药的威力,而且解决大型铸装,为导弹的诞生奠定了良好的基础。

我国在1895年,上海制造局最早开办无烟火药工厂。新中国成立后,为了国防需要,1959年我国自行研制浆状炸药成功,70年代又成功研制出乳化炸药,现已建成一个独具特色、较完整的炸药体系。

2烟幕弹

“烟”是由固体颗粒组成的,“雾”则是由小液滴组成的。烟幕弹的原理是通过化学反应在空气中造成大范围的化学烟雾。例如装有白磷的烟幕弹引爆后,白磷迅速在空气中燃烧,其反应方程式为:

$$4P+5O_2 \xlongequal{点燃} 2P_2O_5$$

而P_2O_5又会进一步与空气中的水蒸气反应生成偏磷酸和磷酸，其中偏磷酸有毒，其反应方程式为：

$$P_2O_5+H_2O = 2HPO_3$$

$$P_2O_5+3H_2O = 2H_3PO_4$$

这些酸液滴与未反应的白色颗粒状P_2O_5悬浮在空气中，便形成了“云海”。同理，四氯化硅和四氯化锡等物质也极易水解：

$$SiCl_4+4H_2O = H_4SiO_4+4HCl$$

$$SnCl_4+4H_2O = Sn(OH)_4+4HCl$$

它们在空气中形成HCl酸雾，也可用作烟幕弹。在第一次世界大战期间，英国海军就曾用飞机向自己的军舰投放含有$SnCl_4$和$SiCl_4$的烟幕弹，从而巧妙地隐藏了军舰，避免了敌机的轰炸。有些现代新式坦克所用的烟幕弹不仅可以隐蔽物理外形，而且利用烟雾还有躲避红外激光、微波的功能，达到了真的“隐身”。

3燃烧弹

燃烧弹在现代坑道战、堑壕战中起到重要的作用。由于汽油密度较小，发热量高，价格便宜，所以被广泛用作燃烧弹的原料。当在其中加入能与汽油结合成胶状物的粘合剂，就可制成凝固汽油弹。为了攻击水中目标，有时还在凝固汽油弹里添加活泼碱金属和碱土金属如钾、钙、钡等，当这些金属与水结合时，放出的氢气又发生燃烧，从而提高了燃烧的威力。对于有装甲的坦克，燃烧弹自有对付的高招，由于铝粉和氧化铁能发生剧烈的铝热反应：

$$2Al+Fe_2O_3 = Al_2O_3+2Fe+热量$$

该反应放出的热量足以使钢铁熔化成液态，所以用铝剂制成的燃烧弹可熔化坦克厚厚的装甲，使其望而生畏。另外，铝热剂燃烧弹因在没有空气助燃的情况下也可照样燃烧，从而大大扩展了它的应用范围。

4化学武器

通常，按化学毒剂的毒害作用把化学武器分为七类：神经性毒剂、糜烂性毒剂、全身中毒性毒剂、失能性毒剂、刺激性毒剂、窒息性毒剂、二元化学武器。

4.1 神经性毒剂

神经性毒剂为有机磷酸酯类衍生物，分为G类和V类神经毒。G类神经毒主要代表物有塔崩、沙林、梭曼，V类神经毒剂主要代表物有维埃克斯（VX）。它们的化学结构见表8-3，主要理化特性见表8-4。

表8-3 神经性毒剂主要代表物的化学结构

毒剂名称	化学名	化学结构
塔崩(Tabum)	二甲胺基氢膦酸乙酯	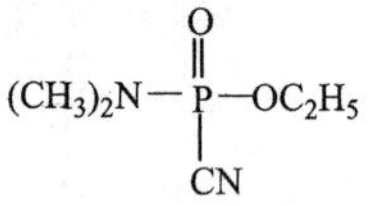 $(CH_3)_2N-\overset{\overset{O}{\parallel}}{\underset{\underset{CN}{\mid}}{P}}-OC_2H_5$
沙林 (Sarin)	甲氟膦酸异丙酯	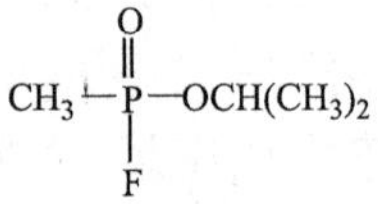 $CH_3-\overset{\overset{O}{\parallel}}{\underset{\underset{F}{\mid}}{P}}-OCH(CH_3)_2$
梭曼 (Soman)	甲氟膦酸特己酯	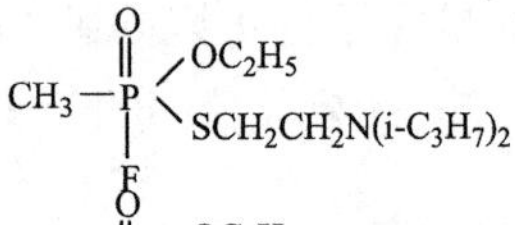 $CH_3-\overset{\overset{O}{\parallel}}{\underset{\underset{F}{\mid}}{P}}\begin{matrix}\diagup OC_2H_5 \\ \diagdown SCH_2CH_2N(i\text{-}C_3H_7)_2\end{matrix}$
维埃克斯 (VX)	S-(2-二异丙基氨乙基)-甲基硫代膦酸乙酯	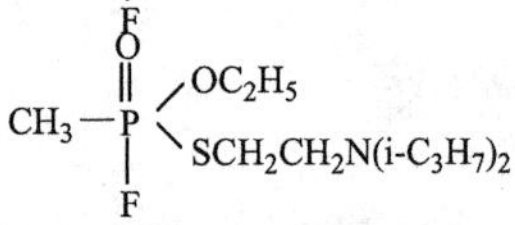 $CH_3-\overset{\overset{O}{\parallel}}{\underset{\underset{F}{\mid}}{P}}\begin{matrix}\diagup OC_2H_5 \\ \diagdown SCH_2CH_2N(i\text{-}C_3H_7)_2\end{matrix}$

表8-4 神经性毒剂的主要理化特性

名称	塔崩	沙林	梭曼	VX
常温状态	无色水样液体，工业品呈红棕色	无色水样液体	无色水样液体	无色油状液体
气味	微果香味	无或微果香味	微果香味，工业品有樟脑味	无或有硫醇味
溶解度	微溶于水，易溶于有机溶剂	可与水及多种有机溶剂互溶	微溶于水，易溶于有机溶剂	微溶于水，易溶于有机溶剂
水解作用	缓慢生成HCN和无毒残留物，加碱和煮沸加快水解	慢，生成HF和无毒残留物，加碱和煮沸加快水解	很慢	很难，加碱煮沸加快水解
战争使用状态	蒸气态或气溶胶态	蒸气态或气液滴态	蒸气态或气液滴态	液滴态或气溶胶态

神经性毒剂可通过呼吸道、眼睛、皮肤等进入人体，并迅速与胆碱酶结合使其丧失活性，引起神经系统功能紊乱，出现瞳孔缩小、恶心呕吐、呼吸困难、肌肉震颤等症状，重者可迅速致死。

4.2 糜烂性毒剂

糜烂性毒剂的主要代表物是芥子气、氮芥和路易斯气。其化学结构及主要理化特征见表8-5。

表8-5 糜烂性毒剂主要代表物的化学结构及主要理化特征

名称	芥子气	氮芥	路易斯气
化学名	2，2-二氯乙硫醚	三氯三乙胺	氯乙烯氯胂
结构	$S(CH_2CH_2Cl)_2$（S连接两个CH_2CH_2Cl）	$N(CH_2CH_2Cl)_3$（N连接三个CH_2CH_2Cl）	$ClCH{=}CHAsCl_2$
常温状态	无色油状液体，工业品呈棕褐色	无色油状液体，工业品呈浅褐色	无色油状液体，工业品呈深褐色
气味	大蒜气味	微鱼腥味	天竺葵味
溶解性	难溶于水，易溶于有机溶剂	难溶于水，易溶于有机溶剂	难溶于水，易溶于有机溶剂
战争使用状态	液滴态或雾状	液滴态或雾状	液滴态或雾状

糜烂性毒剂主要通过呼吸道、皮肤、眼睛等侵入人体，破坏肌体组织细胞，造成呼吸道粘膜坏死性炎症、皮肤糜烂、眼睛刺痛畏光甚至失明等。这类毒剂渗透力强，中毒后需长期治疗才能痊愈。抗日战争期间，侵华日军先后在我国13个省78个地区使用化学毒剂2000余次，其中大部分是芥子气。

4.3 失能性毒剂

失能性毒剂是一类暂时使人的思维和运动机能发生障碍从而丧失战斗力的化学毒剂。其中主要代表物是1962年美国研制的毕兹（二苯基羟乙酸-3-奎宁环酯），其化学式结构为：

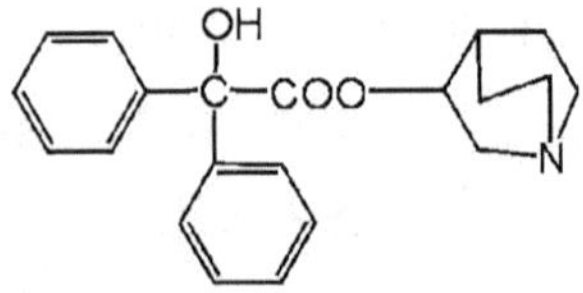

该毒剂为无嗅、白色或淡黄色结晶。不溶于水,微溶于乙醇。战争使用状态为烟状。主要通过呼吸道吸入中毒。中毒症状有:瞳孔散大、头痛幻觉、思维减慢、反应呆痴等。

4.4 刺激性毒剂

刺激性毒剂是一类刺激眼睛和上呼吸道的毒剂。按毒性作用分为催泪性和喷嚏性毒剂两类。催泪性毒剂主要有氯苯乙酮、西埃斯。喷嚏性毒剂主要有亚当氏气,见表8-6。

表8-6 刺激性毒剂代表物的化学结构和主要物理特性

名称	西埃斯(CS)	CN	亚当氏气
化学名	邻-氯代苯亚甲基丙二腈	苯氯乙酮	吩砒嗪化氯
化学结构	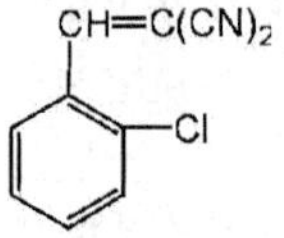 $CH{=}C(CN)_2$, Cl	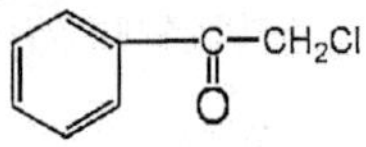 $C(=O)-CH_2Cl$	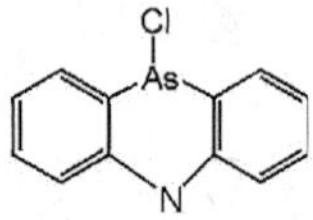 Cl, As, N
常态	白色晶体	无色晶体	金黄色晶体
气味	无味	荷花香味	无味
溶解度	微溶于水,易溶于有机溶剂	微溶于水,易溶于有机溶剂	难溶于水,难溶于有机溶剂
战争使用状态	烟状	烟状	烟状

刺激性毒剂作用迅速强烈,中毒后,出现眼痛流泪、咳嗽喷嚏等症状,但通常无致死的危险。

4.5 全身中毒性毒剂

全身中毒性毒剂是一类破坏人体组织细胞氧化功能,引起组织急性缺氧的毒剂，主要代表物有氢氰酸、氯化氢等。

氢氰酸(HCN)是氰化氢的水溶液，有苦杏仁味，可与水及有机物混溶。战争使用状态为蒸气状，主要通过呼吸道吸入中毒，其症状表现为：恶心呕吐、头痛抽风、瞳孔散大、呼吸困难等，重者可迅速死亡。二战期间，德国法西斯曾用氢氰酸一类毒剂残害了集中营里250万战俘和平民。氯化氢(HCl)的毒性与氢氰酸类似。

4.6 窒息性毒剂

窒息性毒剂是指损害呼吸器官，引起急性中毒性肺气的而造成窒息的一类毒剂。其代表物有光气、氯气、双光气等。

光气($COCl_2$)常温下为无色气体，有烂干草或烂苹果味，难溶于水、易溶于有机溶剂。在高浓度光气中，中毒者在几分钟内由于反射性呼吸、心跳停止而死亡。

4.7 二元化学武器

随着现代科学技术的发展，化学武器也越来越现代化。其中二元化学武器的研制成功，是近年来军用毒剂使用原理和技术上的一个重大突破。它的基本原理是：将两种或两种以上的无毒或微毒的化学物质分别填装在用保护膜隔开的弹体内，发射后，隔膜受撞击破裂，两种物质混合发生化学反应，在爆炸前瞬间生成一种剧毒药剂。

二元化学武器的出现解决了大规模生产、运输、贮存和销毁(化学武器)等一系列技术问题、安全问题和经济问题。与非二元化学武器相比，它具有成本低、效率高、安全性能高，可大规模生产等特点。因此，二元化学武器大有逐渐取代现有化学武器的趋势。

资源链接：化学武器的防护

化学武器的使用给人类及生态环境造成极大的灾难。因此，从它首次被使用以来就受到国际舆论的谴责，被视为一种暴行。1925年在日内瓦签订的《关于禁用毒气或类似毒品及细菌方法作战协定书》，是有关禁止使用化学武器的最重要、最权威的国际公约。1989年1月7日在巴黎召开了举世瞩目的禁止化学武器国际会议。会议通过的《最后宣言》确认了《日内瓦协定书》的有效性，并呼吁早日签订一项关于禁止发展、生产、储存及使用一切化学武器并销毁此类武器的国际公约。

化学武器虽然杀伤力大,破坏力强,但由于使用时受气候、地形、战情等的影响使其具有很大的局限性,而且化学武器是可以防护的。其防护措施主要有:探测通报、破坏摧毁、防护、消毒、急救。其中,佩戴生氧式防毒面具不失为一种有效的方法。其反应方程式为:

$$2Na_2O_2+2CO_2 = 2Na_2CO_3+O_2$$

$$2K_2O_2+2CO_2 = 2K_2CO_3+O_2$$

5 核武器

核能利用首先是在核爆炸上实现的。这是因为1939年发现原子核裂变现象时,正值第二次世界大战爆发的特殊历史时期。这一新的核科学成就立即被用于军事目的,人们很快研制成功了威力巨大的原子弹,不久又制造了氢弹。原子弹和氢弹是利用原子核裂变和聚变在瞬间释放的巨大能量,具有大规模杀伤和破坏作用的武器。因为它们都是利用核能的,所以又统称为核武器。

20世纪40至50年代研制的核武器,被称为第一代核武器。其特点是重量大,可靠性不高,主要由飞机携载,如原子弹、氢弹等。60-70年代的核武器为第二代。这些核武器体积小,威力大,可靠性和安全性高,如中子弹。80年代后开始研制第三代核武器,包括带金属小弹丸的小型核弹,核爆炸X射线激光武器,γ射线弹,电磁脉冲弹,核爆炸微波武器等。

第6节 化肥

化学肥料简称化肥,是经化学反应或物理加工所产生的一种或几种植物所需营养元素的产品。施用化肥的目的是提高粮食的产量。

1 化肥的种类

化肥成分比较单一,大部分只含一种植物营养元素,含两种以上者较少,养分含量高,肥效快,易溶于水而被植物吸收。常见的化肥有氮肥、磷肥、钾肥和复合肥料四大类。

1.1 氮肥

主要氮肥品种有：碳酸氢铵（碳铵）、氯化铵、硫酸铵、液态氨、氨水（以上统称为铵态氮肥）；硝酸铵、硝酸钙、硝酸钠（以上统称为硝态氮肥）；尿素（称为酰胺态氮肥）。下面就按上述分类来进行介绍：

1.1.1 铵态氮肥

铵态氮主要是指液态氨、氨水，以及氨跟酸作用生成的铵盐，如硫酸铵、氯化铵、碳酸氢铵等。

（1）液氨，密度为 $0.617g/cm^3$，沸点 $-33.3℃$，约含氮 82%。氨在 700MPa 才能在常温下凝成液态。液氨气化时要吸收大量的热量，气化后遇水生成氨水，所以是碱性氮肥。液氨跟肌肤接触会造成严重冻伤，所以它在输送、施用时要有专门的设备和技术，还要有相应的防护措施。

（2）氨水，一般由合成氨溶于水制成，是碱性氮肥。氨水的浓度一般为18%-21%，含氮15%-17%。使用时要掺水稀释，并应深施，以防止氨挥发。氨水在常温下存放在露天，两天后氨的损失可达90%。为了减少损失，许多化肥厂在氨水中通入一些二氧化碳，制成碳化氨水。

（3）碳酸氢铵，简称碳铵，也叫重碳酸铵。它由氨水吸收二氧化碳制成，产品是白色细粒结晶，含氮17%左右，有强烈氨臭味。它的水溶液呈碱性，pH约为8。在20℃左右，碳酸氢铵基本上是稳定的，温度升高、湿度大时容易分解。

$$NH_4HCO_3 \xrightarrow[\text{潮湿}]{>30℃} CO_2\uparrow + NH_3\uparrow + H_2O$$

根据试验，在25℃-30℃，含水约5%的碳酸氢铵第一天就分解约12%，十天后会分解93%。

（4）硫酸铵，简称硫铵，由氨跟硫酸反应制得，产品是白色结晶，含氮20%-21%。硫酸铵水解时发生如下反应：

$$\begin{array}{ccc} (NH_4)_2SO_4 & \longrightarrow & 2NH_4^+ + SO_4^{2-} \\ & & + \\ 2H_2O & \rightleftharpoons & 2OH^- + 2H^+ \\ & & \updownarrow \\ & & 2NH_3\cdot H_2O \end{array}$$

水解后的溶液呈酸性，所以硫酸铵属酸性氮肥。长期施用硫酸铵，土壤里形成较多硫酸钙，会破坏土壤结构，发生板结。在排水不良的水田中受厌氧菌的作用，SO_4^{2-}会还原成H_2S，使水稻等作物的根部中毒发黑，因此，它的生产和施用日渐减少。但是，葱、蒜、麻、马铃薯、油菜等喜硫、忌氯作物仍要施用硫酸铵。

（5）氯化铵，简称氯铵，产品是白色晶体，含氮24%–25%，容易水解，水解后的溶液呈酸性，也是酸性氮肥。根据近期的研究表明，长期使用氯化铵，虽然有氯离子积累，影响“忌氯”农作物的产量和品质，但在我国降雨量较多的大部分地区，并没有明显的影响。在盐碱地、年降雨量少以及玻璃温室、塑料大棚内，要少用或不用氯化铵，以防止氯离子积累而加重盐害。

1.1.2 硝态氮肥

硝态氮肥有硝酸铵、硝酸钠、硝酸钙等。

（1）硝酸铵，简称硝铵，由氨跟硝酸作用生成。产品是白色晶体，含氮33%–34%。1份硝酸铵中含有1份硝态氮和1份铵态氮，所以也叫硝–铵态氮肥。它容易吸收水分，吸水过多易成糊状，施用困难，因此要注意防潮贮存。硝酸铵有助燃性和爆炸性，当受热或摩擦发热时会分解，在185℃时发生离解。

$$NH_4NO_3 \xrightarrow[\Delta]{185^{\circ}C} NH_3\uparrow + HNO_3$$

受热到300℃以上，在有限的空间内引起爆炸，并能起火燃烧。

$$2NH_4NO_3 \ = \ O_2\uparrow + 4H_2O + 2N_2\uparrow$$

$$2NH_4NO_3 \xrightarrow{>300^{\circ}C} 2NO\uparrow + 4H_2O + N_2\uparrow$$

因此它不宜跟油脂、棉花、木柴等易燃品混堆。硝酸铵易水解，水解后的溶液呈酸性，所以是酸性氮肥。

（2）硝酸钠，又名硝石，有天然的和人工生产的，是最早生产和施用的氮肥。硝酸钠是白色晶体，含氮15%–16%，水溶液呈中性。它施入土壤后，因为作物的选择性吸收，会使土壤呈碱性，也被认为是碱性氮肥。

（3）硝酸钙，含氮13%，是含氮最低的固态氮肥，也属于碱性氮肥（作用跟硝酸钠相似），适用于缺钙的酸性土壤中施用。

1.1.3 酰胺态氮肥

酰胺态氮肥是指含有酰胺基（$-CONH_2$），或在分解时生成酰胺基的氮肥，如尿素。尿素也叫碳酰二胺，化学式是$CO(NH_2)_2$，氨和二氧化碳在高温、高压下作用生成。产品是白色晶体，含氮44%–46%，是目前含氮量最高的固态氮肥，也是我国着重发展的氮肥。它易溶于水，水溶液呈中性，水溶液在加热时发生水解。

$$CO(NH_2)_2 + H_2O \xlongequal{\triangle} CO_2\uparrow + 2NH_3$$

尿素在135℃以上分解，生成缩二脲和氨。

$$2CO(NH_2)_2 \xlongequal{>135^{\circ}C} (CONH_2)_2NH + NH_3\uparrow$$

尿素的肥效比铵态氮肥和硝态氮肥稍慢。因为分子态的尿素大部分要经尿酶作用才能分解成氨和二氧化碳或碳酸铵，转化为铵态氮后才能被作物吸收。

1.2 磷肥

磷肥的主要品种有过磷酸钙（普钙）、重过磷酸钙（重钙，也称双料、三料过磷酸钙）、钙镁磷肥，此外，磷矿粉、钢渣磷肥、脱氟磷肥、骨粉也是磷肥，但目前用量很少，市场也少见。

以磷矿石为原料的磷肥，其主要成分为氟磷酸钙[$Ca_5F(PO_4)_3$]。这种矿石中的磷不能为作物直接吸收，因此需要经过一定的化学处理，才能成为能让作物吸收的有效磷。磷酸盐按其溶解性分为水溶性、弱酸溶性和微溶性磷肥三种，前两者在磷肥中称之为有效磷。水溶性磷肥主要成分为磷酸二氢钙[$Ca(H_2PO_4)_2$]；弱酸溶性磷肥是难溶或不溶于水，但可溶于酸度相当于2%柠檬酸的溶液，成分为磷酸一氢钙（$CaHPO_4$）；难溶性的如磷酸钙[$Ca_3(PO_4)_2$]，计算磷肥肥效时，只计有效磷。下面具体介绍：

1.2.1 过磷酸钙

过磷酸钙是水溶性磷肥，简称普钙，由硫酸处理磷矿石制得：

$$2Ca_5(PO_4)_3\cdot F + 7H_2SO_4 + 3H_2O = \underset{\text{过磷酸钙}}{3Ca(H_2PO_4)_2\cdot H_2O} + 7CaSO_4 + 2HF\uparrow$$

产品一般是灰白色粉末，要求P_2O_5的含量在14%–20%之间，且不应少于12%。它的主要成分是水溶性的磷酸二氢钙和微溶性的硫酸钙（后者约含50%），还含有少量的磷酸氢钙，以及2%-4%的游离酸和铁、铝、钙盐等杂质。因含有游离酸，所以水溶液呈酸性，属酸性磷肥。若游离酸含量过大，易吸湿，能使可溶性的磷酸盐变成微溶性的磷酸盐，出现“退化”现象，土壤里的铁、铝离子在水存在下跟普钙作用，生成不溶性的铁、铝磷酸盐。因此产品必须控制水分，游离酸的含量不能超过5.5%。过磷酸钙目前仍是我国生产和施用最多的磷肥。

1.2.2 重过磷酸钙

重过磷酸钙是水溶性的高浓度磷肥，主要成分是$Ca(H_2PO_4)_2 \cdot H_2O$。产品是深灰色的粉末或颗粒，含P_2O_5 40%-52%，游离酸4%-8%。它也是酸性磷肥，不含铁、铝等杂质，也不含石膏，吸湿后不发生“退化”现象。但它对喜硫农作物的效果不如过磷酸钙。

1.2.3 钙镁磷肥

钙镁磷肥是能被微酸性溶液溶解的磷肥，也叫弱酸溶性磷肥。它的主要成分是磷酸钙和钙、镁、硅的氧化物，含P_2O_5 14%-20%。质量好的钙镁磷肥在2%柠檬酸中能溶解95%以上。它微溶于水，水溶液的pH为8左右，适用于酸性土壤。

1.2.4 磷矿粉

磷矿粉由中、低品位的磷矿经机械粉碎而制取。它是微溶性磷肥，含P_2O_5 10%-40%，一般要求P_2O_5含量达14%以上才能作磷肥。这种磷肥要求在酸性环境中经过缓慢转化，才能形成有效的形态。这种磷肥，制作工艺简单，成本低，投资少，并能充分利用磷矿资源。

1.3 钾肥

钾肥的主要品种有钾矿石、氯化钾、硫酸钾和草木灰等。

1.3.1 钾矿石

钾矿石经粉碎后加热锻烧，再用水或硫酸萃取，经蒸发、过滤冷却后即可得到硫酸钾铝的复盐。也可用氨水萃取制成硫酸铵和硫酸钾混合复肥。其中含氮量为14%，含钾量为15%。

1.3.2 氯化钾

氯化钾（含K_2O 50%-60%）来源于海水、盐湖中，由光卤石制得或从海水的苦卤中提取；也有钾岩矿为较纯的氯化钾晶体，经适当处理后即可作为肥料使用。

1.3.3 硫酸钾

硫酸钾(含K_2O 50%左右)由明矾制得,通常是铝厂的副产品。

1.3.4 草木灰

在农业中普遍使用草木灰。它是烧柴、草后所留下的灰分,含有碳酸钾、硫酸钾、氯化钾、磷、钙和多种微量元素,其中K_2O的含量因柴草的品种不同,差异较大,如向日葵杆灰含K_2O 36%左右,木灰一般含K_2O 6%-12%。草木灰的钾盐有90%以上是水溶性的,是速效肥料。钾盐中以K_2CO_3为主,所以草木灰的水溶液呈碱性,是碱性钾肥。

地球上钾盐的蕴藏量很大,植物吸收钾肥是以K^+的形式进行的,因此并无溶解度的问题。但是每当植物吸收一个钾离子,就留下一个酸根离子,使土地酸化。再说钾盐虽多,却是一个不会再生的资源,因此使用钾肥也必须科学化。

1.4 复合肥料

含有氮、磷、钾三元素中的两种以上的肥料,统称为复合肥料。它含养分种类多、含量高,有时多种养分间还有相互促进肥效的作用。它含副成分少,甚至没有副成分。例如,磷酸铵中的磷和氮都能被农作物吸收。

复合肥料有固定的配方。特别是一些专用复合肥料,对相应的土壤和农作物都有较详尽的说明,为合理施用提供良好的条件。复合肥料物理性能较好,包装、运输方便,有利于机械化施肥。但是复合肥料的养分是固定的,对不同的土壤和不同的农作物,有时不能满足需要,还要用单元肥料来调节。

复合肥料的包装上标有10-10-5、5-10-10等数字,它们表示产品中N、P_2O_5、K_2O的含量。例如,10-8-5表示该品中含N 10%、P_2O_5 8%、K_2O 5%。

常用的复合肥料有以下几种:

1.4.1 磷酸铵

用氨中和磷酸,可以制成氮、磷复合肥料:

$$NH_3+H_3PO_4 = NH_4H_2PO_4\text{(磷酸二氢铵)}$$

磷酸二氢铵农业化学上叫磷酸一铵,即安福粉。

$$2NH_3+H_3PO_4 = (NH_4)_2HPO_4$$（磷酸氢二铵）

磷酸氢二铵在农业化学上叫磷酸二铵，即重安福粉。磷酸铵产品是以上两种产物的混合物，是易溶于水的白色或灰白色固体，易吸湿，在潮湿的空气中能分解而放出氨，使氮素因挥发而损失。它不能跟碱性肥料并施，否则氨要挥发，磷肥要退化。

1.4.2 氨化过磷酸钙

它由氨中和过磷酸钙中的游离酸而制得，化学式是 $NH_4H_2PO_4 \cdot CaHPO_4 \cdot (NH_4)_2SO_4$，含氮2%-3%，含 P_2O_5 14%-18%，是氮磷复合肥料。它易溶于水，性质比较稳定，但不能跟碱性肥料混施。

1.4.3 磷酸二氢钾

它用等量的硫酸钾和55%的磷酸反应而制成，反应时先使硫酸钾转化为氢氧化钾，然后跟磷酸反应。

$$K_2SO_4+CaO+H_2O = 2KOH+CaSO_4\downarrow$$

$$KOH+H_3PO_4 = KH_2PO_4+H_2O$$

纯净的磷酸二氢钾是易溶于水的白色晶体。它的水溶液pH是3-4，属酸性肥料。该磷钾复合肥料的吸湿性小，容易保存，但价格较贵。一般用0.1%-0.2%的溶液喷施，或用0.2%的溶液浸种。

1.4.4 硝酸钾

它由氯化钾和硝酸钠溶液混合后结晶而成，也可以由浓硝酸和氯化钾制得。它是易溶于水的白色晶体，水溶液呈中性。它有助燃性和易爆性，也是制造火药的原料。

资源链接：复合肥料的发展

随着人们对粮食需求的增长，复合肥料都向生产高效化、液体化和长效化方向发展。

高效化是指提高复合肥料的有效成分含量。例如，聚磷酸铵、聚磷酸钾、偏磷酸钾都是高效复合肥料。德国正在研制把三磷化氮（P_3N_5）、磷氧酰胺[$PO(NH_2)_3$]和磷氮酰胺[$P_3N_3(NH_2)_6$]作为超高浓度的复合肥料。

液体化就是制成液体肥料。近来，液体肥料发展很快，它加工简单、节省能源、施用方便、成本低、便于制成各种复合肥料，还便于管道输送。

长效化是指氮素等有效成分缓放，肥效维持长久。如除前面介绍的脲甲醛、脲乙醛、硫衣尿素等长效氮肥外，还发展包括氮、磷在内的长效肥料，以减少养分的损失，提高肥效。

1.5微量元素肥料

土壤中需要的微量元素是指铁、锰、锌、硼、铜、钼等，这些元素在植物中的含量很低，但不可缺。这些元素对农作物的生长有特殊的功能，不能被其他元素替代。因为它们大多是酶的组成成分或能提高酶的活性。

硼肥主要是硼酸和硼砂，它们都是易溶于水的白色粉末，含硼量分别是17%和13%。通常把0.05%-0.25%的硼砂溶液施入土壤里。

锌肥主要是硫酸锌（$ZnSO_4 \cdot 7H_2O$，含Zn约23%）和氯化锌（$ZnCl_2$，含Zn约47.5%），它们都是易溶于水的白色晶体，施用时应防止锌盐被磷固定。通常用0.02%-0.05%的$ZnSO_4 \cdot 7H_2O$溶液浸种或用0.01%-0.05%的$ZnSO_4 \cdot 7H_2O$溶液作叶面追肥。

钼肥常用的是钼酸铵[$(NH_4)_2MoO_4$]，含钼约50%，并含有6%的氮，易溶于水。常用0.02%-0.1%的钼酸铵溶液喷洒。它对豆科作物和蔬菜的效果较好，对禾科作物肥效不大。

锰肥常用的是硫酸锰晶体（$MnSO_4 \cdot 3H_2O$），含锰26%-28%，是易溶于水的粉红色结晶。一般用含锰肥0.05%-0.1%的水溶液喷施。

铜肥常用的是胆矾（$CuSO_4 \cdot 5H_2O$），含铜24%-25%，是易溶于水的蓝色结晶。一般用0.02%-0.04%的溶液喷施，或用0.01%-0.05%的溶液浸种。

铁肥常用绿矾（$FeSO_4 \cdot 7H_2O$），把绿矾配制成0.1%-0.2%的溶液施用。

微量元素肥料的肥效跟土壤的性质有关。在碱性土壤中，上述六种微量元素，除钼的有效性增大以外，其他都降低肥效。对变价元素来说，还原态盐的溶解度一般比氧化态盐大，所以土壤具有还原性，铁、锰、铜这些元素的肥效增大。土壤有机质中的有机酸对有些元素有配合作用，跟铁形成的配合物能增大铁的肥效，但会降低铜、锌的肥效。

资源链接：化肥的发展历程

化肥最早诞生于欧洲。1824年，德国化学家维勒首次人工合成了尿素，标志着化学肥料的诞生。但直到19世纪40年代，享有“德国化学之父”之称的农业化学家李比希（Justus von Liebig，1803-1873），才以其“矿质营养学说”代替了泰伊尔的腐殖质学说,创造了前所未有的肥料业,化肥生产技术和化学肥料工业才蓬勃发展起来,并对当时的西欧的农业生产产生了划时代的作用。19世纪末到20世纪初,仅20年中,西欧小麦的产量增加了一倍,其中50%是化肥的作用。其后,化肥在全世界的普遍应用使粮食生产大幅度增长,其中4次粮食产量的大突破都与化肥施用有关。我国自1905年开始进口氮肥,建国后开始自己生产化肥。1949到1986年,国产化肥以每年平均增长23%的速度发展,近10年平均增长6.8%。至1990年,我国化肥产量已超过1亿吨,仅次于美国居世界第二位。国产化肥自给率达到70%,总消费量居世界首位,每年用于购买化肥的支出高达1500亿元人民币,约占农业投入的30%。

第7节 农药

农药是用于防治危害农、林作物及其产品的有害生物的化学物质,包括提高这些药剂效力的辅助物质,如稀释固体原药的填充剂、使互不混溶的液态原药和水能均匀分散的乳化剂以及溶解液态原药的溶剂等。我国每年有几十万吨的农药投放到农田、果园、森林和草场。

1 农药的分类

根据不同的标准,农药有不同的分类方法。根据农药的不同功能,一般分为杀虫剂、杀菌剂、除草剂、杀鼠剂、杀螨剂以及植物生长调节剂等,其中前三类生产和使用量最大;按农药的组成可分为化学农药、植物农药和生物农药,其中以化学农药为主。在化学农药中又分无机农药和有机农药两类;按化学结构分类,从大的方面可以分为无机合成农药和有机合成农药。目前无机化学农药品种极少,而有机化学农药却越来越多。大致可分为:有机氯类、有机磷类、拟除虫菊脂类、氨基甲酸脂类、有机氮类、有机硫类、酚类、酸类、醚类、苯氧羧酸类、脲类、磺酰脲类、三氮苯类、脒类、有机金属类以及多种杂环类;按来源分类可分为矿物源农药、生物源农药和化学合成农药三大类。

1.1杀虫剂

目前使用的杀虫剂大多是人工合成的有机化合物常用的有：

1.1.1 敌百虫

敌百虫是白色晶体，溶于水、氯仿、苯、乙醚，微溶于煤油、汽油。它是种高效低毒的有机磷制剂，对害虫有强烈的胃毒作用，也有触杀作用。毒杀速度快，在田间药效期4–5天，常用原液1000–1500倍液喷雾防治蔷薇叶蜂、大蓑蛾、拟短额负蝗、棉卷叶螟、尺蠖、叶蝉、小地老虎等害虫，敌百虫不能和碱性药剂混用。化学结构为：

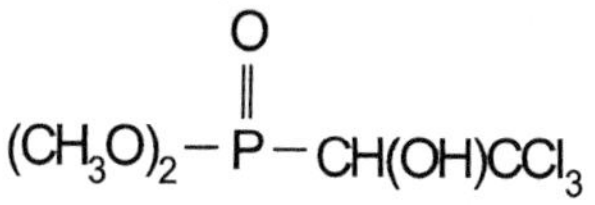

$$(CH_3O)_2-\overset{\overset{\displaystyle O}{\|}}{P}-CH(OH)CCl_3$$

1.1.2 乐果

乐果是微溶于水的白色固体，能溶于大多数有机溶剂，常加工成乳剂使用。是一种高效低毒的广谱有机磷农药，具有触杀，内吸和胃毒作用，但不能与碱性药剂混用。化学结构式为：

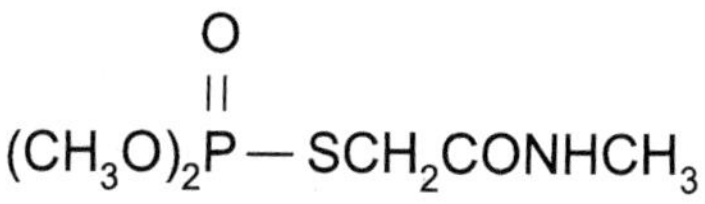

$$(CH_3O)_2\overset{\overset{\displaystyle O}{\|}}{P}-SCH_2CONHCH_3$$

1.1.3 甲胺磷

甲胺磷又叫多灭磷。它是白色晶体，易溶于水、乙醇等，化学结构为：

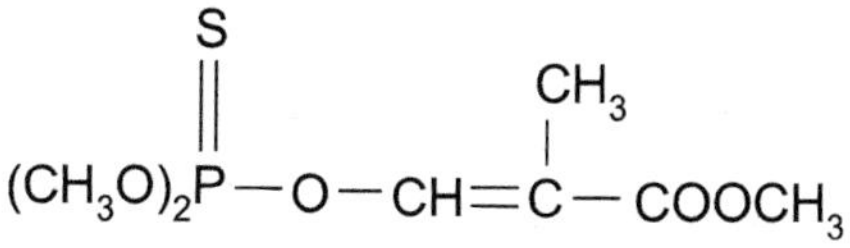

$$(CH_3O)_2\overset{\overset{\displaystyle S}{\|}}{P}-O-CH=\overset{\overset{\displaystyle CH_3}{|}}{C}-COOCH_3$$

1.1.4 除虫菊酯

除虫菊酯杀虫剂是天然化学物质（除虫菊素的人工仿造物），是白花除虫菊里有杀虫效力的有效成分。这种酯是无色粘稠的高沸点液体，溶于石油等有机溶剂中，在日光、空气、高温和碱性物质中会分解失效，它是蚊香的有效成分，在农业上配制成溶液或乳液使用。人工合成的除虫菊酯杀虫剂，就是以除虫菊酯为模型研制的。如溴氰菊酯等，化学结构为：

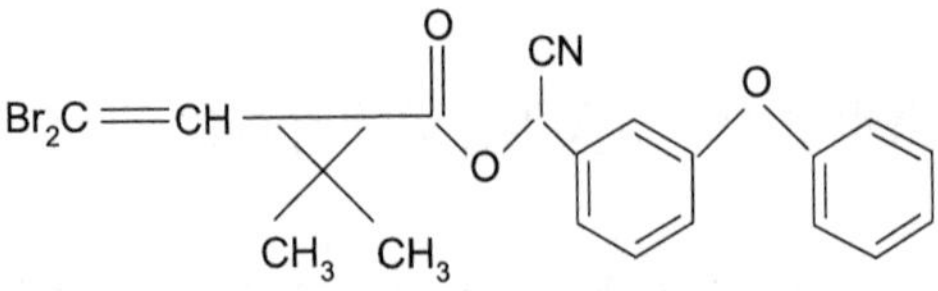

$Br_2C{=}CH$—C(CH₃)₂—COO—CH(CN)—C₆H₄—O—C₆H₅

1.1.5 马拉硫磷

马拉硫磷有触杀、胃毒和熏蒸作用，药效高，杀虫范围广，残效期一般一周左右，对人畜毒性小，较安全。常用50%乳油1000–2000倍液喷雾防治蚜虫、红蜘蛛、叶蝉、蓟马、蚧虫、金龟子等害虫。马拉硫磷稳定性较差，药效时间不太长，不能与碱性或强酸性农药混用。

化学结构式为：

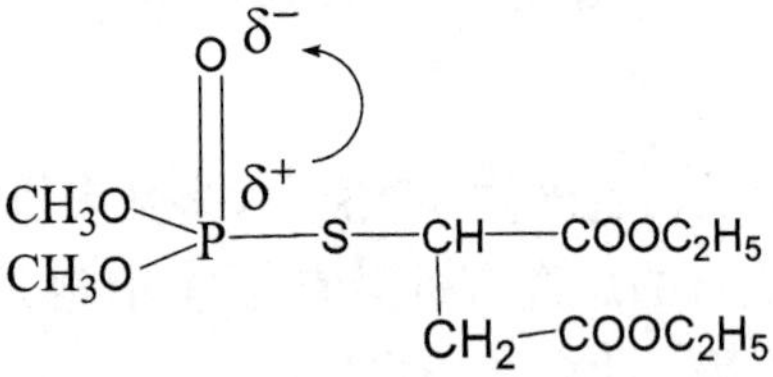

$$(CH_3O)_2P(=O)-S-CH(COOC_2H_5)-CH_2-COOC_2H_5 \quad (O^{\delta^-},\ P^{\delta^+})$$

1.1.6 杀螟松

杀螟松是一种广谱杀虫剂，具有触杀和胃毒作用，或杀死蛀食害虫，药效一般3–4天。一般用50%乳油1000–2000液防治蚜虫、刺蛾类、叶蝉、食心虫、蚧虫、蓟马、叶螨等害虫，也可用2%的粉剂喷粉防治，用量一般为1–3克每平方米。对十字花科植株易生药害，不能与碱性农药混用。其结构式为：

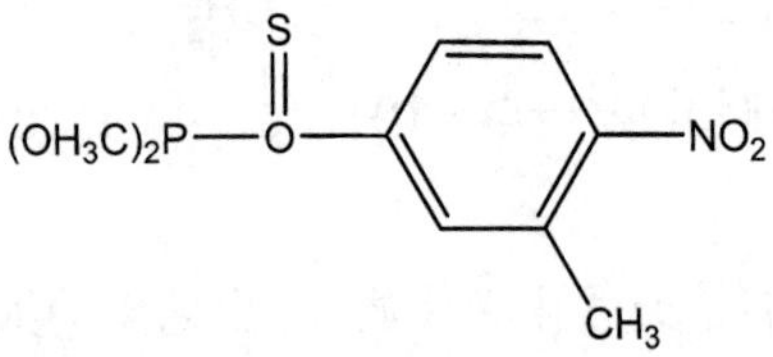

$$(OH_3C)_2P-O(=S)-C_6H_3(CH_3)-NO_2$$

1.1.7 杀虫脒

杀虫脒是种高效低毒的杀虫剂，对鳞翅目幼虫有拒食和内吸杀虫作用，对其成虫具有较强的触杀和拒避作用，一般使用25%水剂500–1000倍液喷雾防治螟虫、卷叶蛾、食心虫、红蜘蛛、蚧虫等害虫。杀虫脒还具有较好的灭卵作用，对防治红蜘蛛，卷叶蛾等虫卵效果较明显。 其结构式为：

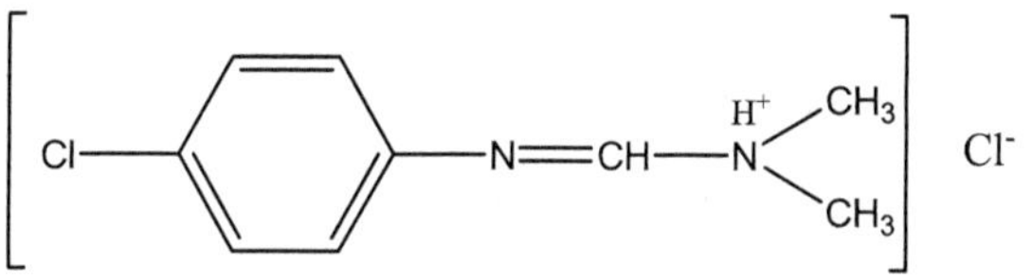

1.2 杀菌剂

杀菌剂是对真菌或细菌有杀灭和抑制生长或对孢子产生抑制能力的药剂。根据它的作用，杀菌剂分以下三类：铲除剂能杀死病菌；防御剂或保护剂能保护农作物不受病菌危害；治疗剂（或化学治疗剂，包括内吸和非内吸的防腐剂）能治疗植物的病害。常见的杀菌剂农药有以下几种。

1.2.1 波尔多液

波尔多液的主要成分是碱式硫酸铜[$Cu(OH)_2 \cdot CuSO_4$]，由硫酸铜、石灰和水按1:1:100的比例配制而成，它是不透明的悬浮液，呈松绿色。波尔多液 是一种良好的保护性杀菌剂，根据硫酸铜和生石灰用量不同可分为等量式（1:1），半量式（1:0.5），多量式（1:3）和倍量式（1:2）等数种。配制时，先各用一半的水化开硫酸铜和生石灰，然后将硫酸铜倒入生石灰溶液中，并用棍棒搅拌均匀即可。配成的波尔多液呈天蓝色的胶体悬浮液，呈碱性，粘着力强，能在植物表面形成一层薄膜，有效期可维持半个月左右。波尔多液不耐贮存，必须现配现用，不能与忌碱农药混用。可防治黑斑病、锈病、霜霉病、灰斑病等多种病害。

1.2.2 百菌清

百菌清有保护和治疗作用，杀菌范围广，残效期长，对皮肤和粘膜有刺激作用。常用75%百菌清可湿性粉剂600–1000倍液喷雾防治锈病、霜霉病、白粉病、黑斑病、炭病、疫病等病害。也可用40%粉剂喷粉，用量3–4克每平方米。不能与强碱性农药混用，对梨，柿，梅等易发生药害。其结构式为：

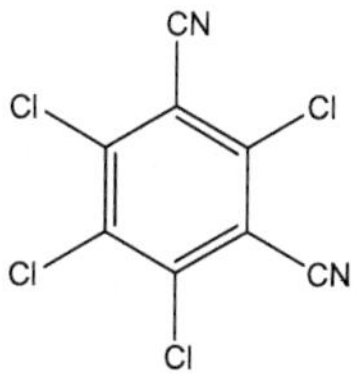

1.2.3 多菌灵

多菌灵是一种高效低毒,广谱的内吸杀菌剂,具有保护和治疗作用,残效期长。一般用50%可湿性粉剂1000–1500倍液喷雾防治褐斑病、菌核病、炭疽病、白粉病等病害,也可用拌种和土壤消毒,拌种时,用量一般为种子重量的2‰–3‰。其结构式为:

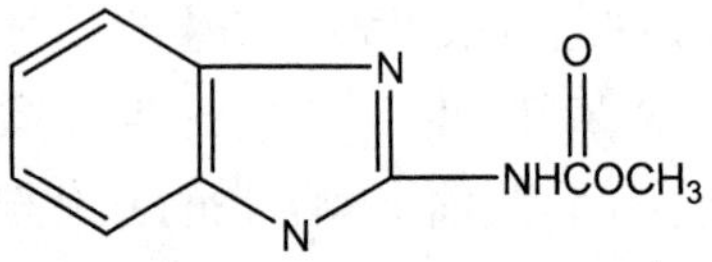

1.2.4 托布津

托布津是一种高效低毒、广谱的内吸杀菌剂,具有保护和治疗作用,残效期长,其杀菌范围和药效和多菌灵相似,对人畜毒性低,对植物安全。常用50%的可湿性粉剂500–1000倍液喷雾防治白粉病、炭疽病、煤污病、白绢病、菌核病、叶斑病、灰霉病、黑斑病等病害,常用的还有甲基托布津。其结构式为:

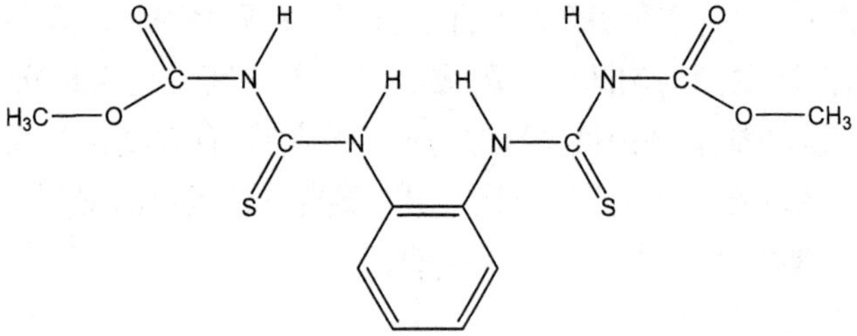

1.2.5 代森锌

代森锌 是一种广谱性有机硫杀菌剂,呈淡黄色,稍有臭味,在空气中或日光下极易分解,常用65%的可湿性粉剂400–600倍液喷雾防治褐斑病、炭疽病、猝倒病、穿孔病、灰霉病、白粉病、锈病、叶枯病、立枯病等,不能与碱性或含有铜,汞的药剂混用。其结构式为:

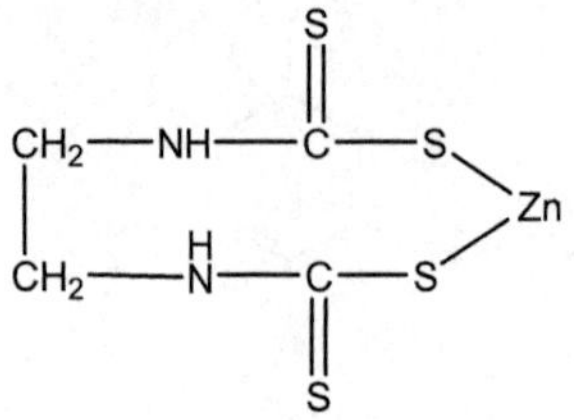

1.3除草剂

杂草的生长要影响农作物的产量和质量。我国使用的除草剂品种和数量正在逐年增加。除草剂可分为选择性除草剂和灭生性除草剂。前者消灭一些植物,而对另一些是安全的;后者几乎对所有的植物都有毒害作用。在使用方法上,有施用于土壤的除草剂和喷在茎叶上的除草剂。由于杂草和农作物的亲缘关系很近,对除草剂的使用技术要求较高,稍有不慎农作物会遭药害。

除草剂的化学结构很复杂,常用的除草剂有以下几种:

1.3.1 百草枯

5%-20%水溶液剂。灭生性触杀除草剂。对杀死一年生植物的效果好,对多年生深根性的杂草,只能杀死其绿色部分,抑制其生长。其结构式为:

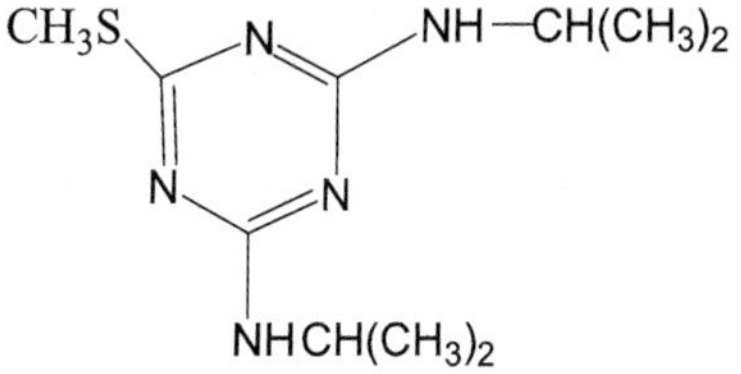

CH_3S　N　$NH—CH(CH_3)_2$

N　N

$NHCH(CH_3)_2$

1.3.2除草醚

可湿性粉剂,灭生性触杀除草剂,在有阳光、温度高、土壤湿润的条件下,效果显著。在20℃以下的温度中,药效差。杀死种子繁殖的幼草效果好,对长大成苗的草,药效很小。残效期20-40天。其结构式为:

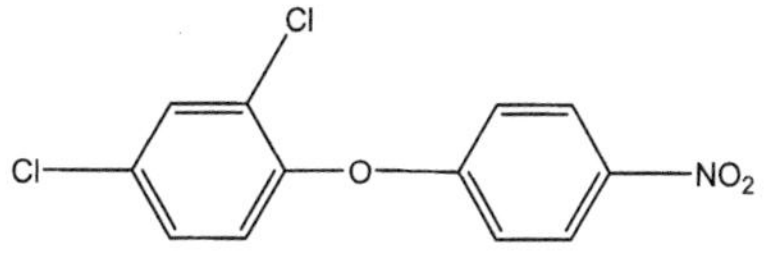

Cl

Cl—　—O—　—NO_2

1.3.3 五氯酚钠

分粉剂与颗粒剂,灭生性触杀除草剂。杀死初萌发的杂草效果大,对宿根性和已长大的杂草效果差,残效期3-7天。其结构式为:

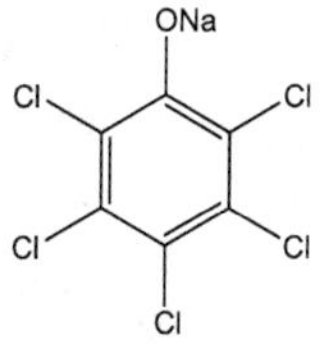

ONa

Cl　Cl

Cl　Cl

Cl

1.4 植物生长调节剂

有些物质在植物生长、发育时起重要的调节和控制作用，这些物质叫植物生长物质。其中一类是植物激素，另一类是植物生长调节剂。

植物生长调节剂是一些有植物激素活性的人工合成物质（或发酵产品）。在使用时对剂量和使用期都有严格的要求，否则，收不到预期的效果，反而会造成严重的损失。常用的植物生长调节剂有以下几种。

1.4.1 矮壮素

矮壮素纯品为白色结晶，有鱼腥气味，对金属有腐蚀作用，极易溶于水，吸湿性强，易潮解，能溶于丙酮、乙醇等低级醇，在中性和微酸性溶液中稳定，遇碱易分解。矮壮素是赤霉素的拮抗剂，对植物有抑制细胞生长的作用，能防止倒伏、徒长，具有壮苗、使茎叶粗壮茂盛、促进根系发育、加厚叶片等功能。其结构式为：

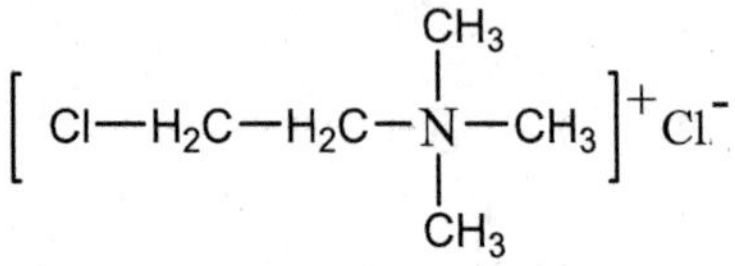

$$\left[Cl-H_2C-H_2C-\overset{\displaystyle CH_3}{\underset{\displaystyle CH_3}{N}}-CH_3\right]^+Cl^-$$

1.4.2 吲哚醋酸

吲哚醋酸是无色叶状晶体或粉末状固体，它微溶于水、氯仿、苯、甲苯、汽油，溶于丙酮、乙醚，易溶于乙醇、乙酸乙酯、二氯乙烷。它的钾盐或钠盐比酸本身更稳定，且极易溶于水。其结构式为：

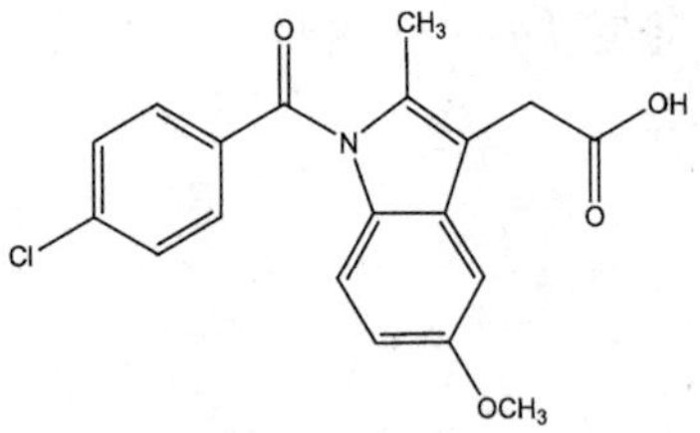

1.4.3 乙烯利（又名一试灵、乙一氯乙基磷酸）

纯品为长针状无色结晶，工业品为淡棕色液体，易溶于水及酒精、丙酮等有机溶剂。水溶液呈现强酸性，对人畜安全无毒。乙烯利水溶液在pH4以上时逐渐分解，并放出乙烯，随着pH上升，分解乙烯的速度会加快。乙烯对植物的生理作用非常广泛，它几乎参与植物的每一个生理过程，突出的作用有促进果实成熟、雌花发育等。其结构式为：

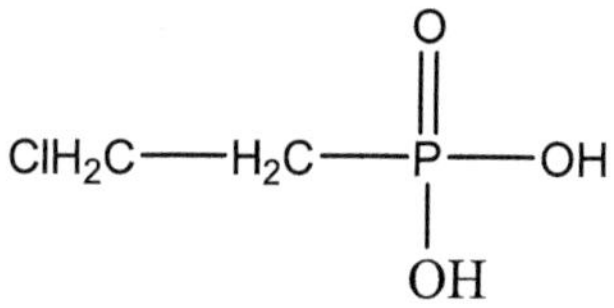

$$ClH_2C—H_2C—\overset{\overset{\displaystyle O}{\|}}{\underset{\underset{\displaystyle OH}{|}}{P}}—OH$$

1.4.4 助壮素

助壮素是一种内吸性植物生长调节剂，溶于水，水溶液在低温条件下易析出结晶，当温度升高时结晶又会溶解，不降低使用效果。助壮素多用于棉花，对一些园艺作物，如甜（辣）椒、西红柿、葡萄等也有较好的促进生长作用。它能使节间缩短，叶片增厚，提前开花和防止落叶、落蕾，提高座果率等。其结构式为：

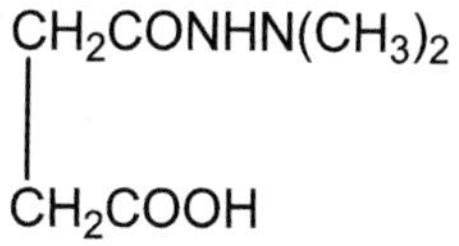

$$\begin{array}{l}CH_2CONHN(CH_3)_2\\ |\\ CH_2COOH\end{array}$$

资源链接：农药的发展方向

未来农药的发展方向是以持续发展、保护环境和生态平衡为前提。新农药品种发展趋势必须符合"高效、安全、经济"的标准。高效：生物活性高且可靠，选择性高，作用方式独特，内吸性强（即在植物中可均匀分布），持效期适度，作物耐受性好，抗性产生几率低。安全：对环境而言，对有益生物低毒，易于降解，土壤中移动性低，在食品和饲料中无或无明显残留；对使用者而言，施用剂量低，急性毒性低，积蓄毒性低，包装安全，制剂性能优良，使用方便，长期贮存稳定。经济：花费少，效益高，应用范围广，产品性能独一无二，具有竞争力，具有专利权。

综合活动 化学工业的发展

化学工业的发展水平是衡量一个国家综合国力的重要标志之一，是国民经济基础产业，与国民经济各领域及人民生活密切相关。化学工业包括：以石化基础原材料为加工对象的延伸化工、煤化工、盐化工、生物化工及精细化工等领域。化学工业为工农业生产提供重要的原料保障，其质量、数量以及价格上的相对稳定，对农业生产的稳定与发展至关重要。

化学工业肩负着为国防生产配套高技术材料的任务，并提供常规战略物资。

目前，我国已经形成了门类比较齐全、品种大体配套并基本可以满足国内需要的化学工业体系。包括化学矿山、化肥、无机化学品、纯碱、氯碱、基本有机原料、农药、染料、涂料、新领域精细化工、橡胶加工、新材料等12个主要行业。迄今为止，我国化学工业建成了一批具有先进水平的大型生产装置，一批大型有机原料和精细化工装置也达到和接近国际先进水平。化学工业生产能力和产量基数较大，有十余种主要化工产品产量居世界前列，其中，合成氨、化肥、电石、染料居世界第一位，硫酸、农药、纯碱、烧碱居世界第二位。

1999年我国化学工业总产值达到12506.57亿元（约合1510亿美元），占全国工业总产值的17.2%，占世界化学工业产值10.0%，仅次于美国和日本，居世界第三位。2000年全国化学工业总产值为5812.48亿元。化学工业已成为国民经济重要支柱产业，化学工业在为国民经济各部门配套服务、支援农业和国防建设等方面发挥着越来越重要的作用。化学工业的长期健康发展，对于我们能否不断更新、发展新流程，节省能源，提高经济效益，不断为市场提供新产品提供了重要保障。

近几十年来，我国化工行业生产建设虽然取得了很大成绩，但仍存在着不少矛盾和问题。我国化学工业产业结构不够合理，仍以传统产业为主，在国内化工产品长期处于供应短缺状态下，我国化学工业发展以外延扩张为主，忽视了结构升级和产品质量的提高；机制转换速度慢，管理体制不适应新形势要求，化学工业的国有经济比例偏高，国有资产配置分散，影响了整体素质的提高；科研基础薄弱，技术创新能力弱，自有技术少，科研开发与技术创新能力不能满足生产发展的要求，与国际化工科技水平相比有较大差距；环境保护任务还相当繁重，从总体上看，化工“三废”治理率还较低，污染仍十分严重，同时，发达国家正在不断地将其污染严重的化工产品生产转向发展中国家，也进一步加重我国的环保负担。

实践与测试

1. 合成氨中的氢气来源有哪些？工业上合成氨条件选择的依据是什么？
2. 常用的化肥分为哪几类？怎样合理施用化肥？
3. 农药包括哪些种类？其发展大致经历了哪几个阶段？
4. 简述如何处理硫酸生产中产生的废渣、废水、废气。
5. 简述离子交换膜法电解食盐水的化学原理。氯碱工业有哪些重要应用？
6. 化学毒剂有哪些种类？其危害各是什么？如何进行防护？
7. 从硫酸、合成氨或氯碱工业中任选一种，对于它们今后的发展，试从化学的视角给出你自己的建议，完成一篇小论文（字数2000左右）。
8. 试述国防化学工业的战略意义。

参考文献

[1]杨小平.守卫绿色—农药与人类的生存[M].长沙：湖南教育出版社，1999.
[2]张胜义.化学与社会发展[M].合肥：安徽科学技术出版社，2001.
[3]人民教育出版社化学室.教师教学用书[M].北京：人民教育出版社，2000.
[4]杨光启，陶涛，何直林.当代中国的化学工业[M].北京：中国社会科学出版社，1986.
[5]王忠.硫酸工业和市场分析[J].矿冶，2000，(6)：68.
[6]吴迪胜，蒋家俊，皮耐安.化工基础[M].北京：高等教育出版社，1981.
[7]崔恩选.化学工艺学[M].北京：高等教育出版社，1985.
[8]刘自珍.我国氯碱工业未来的发展方向及新的发展思路[J].氯碱工业，2001，(9).
[9]郑长龙.化学新课程中的教学素材开发[M].北京：高等教育出版社，2003.

[10]毛东海，朱江，张德胜．身边的化学[M]．上海：上海科学技术文献出版社，2003.
[11]孙先良．新型化肥发展新趋势[J]．化肥设计，2002，(1).
[12]夏成浩，葛新建．硫酸工业的生产技术进展[J]．河南化工，2005，(10)：13.
[13]汤桂华．硫酸[M]．北京：化学工业出版社，1999.
[14]武希彦．中国硫酸工业的现状及展望[J]．磷肥与复肥，2003，(5)：1-2.
[15]姜圣阶．合成氨工学[M]．北京：石油化学工业出版社，1978.
[16]王全文．硫酸工业的概况及发展趋势[J]．大氮肥，2005，(6)：28.
[17]北京石油化工总厂设计所．氯碱工业[M]．北京：燃料化学工业出版社，1972.
[18]闫斌．化学与军事[J]．化学教育，2003，(7-8):1-2.

第9单元　化学与环境保护

人类赖以生存的环境由自然环境和社会环境组成。以人为中心的环境既是人类生存与发展的终极物质来源，同时也是人类活动产生的多种废弃物的承受者。人们通常所说的环境问题主要是指由于人类不合理地开发、利用自然资源而造成的生态环境的破坏，以及工农业生产发展和人类生活对环境所造成的污染。目前，造成环境污染的因素大体上有物理、化学和生物三个方面，其中主要是化学方面的因素。但是，事物是具有双重性的。由化学因素造成的环境问题，往往也可以通过化学方法加以解决，化学为环境污染的治理提供了科学和技术的支持。

资源链接：世界环境日

1972年6月5日至6月16日，联合国在瑞典首都斯德哥尔摩召开了人类环境会议，讨论当代世界环境问题，探讨保护全球环境的战略。这是人类历史上第一次在全世界范围内研究保护人类环境的会议。这次会议提出了“只有一个地球”的环境保护口号，通过了著名的《人类环境宣言》及保护全球环境的行动计划。会议最后还建议联合国大会将这次大会的开幕日6月5日作为“世界环境日”。在1972年10月召开的第27届联合国大会上通过了这一建议，规定每年的6月5日为“世界环境日”，让世界各国人民永远纪念它。如，2005年世界环境日的主题是“营造绿色城市，呵护地球家园”；2006年的主题是“沙漠与沙漠化”。

第1节 大气污染及防治

1大气污染

大气污染是指因人类的生产和生活活动使某种物质进入大气，使大气的化学、物理、生物等方面的特性改变，从而影响人们的生活、工作，危害人体健康，影响或危害各种生物的生存，直接或间接地损害设备、建筑物等。

大气污染的主要污染物有：烟尘、总悬浮颗粒物、可吸入悬浮颗粒物（浮尘）、二氧化氮、二氧化硫、一氧化碳、臭氧、挥发性有机化合物等等。

资源链接：空气污染指数

我国空气质量采用了空气污染指数进行评价。空气污染指数（Air Pollution Index，简称API）是一种反映和评价空气质量的方法，就是将常规监测的几种空气污染物的浓度简化成单一的概念性数值形式，并分级表征空气质量状况与空气污染的程度，其结果简明直观，使用方便，适用于表示城市的短期空气质量状况和变化趋势。

目前计入空气污染指数的项目暂定为：二氧化硫、一氧化碳、二氧化氮、可吸入颗粒物和臭氧等，不同地区的首要污染物有所不同。我国空气质量分级标准如表9-1。

表9-1 空气质量分级标准

污染指数	50以下	51–100	101–150	151–200	201–250	251–300	300以上
质量级别	I	II	III（1）	III（2）	IV（1）	IV（2）	V
质量状况	好	良好	轻微污染	轻度污染	中度污染	中度重污染	重度污染

空气质量日报的主要内容包括“空气污染指数”、“首要污染物”、“空气质量级别”、“空气质量状况”等。空气质量日报、预报是通过新闻媒体向社会发布的环境信息，可以及时准确地反映空气质量状况，增强人们对环境的关注，促进群众对环境保护工作的理解和支持，提高全民的环境意识，促进人们生活质量的提高。

2几类典型的大气污染

2.1臭氧层及臭氧空洞

臭氧层中的臭氧绝大部分集中在离地面20–25km的空间，最高浓度约为10g/t，总质量约30Mt。尽管如此，每10万个气体分子中也只有一个臭氧分子。在大气层的上层氧分子受到阳光中紫外线的辐射，当氧分子吸收波长小于200nm的辐射后，会发生光化学反应，分解为两个氧原子（也叫原子氧）：

$$O_2 \xrightarrow[\lambda<200nm]{h\nu} 2O$$

此外，水蒸气也会发生光化学反应，分解成两个氢原子和一个氧原子。在100km以下的空间，O_2和O的浓度相当，当氧原子和氧分子碰撞，就生成臭氧。即：

$$O + O_2 \rightarrow O_3$$

如此反复发生光化学反应，形成比较稳定的富臭氧层。臭氧能强烈地吸收220-330nm的紫外线，所以在臭氧层中几乎所有的紫外线都被吸收，只有少量的紫外线透过臭氧层而抵达离地面较近的空间。220-330nm的紫外辐射对生物有杀伤力，所以臭氧层是地球上生物的保护层，有了它，地球上的生物才能生存。

近年来不断有臭氧减少的报道。1985年英国南极考察队报道，南极上空的臭氧层出现一个面积接近美国大陆的臭氧“空洞”，1985年春天的臭氧浓度比1975年降低50%，且这个“空洞”在移动、扩大。1989年联合国环境保护署报道，在北极上空正在形成另一个臭氧“空洞”，面积约为南极的一半，北极臭氧浓度最近下降了10%。此外，世界其他地区也出现了臭氧减少的情况。

科学家认为，臭氧急剧耗损不是由已知的自然现象引起的，而是人为的活动起决定性的作用，是某些人类活动所散发的物质进入臭氧层，造成臭氧的损耗。大量使用氟里昂是破坏臭氧层的主要原因。氟里昂性质稳定，甚至跟原子氧也不反应。逸散到空气中的氟里昂不断向臭氧层扩散，氟里昂吸收紫外线（波长在175-220nm）后发生光解，产生一个原子氯，剩下的基本碎片再跟氧反应，产生新的氯类物质（Cl或ClO·）。

$$Cl+O_3 \rightarrow ClO\cdot+O_2$$

$$ClO\cdot+O \rightarrow Cl+O_2$$

净反应就是O_3的分解：

$$O_3 + O \xrightarrow{Cl} 2O_2$$

上述反应是链反应，所以产生一个原子氯，可以分解很多O_3。

除了氟氯烃以外，也已经发现超音速飞机对臭氧层的影响。目前按航班飞行的横渡大西洋的超音速飞机，能使臭氧层里的臭氧减少约5%。有一种溴代物（哈龙）灭火剂，它对臭氧的破坏力约为氟里昂的3倍，逸散到空中能停留100年以上。

资源链接：影响大气臭氧层的化学物质及来源①

联合国环境规划署（UNEP）的一份报告认为，臭氧层破坏的原因90%归因于氟利昂和哈龙气体，其种类和来源见表9-2。

表9-2 大气中对臭氧层有严重影响的物质及来源

化学物质	来 源	臭氧破坏系I(ODP值)
CFC—11($CFCl_3$) CFC—12(CF_2Cl_2)	用于火箭的燃料气溶胶、致冷剂、发泡剂及溶剂	1.0 1.0
CFC—22(CHF_2Cl)	致冷剂	—
CFC—113($C_2F_3Cl_2$) 甲基氯仿(CH_3CCl_3)	溶剂	0.8 0.1
四氯化碳(CCl_4)	生产CFC及粮食熏烟处理	1.1
哈龙—1301(CF_3Br) 哈龙—1211(CF_2ClBr) 哈龙—2402($C_2F_4Br_2$)	灭火器(汽车及重要建筑物中)	16.0 4.0 6.0
氧化氮(NOx)	工业活动副产品、汽车及飞机等排放气、核爆炸	—

为了使臭氧层不致枯竭，国际上于1987年通过了大气臭氧层保护的重要历史性文件《蒙特利尔议定书》。在该议定书中，规定了保护臭氧层的受控物质种类和淘汰时间表，要求到2000年全球的氟利昂消减一半，并制定了针对氟利昂类物质生产、消耗、进口及出口等的控制措施。我国已于1999年7月1日冻结了氟利昂的生产，并将于2010年前全部停止生

① 王明华，周永秋，王彦广，许莉．化学与现代文明[M]．杭州：浙江大学出版社，1998:42.

产和使用所有消耗臭氧层物质。

2.2温室效应

由于大气中二氧化碳等气体含量增加,使全球气温升高,这种现象即是温室效应。如果二氧化碳含量比现在增加一倍,全球气温将升高3℃-5℃,两极地区可能升高10℃,气候将明显变暖。气温升高,将导致某些地区雨量增加,某些地区出现干旱,飓风力量增强,出现频率也将提高,自然灾害加剧。更令人担忧的是,由于气温升高,将使两极地区冰川融化,海平面升高,许多沿海城市、岛屿或低洼地区将面临海水上涨的威胁,甚至被海水吞没。因此,必须有效地控制二氧化碳含量增加,控制人口增长,科学使用燃料,加强植树造林,绿化大地,防止温室效应给全球带来的巨大灾难。表9-3列举常见的温室气体。

表9-3 常见温室气体

温室气体	现有浓度	估计平均年增长率(%)
二氧化碳(CO_2)	345g/t	0.4
甲烷(CH_4)	1.65/t	1-2
一氧化二氮(N_2O)	0.3g/t	0.2-0.3
氟里昂(CFC-11)	0.2mg/t	5.0
(CFC-12)	0.35mg/t	5.0
臭氧层臭氧(O_3)	0.1-10g/t(随高度变化)	-0.5
一氧化碳(CO)	0.12g/t	0.2

2.3 酸雨

通常我们把pH小于5.6的雨叫酸雨。5.6这个数据来源于蒸馏水跟大气里的二氧化碳达到溶解平衡时的酸度。酸雨里含有多种无机酸和有机酸,绝大部分是硫酸和硝酸,通常以硫酸为主。我国从酸雨取样分析来看,硝酸的含量只有硫酸的1/10,这跟我国燃料里含硫量较高有关。

2.3.1酸雨的形成

造成酸雨现象的原因有天然的和人为的,酸雨的形成与以下大气污染物有关:

(1)含硫的化合物和基团

SO_2、SO_3、CS_2、H_2SO_4、硫酸盐(MSO_4)、二甲基硫[$(CH_3)_2S$即DMS]、二

甲基二硫[$(CH_3)_2S_2$即DMDS]、羰基硫(COS,它是CS_2在大气中的光化学反应产物)、甲硫醇(CH_3SH)等。

(2)含氮的化合物和基团

NO、N_2O、NO_2、NH_3、硝酸盐(MNO_3)、铵盐(NH_4^+)等。

(3)含氯的化合物和基团

HCl、氯化物(MCl)等。

在以上列举的污染物中,对酸雨影响最大的是SO_x和NO_x及与它们相关的化合物。酸雨中的硫酸和硝酸主要来自人为排放的二氧化硫和氮的氧化物。

煤、石油燃烧和金属冶炼中释放到大气里的二氧化硫,通过气相或液相反应而生成硫酸。

气相反应:

$$2SO_2 + O_2 \xlongequal{催化剂} 2SO_3$$

$$SO_3+H_2O = H_2SO_4$$

液相反应:

$$SO_2+H_2O = H_2SO_3$$

$$2H_2SO_3+O_2 = 2H_2SO_4$$

催化剂大多是尘埃中的金属(铁、锰、铜等)化合物。

高温燃烧生成的一氧化氮(如汽车排出的尾气),排入大气后,大部分变成二氧化氮,它跟水反应后生成硝酸和亚硝酸。

$$2NO+O_2 = 2NO_2$$

$$2NO_2+H_2O = HNO_3+HNO_2$$

2.3.2酸雨的危害

(1)酸雨使土壤酸化

酸雨可导致土壤酸化。我国南方土壤本来多呈酸性,再经酸雨冲刷,加速了酸化过程;我国北方土壤呈碱性,对酸雨有较强缓冲能力。土壤酸化后,改变了土壤结构,导致土壤贫瘠化,影响植物正常发育,使作物减产。

(2)酸雨使森林衰退

酸雨可造成森林叶面损伤和坏死,早落叶,林木生长不良,以致单株死亡,造成大面积森林衰退。

(3)酸雨损坏建筑

酸雨能使非金属建筑材料(混凝土、砂浆和灰砂砖)表面硬化水泥溶解,出现空洞和裂缝,导致强度降低,从而损坏建筑物。科学家曾收集许多被酸雨毁害的石灰石和大理石建筑材料,分析发现该样品的碳酸盐的颗粒中总是嵌入硫酸钙晶体。如沙浆混凝土墙面经酸雨长期侵蚀后,会出现“白霜”,此“白霜”即硫酸钙。

2.3.3酸雨的治理

酸雨的控制是一项十分紧迫的任务,目前采取的措施主要有:

(1)减少二氧化硫的排放量

如采用烟气脱硫技术,用石灰浆或石灰石在烟气吸收塔内脱硫。石灰石的脱硫效率是85%-90%,石灰浆法脱硫比石灰石法快而完全,效率可达95%。

$$Ca(OH)_2 + CO_2 = CaCO_3 \cdot 1/2H_2O + 1/2H_2O$$

$$Ca(HSO_3)_2 + O_2 + H_2O = CaSO_4 \cdot 2H_2O + SO_2$$

$$CaCO_3 + SO_2 + 1/2H_2O = CaSO_4 \cdot 1/2H_2O + CO_2$$

$$CaSO_3 \cdot 1/2H_2O + SO_2 + 1/2H_2O = Ca(HSO_3)_2$$

$$CaSO_3 \cdot 1/2H_2O + SO_2 + 3H_2O = 2CaSO_4 \cdot 2H_2O$$

(2)汽车尾气净化

我国汽车数量越来越多,汽车尾气污染问题日益严重。在汽车尾气系统中装置催化转化器,可有效降低尾气中的CO、NO、NO_2和碳氢化合物等向大气的排放。催化转化器中通常采用铂等贵金属作催化剂。在催化转化器的前半部,CO和NO在催化剂的作用下发生反应,生成CO_2和N_2。在转化器的后半部,未燃烧的碳氢化合物如庚烷(C_7H_{16})和尚未反应的CO在催化剂的作用下氧化,生成CO_2和H_2O。

由于含铅化合物使催化剂中毒,所以装有催化转化器的汽车必须使用无铅汽油。

(3) 加强绿化建设

树木、草地、花卉均可调节气候,涵养水源,保持水土和吸收SO_2等有毒气体,因此,绿化可以大面积、大范围、长时间净化大气。有的树木吸收SO_2很强,如1m^3的银杉可以吸收60kg的SO_2,其他的强吸收SO_2的树种有金橘、红橘、桑树和樟树等；花卉紫薇、菊花、石榴等也对SO_2有较强吸收能力。

2.4 光化学烟雾

氮氧化物(NO_X)（主要指NO、NO_2）和碳氢化合物(HC)在大气环境中受强烈的太阳紫外线照射后产生一种新的二次污染物——光化学烟雾，在这种复杂的光化学反应过程中，主要生成光化学氧化剂（主要是O_3）及其他多种复杂的化合物，统称光化学烟雾.引起氧化型烟雾的主要污染源是燃油汽车、锅炉和石油化工企业排气，所以烟雾事件多发生在工厂集中区和具有大量汽车的大城市。

2.4.1 光化学烟雾产生的原因

光化学烟雾的特征是烟雾弥漫，大气能见度降低，一般发生在大气相对湿度较低、气温为24℃-32℃的夏季晴天，污染高峰出现在中午或稍后。

光化学烟雾反应的链式反应机制可概括为如下9个反应：

光化学烟雾的形成从NO_2的光化学分解为引发反应开始：

$$NO_2 + h\nu \xrightarrow{\lambda \approx 392nm} NO + O \quad ①$$

生成的原子态氧，活泼性大，具有极强反应性，能和空气中O_2反应，生成氧化性极强的O_3（式中M为第三种物质，如N_2）：

$$O + O_2 + M = O_3 + M\cdot \quad ②$$

但通常情况下O_3又会立即与刚生成的NO反应而消失（转化为O_2），O_3浓度并不增大。

$$NO + O_3 = NO_2 + O_2 \quad ③$$

这时就完成了$NO_2 \to NO \to NO_2$的循环过程，O_3浓度也不增加，还不足以形成光化学烟雾。

当污染大气中同时存在烃类（尤其是烯烃、有侧链的芳烃）时，能和O、O_3、NO_2反应，氧化而生成一系列自由基中间产物，并进而生成PAN、醛、酮、酸等。反应可大致表示为（式中R可以是H或CH_3等烃基）：

$$\underset{\text{烯烃}}{C_nH_{2n}} + O \longrightarrow \underset{\text{烷基自由基}}{R\cdot} + \underset{\text{酰基自由基}}{RC(=O)\cdot} \quad ④$$

$$C_nH_{2n} + O_3 \longrightarrow \underset{\text{烃类含氧自由基}}{RO\cdot} + \underset{\text{醛}}{R\overset{O}{\overset{\|}{C}}\cdot} + R\overset{O}{\overset{\|}{C}}-H \quad ⑤$$

$$R\cdot + O_2 \longrightarrow \underset{\text{烃基过氧自由基}}{ROO\cdot} \quad ⑥$$

$$R\overset{O}{\overset{\|}{C}}\cdot + O_2 \longrightarrow \underset{\text{过氧酰基自由基}}{R\overset{O}{\overset{\|}{C}}-O-O\cdot} \quad ⑦$$

$$ROO\cdot\ NO \longrightarrow NO_2 + RO\cdot \quad ⑧$$

$$R\overset{O}{\overset{\|}{C}}-O-O\cdot + NO_2 \longrightarrow \underset{\text{硝酸过氧酰酯类，即PAN}}{R\overset{O}{\overset{\|}{C}}-O-O-NO_2} \quad ⑨$$

反应式①-③为链引发反应；④和⑤是自由基数目增加的支链反应；⑥和⑧自由基的数量不增不减，只是种类发生了变化的链传递反应；⑨是生成了最终产物而除去自由基的链终止反应。这样，自由基的产生和增殖代替了反应③中的O_3，将NO氧化为NO_2，从而使式②产生的O_3不再消耗，且越积越多，使O_3浓度升高。而大部分自由基则经过一系列反应转化为PAN（以过氧乙酰硝酸酯CH_3COONO_2为主）。

由此可见，光化学烟雾是由链式反应形成的。它以NO_2光解生成原子氧的反应为引发，原子氧的产生导致了臭氧的形成。由于烃类参与链式反应产生多种高活性自由基，造成了NO向NO_2的迅速转化，以致基本上不需消耗O_3就能使大气中NO转化为NO_2。NO_2又继续光解产生O并导致O_3的产生，从而使O_3浓度不断升高。同时产生的醛类和新的自由基又继续和烃类反应，生成PAN和更多的自由基。如此继续不断，循环往复地进行链式反应，直至烃类耗尽、NO全部氧化为NO_2。

光化学烟雾的反应机理较复杂，目前尚未彻底弄清，上述只是反应方程式一些可能性的解释。

2.4.2 光化学烟雾的危害

光化学烟雾成分复杂，但是对动植物有害的主要是臭氧、过氧酰基硝酸酯、丙烯醛和甲醛等，其对健康的危害主要是对眼睛和呼吸道的刺激，表现为眼红肿、流泪、头痛、咳嗽、气喘、呼吸困难等症状，严重者可引起急性死亡。植物受到臭氧的损害,开始时表皮褪色,呈蜡质状,经过一段时间后色素发生变化,叶片上出现红褐色斑点。光化学烟雾还能使橡胶和纤维变质,令农作物歉收。

2.4.3 光化学烟雾的防治

控制光化学烟雾的污染同控制其他污染一样,首先是控制污染源,减少汽车废气的排放,改善汽车发动机的工作状态,改进燃料供给等。此外还应加强对环境污染的监测和管理,以防止光化学烟雾的形成和危害。

第2节 水体污染及处理

水污染通常是指排入水体的污染物超过了水体对污染物的净化能力,因而引起水质恶化,水体生态系统遭到破坏,造成对水生生物及人类生活与生产用水的不良影响。

1 水质污染物的来源

天然水体在自然界的循环过程中,是有一定自净能力的。但随着工农业生产的发展,生活用水量的增加,水污染日益严重。与化学有关的水质污染物主要有:

1.1 有机物

人为排放源有:生活污水、养殖场污水、食品厂、造纸厂、生活垃圾等。

城市生活污水和食品、造纸等工业废水中含有大量的碳氢化合物、蛋白质、脂肪等。它们在水中的好氧微生物(指生存时需要氧气的微生物)的参与下,与氧作用分解(通常也称为降解)为结构简单的物质时,要消耗水中溶解的氧,所以常常称这些有机物为耗氧有机物。微生物分解有机物的主要反应可简单表达如下:

$$碳氢化合物+O_2 \xrightarrow{好氧微生物} CO_2 + H_2O$$

$$含有机硫化合物+O_2 \xrightarrow{好氧微生物} CO_2 + H_2O + SO_4^{2-}$$

$$含有机氮化合物+O_2 \xrightarrow{好氧微生物} CO_2 + H_2O + NO_3^-$$

天然水体内溶解氧一般为5-10mg·dm^{-3}。水中含有大量耗氧有机物时，水中溶解的氧将急剧下降，以致使大多数水生生物不能生存，鱼类及其他生物大量死亡。若水中含氧量降得太低，这些有机物又会在厌氧微生物（指在缺氧环境中才能生存的微生物）参与下，与水作用产生甲烷、硫化氢、氨等物质，使水变质发臭。这类反应可简单地表达如下：

$$\text{含有机硫和氮的化合物} + O_2 \xrightarrow{\text{好氧微生物}} CO_2 + H_2S + CH_4 + NH_3$$

水中氮、磷、钾及它们的化合物是植物的营养物质，过多的营养物质进入水体，称为水体富营养化。它将导致水中各种藻类大量繁殖，阻塞水道，并使水体缺氧，鱼类大量死亡，水体外观呈现出不同色泽，浑浊度增加。

1.2 重金属

人为排放源有：采矿、冶炼、电镀、电池、电解、化工、制革、油漆、印染、合金制造、农药、涂料、胶片冲洗、废旧电池和电子产品等。

重金属对环境危害的特点是：微量浓度即可产生毒性（一般为1-10mg/L，汞、镉为0.01-0.001mg/L）的重金属，在微生物作用下会转化为毒性更强的有机金属化合物（如甲基汞），可被生物富集，通过食物链进入人体，造成慢性疾病；亲硫重金属元素（汞、镉、铅、锌、硒、铜、砷等）与人体组织某些酶的巯基（-SH）有特别大的亲和力，能抑制酶的活性；亲铁元素（铁、镍）可在人体的肾、脾、肝内累积，抑制精氨酶的活性；六价铬可能是蛋白质和核酸的沉淀剂，可抑制细胞内谷胱甘肽还原酶，导致高铁血红蛋白，可能致癌；过量的钒和锰则能损害神经系统的机能等。

1.3 合成化学品

人为排放源有：化工、制药、炼油、焦化、塑料制造、涂料、化学洗涤剂、化妆品、食品添加剂、芳香剂、染料、激素药物、杀虫剂、除草剂等。

如，日本米糠油事件就是因操作失误使米糠油中混入了在脱臭工艺中使用的热载体多氯联苯而造成的食物油污染。

1.4 酸性废水

人为排放源有：煤矿和其他金属矿（铜、铅、锌等）的矿山废水、酸雨等。

酸性污染不仅可腐蚀船舶和水上构筑物，改变水生生物的生活条件，还可大大增加水的硬度（生成无机盐类），影响水的用途，增加工业用水处理费用等。

1.5 植物营养物(氮、磷化合物)

含磷化合物的人为排放源有:含磷洗衣粉、化肥等。含氮化合物的人为排放源有:化肥、饲料、生活污水等。

植物营养物污染主要表现为水体富营养化。水体营养化程度与磷、氮含量有关,磷的作用大于氮。一般来说,总磷和无机氮分别超过20mg/m^3、300mg/m^3,就可以认为水体处于富营养化。水体富营养化,会导致淡水中的"水华"现象和海水中的"赤潮"现象。

资源链接:水体富营养化[①]

水体富营养化是因水体中所含的氮、磷等营养物质过多而导致的一种水体效应,主要表现有水中某些藻类和大型水生植物异常增殖,水生生物种群单一化及水质变坏等,水生生态系统受到严重破坏等,水体富营养化主要发生在湖泊、河口、海湾等流动缓慢且水体更新时间较长的水域。

我国的这种水体现象比较严重。淡水水域中,50%以上的湖泊、30%以上的大型水库都出现过水体富营养化(也称作"水华"),其中以太湖、巢湖和滇池尤为严重。而海域的水体富营养化(也称为"赤潮")也不容乐观,20世纪80年代前,只有渤海发生过较多的赤潮;进入90年代后,东海成为赤潮发生最为频繁的海域;到了21世纪,除南海外,其他海域都频频暴发大面积的赤潮。这种现象正朝着频率提高、面积增大、损失加大的趋势发展。目前,世界上许多国家都出现了不同程度的水体富营养化,该现象已经不是区域性问题了。大面积的水体富营养化,使淡水资源已严重缺乏的人类面临严峻的挑战。

水体富营养化主要是因为水体中含有的氮、磷等可供藻类利用的营养物质较多造成的,而氮、磷等营养物质来源较为复杂,既有内源又有外源,既有点源又有非点源。对国内外不同区域水体的考察表明:不论营养物质来源于何处,水体富营养化的形成是受多种因素影响的,这其中既有自然因素的作用,也有人为因素的作用。其中,人为因素主要表现在向水体中输入大量的氮、磷等营养物质,造成水体氮、磷含量超过引发富营养化的

① 高爱环,李红缨,郭海福.水体富营养化的成因、危害及防治措施[J].肇庆学院学报.2005,(5):41-43.

底限。过量的氮和磷主要来源于未处理或处理不完全的工业废水和生活废水、有机垃圾和家畜家禽的粪便及化肥等，其中化肥是最大的污染源。

2水体污染造成的危害

表9-4　水中污染物及其对人体的危害

铅	使婴儿和儿童，身体或智力发育迟缓，身体抵抗力弱，脾气暴躁；成年人肾脏出问题，易患高血压。铅在人体内有蓄积作用，它对人体的各种组织都有毒害作用，严重时可引起脑病变以致死亡。
汞	金属汞及其许多化合物对人体都是极毒的，人和动物（如鱼类）摄入时，几乎全部吸收。日本发现的举世震惊的“水俣病”，就是人长期食用含汞的鱼虾而引起的一种中枢神经中毒症，开始表现为神志痴呆，全身麻木，运动失调，最后神经失常而惨死。
镉	金属镉本身无毒，但它的化合物毒性很大。日本最早发现的"骨痛症"，就是镉中毒所引起的。此症表现为骨骼变脆，异常痛苦，严重时，甚至咳嗽也会使肋骨断裂。镉的化合物还会使人的肝、肾受损害。
铬	铬有三种氧化态，通常认为氧化数为+6的铬化合物最毒，Cr^{3+}次之，Cr^{2+}的毒性最小。铬的化合物以多种形式危害人体健康，常引起全身中毒，有致癌性。接触含铬废水，会引起皮肤疾病，出现过敏性皮炎。它对自然水中的动植物危害更大。
砷	伤害皮肤，血液循环问题，增加致癌风险，乌脚病，神经炎。
磷	有机磷中毒。
硝酸盐	“蓝婴儿综合症”（6个月以下婴儿受到影响未能及时治疗），症状为婴儿身体发蓝色，呼吸短促。
三氯甲烷	损害肝脏，增加致癌风险
细菌	细菌性传染病。
病毒	病毒性传染病。
农药	中毒，肝炎。
沉淀物	结石，肠炎。
氟化物	骨骼疾病（疼痛和脆弱），儿童得齿斑病，蛀牙。
氰化物	神经系统损伤，甲状腺问题。危害最大的是氰化物，它有剧毒，长期接触低浓度的氰化物，能引起慢性中毒，吸入或误服较多量的氰化物，会发生急性中毒，使人休克，组织内缺氧至死。它对水生物如鱼类等也有很大毒性。

水体污染给水生生物的和人类的生存带来了严重的威胁，近年来由于水体污染引发的疾病日益增多，越来越引起人们的重视。

3水的纯化和软化

3.1水的纯化

3.1.1 蒸馏法

蒸馏法即水的汽化、冷凝法。

3.1.2 离子交换法

离子交换法的原理是利用离子交换树脂能与水中杂质离子进行交换反应，将杂质离子交换到树脂上去，达到使水纯化的目的。离子交换树脂是一种人工合成的不溶于水的有机高分子化合物，按交换的性能，一般可分为阳离子交换树脂和阴离子交换树脂，它们均由树脂本体（有机高聚物）及活性基团（能起交换作用的基团）两部分组成。阳离子交换树脂含有的活性基因如磺酸基（$-SO_3H$）能以H^+离子与溶液中的金属离子或其他正离子发生交换，阴离子交换树脂含有的活性基因如季胺基[$-N(CH_3)_3OH$]能以OH^-离子与溶液中的阴离子发生交换。若以R表示树脂本体部分，则磺酸型阳离子交换树脂可表示为$R-SO_3H$，季铵型阴离子交换树脂可表示为$R-N(CH_3)_3OH$，水中杂质离子（阳离子以M^+表示，阴离子以X-表示）与离子交换树脂的交换反应分别可表示如下：

$$R-SO_3H+M^+ = R-SO_3M+H^+$$

$$R-N(CH_3)_3OH+X^- = R-N(CH_3)_3X+OH^-$$

离子交换过程是可逆的，离子交换树脂使用一段时间后，$R-SO_3H$转变成$R-SO_3M$，$R-N(CH_3)_3OH$转变成$R-N(CH_3)_3X$，丧失了交换能力。此时的树脂就需进行化学处理，使其恢复交换能力，这一过程称为离子交换树脂的再生。

离子交换法在硬水软化方面和处理含重金属离子的污水方面已得到广泛应用。

3.1.3 纯水机纯化

水的纯化过程一般采用逆渗透原理，施加压力使水由浓度较高的一方渗透至浓度较低的一方。而渗透膜，其孔径小至大肠杆菌的五千分之一，可以拦截水中的大部分溶质离子，因此，在一般情况下，单级逆渗透工艺可使水的电导率下降98%以上。如果要生产出电导率很小的纯水，可以用多级逆渗透或串联其他去离子设备的方式来达到目的。

水在纯化的过程中不仅能有效地去除细菌和有机物等污染物，而且也有效地去除了钙、镁、铁、锰、锌、硅等无机物。也就是说，纯净水基本无污染物，同时也基本无营养元素。因此纯净水对于健康并非多多益善。

3.2 水的软化

3.2.1 硬水的危害

正常情况下，每1公升中共含50-80 mg的钙和镁。含量低于此标准的水，叫做软水；高于此标准的水，叫做硬水。人类饮用Ca^{2+}、Mg^{2+}浓度过高的水不利于健康；印染工业用水含Ca^{2+}、Mg^{2+}的浓度过大会影响印染的质量；硬水洗衣时，它与肥皂作用生成硬脂酸的钙、镁盐，降低去污效果；特别是锅炉用水，硬度过大会因水垢沉积于炉壁而影响传热，甚至引起爆炸。

3.2.2 天然水中硬度形成的原因

天然水中的Ca^{2+}、Mg^{2+}主要来自于地壳，因为地壳中有很多Ca^{2+}、Mg^{2+}的矿物，例如：光卤石（$KCl \cdot MgCl_2 \cdot 6H_2O$）、白云石（$CaCO_3 \cdot MgCO_3$）及菱镁矿、硫酸镁、石灰石、大理石（$CaCO_3$）等等，当水流经这些矿物时有些便溶解于水，特别是$CaCO_3$和$MgCO_3$。当溶有$CO_2$的水流经时，发生化学反应生成$Ca(HCO_3)_2$、$Mg(HCO_3)_2$，它们极易溶于水，因而使水中产生大量的$Ca^{2+}$、和$Mg^{2+}$。因为$Ca(HCO_3)_2$和$Mg(HCO_3)_2$受热易于分解生成较难溶于水的$CaCO_3$和$MgCO_3$，使其硬度降低，而另外一些物质却没有这种现象，所以把硬水分成为暂时硬度和永久硬度。

（1）暂时硬度：由$Ca(HCO_3)_2$和$Mg(HCO_3)_2$引起的硬度叫暂时硬度。

（2）永久硬度：由钙镁的硫酸盐或氯化物引起的硬度叫永久硬度。

3.2.3 硬水的软化

硬水的软化就是把水中的Ca^{2+}、Mg^{2+}减少。可以通过以下方法进行软化：

（1）暂时硬水可以用加热的方法降低其硬度

$$Ca(HCO_3)_2 \xlongequal{\triangle} CaCO_3\downarrow + CO_2\uparrow + H_2O$$

$$Mg(HCO_3)_2 \xlongequal{\triangle} Mg(OH)_2\downarrow + 2CO_2\uparrow$$

但此法只能减少暂时硬度而且耗能源多，所以少有应用。

（2）向硬水中依次加入 $Ca(OH)_2$ 溶液和 Na_2CO_3 溶液，则发生如下反应：

$$Mg^{2+} + 2OH^- = Mg(OH)_2\downarrow$$

$$2HCO_3^- + 2Ca^{2+} + 2OH^- = 2CaCO_3\downarrow + 2H_2O$$

$$Ca^{2+} + CO_3^{2-} = CaCO_3\downarrow$$

此法消耗大量的化学物质，生成的 $Mg(OH)_2$ 和 $CaCO_3$ 混合物无使用价值，故也不大采用。

（3）离子交换法

将硬水通过离子交换剂，硬水中的 Ca^{2+}、Mg^{2+} 便和磺化煤（离子交换剂）中的 Na^+ 发生交换，水中的 Ca^{2+}、Mg^{2+} 被除去，以 Na^+ 代之。

$$2NaR + Ca^{2+} = CaR_2 + 2Na^+$$

$$2NaR + Mg^{2+} = MgR_2 + 2Na^+$$

磺化煤失效后可以放在8%的食盐水中浸泡再生，又恢复原有成分继续投入使用。

$$MgR_2 + 2Na^+ = Mg^{2+} + 2NaR$$

这种软化方法所得软水质量高、成本低、操作简单方便，是目前主要的软化方法。

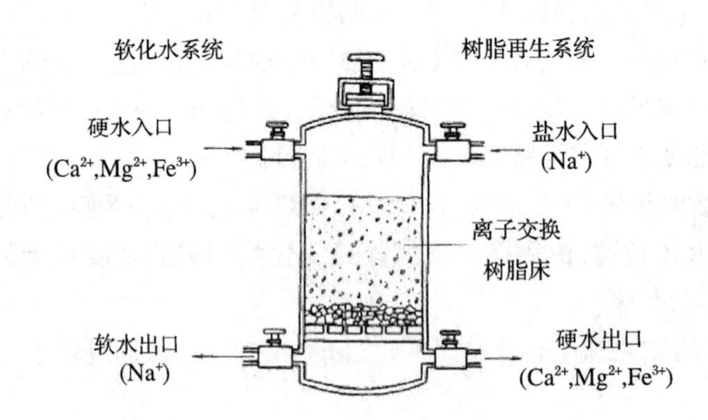

图 9–1　水软化处理装置

4污水处理的方法

天然水体遭受污染后，必须进行各种必要的处理，以满足生活用水、工农业用水的要求。污水处理的方法很多，各种方法都有其特点和适用范围。有较大颗粒悬浮物、夹杂物可用重力分离法、过滤法分离；对不易沉降、很细小的悬浮物和胶态物质可用混凝法；对于可溶性的无机污染物则可用沉淀反应或氧化还原反应的方法，使污染物与所加药剂反应，生成易于从废水中分离出去的物质，或者改变污染物的性质，也可用离子交换、电渗析、反渗透、吸附等方法将它们分离；对于有机污染物，通常采用生物法处理，该法是利用微生物对复杂有机污染物的降解作用，把有毒物质转化为无毒物质，使污水得到净化。实际处理中，有时往往需要几种方法配合使用。下面扼要介绍几种常用的水处理方法的原理。

4.1中和沉淀法

水中若含有酸、碱污染物，应调节水的pH，使其处在一定的范围内。我国规定生活饮用水标准pH范围为6.5-8.5，农田灌溉用水所允许的pH在5.5-8.5之间。对于酸性废水，可以采用废碱、石灰、石灰石、等进行中和；对于碱性废水，可吹入二氧化碳气体或用烟道废气中的SO_2来中和。也可使酸性废水与碱性废水相互中和。

用中和法调节水体的pH，还可使重金属离子生成难溶的氢氧化物沉淀而除去。这是去除水中重金属离子最经济、最有效的方法。如欲除去酸性废水中的Pb^{2+}离子，一般可投加石灰水，使生成$Pb(OH)_2$沉淀。

4.2氧化还原反应法

利用氧化还原反应将水中有毒物转变成无毒物、难溶物或易于除去的物质是水处理工艺中较重要的方法之一。常用的氧化剂有空气（或O_2）、Cl_2（或NaClO）、H_2O_2、O_3等，常用的还原剂有$FeSO_4$、Fe粉、SO_2、Na_2SO_3等。

例如，水处理中常用曝气法（即向水中不断鼓入空气），使其中的Fe^{2+}离子氧化，并生成溶度积很小的$Fe(OH)_3$沉淀而除去，其反应方程式为：

$$4Fe^{2+}+O_2+8HCO_3^-+2H_2O=\!=8CO_2+4Fe(OH)_3\downarrow$$

又如应用氯气或液氯，它们在水溶液中都产生ClO^-，ClO^-可将废水中有毒的CN^-离子氧化成无毒的N_2和HCO_3^-。其反应为：

$$2CN^-+5ClO^-+H_2O=N_2+2HCO_3^-+5Cl^-$$

对于六价的$Cr_2O_7^{2-}$离子，加入硫酸亚铁作还原剂，使其发生以下反应：

$$Cr_2O_7^{2-}+6Fe^{2+}+14H^+=2Cr^{3+}+6Fe^{3+}+7H_2O$$

然后再加NaOH，调节溶液的pH为6-8，使Cr^{3+}离子生成$Cr(OH)_3$沉淀，溶液中未反应完的Fe^{2+}以及生成的Fe^{3+}也分别生成$Fe(OH)_2$和$Fe(OH)_3$沉淀。控制Fe^{2+}、Fe^{3+}及Cr^{3+}的比例，可得到难溶于水、组成类似于Fe_3O_4（其中部分Fe^{3+}被Cr^{3+}所替换）的氧化物，此氧化物叫做铁氧体。铁氧体具有磁性，借助于磁力可使沉淀物从废水中分离出来，经加工后可作为磁性材料。

4.3混凝法

水中若有很细小的淤泥及其他污染物微粒存在，这些微粒的表面往往由于吸附离子而带电荷，彼此间相互排斥而形成胶体，用一般沉淀法不能除去，通常是向废水中加入混凝剂，使其沉降。常用的混凝剂有铝盐[如$Al_2(SO_4)_3\cdot 18H_2O$]、铁盐[如$Fe_2(SO_4)_3$]和无机高分子混凝剂如聚氯化铝$[Al_2(OH)_nCl_{6-n}xH_2O]_m$以及有机高分子混凝剂如聚丙烯酰胺等。以铝盐为例，铝盐与水反应通常可表达如下：

$$Al^{3+}(aq) + H_2O(l) \rightleftharpoons Al(OH)^{2+}(aq) + H^+(aq)$$

$$Al(OH)^{2+}(aq) + H_2O(l) \rightleftharpoons Al(OH)_2^+(aq) + H^+(aq)$$

$$Al(OH)_2^+(aq) + H_2O(l) \rightleftharpoons Al(OH)_3(s) + H^+(aq)$$

铝盐与水反应生成$Al(OH)^{2+}$、$Al(OH)_2^+$及$Al(OH)_3(S)$可中和胶体杂质的电荷，在胶体杂质微粒之间起粘结作用，并由于自身生成的氢氧化物絮状体，在沉淀时对水中胶体杂质起吸附卷带作用而使之发生凝聚。

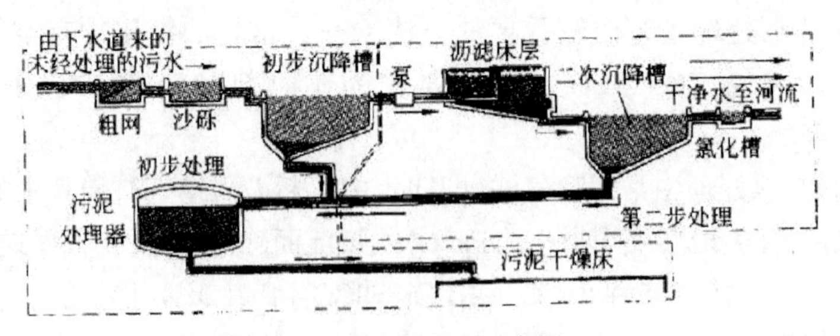

图9-2　污水处理厂示意图

图9-2是污水处理厂示意图[①]，在这里综合应用了上述各种污水处理方法。

第3节 土壤污染及治理

土壤是指陆地表面具有肥力、能够生长植物的疏松表层，其厚度一般在2 m左右。土壤不但为植物生长提供机械支撑能力，并能为植物生长发育提供所需要的水、肥、气、热等肥力要素。近年来，由于人口急剧增长，工业迅猛发展，固体废弃物不断向土壤表面堆放和倾倒，有害废水不断向土壤中渗透，大气中的有害气体及飘尘也不断随雨水降落在土壤中，导致了土壤污染。当土壤中含有害物质过多，超过土壤的自净能力，就会引起土壤的组成、结构和功能发生变化，微生物活动受到抑制，有害物质或其分解产物在土壤中逐渐积累，通过“土壤→植物→人体”，或通过“土壤→水→人体”间接被人体吸收，达到危害人体健康的程度，就是土壤污染。凡是妨碍土壤正常功能，降低作物产量和质量，还通过粮食、蔬菜、水果等间接影响人体健康的物质，都叫做土壤污染物。

1 土壤污染的形成

污染土壤的途径较多，通常土壤污染源主要有以下几个。

1.1 工业污染源

在工业废水、废气、废渣中，含有多种污染物质，其浓度一般比较高。一旦侵入农田，在短时间内就可产生对土壤和作物的危害，一般情况下，直接由工业废水、废气、废渣引起的土壤污染仅限于工业区周围数公里或数十公里范围内。工业废水、废气、废渣引起的大面积土壤污染往往是间接的。例如，用废水进行灌溉，经过长期作用，使得污染物在土壤中积累而造成污染。

1.2 农业污染源

农业污染源主要由于化学农药、除草剂等的使用范围不断扩大、数量

① 高锦章.消费者化学[M].北京：化学工业出版社.2002：45.

和品种的不断增加所引起。在喷洒农药时,有一半的药直接落在土壤表面,还有一部分则通过作物落叶、降雨等最后再归人土壤,经常使用农药是土壤中农药残留的主要根源。

1.3 交通运输污染源

利用汽油、柴油作为动力的交通运输工具也是土壤污染的来源之一。在使用这些交通工具时会产生有毒物质的泄漏、油类的泄漏、燃烧时会排放各种有毒气体,会导致公路两侧的土壤严重污染。据测量,在公路两侧100m范围内,土壤中铅的含量可高达1000mg/m^3。每燃烧1g汽油可生成12–50微克的3,4–苯并芘,产生的3,4–苯并芘通过降雨进入土壤,污染土壤。

资源链接:固体废弃物

固体废弃物就是一般所说的垃圾,是人类新陈代谢排泄物和消费品消费后的废弃物品。目前城市居民的生活垃圾、商业垃圾、市政维护和管理中产生的垃圾,以及工业生产排出的固体废弃物,数量急剧增加,成分日益复杂。世界各国的垃圾以高于其经济增长速度2–3倍的平均速度增长。垃圾若不及时清除,必然污染空气,对土壤、水体都会造成严重污染。

近年来,北方地区大田中推广地膜覆盖技术,聚乙烯、聚氯乙烯薄膜有20%–30%残留在土地中。此外,随着塑料工业的发展,日常生活用品中有许多是塑料制品,如塑料袋、一次性餐具、饮料瓶、饮水杯等,这些废弃物到处乱扔不仅影响市容,而且由于聚乙烯、聚丙烯、聚氯乙烯等塑料很难降解,混入土壤中几十年不变,破坏了土壤结构及作物从土壤中吸收水分和营养成分的途径,而影响农业生产。目前我们把由塑料造成的污染称为“白色污染”。因此,必须积极推广使用能迅速降解的淀粉塑料、水溶塑料和光解塑料。

全世界每年产生的垃圾大部分来自西方经济发达国家。西方发达国家往往打着可重复利用物资的幌子,向发展中国家倾销有害废料,例如每年有数百万只废弃汽车电池从欧洲、北美洲出口到巴西、菲律宾等地,当地的回收加工工厂仅靠一些简陋的设备对其中的铅重新熔炼回收,工人的健康和生态环境都受到严重损害。其他出售的所谓废金属,实际上里面掺杂着许多有害废弃物,而其中有效成分很低。近年报导的发生在我国的几起

"洋垃圾"事件更是触目惊心。为此,发展中国家强烈谴责发达国家转嫁污染的恶劣行径。1989年3月22日联合国通过了《巴塞尔公约》,1995年9月22日,100多个国家的代表在日内瓦通过了《巴塞尔公约》的修正案,禁止发达国家向发展中国家出口用于回收利用的危险废料。

2土壤污染的危害

土壤被有害物质污染后,其危害性要远大于有害物质对大气和水体的污染。土壤一旦被污染,除部分有害物质可以通过土壤的生化过程而减少外,不少有害物质将较长时期地存留在土壤中,难以消除,特别是一些重金属化合物,残留时间长,长期危害农作物,通过作物的吸收以食物链的方式危害人畜健康,引发癌症和其他疾病等。

在我国,对于各种土壤污染造成的经济损失,仅以土壤重金属污染为例,全国每年就因重金属污染而减产粮食1000多万吨,另外被重金属污染的粮食每年也多达1200万吨,合计经济损失至少200亿元。土壤污染使许多地区粮食、蔬菜、水果等食物中镉、铬、砷、铅等重金属含量超标和接近临界值。土壤污染除影响食物的卫生品质外,也明显地影响到农作物的其他品质。有些地区污灌已经使得蔬菜的味道变差,易烂,甚至出现难闻的异味;农产品的储藏品质和加工品质也不能满足深加工的要求。

3土壤污染的防治

3.1控制有害废物的排放

控制有害废物的排放应大力推行闭路循环、无毒工艺以减小或消除污染物。严格控制工业有害气体、废水、废渣的超量排放,大力提倡资源的充分利用。对排放超过国家规定标准的污染物要进行严肃查处。具体实施时,应该就不同的对象采用不同的方法。例如,在城市也应积极推广集中或区域供热,以减少燃煤量,从而最大限度地降低大气中污染物对土壤的危害。针对污水对土壤污染的问题,应减少排污量,污水处理达标后排放。农业上,应改进灌溉技术发展喷灌、滴灌等高效灌水技术,以减少农业用水,减少以灌溉水形式进入土壤的污染物。

3.2合理使用农药、化肥、薄膜等农用物资

合理使用农药包括尽量减少用药量，提高防治效果，以降低农药对土壤和农产品的污染，做到安全、有效、经济地使用农药。

合理使用化肥包括：一是监测化肥中的污染物。化肥生产中常会随原料带入环境污染物，如磷肥中常含有镉，对于这类情况要特别引起注意，经常监测；二是合理搭配化肥种类。要对肥料的种类进行合理的搭配，过多施用氮肥，易造成土壤环境的酸化、农产品中NO_3^-浓度超标。

各类农用薄膜作为大棚、地膜覆盖物已被广泛使用，但是如果使用或管理不当，大量残片散落田间，也造成土壤污染，影响土壤正常功能的发挥和危害农作物。据调查统计，我国地膜覆盖面积已达3400多万亩，薄膜残留率为12.3%-70%。农膜属于塑料制品，性质稳定，耐酸碱，不易被微生物分解。塑料残留物进入土壤后，可以起阻隔作用，使水分子、养分的运动受阻，使土壤的空隙率降低，并且可导致作物扎根困难，吸收水分能力降低。某些塑料制品（加聚氯乙烯）或塑料中的添加剂含有有毒成分，可以抑制种子的发芽，灼伤幼苗。因此，应该提倡节约用膜，农用薄膜及时回收、重复使用。生产薄膜时，尽量用分子量小、生物毒性低、相对容易降解的增塑剂，以降低其对农业环境的影响。

资源链接：白色污染及其防治

所谓“白色污染”，是人们对塑料垃圾污染环境的一种形象称谓，由于废旧塑料包装物大多呈白色，因此造成的环境污染被称为“白色污染”。它是指用聚乙烯、聚苯乙烯、聚丙烯、聚氯乙烯等高分子化合物制成的各类生活塑料制品使用后被弃置成为固体废物，由于随意乱丢乱扔并且难于降解处理，以致造成环境污染的现象。

1.“白色污染”的危害

（1）视觉污染。在城市、旅游区、水体和道路旁散落的废旧塑料包装物给人们的视觉带来不良刺激，影响城市、风景点的整体美感，破坏市容、景观，由此造成“视觉污染”。

（2）污染土壤。我国目前使用的塑料制品一般是不可降解的。农田里的废农膜、塑料袋长期残留在田中，会影响土壤的透气性，阻碍水分的流动，从而影响农作物对水分、养分的吸收，抑制农作物的生长发育，造成农作物的减产。若牲畜吃了塑料膜，会引起牲畜的消化道疾病，甚至死亡。

（3）二次污染。若把废塑料直接进行焚烧处理，将给环境造成严重的二次污染。塑料焚烧时，不但产生大量黑烟，而且会产生迄今为止毒性最大的一类物质：二恶英。若把废塑料进行填埋，还会占用土地，污染地下水，危及周围环境。

2.“白色污染”的防治

（1）停止使用一次性餐具及超薄塑料袋

由于一次性塑料餐具难降解，现在许多城市都推广使用绿色餐具——纸制餐具，因为纤维素能被微生物降解。但无论是从环保角度，还是从节约资源角度，不使用一次性塑料餐具及纸制餐具都是一件好事。任何一种一次性餐具不仅不利于环保，也是对资源的最大的浪费。我们在日常生活中，应拒绝使用超薄塑料袋买菜或盛装食物，买菜可用菜篮子或较厚塑料袋，避免使用上的一次性，从而减少塑料袋对环境的污染。

（2）回收废塑料并使之资源化是解决白色污染的根本途径

塑料和其他材料比，有一个显著的优点：塑料可以很方便地反复回收使用。废塑料回收后，进行分类、清洗后再通过加热熔融，即可重新成为制品。从组成看，聚乙烯、聚丙烯、聚苯乙烯均由碳氢元素组成，而汽油、柴油等燃料也是由碳氢元素组成，只不过分子量较小。因此，把这几类塑料隔绝空气加热至高温，使之裂解，把裂解产物进行分馏，可制得汽油与柴油。

近年来，一些国家大力开展3R运动：即要求做到废塑料的减量化（Reduce）、再利用（Reuse）、再循环（Recycle）。目前，在德、日、美等国家，由于重视对包装材料的回收处理，已经实现了塑料的生产、使用、回收、再利用的良性循环，从根本上消除了白色污染。

（3）研究开发降解塑料

所谓可降解塑料就是在塑料包装制品的生产过程中加入一定量的添加剂（如淀粉、改性淀粉或其他纤维素、光敏剂、生物降解剂等），使塑料包装物的稳定性下降，较容易在自然环境中降解。

降解塑料有三类：生物降解塑料、化学降解塑料及光降解塑料。

①生物降解塑料是一种能被土壤中的微生物和酶分解掉的塑料，即它能像树枝、树叶一样腐败变质而消亡。生产这种塑料，通常是在塑料中

添加淀粉,用来破坏和削弱长链的结合力,以便达到微生物能消化的程度,最后分解成水和二氧化碳。

②化学降解塑料是加入由淀粉包裹的能使长链化解的聚合物和玉米油一类氧化剂制成的,其成本较低。将这种塑料制品埋在土里,细菌会有选择地把淀粉吃掉,剩下千疮百孔的网状残留体。随后,加入塑料内的氧化剂与土壤里的盐和水起作用,产生氧化物,对残留在塑料中的分子链进行破坏。一般来说,半年的时间即可将塑料降解成粉末状,几年后完全降解。

③光降解塑料是依靠阳光来降解的。在这种塑料中含有羟基,它能吸收阳光中的紫外线来破坏塑料的长链,从而使塑料变脆和崩解。有些食品包装袋和瓶罐已采用这种塑料制作。但同化学降解塑料一样,它降解后也会留下一堆残渣,需要几年后才能完全降解掉。

第4节 居室中的化学污染及其防治

1居室中的化学污染

1.1化学污染的来源及危害

家居是人一生中停留时间最长的地方,创造一个舒适的生存空间也是自我保健的重要环节。环境科学家的最新观点是"室内污染并不比户外污染轻",人们在治理室外大环境污染的同时,应该采取有效对策,尽量减少室内环境污染,以保护人类自己的健康。

室内环境空气污染的主要来源有三个方面,即化学污染、生物污染和放射性污染。化学污染主要来自建筑材料、装饰材料、日用化学品、香烟烟雾以及燃烧产物,如二氧化硫、一氧化碳、氨、甲醛、二氧化碳和挥发性有机气体等。

1.1.1建筑材料

随着人们生活水平的提高和居住条件的改善,大量新型的建筑材料被用于居室中。由建筑物本身引起的污染,如水泥中加入的添加剂,混凝土块中含有氡,瓷砖、矿渣砖里含有放射性物质等。

1.1.2装饰材料

室内装潢和装修的不断升温也使得所用装饰材料的种类越来越多，例如地板砖、地毯、油漆、内墙涂料、胶合板和壁纸等，这些装饰材料的甲醛、苯、甲苯、醚类、脂类等挥发性有机物会散发到空气中污染室内空气。在居家的天花板、墙壁贴面使用的塑料、隔热材料及塑料家具和油漆涂料中一般都含甲醛。

1.1.3燃烧产物造成的室内环境污染

该类污染物的产生包括燃料燃烧、烹调油烟以及吸烟等造成。

各种燃料（煤、石油、液化气、天然气）、木材、纸张等，在供氧不足下不完全燃烧，生成大量一氧化碳、二氧化碳、二氧化硫、氮氧化物、醛类、苯并芘以及烟灰、微细尘粒。这对神经系统、眼结膜和呼吸道粘膜有刺激性。其中苯并芘是强致癌物，二氧化硫、酚类等促进致癌物与苯并芘等联合作用，使肺癌发病率逐渐上升。

家庭烹调的煎、炒、烤、烘等高温加工过程中，烹调油在270℃高温下分解，其烟雾中含有苯并芘、苯并蒽，而食用油与鱼肉等食品一起在高温下能生成烃类、多环芳烃、醛类、羧酸、杂环胺等200多种物质，其遗传毒性远大于苯并芘。我国女性乳腺癌的高发可能与此相关。

吸烟者吐出的烟雾是一般家庭空气污染的主要原因。烟草在燃烧时，烟草里的成分在超高温状态下，有的被破坏分解，有的又合成新的化学物质。其中主要有尼古丁、焦油、氢氰酸、一氧化碳、丙烯醛、氰氢酸等。因此，在家中和公共场所中尽量不要抽烟。

1.1.4室内家具产生的污染

家具是家庭和写字楼的重要用品，也是室内装饰的重要组成部分。目前出售的家具中大多都会散发甲醛和苯等有害气体，它们主要来自于胶粘剂、油漆、以及涂料等。

1.1.5外部环境污染物产生的影响

室内空气来自室外，室外空气的质量直接影响室内空气，居室周围分布的大小烟囱、小型锅炉、局部臭气发生源等都会成为室内空气的污染源。当室外空气受到污染后，就会通过门窗等污染室内。因此，现代家庭购置新居时，一定要考虑小区的周边环境。

2 几种主要室内污染物的危害及防治

2.1 甲醛

甲醛是一种无色易溶的刺激性气体，甲醛可经呼吸道吸收。现代科学研究表明，甲醛对人体健康有负面影响，长期接触低剂量甲醛可以引起慢性呼吸道疾病、女性妊娠综合征，引起新生儿体质降低、染色体异常等。高浓度的甲醛对神经系统、免疫系统、肝脏等都有毒害。甲醛还有致畸、致癌作用，长期接触甲醛的人，可引起鼻腔、口腔、鼻咽、咽喉、皮肤和消化道的癌症。

2.1.1 甲醛的来源

(1)家庭室内装修。室内装修用的胶合板等人造板材使用的胶粘剂以甲醛为主要成分，板材中残留的和未参与反应的甲醛会逐渐向周围环境释放。中消协的报告指出，人造板材是室内污染的元凶。另外，含有甲醛成分并有可能向外界散发的还有其他各类装饰材料，如化纤地毯、泡沫塑料、油漆和涂料等。

资源链接：室内甲醛污染的来源及危害

1. 室内甲醛的来源

人造板是室内甲醛污染的主要来源。其甲醛散发主要分为几个方面。

(1)胶黏剂中未反应的游离状甲醛

在板材加工中使用的胶黏剂的主要成分是脲醛树脂(UF)或酚醛树脂，其是以甲醛、尿素、苯酚等为主要原料合成生产的。脲醛树脂的合成原理如下：

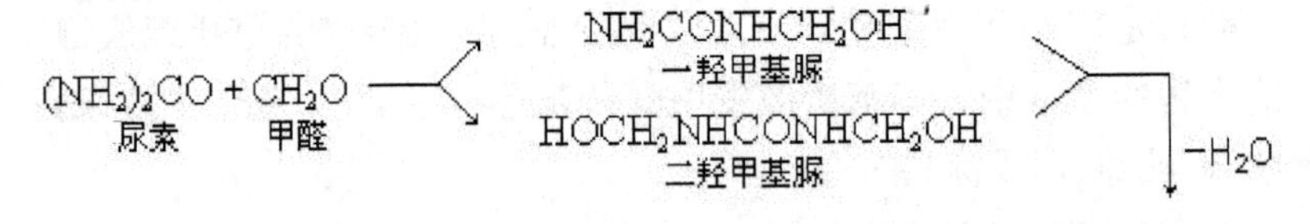

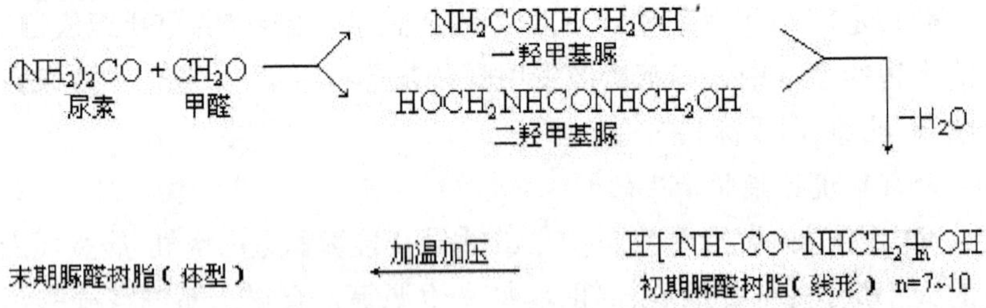

上述反应中未参与反应的游离状甲醛通常在1.5%左右。在一定条件下，会逐渐向周围环境释放，从而对室内空气造成污染。

(2)可逆反应分解的甲醛

木材中的纤维素(结构式如图9–3,简写为Cell–OH)在较高温度和酸性条件下,可以与脲醛树脂(UF)中含有的甲醛反应生成半缩甲醛。反应产物还能进一步与纤维素形成缩甲醛交联,甲醛的低聚物也可直接与纤维素形成聚合缩甲醛交联。

值得注意的是,这些反应均是可逆的,在生成各种缩甲醛以后,在一定的条件下,会逐渐放出甲醛,反应方程式如下所示。

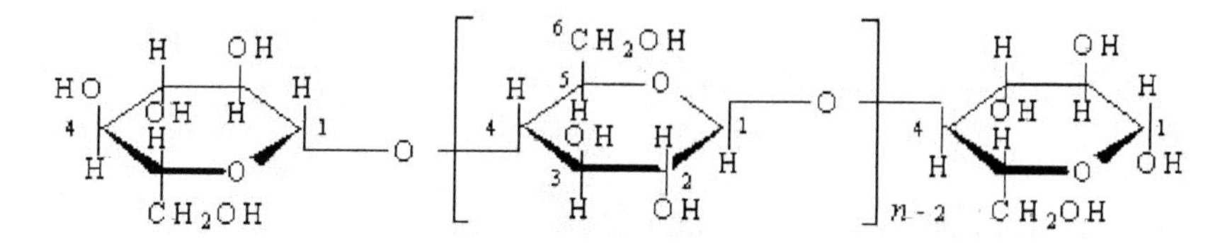

图9–3 纤维素的结构式

$$\mathrm{Cell{-}OH + HOCH_2OH \underset{}{\overset{H_3O^+}{\rightleftharpoons}} Cell{-}O{-}CH_2OH + H_2O}$$

$$\mathrm{Cell{-}O{-}CH_2OH + Cell{-}OH \overset{H_3O^+}{\rightleftharpoons} Cell{-}O{-}CH_2O{-}Cell + H_2O}$$

$$\mathrm{Cell{-}OH + HO(CH_2O)_nOH \overset{H_3O^+}{\rightleftharpoons} Cell{-}O{-}(CH_2O)_nOH + H_2O}$$

$$\mathrm{Cell{-}O{-}(CH_2O)_nOH + Cell{-}OH \overset{H_3O^+}{\rightleftharpoons} Cell{-}O{-}(CH_2O)_nO{-}Cell + H_2O}$$

(3)加工及使用中散发的甲醛

①木材本身散发的甲醛

木材是人造板的基材。在人造板加工中需要对木材进行剖解、分离和干燥,特别是在热、水和酸的作用下,会导致木材本身产生的甲醛会向外逸出。

②热压时未完全固化产生的甲醛

在制胶结束时线型脲醛树脂(UF)涂刷或喷洒到单板上后,再送入压机持续一段时间的加温加压处理成稳定的体型结构。受厚度的影响,板坯从表面到芯层的温度逐步降低而使芯层中胶黏剂固化不完全。因此,在板坯内部,尤其在芯层,就存在一些未发生固化反应的线型结构树脂,很容易分解出甲醛向外界散发。

③人造板在使用过程中结构降解释放甲醛

人造板在使用过程中,板内原先未完全固化的树脂会发生降解释放甲醛,即使完全固化的树脂也会离析导致甲醛散发。人们发现,水分和酸性物质对人造板结构的危害很大。另外,历经长时间使用的人造板与刚刚热压成型的同类型人造板的甲醛散发量相差不大,有时甚至有所增加,这表明人造板甲醛散发的长期性和顽固性。

2.甲醛污染的危害

当室内空气中甲醛超过一定浓度后,即会对人体造成伤害,不同浓度所造成的危害详见表9–5。我国下作场所空气中甲醛最高容许浓度为0.5mg/m³;居室内空气中甲醛最高容许浓度为0.10mg/m³(GB/T 18883–2002,室内空气质量标准)。美国最高容许浓度为0.4mg/m³。

表9–5不同浓度(mg/m³)下甲醛对人体的危害

甲醛浓度	人体反应	甲醛浓度	人体反应
0–0.05	无刺激和不适	0.1–25	上呼吸道刺激反应
0.05–1.0	嗅阈值	5.0–3	呼吸系统和肺部刺激反应
0.05–1.5	神经生理学影响	50–100	肺部水肿及肺炎
0.01–2.0	眼睛刺激反应	>100	死亡

(2)服装 。目前市场上出售的免烫衬衫主要是在其后整理过程中使用树脂整理剂进行处理,以提高防皱防缩效果,传统的树脂整理剂中含有一定量的甲醛,在织物整理、服装制作、仓库储存和穿着过程中都会释放出来。童装中的甲醛主要来自保持童装颜色鲜艳美观的染料和助剂产品,以及服装印花中所使用的粘合剂。因此浓艳和印花的服装一般甲醛含量偏高,而素色的服装和无印花图案的童装甲醛含量则较低。选购服装后,最好洗涤一至两次后再穿。

2.1.2 甲醛的防治

资料表明,可以通过以下途径可以降低室内空气中的甲醛浓度,减少甲醛污染。

(1)采用低甲醛含量和不含甲醛的室内建筑和装修材料,尤其要注意选用有环保认证的、不含甲醛或低甲醛含量的人造板材料最为有效;

(2)装修后的居室不宜立即迁入,而应当有一定的时间让材料中的甲醛以较高的力度散发。可能情况下,迁入新居前,请环保部门检测一下室

内甲醛的浓度,确认是否超标;

(3)经常开门、开窗,保持室内空气流通;

(4)可在室内放置几盆绿色植物,有研究表明,虎尾兰、芦荟和吊兰,有极强的吸收甲醛的能力,15m²的居室,栽两盆虎尾兰、吊兰可使空气清新,不受甲醛之害。

2.2苯及其同系物

苯是一种无色具有特殊芳香气味的液体,沸点为80.1℃,甲苯、二甲苯属于苯的同系物,都是煤焦油分馏或石油的裂解产物。目前室内装饰中多用甲苯、二甲苯代替纯苯作各种胶、油漆、涂料和防水材料的溶剂或稀释剂。人在短时间内吸入高浓度的甲苯、二甲苯时,可出现中枢神经系统麻醉作用,轻者有头晕、头痛、恶心、胸闷、乏力、意识模糊,严重者可致昏迷以致呼吸、循环衰竭而死亡。如果长期接触一定浓度的甲苯、二甲苯会引起慢性中毒,可出现头痛、失眠、精神萎靡、记忆力减退等神经衰弱样症候群。苯化合物已经被世界卫生组织确定为强致癌物质。

在装修过程中,为防治苯及其同系物的污染,应首先注意装修中尽量采用符合国家标准的和污染少的装修材料,这是降低室内空气中苯含量的根本。其次,要选择带有绿色环保标志的装饰公司,并在签订装修合同时注明室内环境要求,尽量采用无油漆工艺,使室内有害气体大大降低。第三,保持室内空气的净化。可选用确有效果的室内空气净化器和空气换气装置,或在室外空气好的时候开窗通风。

2.3氡

氡是一种致癌和危害生育系统的成分,是最近几年进行室内监测发现的最惊人的污染物。氡本身并不危险,但是它的带电裂变产物附在灰尘上,而这些尘粒又进入肺,形成极其危险的内照射,这种近距离辐射对细胞的破坏最厉害。

2.3.1氡污染的来源

一般说来,建筑材料是室内氡的主要来源,如花岗岩、瓷砖及石膏等,特别是含有放射性元素的石材易释放出氡。与其他有毒气体不同的是,氡是看不见,嗅不到的,即使在氡浓度很高的环境里,人们对它也毫无感觉。氡是天然放射性物质铀和钍衰变过程的中间产物。在土壤中,铀存在于花岗岩、页岩、磷酸盐及沥青铀矿中，钍存在于磷酸盐、花岗岩和片麻岩中。这2种元素经过一系列α、β衰变，最终生成铅的一种稳定同位素，在其转变过程中必然形成一种氡的同位素，氡的同位素中寿命最长的是Rn，半衰期为3.825天，余者半衰期极短不可能大量存在于建筑物中。因此，住宅中氡污染的基本成分是Rn。

2.3.2 氡污染的危害

氡是有别于可挥发气体的一种放射性气体，它是天然放射性元素衰变系列铀系列中的一个气体元素，氡与人体脂肪有很高的亲和性，是导致人类肺癌的第二大“杀手”。医学研究已经证实，氡气还可能引起白血病、不孕不育、胎儿畸形、基因畸形遗传等后果。有数据表明，我国每年因氡致癌5万例，远超过艾滋病患者的人数。

2.3.3 氡污染的防治

楼宇中位于低层的房间，氧的浓度较大，二层以上各层之间的差别不明显。由于氡是气体。具有流动性，而室外空气中氡的浓度仅是室内的几分之一乃至十几分之一。因此，多开窗户，加强居室的空气流通，可以大大降低居室内氡的浓度。每天晨起开窗换气、下班开窗通风，不失为降低居室内氡气浓度、减少氡对人体伤害的一个简单而有效的方法。

环境绿化也重要。树木可以有效地阻隔放射性物质和辐射的传播，起到过滤和净化的作用。研究结果表明，阔叶林比常绿针叶林的净化能力和净化速度大得多。

资源链接：矿泉水中的氡①

采自地质深层的矿泉水常溶有岩石所含放射性物质在衰变过程中释放出来的氡。由其半衰期可知，瓶装矿泉水中氡的浓度将随存放时间而降低。存放1天，其浓度降至83.4%。存放4天，下降至48.4%，一个月后，则仅含0.44%。故瓶装矿泉水并非越新鲜越好。为防止氡的内放射伤害，矿泉水灌装出厂后宜存放一个月后再饮用。

① 施敏等.氡——居室中的隐蔽杀手[J].化学教育，1998，(9)：3.

综合活动　绿色化学

绿色化学是指设计没有或者只有尽可能小的环境负作用并且在技术上和经济上可行的化学品和化学过程。它是实现污染预防基本的和重要的科学手段,包括许多化学领域,如合成、催化、工艺、分离和分析监测等。绿色化学从原理和方法上给传统化学工业带来了革命性的变化,在设计新的化学工艺方法和设计新的环境友好产品两个方面,通过使用原子经济反应、无毒、无害原料、催化剂和溶(助)剂等来实现化学工艺的清洁生产,通过加工、使用新的绿色化学品使其对人身健康、社区安全和生态环境无害化。

与传统的污染处理不同,绿色化学通过改变化学产品或过程的内在本质,来减少和消除有害物质的使用与产生。绿色化学追求高选择性化学反应,极少副产品,甚至达到原子经济性、实现零排放。因此绿色化学不仅可以防止环境污染,亦可提高资源与能源的利用率,提高化工过程的经济效益,是使化工过程可持续发展的技术基础。

1绿色化学的原则

绿色化学有其应用的原则。美国《科学》杂志2002年8月提出了绿色化学12条原则,已被广泛认可:

(1)预防废弃物的形成要比产生后再想办法处理更好。

(2)应当研究合成途径,使得工艺过程中耗用的材料最大化地进入最终产品。

(3)使用的原料和生产的产品都遵循对人体健康和环境的毒性影响最小。

(4)研制的化学产品在毒性减少后仍应具备原有功效。

(5)尽可能不使用一些附加物质(如溶剂、分离剂等),尽可能使用无害的物质,优选使用在环境温度和压力下的合成工艺。

(6)能源的需求应当结合环境和经济影响,评价其影响应没有空间、时间限制,追求最小化。

(7)技术、经济可行性论证的,首选使用可再生原材料。

(8)尽量避免不必要的化学反应。

(9)有选择性地选取催化试剂会比常规化学试剂出色。

(10)研制可在环境中分解的化学产品。

(11)开发适应实时监测的分析方法,为在污染物产生之前就施行控制创造条件。

(12)化学工艺中使用和生成的物质,都应选择最大程度减少化学事故(泄漏、爆炸、火灾等)。

2开发“原子经济”反应

美国化学家 Barry Trost 在 1991 年首先提出了原子经济(Atom Economy)的概念,他认为化学合成应考虑原料分子中的原子进入最终所希望产品中的数量,原子经济性的目标是在设计化学合成时使原料分子中的原子更多或全部地变成最终希望的产品中的原子。所以,原子经济反应即是原料分子中究竟有百分之几的原子转化成了产物。

原子经济性或原子利用率(%)=

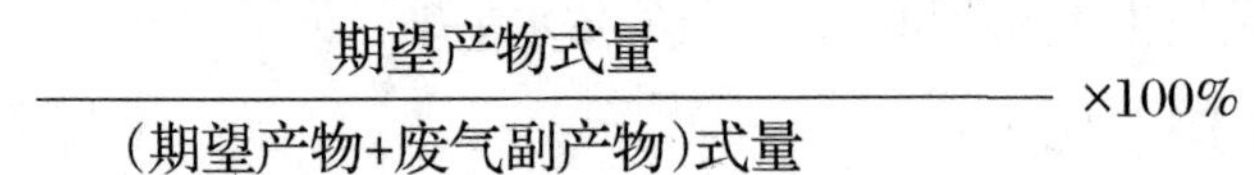

$$\frac{期望产物式量}{(期望产物+废气副产物)式量}\times100\%$$

例如,在利用 Al、H_2SO_4、$NH_3\cdot H_2O$、NaOH 和 H_2O 等做原料,设计合成路线制备 $Al(OH)_3$ 固体时,可以设计几种方案,见表9-6,并比较一下各种方案的原子经济百分数。

表9-6　方案列表

	化学方程式	原子经济百分数
方案1	$2Al+3H_2SO_4=Al_2(SO_4)_3+3H_2\uparrow$ $Al_2(SO_4)_3+6NH_3\cdot H_2O=3(NH_4)_2SO_4+2Al(OH)_3\downarrow$	28.0%
方案2	$2Al+2NaOH+2H_2O=2NaAlO_2+3H_2\uparrow$ $2NaAlO_2+H_2SO_4+H_2O=2Al(OH)_3\downarrow+Na_2SO_4$	54.5%
方案3	$2Al+3H_2SO_4=Al_2(SO_4)_3+3H_2\uparrow$ $2Al+2NaOH+2H_2O=2NaAlO_2+3H_2\uparrow$ $6NaAlO_2+Al_2(SO_4)_3+12H_2O=8Al(OH)_3\downarrow+3Na_2SO_4$	58.1%

通过对比可知,第三种方案的原子利用率比较高,并且使用了比较廉价的水作为原料。

理想的原子经济反应是原料分子中的原子百分之百地转变成产物,不生成副产物。实现废物的“零排放”(Zero Emission)。对于大多数基本有机原料的生产来说,选择原子经济反应十分重要。

近年来,开发新的原子经济反应已成为绿色化学研究的热点之一。目前绿色化学的研究重点是:

(1)设计或重新设计对人类健康和环境更安全的化合物,这是绿色化学的关键部分;

(2)探求新的、更安全的、对环境更友好的化学合成路线和生产工艺,这可从研究、变换基本原料和起始化合物以及引入新试剂入手;

(3)改善化学反应条件、降低对人类健康和环境的危害,减少废弃物的生产和排放。绿色化学着重于“更安全”这个概念,不仅针对人类的健康,还包括整个生命周期中对生态环境、动物、水生生物和植物的影响;除了直接影响之外,还要考虑间接影响,如转化产物或代谢物的毒性等。

实践与测试

1. 通过调查,撰写小论文:生活中常见的污染现象及其防治策略。
2. 自然界中存在哪些化学物质循环?并简述水循环的意义。
3. 什么是光化学烟雾?其特点是什么?
4. 什么是白色污染?其防治方法有哪些?
5. 列举室内几种主要污染物的来源及其产生的危害。
6. 谈谈你对化学与环境保护的认识?
7. 污染环境的因素有哪些?化学在环境污染和环境保护中扮演着何种角色?
8. 酸雨是怎样产生的?有什么危害?如何防治?
9. 简述防治室内甲醛污染的措施。
10. 氟利昂是怎样破坏臭氧层的?简述其化学原理。
11. 查阅资料,写一篇“垃圾资源化”的小论文(2000字以内)。

参考文献

[1]刘泽玲.砷与社会[J].化学教育,1994,(8):1-4.
[2]戴立益.我们周围的化学[M].上海:华东师范大学出版社,2002.
[3]高中“研究性学习”设计编写委员会.“研究性学习”材料汇编-科技与社会热点[M].北京:华夏出版社,2001.
[4]王文清.宇宙·地球·生命-化学家眼里的生命[M].长沙:湖南教育出版社,1999.
[5]王金重.沉重的呼吸——人与大气环境[M].天津:天津教育出版社,2000.
[6]郑长龙.化学新课程教学素材开发[M].北京:高等教育出版社,2003.
[7]周天泽.重塑被弃的金字塔-化学如何变废为宝[M].长沙:湖南教育出版社,1999.
[8]毛东海,朱江,张德胜.身边的化学[M].上海:上海科学技术文献出版社,2003.
[9]张正斌.唤醒沉睡的蓝色——海洋化学揭秘[M].长沙:湖南教育出版社,2001.
[10]吕献海,毛杰.高科技十万个为什么-新能源[M].北京:昆仑出版社,1999.
[11]周律.环境工程学[M].北京:中国环境科学出版社 ,2001.
[12]王章忠.机械工程材料[M].北京:机械工业出版社,2001.
[13]施敏等.氡——居室中的隐蔽杀手[J].化学教育,1998,(9):1-3.
[14]戴树桂.环境化学[M].北京:高等教育出版社,1995.
[15]何强.环境学导论[M].北京:清华大学出版社,1994.
[16]闵恩泽,吴巍.绿色化学与化工[M].北京:化学工业出版社,2002.
[17]钱易,唐孝炎.环境保护与可持续发展[M].北京:高等教育出版社,2000.
[18]何燧源.环境化学[M].上海:华东理工大学出版社,1996.
[19]袁铭道.工业节水减污[M].北京:中国环境科学出版社,1992.
[20]国家环境保护局.中国环境保护21世纪议程[M].北京:中国环境科学出版社,1995.
[21]赵艳秋等.化学与现代社会[M].大连:大连理工大学出版社,2006.